Heinrich Weber

Die elektrischen Metallfadenglühlampen

bremen
university
press

Heinrich Weber

Die elektrischen Metallfadenglühlampen

ISBN/EAN: 9783955621148

Auflage: 1

Erscheinungsjahr: 2013

Erscheinungsort: Bremen, Deutschland

bremen
university
press

Die elektrischen

Metallfadenglühlampen

insbesondere aus Osmium, Tantal,
Zirkon und Wolfram

Ihre Herstellung, Berechnung und Prüfung

Von

C. Heinrich Weber

Elektrochemiker

Mit 216 Textabbildungen

Leipzig
Dr. Max Jänecke, Verlagsbuchhandlung
1914

Vorwort und Einleitung.

Das vorliegende Werk soll die notwendige Ergänzung zu den schon im gleichen Verlage erschienenen Veröffentlichungen über die Herstellung der Kohlefäden und der elektrischen Kohlefadenlampen bilden.

Seit einer längeren Reihe von Jahren ist durch die Verwendung von den verschiedenartigsten Metallen und Metallgemischen zur Erzeugung von Glühkörpern für stromsparende elektrische Vakuumlampen eine große Umwälzung in der gesamten Glühlampenindustrie eingetreten. Diese Umwälzung bedingte nun auch eine Reihe ganz neuartiger Fabrikationsmethoden, die im vorliegenden Buch beschrieben werden sollen. Meine Eigenschaft als langjähriger Sachverständiger und früherer Betriebsleiter größerer Werke gestattet es mir nun, diese verschiedenen Methoden der bekannten Fabriken so eingehend wie möglich darzustellen, so daß wohl der Zweck des Buches voll und ganz erfüllt sein dürfte.

Ich möchte aber gleich hier erwähnen, daß einige Apparate und Maschinen, die schon zur Herstellung der Kohlefadenglühlampen benutzt werden, auch heute noch für die Fabrikation der neuen Metallfadenlampen in ziemlich unveränderter Gestalt Verwendung finden. Ich erinnere hierbei nur an das Photometrieren und Sockeln der Lampen und einzelne Glasarbeiten zur Vorbereitung zum Einschmelzen. Um nun Wiederholungen zu vermeiden, habe ich nur die neueren, gänzlich verschiedenen Apparate beschrieben und dort, wo es notwendig war, auf die früheren Veröffentlichungen verwiesen.

Des ferneren sei angeführt, daß ich mich, außer bei Beschreibung der Tantallampe, beschränkt habe auf die verschiedenen Herstellungsverfahren der Glühfäden nach dem sogenannten Preßverfahren, wie es noch heute im großen ausgeführt wird. Von der Beschreibung der allerneuesten technischen Errungenschaft,

*

dem gezogenen Wolframdraht, habe ich vorläufig abgesehen, da diese Fabrikation noch zu jung ist, als daß eine erschöpfende und endgültige Darstellung geboten werden könnte. Die Beschreibung der Methoden zur Erzielung gezogener Wolframdrähte soll einer späteren Veröffentlichung überlassen bleiben.

Es war nun notwendig, besonders auch bei der Beschreibung der Entwicklungsgeschichte der heutigen Metallfadenglühlampen, in reichlichem Maße die Patentliteratur heranzuziehen. Ich habe mich aber, um die Übersichtlichkeit des Buches nicht zu stören, darauf beschränkt, nur das Wichtigste und Grundlegende anzuführen. Interessant dürfte es sein zu erfahren, daß in den Jahren 1900—1912 etwa 7000 Patentanmeldungen auf dem elektrischen Glühlampengebiet und verwandter Industrie dem deutschen Reichspatentamt eingereicht worden sind, von denen allerdings die wenigsten zur Erteilung führten. Eine ausführlichere Behandlung haben hierbei selbstverständlich die Verfahren zur Herstellung der Glühkörper, des wichtigsten Bestandteiles der Glühlampe, gefunden.

Was den Aufschwung der Glühlampenindustrie anbelangt, so kann gesagt werden, daß dieser ein ganz enormer in den letzten Jahren geworden ist. Dies liegt nicht allein daran, daß das Gasglühlicht noch weiter stark zurückgedrängt worden ist, sondern auch daran, daß durch den Ausbau von Überlandzentralen ein neues Absatzgebiet geschaffen wurde. Selbst kleine und kleinste Dörfchen besitzen vielfach heute schon elektrisches Licht, und werden die landwirtschaftlichen Arbeitsmaschinen zumeist elektrisch angetrieben.

Weiter sind durch die Herstellung hochkerziger, z. B. 400-bis 1000 kerziger Metallfadenlampen, teilweise auch die Bogenlampen ausgeschaltet worden. Heute sieht man schon viele Plätze und Straßen, besonders in den Großstädten, mit diesen Lampen beleuchtet, wobei noch durch Anwendung mehrerer Lampen in einer geschickten Armatur ein prachtvoller Lichteffekt erzielt wird. Für die Innenbeleuchtung von größeren Läden und Warenhäusern kommt in letzter Zeit an Stelle der Bogenlampen fast nur noch die hochkerzige Metallfadenlampe in Frage. Wenngleich auch die Bogenlampen etwas ökonomischer brennen als die hochkerzigen Metallfadenlampen, so ist doch durch das Fortfallen der zeitraubenden Bedienung der

Bogenlampen, z. B. das Putzen und tägliche Einsetzen neuer Kohlenstifte, bei Verwendung von Metallfadenlampen ein entschiedener Vorteil zu verzeichnen. Besonders ausschlaggebend wirkten hierbei auch die im Laufe der letzten Jahre erzielte hohe Lebensdauer und der Rückgang der Preise.

Auch die Produktion der sogenannten kleinen Lampen ist ganz wesentlich durch die neuen Verwendungsgebiete gesteigert worden. Ich erwähne hierbei nur die Verwendung dieser Lampen als Lichtquelle für Scheinwerfer von Automobilen und Taschenlampen und nicht zuletzt für Illuminations- und Reklamebeleuchtungszwecke.

Aus dem interessanten, kürzlich erschienenen Werkchen von Otto Vent (Verlag Franz Siemenroth, Berlin, 1913) entnehme ich folgende für sich sprechende Zahlen.

So betrug z. B. der Wert der Ausfuhr an Glühlampen (Kohlefaden und Metallfadenlampen) zusammengenommen aus Deutschland:

im Jahre	1901	. . . . .	2 855 000 Mk.
„ „	1904	. . . . .	3 257 000 „
„ „	1906	. . . . .	4 986 000 „
„ „	1907	. . . . .	10 478 000 „
„ „	1908	. . . . .	20 082 000 „
„ „	1909	. . . . .	36 414 000 „
„ „	1910	. . . . .	49 520 000 „
„ „	1911	. . . . .	47 758 000 „

Man kann hieraus deutlich ersehen, daß seit den Jahren 1906 und 1907 der gewaltige Aufschwung beginnt, und zwar lediglich durch die Schaffung der Wolframmetallfadenlampe. Der Wert der exportierten Glühlampen hat sich innerhalb von zehn Jahren etwa um das 17 fache erhöht.

Hochinteressant sind auch die Exportzahlen für die einzelnen Länder. Während z. B. Länder wie Dänemark, Niederlande, Portugal und Rumänien während der Jahre 1906—1911 fast gleichmäßige Quanten an Glühlampen importiert haben, so haben andere Länder, wie z. B. Frankreich, Italien, Österreich-Ungarn, Rußland, Finnland, China, Japan und andere, den Import von Lampen aus Deutschland enorm gesteigert.

Anderseits läßt sich auch aus den Exportziffern erkennen, daß verschiedene Staaten anfänglich wohl große Quantitäten importiert, dann aber allmählich ihre eigene Fabrikation derart ausgebaut und gesteigert haben, daß sie in absehbarer Zeit in der Lage sein werden, fast den gesamten Bedarf selbst zu produzieren.

Als Beispiel führe ich z. B. Großbritannien an, dessen Importzahlen aus Deutschland sich folgendermaßen stellen:

1908	3144 dz
1909	4448 „
1910	5596 „
1911	3192 „

Ein ähnliches Verhältnis liegt vor in Schweden.

Für die saubere und geschickte Ausführung eines Teiles der Zeichnungen, Skizzen und Photographien gestatte ich mir auch an dieser Stelle Herrn Elektrotechniker Bruno Faßmann in Berlin meinen verbindlichsten Dank auszusprechen.

Ebenso danke ich allen Fabriken und befreundeten Glühlampentechnikern für die Überlassung von entsprechendem Material. Bei einer eventuellen Neuauflage bitte ich, mich auch fernerhin gütigst unterstützen zu wollen.

Ich gebe mich der angenehmen Hoffnung hin, daß auch dieses Werk dieselbe freundliche Aufnahme finden wird wie die früheren Veröffentlichungen.

Charlottenburg, im Januar 1914.

C. Heinrich Weber.

Inhaltsverzeichnis.

Erstes Kapitel.

Geschichtliche Entwicklung der Metallfadenlampe.

A. Allgemeiner Überblick.

Beim Studium der Entwicklung der Glühlampenfabrikation, das wohl eines der interessantesten auf dem gesamten elektrotechnischen Gebiet ist, läßt sich mit voller Klarheit ein ganz bestimmter Gang unterscheiden, der merkwürdige Umwege zeitigt bis zur Erreichung der heutigen Metallfadenlampen. Die ersten Glühlampen, wenn man sie so bezeichnen darf, waren ausgestattet mit Leuchtkörpern aus schwer schmelzbaren Metallen. Aus gewissen Gründen, die später erörtert werden sollen, erschienen diese Lampen als wenig brauchbar, so daß man, nachdem jetzt ein beschreitbarer Weg zur Erzeugung von Licht mit Hilfe des elektrischen Stromes gegeben war, nach brauchbaren Glühkörpern suchte. Da fand man rein zufällig, daß die Kohle der geeignetste Körper sei. Schon im Jahre 1838 machte Jobart in Brüssel den Vorschlag, dünne Kohlestäbchen mit den Stromzuführungsdrähten zu verbinden und diese nun, um eine Verbrennung der Kohle zu vermeiden, im luftverdünnten oder besser luftleeren Raum zum Glühen zu bringen. Dieser Gedanke wurde nun in der Folgezeit weiter ausgebaut, z. B. durch Heinrich Göbel, Starr, Sawyer und Man und nicht zuletzt von Thomas Alva Edison, bis schließlich die bekannte Kohlenfadenlampe entstand. Bei diesem Erfolg wollte man nicht stehen bleiben, und so entstanden die Versuche, die Lichtemission des Kohlefadens zu erhöhen durch bestimmte metallische oder metalloidische Zusätze. Ich erinnere hier nur kurz an die Versuche von Tibbits[1]), bei welchen organische Fasern wie Flachs und Seide mit Lösungen von wolframsauren Salzen getränkt und

---

[1]) La lumière electrique, T. XXXIV, pag. 379. 1889.

hierauf im Wasserstoffstrom bei hoher Temperatur geglüht
wurden. Bei dieser Manipulation unter Anwendung der geeigneten Salze schied sich nun in und auf der Oberfläche
Wolframmetall ab. Diese Fäden zeigten gegenüber den reinen
Kohlefäden schon ganz besondere Vorteile, so daß es außerordentlich merkwürdig berührt, daß diese Erfahrungen nicht
schon damals zu der heutigen Metallfadenlampe geführt haben.
Immerhin hatten diese verschiedenen Versuche den Erfolg, daß
man sich intensiver wieder den Metallen zuwandte. Interessant
ist es, daß zuerst ein Platinmetall, das Osmium, sich eine Bedeutung verschaffte, während kurz darauf, etwa im Jahre 1901,
die seltenen Erdmetalle Zirkonium und Tantal in Erscheinung
traten und wirklich praktische Verwendung fanden. Erst Ende
1904 und Anfang 1905 wurde die Bedeutung des Wolframs voll
und ganz erkannt.

Die Entwicklung der Metallfadenlampe wird also bezeichnet
durch folgende Schlagworte: Metallfadenlampe, Kohlefadenlampe,
Kohlefadenlampe mit metallischen Zusätzen oder Überzügen und
endlich wieder Metallfadenlampe.

Es ist wohl selbstverständlich, daß auch andere Momente
einen großen Einfluß auf die Entwicklung der elektrischen Glühlampe ausübten. Ich bemerke nur, daß die nach und nach eingeführten Verbesserungen zumeist bedingt waren von den Be-
strebungen, die Lampen zum Gebrauch für das große Publikum
möglichst billig herzustellen und den Stromverbrauch so weit
als denkbar zu verringern, d. h. die Ökonomie der Lampe zu
vergrößern. Eine weitere große Rolle spielte selbstverständlich
auch die Verlängerung der sogenannten Lebensdauer der Lampen;
sie sollen außerdem möglichst unempfindlich gegen Stoß, am besten
unzerbrechlich sein und sich ferner an alle gegebenen Betriebs-
verhältnisse anpassen, was sowohl die Spannung als die Strom-
art anbelangt. Weiter wird speziell in der neuesten Zeit verlangt,
daß die Lampen auch möglichst klein sind, um den Raum und
das Gewicht der Lampen besonders für den Versand und Export
recht günstig zu gestalten. Es mußten also vielerlei Wünsche
erfüllt werden, ehe die heutige Metallfadenlampe die befriedigenden
Resultate gab.

Nach diesem kurzen Überblick soll nun in folgendem etwas
ausführlicher der Entwicklungsgang der reinen Metallfadenlampe

geschildert werden. Ich bemerke aber gleich, daß ich, um ein klares Bild geben zu können, gezwungen war, nur die wichtigsten Merksteine der Entwicklung zu behandeln, unter Weglassung des Nebensächlichen bei möglichst genauer Einhaltung der Chronologie. Für weitere Informationen verweise ich auf meine beiden ebenfalls im Verlag der Firma Dr. Max Jänecke, Leipzig, erschienenen Bücher, und zwar „Die Kohlenglühfäden" 1907, S. 1—27, und „Die elektrischen Kohlenglühfadenlampen" 1908, S. 6—17.

B. Die Platin- und Iridiumlampe.

Wie ich schon oben kurz anführte, war die erste elektrische Glühlampe eine Metallfadenlampe, und zwar bestand der Glühkörper aus Platindraht. Daß dünne Metalldrähte von schwer schmelzbaren Metallen mit Hilfe des elektrischen Stromes zum Glühen gebracht werden können, ist eine Erfahrung, die fast ebenso alt ist wie die genaue Kenntnis des Wesens der Elektrizität. Der bekannte Forscher Humphrey Davy, der sich ganz besonders mit dem Studium der galvanischen Elemente befaßte, erkannte, daß sich mit Hilfe einer Reihe Elemente das Glühen eines Stückes dünnen Platindrahtes hervorrufen lasse. Diese im Jahre 1802 gemachte Beobachtung wurde aber von Davy nicht in die Praxis umgesetzt, d. h. diese Erfahrung wurde damals noch nicht praktisch zur Lichterzeugung ausgebaut. Erst lange Zeit später wurden diese Versuche von King in London und Loutin in Paris wiederholt, ohne aber weitere Erfolge zu zeitigen. 1841 stellte de Moleyns eine Lampe unter Verwendung einer Platinspirale her. Ein anderer Physiker, William Robert Grove, beschrieb in einem Fachjournal[1]) im Jahre 1845 eine elektrische Glühlampe, deren Lichterzeuger aus einer Reihe hintereinander geschalteter galvanischer Elemente (Grove-Elemente) in Verbindung mit einer der erzielten Spannung entsprechend langen Platinspirale aus dünnem Draht bestand. Um den Strom aus der Elementenserie in die Platinspirale zu schicken, waren an beiden Enden der Spirale dicke Kupferdrähte angeschmolzen. Nach den Beschreibungen im „Magazine" konnte Grove, der Ergiebigkeit seiner Elemente entsprechend, die

---

[1]) „Philosophical Magazine", III. Serie, Bd. 27, S. 442.

Drähte mehrere Stunden im Glühen erhalten. Ich möchte diesen Versuch als die erste wirklich andauernde Lichterzeugung auf elektrischem Wege bei Anwendung eines Metalldrahtes ansprechen, wenngleich auch von einem Einfluß dieser „Lichterzeugungsmethode" Groves in die Praxis absolut keine Rede sein kann und konnte. Die Lichterzeugung mit Hilfe des elektrischen Stromes war und blieb verschlossen, bis man aber lernte, durch Anwendung der Dynamomaschinen dauernd und sicher elektrischen Strom zu erzeugen.

Auch F. M. A. Chauvin[1]) verwendet einen feinen Platindraht in Spiralform (Fig. 1) zur Herstellung einer elektrischen Vakuumlampe. Wie zu ersehen ist, war die Konstruktion die denkbar einfachste, und erfolgte die Abdichtung des Glasballons durch einen Gummistopfen.

Nach der Erfindung der Dynamomaschinen und der damit verbundenen Möglichkeit, dauernd Strom von beliebiger Spannung und Stromstärke zu erzeugen, griff auch der weltberühmte Erfinder Thomas Alva Edison die Beobachtungen von Davy und die Erfolge von Grove wieder auf und beschäftigte sich neben Hiram S. Maxim, der im November 1877 ein Patent auf eine Platinlampe erhielt, in den Jahren 1876—1878 intensiv mit der Schaffung einer brauchbaren Platindrahtlampe. Ich habe schon an anderer Stelle von der Zähigkeit Edisons berichtet, mit der der berühmte Gelehrte aus Menlo-Park an diesem Gedanken hing. Optimist durch und durch, glaubte Edison, daß der gesamte Platinvorrat der Welt nicht ausreichen werde, um die Nachfrage an Platindrahtlampen auch nur einigermaßen befriedigen zu können. Da ein brauchbarer Ersatz für Platin damals nicht bekannt war und die verschiedenen Ver-

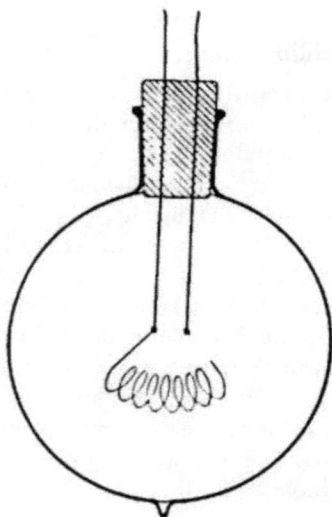

Fig. 1.

---

[1]) Brit. Patent 2410 vom Jahre 1875.

suche auch kein Ersatzmaterial zeitigten, so scheute Edison keine Kosten, um weitere Platinfundorte auf der Erde zu entdecken. Zu diesem Zwecke verpflichtete Edison eine Anzahl bewährter Bergsachverständiger, die nun auszogen, um in Mexiko, Kalifornien und in den Berg- und Flußgebieten von Mittel- und Südamerika nach Platin zu suchen.

Die Konstruktion der Edisonschen Platinlampe war etwa folgende: Verwendet wurde Platindraht von 0,005 Zoll (engl.) Durchmesser und 30 Fuß (engl.) Länge. Dieser Draht wurde nun um einen Kalkzylinder gewickelt und die Stromzufuhr durch angeschweißte Kupferdrähte bewirkt. Es stellte sich bald heraus, daß an den Auflagestellen des Platindrahtes auf dem Kalkzylinder der Draht sehr leicht zerstört wurde. Diesen Übelstand vermied später Edison dadurch, daß er dem Kalk Silikate von Magnesia oder auch reine Magnesia zusetzte. Um eine genügende Helligkeit zu erzielen, mußte selbstverständlich der Draht bis nahe der Weißglut erhitzt werden. Es trat nun sehr oft bei der ungenügenden Zuverlässigkeit der damaligen Stromquellen eine Überhitzung und damit sofortiges Durchschmelzen des Drahtes ein. Auch die Halterung des Drahtes, d. h. das Umwickeln des Zylinders mit dem sehr feinen

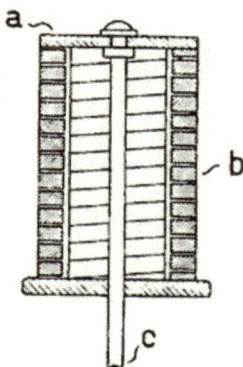

Fig. 2.

Draht bot fast unüberwindbare Schwierigkeiten, da zu leicht bei der abwechselnden Ausdehnung und Zusammenziehung das Reißen des Drahtes veranlaßt wurde. Der Widerstand dieser Lampe betrug heiß gemessen ca. 750 Ohm.

In Fig. 2 wird eine weitere Verbesserung der Edisonschen [1]) Platinlampe angedeutet. Der zur Verwendung gelangende feine Platindraht wird zuerst mit einem Überzug von hochschmelzenden Oxyden, wie Kalk, Magnesia und dergleichen, versehen und nun erst um den Zylinder b, der mit Rillen versehen ist, gewickelt. Eine Platte a ist mit Hilfe des Stäbchens c mit dem Zylinder derart verbunden, daß eine gewisse Ausdehnung des ganzen Systems ermöglicht wird.

---

[1]) Brit. Patent 5306 vom 28. Dezember 1878.

Edison glaubte nun mit dieser Lampe mit einem Schlage dem Verbrauch von Leuchtgas den Garaus zu machen, und infolge von Veröffentlichungen in marktschreierischen Zeitungen, die aber wohl nicht auf Edison zurückzuführen sind, wurde dies auch geglaubt. An den Börsen, speziell der Neuyorker und Londoner, entstand eine wahre Panik, die einen kolossalen Sturz der Aktien der großen Gasgesellschaften zur Folge hatte. Es wurde nämlich in alle Welt hinausposaunt, daß durch die Edisonsche Erfindung, die in Wahrheit gar keine war, die Kosten zur Erzeugung derselben Lichtmenge nur etwa ein Drittel der des Gasverbrauches betrügen. Sehr bald aber wurde erkannt, daß, abgesehen von dem enormen Preise dieser elektrischen Glühlampe und dem bisher nur sehr beschränkten Verwendungsgebiet, die Lampe so ziemlich das Unpraktischste darstellte, was sich denken ließ. Heute kennen wir ja allerdings besser die Gründe der Unbrauchbarkeit dieser Lampe, besonders den zu niedrigen Schmelzpunkt des Platins (ca. 1750° C). Die Lampe dürfte wohl etwa 10—12 Watt Energie pro Hefnerkerze verbrauchen, und zwar zu einer Zeit, in der der elektrische Strom sehr teuer war. Später verwendete Edison auch Legierungen von Platin mit Iridium und anderen Metallen [1]).

Immerhin muß man anerkennen, daß Edison sehr bald einsah, daß seine Platinlampe ein Mißgriff war. Besonders sein Elektrophysiker, Francis R. Upton in Menlo-Park, überzeugte ihn, daß nur Drähte von sehr hohem elektrischen Widerstand und höherem Schmelzpunkt als der des Platins einen bleibenden Erfolg aufweisen können. Ich verweise hierbei auf das hochinteressante Werkchen von Franklin Leonard Pope: „Evolution of the electric Incandescent Lamp", erschienen 1889 in Elizabeth, N. Y., U. S. A., Herausgeber Henry Cook.

Eine weitere recht einfache Konstruktion zeigt die Platinlampe von St. G. L. Fox [1]), die als Vakuumlampe funktionieren sollte. Der Platindraht a wird, wie in Fig. 3 angegeben, in einfachster Weise über ein Stäbchen c aus Glas oder einem hochschmelzenden Material gewunden und ist an den Enden mit den Elektroden b fest verbunden. Der Glaskörper d wird

---

[1]) D.R.P. 9165 vom 13. November 1878.
[2] Brit. Patent 3988 vom 9. Okt. 1878.

durch den aufgekitteten Deckel *c* hermetisch verschlossen. An Stelle des Vakuums kann auch eine Füllung mit Stickstoff verwendet werden.

Pulvermacher[1]) schlägt an Stelle des Drahtes als geeigneter Platinfolie vor.

Eine eigenartige Verbindung von Kohlefaden und Platindrahtlampe hat sich T. E. Gatehouse[2]) patentieren lassen. In

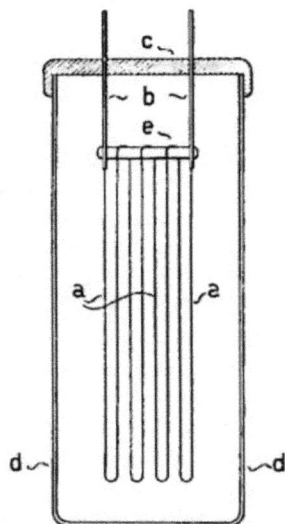 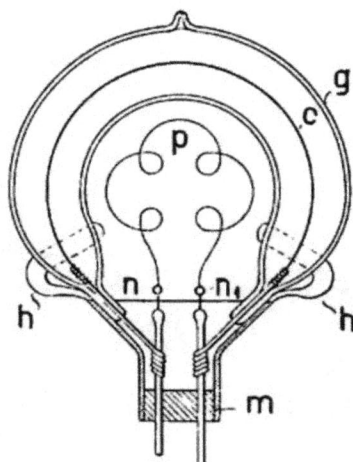

Fig. 3.   Fig. 4.

Fig. 4 ist eine der zahlreichen Ausführungsformen dargestellt. Die Glocke besteht hierbei aus zwei Teilen. Der Kohlefaden *c* befindet sich in dem äußeren Teil *g* des Ballons, welcher gut evakuiert wird, während der Platindraht *P* im inneren Teil der Glocke an die Elektroden *n* und *n₁* befestigt ist. Der Abschluß dieses Teiles erfolgt durch einen einfachen Korken *m*. Die Anbringung des Kohlefadens soll eine ziemlich genaue Regulierung des Widerstandes der Lampe ermöglichen.

Bei Verwendung von Platinstäbchen und kurzen Platinspiralen als Leuchtkörper kam es sehr oft bei den damaligen

---

[1]) Brit. Patent 4180 vom Jahre 1878.
[2]) Brit. Patent 3240 vom 25. Juli 1891.

großen Spannungsschwankungen vor, daß infolge von plötzlicher Überhitzung diese Körper durchbrannten. Um nun diesen Übelstand zu vermeiden, wurden sinnreiche Anordnungen getroffen, deren instruktivste hier kurz Erwähnung finden sollen. Eine ganze Reihe derartiger Sicherheitskonstruktionen stammt von Edison[1]), so auch die in Fig. 5 dargestellte.

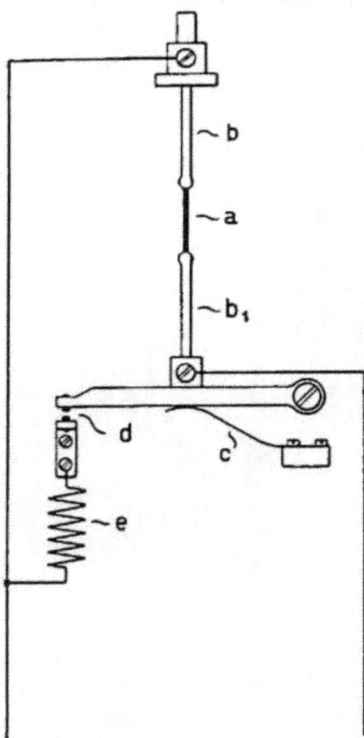

Fig. 5.

a ist der Platinglühkörper, der fest mit den Elektroden b und b_1 verbunden ist. b_1 ruht auf einer Feder c, die bei starker Ausdehnung des Glühkörpers a infolge übermäßiger Erhitzung heruntergedrückt wird, bis die Kontakte d sich berühren. In diesem Moment wird fast der gesamte elektrische Strom durch c nach b geleitet, so daß eine plötzliche Abkühlung des Platinstäbchens a eintritt und so ein Zerreißen oder Durchschmelzen vermieden wird.

Eine ähnliche Konstruktion, auf gleichem Prinzip beruhend, stammt von J. E. Stokes[2]) (Fig. 6). Inmitten der Platinspirale a ist ein dicker Medalldraht b angeordnet, der fest mit c und d verbunden ist. Durch zu starke Erhitzung des Drahtes b durch die glühende Spirale a wird in gleicher Weise wie bei der Edisonschen Konstruktion der Kontakt bei c hergestellt und der Strom aus a ausgeschaltet. Mit Hilfe einer Schraube kann die Entfernung bei c genau bis zur höchsten zulässigen Grenze vor dem Durchbrennen des Glühkörpers eingestellt werden.

[1]) Brit. Patent 4226 vom 23. Okt. 1878.
[2]) Brit. Patent 4283 vom 25. Okt. 1878.

Auch das Iridium, schon 1848 von S t a i t e und 1849 von
P é t r i e vorgeschlagen, welches neben Palladium, Rhodium,
Osmium und Ruthenium ein beständiger Begleiter des Platin-

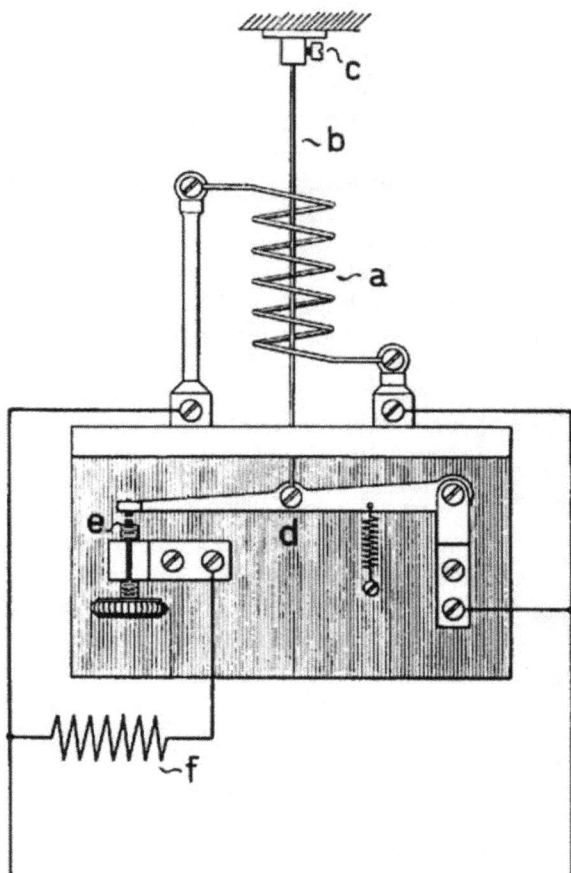

Fig. 6.

metalles ist, erwies sich nicht als geeignet, trotzdem es einen
höheren spezifischen elektrischen Widerstand und einen höheren
Schmelzpunkt (zirka 1950° C) besitzt. Reines Iridium ist aber
so spröde und so hart, daß es mit den damals bekannten Hilfsmitteln nicht zu den dünnsten notwendigen Drähten ausgezogen

werden konnte. Erst in neuerer Zeit wurde Iridium wieder, allerdings nur in kleinstem Maßstabe in Anwendung gebracht, und zwar von Jacob Gülcher[1]). Um die feinen Drähte mit einem stark erhöhten elektrischen Widerstand zu erzielen, verwandte Gülcher feinstes Iridiummoor in Staubform, stellte mit Hilfe eines geeigneten Bindemittels eine preßfähige Paste her und preßte die Paste zu Fäden aus. Diese wurden nun geglüht, gesintert und so möglichst kohlenstofffrei gemacht. Zur Ausübung des Verfahrens wurde folgende Methode angewendet: Iridiummoor enthält bekanntlich noch gewisse Mengen Iridiumoxyde, so daß also ein Weg beschritten werden muß, diese schädlichen Oxyde zu entfernen. Zu diesem Zweck wird dieses Moor mit dem Bindemittel innig verrieben, die gepreßten Fäden zunächst an der Luft getrocknet und nun in einer Wasserstoffatmosphäre zur vollständigen Reduktion der Oxyde gebrannt. Schließlich werden diese Fäden, die nun noch nicht kohlenstofffrei sind, einer von außen zugeführten hohen Wärme ausgesetzt, und zwar an der Luft, um die Verbrennung des Kohlenstoffes zu bewirken. Diese Zuführung von Wärme geschieht zweckmäßig in der Weise, daß man die Fäden ohne irgendwelchen Schutz in eine offene Knallgasflamme bringt und sie so auf höchste Weißglut erhitzt. Eine große Bedeutung erwarb sich dieses Verfahren aber nicht, da diese Fäden meines Wissens nach nur für niedervoltige Lämpchen verwendet wurden.

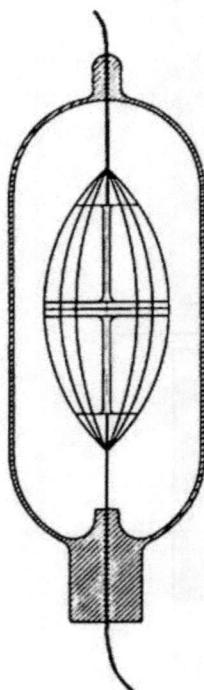

Fig. 7.

Auch W. R. Lake[2]) konstruierte eine Platindrahtlampe (Fig. 7), die aus mehreren einzelnen feinen Platin- oder Iridiumdrähten in geschickter Weise angefertigt war, und wobei das ganze Glühsystem im Vakuum brannte. Diese Lampe besitzt in ihrer ganzen Anordnung eine ziemliche Ähnlichkeit mit einer heutigen Metallfadenlampe.

[1]) D. R. P. 145 456 vom 13. Mai 1902 und 145 457 vom 9. Juli 1902.
[2]) Brit. Patent 5233 vom Jahre 1881.

Nicht uninteressant sind endlich noch die Versuche, um durch Überziehen der feinen Platin- oder Iridiumdrähte mit hochschmelzenden Materialien, wie den Oxyden der seltenen Erden, den Widerstand und die Haltbarkeit der Glühkörper zu erhöhen.

Erwähnenswert ist hierbei das Verfahren von Th. Burmester[1]), welcher den Platindraht mit einer möglichst gleichmäßigen Schicht von Tonerde bedeckte. Der so vorbereitete Glühfaden wurde nun zur Halterung über ein mit Tonerde überzogenes Porzellan- oder Glasstäbchen spiralartig aufgewunden.

Thomas Alva Edison[2]) verwendete zum Überzug an Stelle der Tonerde neben Magnesium auch die Oxyde der seltenen Erden, vorzugsweise das Thor- und Ceroxyd. Zu diesem Zwecke zieht er die Platin- oder Platiniridiumdrähte durch einen Schwamm, der mit entsprechenden konzentrierten Metalloxydlösungen getränkt ist. Nach dem Trocknen werden die Drähte im Vakuum geglüht, um den Überzug möglichst festhaftend zu erhalten. Durch diese Präparierung z. B. mit Magnesia soll der Draht gegen Verbrennen außerordentlich widerstandsfähig und in der Weißglut elastisch erhalten werden. Die Wirkungsweise dieser oxydischen Oberfläche wird am besten durch folgende von Edison gegebenen Zahlen erläutert: während eine reine Platinspirale von 5 qmm Oberfläche nur bis zum Ausstrahlen von 4 Hefnerkerzen erhitzt werden konnte und dann glatt durchschmolz, so konnte der elektrische Strom bei einer Spirale mit gleicher Oberfläche, jedoch in der beschriebenen Weise behandelt bis zur Aussendung von 40 Hefnerkerzen gesteigert werden, ohne daß ein Durchschmelzen eintrat.

Eine ähnliche Methode wendet auch Lane Fox[3]) an, indem er Platindrähte in besonderer Weise mit feinem Asbestpulver, feuerfestem Ton, Kalk, Magnesia, Speckstein und dergleichen überzieht.

Selbstverständlich hat man auch versucht, die Platin- oder Iridiumdrähte mit Kohle und höher schmelzbaren Metallen oder Metalloiden zu überziehen. Ganz besondere Anwendung fanden hierbei das Bor und Silizium und die Metalle Chrom, Molybdän,

---

[1]) D. R. P. 5956.
[2]) D. R. P. 14058 und brit. Patent 5306 vom Jahre 1878.
[3]) Brit. Patent 4043 vom Jahre 1878.

Uran und Wolfram. Der Zweck bestand nicht allein darin, den sehr niedrigen elektrischen Widerstand der Platinfäden zu erhöhen und so mit einer geringeren Fadenlänge auszukommen, sondern vor allen Dingen darin, um die hergestellten Lampen zur Erzielung einer besseren Ökonomie höher belasten zu können, ohne ein frühzeitiges Durchschmelzen befürchten zu müssen.

So wählt Edison[1]) einen Überzug von Kohle, der entweder durch Auftragen einer geeigneten kohlenstoffhaltigen Paste und nachfolgendem Trocknen und Ausglühen oder besser durch Aufpräparieren von Kohlenstoff durch elektrisches Erhitzen der Platin- oder Iridiumdrähte in gasförmigen Kohlenwasserstoffen hergestellt wird.

Auch Cruto[2]), der Mitbegründer der bekannten italienischen Glühlampenfabrik Edison & Cruto (jetzt Societa Edison per la Fabbricazione delle Lampade) verwendet zur Verbesserung des Glühfadens aus Platindraht einen dichten Überzug von aufpräparierter graphitischer Kohle.

Zum Überziehen der Platinfäden mit schwerschmelzbaren Metallen oder Metalloxyden schlägt A. de Lodyguine[3]) im Jahre 1893 folgende vier Metallgruppen als besonders geeignet vor, bei welchen allerdings entsprechend ihren Eigenschaften sehr verschiedene Methoden zur Anwendung gelangen mußten. Diese vier Metallgruppen sind:

1. Rhodium und Iridium,
2. Ruthenium und Osmium,
3. Molybdän und Wolfram,
4. Chrom.

Sollen Überzüge aus den Metallen der ersten Gruppe hergestellt werden, so verwendet Lodyguine die Lösungen der Haloide und Oxysalze als Elektrolyt. Bei dieser Arbeitsweise entstehen entweder direkt die reinen Metallniederschläge oder eventuell auch die Oxyde dieser Metalle, welche nun erforderlichenfalls durch Glühen im Wasserstoffstrom zu den Metallen reduziert werden können.

Zur Herstellung von Umhüllungen mit Metallen aus der

[1]) D. R. P. 9165 vom Jahre 1878.
[2]) D. R. P. 23344 vom 26. April 1882.
[3]) U. S. Patente Nr. 575002 und 575668.

zweiten Gruppe schlägt dieser Erfinder die „Präpariermethode" ein. Die durch Erhitzen der Säuren, z. B. Überosmiumsäure, entwickelten Dämpfe werden mit einer genügenden Menge des reduzierenden Wasserstoffgases vermischt und nun durch Glühen vermittels des elektrischen Stromes der gewünschte Niederschlag erzeugt. Auch kann bei Verwendung der geschmolzenen Salze als Elektrolyt der Überzug auf galvanischem Wege hergestellt werden.

Zur Darstellung einer gleichmäßigen und festen Schicht von Molybdän oder Wolfram auf der Platindrahtseele verflüchtigt Lodyguine bestimmte Chlorverbindungen dieser Metalle, mischt die entstandenen Dämpfe mit Wasserstoffgas und glüht den Platindraht in der vorgeschriebenen Weise mit Hilfe des elektrischen Stromes. Bei Verwendung eines Gasgemisches, welches einen großen Überschuß an Wasserstoff enthält, soll der erzeugte Niederschlag äußerst gleichmäßig, dicht und hart sein.

In ähnlicher Weise wird der Überzug von dem Metall der vierten erwähnten Gruppe, Chrom, gebildet. Am besten gelingt der Überzug, sofern die Dämpfe von Chromoxychlorid (CrO_2Cl_2) zur Anwendung gelangen. Beim Formieren des Platindrahtes in diesen Dämpfen tritt nun folgende Zersetzung ein:

$$2\,CrO_2Cl_2 = Cr_2O_3 + 2\,Cl_2 + O.$$

Es wird zunächst also das Chromoxyd gebildet, welches als Überzug auf dem Faden erscheint. Das Glühen im Wasserstoffstrom zur Bildung des Chrommetalles erfolgt hierauf als zweite Operation für sich allein, um eventuell Explosionen zu vermeiden. Auch hier kann die Darstellung des Überzuges auf galvanischem Wege erfolgen, wenn z. B. die geschmolzenen Chlorverbindungen des Chroms als Elektrolyt zur Anwendung gelangen.

In den Patenten von Lodyguine ist ferner noch mehrfach ausdrücklich darauf hingewiesen, daß man nach den beschriebenen Methoden auch zu den fast reinen Metallfäden der vier angeführten Gruppen gelangen kann, sofern die Glühtemperatur in vorsichtiger Weise über die Verdampfungstemperatur des Platins gesteigert wird. Es entstehen dann Röhrchen, die nur noch im Innern geringe Mengen des Platins aufweisen.

Es sind schließlich noch die Mischungen von Platin oder Iridium mit den Oxyden der Erden oder seltenen Erden zu erwähnen. So überzieht Gans[1]) Stäbchen aus den Oxyden der seltenen Erden, wie Thorium, Zirkon usw., mit einer Schicht von Platin oder Iridium, während die General Electric Comp.[2]) Amerika Glühkörper herstellte aus einem Gemisch von seltenen Erdoxyden mit 40% Iridium. Menges[3]) verwendet Glühkörper für elektrische Vakuumlampen, die erzeugt werden aus einer geeigneten Mischung von Iridium mit Titan oder anderen schwerschmelzbaren Metallen.

Gemenge von Platin- und Iridiummoor mit den Oxyden von Calcium, Magnesia und Aluminium zur Widerstandserhöhung der Fäden werden M. Müthel[4]) geschützt. Das geeignete Gemisch wird mit einer bestimmten Menge von Platinchlorid und Wasser zu einer teigartigen dicken Paste verarbeitet und hierauf die Fäden gepreßt. Nach dem Trocknen werden diese in einem Muffelofen zur hellen Rotglut erhitzt. Das Platiniridiummoor kann auch im Glühkörper selbst durch Reduktion einer Lösung von Platiniridiumchlorid in Lavendelöl oder durch elektrolytische Ausscheidung aus einer wässerigen Lösung des Doppelsalzes hergestellt werden.

Auch Edison[5]) empfiehlt eine Mischung von fein verteiltem Platin oder anderen Platinmetallen besonders mit Zirkonoxyd zum Pressen von Fäden mit hohem Widerstand.

C. Die Osmiumlampe (Auerlampe).

Ein anderes Begleitmetall des Platins und Iridiums, das Osmium, gelangte aber zu größerer Bedeutung und wurde eine Reihe von Jahren in ausgiebigem Maße zur Erzeugung von Metallfadenglühlampen verwendet. Das Osmium ist das am schwersten schmelzbare Metall der Platingruppe (Schmelzpunkt zirka 2600° C nach Pictet) und besitzt einen ziemlich hohen elektrischen Widerstand. Es erschien deshalb als sehr geeignet zur Verwendung als Glühkörper für elektrische Vakuumlampen und ergab Lampen, die zur Erzeugung einer Normalhefnerkerze

[1]) Brit. Patent 356 vom Jahre 1899.
[2]) Brit. Patent 16 425 vom Jahre 1904.
[3]) Brit. Patent 10 815 vom Jahre 1899.
[4]) D. R. P. 31 065.
[5]) D. R. P. 14 058 vom Jahre 1878.

eine Energie von 1,5—1,7 Watt erforderten. Die Lebensdauer der Lampen war eine sehr gute, nur hatten sie den Übelstand, daß sie nur für höchstens 75 Volt Spannung hergestellt werden konnten.

Das Osmium wurde 1803 von T e n n a n t entdeckt, und zwar findet es sich hauptsächlich in dem russischen Mineral Osmiridium. Es gibt ein dunkles selteneres Mineral mit etwa 75—80 %, Osmium, während das helle Mineral, welches zumeist zur Darstellung des Osmiums verwendet wird, etwa folgende Zusammensetzung besitzt:

Osmium	21—43 %
Iridium	77—53 %
Platin	1— 3 %

Außerdem enthält das Mineral Rhodium, Ruthenium, Eisen und Kupfer in variablen Mengen.

Zur Darstellung geht man am besten aus von der Überosmiumsäure oder überosmiumsauren Salzen und nachfolgender Reduktion mit Wasserstoff.

Schon im Jahre 1878 schlugen T. N. A r o n s o n und H. B. F a r m i e [1]) das Osmium zur Erzeugung von Glühkörpern für elektrische Vakuumlampen vor. Auch die Begleitmetalle, das Rhodium und Ruthenium, sollen gute Erfolge ergeben. Zur Widerstandserhöhung der Fäden werden außerdem gewisse Zusätze von anderen leitenden oder nicht leitenden Körpern verwendet.

Erst lange nachher, im Jahre 1898, beschäftigte sich das Pharmazeutische Institut von Ludwig Wilhelm G a n s [2]) wieder mit der Herstellung von Osmiumfäden. Das dabei angewandte Verfahren entspricht in gewissem Sinne den noch heute üblichen Pasteverfahren zur Erzeugung der Wolframfäden, da dort in ähnlicher Weise feines Osmiumpulver mit organischen Körpern zu einer preßfähigen Paste verarbeitet wird. Als geeignete organische Körper werden Kollodium- oder Guttaperchalösungen vorgeschlagen. Auch organische Osmiumverbindungen können angewendet werden, wobei als Bindemittel Platin- oder Goldsalze, vorzugsweise die Chloride mit Lavendelöl vermischt dienen.

----

[1]) Brit. Patent 4163 vom 18. Okt. 1878.
[2]) Brit. Patent 21 307 vom 10. Okt. 1898.

Die Osmiummetallfadenlampe, wie sie längere Zeit praktisch im Gebrauch war, wurde jedoch erfunden von Ritter Auer v. Welsbach[1]). Welsbach hatte ursprünglich die Absicht, um einen gegen Stoß möglichst widerstandsfähigen Faden zu erhalten, das Osmiummetall mechanisch zu bearbeiten, bis es streckbar wurde und dann zu feinen Drähten auszuziehen. Wegen der außerordentlichen Härte und Sprödigkeit gelang dies nicht, trotzdem in den Jahren 1898 bis 1900 ununterbrochen an diesem Problem gearbeitet wurde.

Man versuchte nun das Osmiummetall auf dünne, leichtschmelzbare Drähte, z. B. Silber und Platin usw., mit Hilfe einer geeigneten Paste möglichst gleichmäßig aufzustreichen und hierauf diesen Kern vermittels starker Erhitzung auf elektrischem Wege zu verdampfen. Dieses Verfahren bezeichnete Auer als das „Legierungsverfahren". Feine Platindrähte wurden mit Osmium oder Osmiumverbindungen in genügend dichter Schicht überzogen und dann in einer reduzierend wirkenden Gasatmosphäre erhitzt. Dabei wird die sehr spröde Osmium-Platinlegierung gebildet. Wenn dann das die Seele des Fadens bildende Platin bis zum Schmelzen erhitzt wird, so erhält man eine silberweiße Legierung von Osmiumplatin in feiner röhrenförmiger Gestalt. Aus dieser läßt sich durch allmählich gesteigerte Glühtemperatur mittels des elektrischen Stromes das Platin fast vollständig verflüchtigen, ohne daß die Legierung selbst schmilzt. Man erhält schließlich ein feines fast silberweißes Röhrchen.

Das Auftragen des Osmiums kann nun erfolgen durch Aufpinseln einer Osmiumlösung, die durch fein verteiltes Osmium oder Osmiumsulfid oder Tetrahydroxyd konsistenter gemacht worden ist. Die auf den Platindraht aufzutragende Osmiumschicht muß zur Erzielung großer Gleichmäßigkeit außerordentlich dünn sein, so daß, bis der Faden eine genügende Dicke erreicht hat, eine oftmalige Wiederholung des Bestreichens erfolgen muß.

Ein anderer Weg zur Erzielung der Osmiumschicht war der, daß der Platindraht durch den elektrischen Strom in einer reduzierenden Atmosphäre, die bei Gegenwart von Kohlenwasserstoffen reichlich Wasserdampf und Dämpfe von Überosmiumsäure enthalten muß, erhitzt wurde. Dabei scheidet sich auf dem Platindraht metallisches Osmium in feiner gleichmäßiger Schicht ab, sofern die Steigerung der Temperatur langsam und gleichmäßig erfolgt. Diese Wege waren gangbar [1]. Es stellte sich aber heraus, daß sich zunächst eine Legierung von Platin und Osmium bildete, die bei einem Gehalt von 4°/o und mehr an Platin beim Verdampfprozeß zu schmelzen begann. Aus diesem Grunde mußten die Drähte einen Querschnitt von mindestens dem zwanzigfachen des als Seele verwendeten Platindrahtes erhalten oder etwa den fünffachen Durchmesser. Da nun Platindrähte unter 0,02 mm nicht von gleichmäßigem Querschnitt zu haben waren, konnten die Osmiumfäden nicht schwächer als $^{1}/_{10}$ mm erhalten werden, d. h. also nur für Lampen von ein und mehr Ampere Stromverbrauch.

Es stellte sich nun bald das Bedürfnis heraus, Lampen von geringerem Stromverbrauch herzustellen. Es blieb nun nichts weiter übrig, den Faden mit Hilfe einer Paste aus feinem Osmiumpulver und einem organischen Bindemittel, z. B. einer dicken Celloidinlösung, auf dem Preßwege analog dem Gülcherschen Iridiumverfahren anzufertigen [2]. Der gepreßte Faden wurde nun in geeigneter Weise in die bekannte hufeisenartige Bügelform gebracht und getrocknet. Hierauf erfolgte das Glühen unter Luftabschluß oder bei Anwesenheit inerter Gase, um den größten Teil des kohlenstoffhaltigen Bindemittels zu entfernen und einen stromleitenden Rohfaden zu erhalten. Zur vollständigen Sinterung und Entkohlung dieser Rohfäden wurde jetzt die sogenannte Formierung [3] angewandt. Zu diesem Zwecke wurden sie in einen Rezipienten gebracht, in welchem Wasserdampf und besonders Wasserstoff in genügender Menge vorhanden war. Der durch den Faden hindurchgeschickte Strom bewirkte zuerst eine starke Kontraktion der Fäden, während bei Weißglut die fast vollkommene Entkohlung der Fäden infolge der Wechselwirkung von Wasserdämpfen bei Gegenwart von Wasserstoff eintrat.

Blau schildert in seinem Vortrag vom 14. Februar 1905 in der Sitzung des Elektrotechnischen Vereins zu Berlin anschaulich die Schwierigkeiten bei den verschiedenen Fabrikations-

---

[1] Dr. Fritz Blau, E.T.Z. 8, 1905, S. 197 ff.
[2] Das Auersche „Kohleverfahren".
[3] D. R. P. 140 468 und 143 454.

stufen. Beim Auspressen der Paste, die durch Saphire oder Diamanten erfolgte, zeigte es sich, daß die Fäden in ganz rätselhafter Weise sich nicht ruhig auf die zum Auffangen dienende Pappscheibe anlegten, sondern in schiefer Richtung, so daß hierdurch eine Deformierung der gewünschten Bügelform erfolgte. Der Grund dieser Erscheinung war der, daß die Pappen irgendeine starke statische elektrische Ladung erhalten hatten, was ganz besonders bei warmem, trockenem Wetter eintritt. Um die Pappen nun zu entladen, mußten sie vor der Benutzung stark erwärmt werden.

Die formierten Fäden besitzen eine große Festigkeit, sind aber noch porös und haben durchaus keine glatte Oberfläche. Unter dem Mikroskop betrachtet weisen sie zahlreiche kleine Vertiefungen und Ausbuchtungen auf, die für die Qualität eine nicht unbedeutende Rolle spielen sollen.

Die Befestigung der Fäden an die Elektroden geschah anfänglich mittels eines Kittes, der von A u e r „Osmiumzement" [1]) genannt wurde und im großen und ganzen aus einem wässerigen Brei von fein verteiltem Osmium und einer kleinen Menge Zuckerlösung bestand. Dieser Kitt ergab aber große Schwierigkeiten beim Evakuieren der Lampen, da er nicht weißglühend gemacht werden kann und hartnäckig Gase okkludiert enthält. Später wurden deshalb die Osmiumfäden einfach in Hülsen festgequetscht, und schließlich kam das elektrische Schweißverfahren in Anwendung.

Es war nun von der größten Wichtigkeit, das Osmium möglichst rein und in der feinsten Pulverform zu erhalten, um die Preßarbeit leichter zu gestalten. Um dies zu erreichen, war eine ziemlich langwierige chemische Trennung unerläßlich.

Nach B l a u erfolgte die Gewinnung des Osmiums aus dem Rückstand, welcher verbleibt beim Lösen der Platinerze in Königswasser. Dieser Rückstand, welcher in keiner Säure löslich ist, wird nun mit geeigneten Metallen, z. B. Zink, Zinn oder Blei, legiert. Hierbei geht das Osmiumiridium in einen fein verteilten Zustand über. Es kann nun durch Erhitzen im Sauerstoffstrom getrennt werden in das gebildete flüchtige Osmiumtetroxyd und das nicht veränderte Iridium. Ebenso kann

[1]) D. R. P. 138 135.

man das aufgeschlossene Platiniridium durch oxydierendes Schmelzen in lösliches Osmium und Iridiumverbindungen überführen, die dann getrennt werden.

Das Pressen erfolgte durch Diamantendüsen mit 0,03 bis 0,18 mm Bohrung. So betrugen z. B. für eine 37-Volt-Lampe 25 H.K. der Durchmesser des formierten Fadens 0,087 mm bei einer Gesamtfadenlänge von 280 mm. Der spezifische elektrische Widerstand dieser Lampe beträgt bei 20 ° C 0,095 Ohm, der bei Weißglut 0,80 Ohm, da, wie bei allen Metallen, der Temperaturkoeffizient ein positiver ist. Die Widerstandserhöhung bei derselben Stromdichte ist also etwa das 8,4 fache, im Gegensatz zu Wolfram, wobei dieselbe das 10,5—11 fache beträgt.

Hergestellt wurden zwei und drei Fadenlampen wie in Fig. 8 dargestellt von 16—200 Kerzen bei einer Spannung von 30—78 Volt. Die Osmiumlampe war demnach eine ausgesprochene Serienlampe, die auch in der Fabrikation die größte Sorgfalt erforderte. Außer diesen Serienlampen waren aber auch Lampen niedrigerer Spannung erhältlich. Wegen der Kostbarkeit des Fadenmaterials wurden die Lampen zurückgekauft oder nur verliehen. Sobald eine Lampe ausgebrannt war, wurde eine neue Lampe geliefert und die alte zu einem angemessenen Preis zurückgekauft. Die Halter *a* bestanden hierbei aus Thorium-

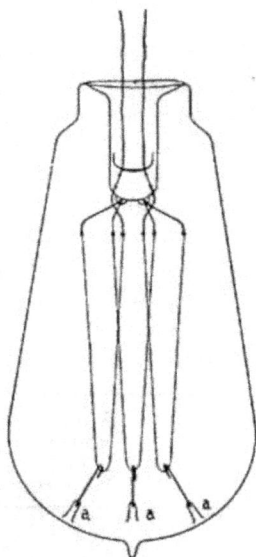

Fig. 8.

oxyd oder Gemischen von hochschmelzenden Oxyden der Erden und seltenen Erden.

Die Lampe kam 1902 auf den Markt und war verschiedentlich noch 1907 im Gebrauch, erreichte also nur ein Alter von fünf Jahren.

Lombardi[1]) hat nun interessante Versuche angestellt, um die elektrischen Größen bei den verschiedenen Spannungen zu

---

[1]) Lombardi, E.T. Z. 25. S. 41 ff. 1904; Eclair électr. 38, S. 389.94. 1904.

bestimmen, und ist dabei zu den überraschenden Resultaten gekommen, daß die Temperatur des glühenden Osmiumfadens
niedriger ist als die des glühenden Kohlefadens. Lombardi
ist deshalb der Meinung, daß das Osmium zweifellos ein er-
höhteres Lichtemissionsvermögen als Kohle besitzt, daß also bei
gleichen Temperaturen Osmium pro Quadrateinheit mehr Licht
ausstrahlt als Kohle. Diese Theorie ist des öfteren angezweifelt
worden, der Verfasser kann aber aus seinen reichhaltigen Versuchen diese Ansicht nur bestätigen. Er verweist nur hierbei
auf den bekannten Versuch mit dem Thoriumlichtglühkörper,
bei welchem bei Innehaltung desselben Gasverbrauches durch
Aufblasen einer bestimmten Cersalzlösung eine starke Erhöhung
der ausgestrahlten Lichtmenge offensichtlich eintritt. Weiter
verweist er auf die Versuche, die Lichtemission von Kohle-
fadenglühkörpern durch bestimmte metallische und metalloidische
Zusätze günstig zu beeinflussen. Nach Lombardi verhielt
sich nun eine Osmiumlampe von 36 Volt und 25 HK. wie in
nachstehender Tabelle angegeben. Die Messungen erfolgten
nach der Weberschen Methode und ergaben, daß die Temperatur
des Osmiumfadens weit über 100 ^{0} C niedriger ist als die des
Kohlefadens.

Spannung in Volt	Strom- stärke in Ampere	Wider- stand in Ohm	Energie- verbrauch in Watt	Horizon- tale Licht- stärke in HK.	Watt pro HK.	Absolute Tem- peratur in Celsius
12,0	0,519	23,1	6,23	0,17	37,10	1088
16,0	0,619	25,8	9,90	0,77	12,80	1180
20,0	0,712	28,1	14,24	2,22	6,42	1250
24,0	0,800	30,0	19,20	5,02	3,82	1310
28,0	0,884	31,7	24,76	10,19	2,43	1360
32,0	0,964	33,2	30,84	18,42	1,67	1404
36,0	1,040	34,6	37,44	30,20	1,24	1443
40,0	1,113	35,9	44,51	45,30	0,98	1477
44,0	1,187	37,1	52,20	66,90	0,78	1510
48,0	1,257	38,2	60,30	89,60	0,67	1539

Neuere Messungen, z. B. die von Wedding, ergaben eine
Temperatur von etwa 1910 ^{0} C, während die Physikalisch Technische Reichsanstalt 1850 ^{0} bestimmte. Aber auch diese wesentlich höheren Temperaturen lassen noch zweifelsfrei die oben

erwähnte Theorie der verschiedenen Lichtemissionsfähigkeit verschiedener Körper zu.

Blau[1]) hat auch bei einer Belastung von 1,5 Watt pro Hefnerkerze die Oberfläche für jede emittierte Hefnerkerze bestimmt. Dieselbe beträgt im Mittel 3,1 qmm, während die Fläche bei gleicher Belastung für den Kohlefaden zu nur ca. 1,6 qmm ermittelt wurde. Blau glaubt auch, daß die Osmiumlampe höher als mit 1,5 Watt pro Hefnerkerze belastet werden könne, ohne daß eine zu rasche Zerstäubung des Fadens eintreten würde. Aus praktischen Gründen geschieht dies aber nicht, da dann Strukturveränderungen des Fadens eintreten, die die Stabilität desselben sehr herabsetzen und die Lampe zerbrechlich machen.

F. G. Baily[2]) erhielt ähnliche Resultate wie Lombardi.

Was die Lebensdauer und elektrische Kontanz der Osmiumlampe anbelangt, so waren beide recht gut. Wie aus den mannigfachen Prüfungen[3]) hervorgeht, so betrug die durchschnittliche Nutzbrenndauer etwa 1000—1200 Stunden, wobei im allgemeinen eine Lichtabnahme von 10—15% eintrat. Ein großer Prozentsatz der Lampen brannte aber weit über 1500 Stunden, wobei zu berücksichtigen ist, daß durch das Brennen der Lampen in Serie bei nur geringen Schwankungen der elektrischen Konstanten die Gefahr der Zerstörung vergrößert ist.

Der Verfasser konnte Mitte 1904[4]) selbst eine Reihe von Osmiumlampen auf Nutzbrenndauer beobachten, und sind in der folgenden Tabelle die Resultate wiedergegeben. Die absolute Lebensdauer liegt nach den Untersuchungen von Wedding sehr hoch, da Zeiten von 4—5000 Stunden beobachtet werden konnten.

Beide Lampen zeigen das typische Verhalten aller Metallfadenlampen, nämlich, daß sowohl die Stromstärke als auch die

---

[1]) Blau, E. T. Z. 26, S. 198 ff., 1905; Electr. Review N. Y. 46, p. 467, 1905.

[2]) Baily, The Electr. 52, p. 646, 1904, und Schill. J. f. Gasbel. 47, S. 482 ff., 1904.

[3]) Prüfungsschein II. 2497a vom Jahre 1903 und Z. f. El. 23, S. 527, 1905.

[4]) August 1904 im Laboratorium von Siemens & Halske.

Helligkeit in der ersten Zeit um einen gewissen Maximalwert steigen. Diese Erscheinung beruht darauf, daß die kurze Formier- oder Sinterzeit bei der Herstellung der Fäden nicht ausreicht, um die vollständige Sinterung hervorzurufen; vielmehr tritt dieses erst nach einer längeren Brenndauer im Vakuum der Lampe ein. Die Gesamtoberfläche des Fadens wird also kleiner, so daß demnach bei Anwendung derselben elektrischen Energie die Lichtstärke wachsen muß.

Lampe I.

Stunden	Volt	Ampere	Hefnerkerze	Watt pro HK.	Besondere Bemerkungen
0	56	1,00	34,5	1,61	Glocke klar, kalt
100	56	1,01	34,5	1,63	„ „ „
200	56	1,00	34,0	1,64	„ „ „
300	56	1,00	34,0	1,64	„ „ „
500	56	0,99	33,0	1,68	„ „ leicht warm
750	56	0,99	32,0	1,73	„ „ „
1000	56	0,99	30,5	1,82	„ gebräunt,
1200	56	0,97	28,0	1,90	„ sehr braun, heiß
ca. 1300	56	—	—		„ schwarz, ausgebrannt

Lampe II.

Stunden	Volt	Ampere	Hefnerkerze	Watt pro HK.	Besondere Bemerkungen
0	56	0,99	34,0	1,63	Glocke klar, kalt
100	56	1,00	35,5	1,58	„ „ „
200	56	1,00	35,0	1,60	„ „ „
300	56	1,00	35,0	1,60	„ „ „
500	56	0,99	34,0	1,63	„ mäßig warm
750	56	0,99	33,5	1,65	„ „
1000	56	0,99	33,0	1,68	„ leicht braun, mäßig warm
1200	56	0,99	33,0	1,68	„ „ „ „
1500	56	0,98	32,5	1,68	„ braun, warm
1750	56	0,98	32,0	1,71	„ sehr braun, warm
2000	56	0,97	30,0	1,81	„
ca. 2050	56	—	—	—	„ schwarz, durchgebrannt

Lampe I und II brannten bis 1300 Stunden in Serie, Lampe II von da ab für sich allein.

Aus den Tabellen ersieht man auch ferner, daß nach 1000 Brennstunden die Lichtstärke bei Lampe I um 6,2 %, bei

Lampe II um 3 % abgenommen hat, Resultate, die als vorzüglich bezeichnet werden müssen, wenngleich auch das normale Fabrikat hinter diesen zurückblieb.

Auch schrauben- oder spiralförmige Osmiumfäden [1]) wurden zur Erzeugung hochvoltiger Lampen angewendet. Hierzu ist zu bemerken, daß die Spiralen von ganz geringem Durchmesser sein mußten, um eine Deformation beim Glühen zu vermeiden. Die Herstellung solcher Spiralen erfolgte dadurch, daß man den aus der Osmiumpaste hergestellten Rohfaden auf eine verbrennbare organische Unterlage aufrollte und diese dann durch gelindes Erhitzen verflüchtigte. Eine andere Methode war die, daß der Faden auf ein schwach konisches Stäbchen aufgerollt, das Ganze hierauf schwach erwärmt wurde, bis der Faden genügend erhärtet ist, um ihn vom Dorn abschieben zu können. Die so erhaltenen Spiralfäden wurden nun in der bekannten Weise formiert und zur Erzielung eines gleichmäßigen Widerstandes und Durchmessers nochmals in inerten Gasen, denen Dämpfe von Osmiumsäure beigemengt waren, egalisiert.

Die technische Durchführung dieses Verfahrens gelingt aber nur dann, wenn man der Osmiumpaste reinen Ruß, Lävulose oder gebrannten Zucker hinzufügt. Auch ein Zusatz von Gummiarabikum hat sich als praktisch erwiesen.

Es wurde bald erkannt, daß das Osmium für sich allein oder in Verbindung mit anderen Metallen oder Oxyden ein außerordentlich großes Absorptionsvermögen für Gase besitzt. Diese okkludierten Gase werden nun, im Gegensatz zu dem Verhalten anderer Metalle, auch bei hoher Temperatur nur sehr langsam abgegeben, so daß nach einer gewissen Brennzeit das Vakuum der Lampen allmählich verschlechtert wurde. Um diesen Übelstand vollkommen zu beheben, wandten die Deutsche Gasglühlicht-Akt.-Ges. in Berlin [2]) und die Österreichische Gasglühlicht- und Elektrizitätsgesellschaft in Wien [3]) folgendes Verfahren an.

Es wurden der Osmiumpaste Körper hinzugegeben, die ge-

---

[1]) D. R. P. 134 665 vom 21. Febr. 1900 und Elektr. Rundschau 20, S. 63, 1902.

[2]) D. R. P. 162 705 vom 11. April 1899.

[3]) D. R. P. 140 468 vom 24. Sept. 1898.

eignet waren, den überschüssigen schädlichen Sauerstoff zu entfernen. Man verwandte als Zusatz hierbei freie amorphe Kohle oder Körper, deren Oxyde bei Weißglut flüchtig waren, wie z. B. Titan, Aluminium, Magnesium, Silizium usw., oder auch Körper, deren Oxyde bei der im Faden herrschenden Weißglut beständig waren, wie z. B. Zirkon und Thorium. Bei den beiden ersten Körpergruppen verflüchtigten sich dieselben vollständig beim Formierprozeß, während die gebildeten Metalle der letzten Gruppe im Faden verblieben. Als Beispiel sei die Herstellung und das Verhalten eines Zirkonosmiumfadens geschildert. Der aus Zirkonoxyd, Osmium und Kohle bestehende Faden ist fast schwarz. Sobald die bei Weißglut liegende Reduktionstemperatur beim Formierprozeß erreicht ist, beginnt eine lebhafte Gasentwicklung. Der Faden sintert stark, während sein Leitungsvermögen schnell ansteigt. Das Aufhören der Gasbildung zeigt das Ende des Reduktionsprozesses an. Der nun aus Zirkonosmium bestehende Faden ist fast silberweiß geworden und besitzt in der Kälte eine größere Festigkeit und höhere Elastizität als ein reiner Osmiumfaden. Eigentümlich ist das hohe Widerstandsvermögen gegen chemische Agentien, wodurch als bewiesen angesehen werden kann, daß das Zirkon sich völlig mit dem Osmium legiert hat. Bei starker Erhitzung an der Luft leuchtet der Faden infolge der Verbrennung des Zirkons einen Moment in hellem Glanz auf.

Aber selbst die Fäden nach dieser Methode hergestellt geben noch geringe Mengen von Gasen ab, die in Verbindung mit den vom Glas des Ballons stammenden Gasen wie Wasserdampf und Kohlensäure die Erzeugung der vagabundierenden Ströme und damit auch die eintretende Zerstäubung des Fadens begünstigten.

Die Österreichische Gasglühlicht- und Elektrizitätsgesellschaft[1]) in Wien schlug nun vor, an Stelle der bisher gebräuchlichen Bleioxydgläser Ballons aus schwer schmelzendem natronhaltigen Kaliglas anzuwenden, ohne irgend welche Zusätze von Blei. Auch Öl- und Fettdämpfe sollten soviel als möglich ausgeschaltet werden, so daß zur Abdichtung der Verbindungen zwischen Glühlampe und Vakuumpumpe Gummischläuche vorgeschlagen werden, die mit Rizinusöl bestrichen sind. Auch

---

[1]) D.R.P. 143352 vom 20. Febr. 1900 und Zeitschr. f. Bel. 10. S. 58, 1904.

geschmolzener Schellack als Abdichtungsmittel hat sich bewährt.

Eine weitere Eigentümlichkeit der Osmiumlampe muß hier wenigstens angedeutet werden. Häufig trat nach einer gewissen Brenndauer das sogenannte „Spitzbrennen" der Osmiumfäden ein, d. h. die Fäden spitzten sich an den Schweißstellen mit den stromführenden Elektroden zu, bis sie dort schließlich so dünn wurden, daß sie entweder bei der geringsten Erschütterung durchbrachen oder durchbrannten. Dieser Übelstand wurde vermieden dadurch, daß nach dem Evakuieren der Lampe wieder eine gewisse, genau abgemessene geringe Menge Luft oder anderer gleichartig wirkender Gase oder deren Gemische in die Lampe [1]) eingeführt wurde.

Das Verfahren von Dr. Fritz Blau und Elektrische Glühlampenfabrik „Watt" (Scharf & Co.)[2]) in Wien zur Erzielung reiner Osmium- oder Rutheniumfäden ist ein Umwandlungsverfahren, wie es in ähnlicher Weise später auch zur Fabrikation von Wolframfäden benutzt wurde. Dünne Kohlefäden, wie sie zur Glühlampenfabrikation in Anwendung kommen, werden mit Hilfe des elektrischen Stromes in den Dämpfen der Tetroxyde der oben erwähnten Platinmetalle geglüht, wobei die Kohle auf Kosten des Sauerstoffes der Tetroxyde vollständig verbrannt und als Kohlenoxyd oder Kohlensäure verflüchtigt wird. An die Stelle des Kohlenstoffes der Fäden schlägt sich nun das reine Metall in Drahtform nieder. Die Entfernung der letzten Spuren von Kohlenstoff, soweit es überhaupt technisch möglich ist, erfolgt mit Hilfe einer Nachformierung in inerten Gasen, wie z. B. Wasserstoff.

Anschließend sei noch das Verfahren zur Erzeugung von Osmiumfäden von Jean Michel Canello[3]) in Paris erwähnt. Baumwollfäden werden in einer Lösung von Kryolith oder eines Tonerdesalzes getränkt und der Faden zur Zerstörung der Baumwolle geglüht. Diese so vorbereiteten Fäden werden in ein Glasrohr eingebracht, das eine gewisse Menge Osmiumsäure enthält.

---

[1]) Rémané. Die Osmiumlampe; Schill. J. f. Gasbel. 45, S. 864 f.. 1902, und Elektr. Anz. 10, S. 73, 1904.

[2]) D. R. P. 132 428 vom 1. Febr. 1901.

[3]) D. R. P. 176 436 vom 29. Aug. 1905 und 170 404.

Hierauf füllt man das Rohr mit Wasserstoff, schließt das Ende desselben durch Zuschmelzen und erhitzt fortschreitend. Die Osmiumsäure wird durch den Wasserstoff reduziert, und es bildet sich auf den Fäden ein Niederschlag von Osmium, den man an der blauschwarzen Farbe erkennt.

Die Mengenverhältnisse der in das Rohr gebrachten Osmium-säure und des Wasserstoffes müssen derartig sein, daß nach vollständigem Verbrauch des Wasserstoffes noch Osmiumsäure im Rohr vorhanden ist. In diesem Augenblick reduziert das auf den Faden niedergeschlagene Osmium seinerseits die in dem Rohr enthaltene Osmiumsäure; es bildet sich ein niederes Oxydationsprodukt, das Sesquioxyd Os_2O_3, welches sich auf den Fäden niederschlägt. Diese Fäden werden nun in einer Wasserstoffatmosphäre vollständig reduziert. Zum Fertigmachen dieser Fäden ist nun noch ein Egalisierverfahren notwendig, wie im Deutschen Reichspatent 170404 genauer beschrieben.

Ein anderes Verfahren von Canello zur Herstellung von Glühlampenfäden, die zum Teil aus Osmium oder Ruthenium bestehen, wird in der Weise ausgeführt, daß Baumwollfäden oder auch Dochte aus gesponnenen Baumwollfäden mit löslichen Thorium-, Zirkon- oder Cersalzen imprägniert und nach dem Trocknen im Knallgasgebläse ausgeglüht werden. Die resultierenden Oxydfäden werden nun in eine Lösung von Ruthenium- oder Osmiumperoxyd getaucht, worauf man jetzt durch die Einwirkung von Schwefelwasserstoffgas die Umwandlung der Peroxyde in die Sulfide vor sich gehen läßt. Hierauf werden die Fäden in reinem Wasserstoffstrom geglüht zur Bildung eines Überzuges von metallischem Ruthenium oder Osmium. Diesen letzteren Niederschlag kann man auch direkt erzeugen, wenn man Dämpfen von Ru und Os Kohlenwasserstoffe, z. B. Formaldehyd, zusetzt. Am besten wird diese Operation in einem Rezipienten vorgenommen, durch welchen während des Formierens die erwähnten Gasgemische geleitet werden.

Endlich ist noch erwähnenswert, daß die Deutsche Gasglüh-lichtgesellschaft[1] auch den Widerstand und die Schmelz-temperatur der reinen Osmiumfäden durch Zusätze von schwer schmelzbaren Metallen, wie Chrom, Wolfram u. dgl., erhöhte.

[1] D. R. P. 174221 vom 14. April 1905.

Diese Fäden haben gegenüber reinen Osmiumfäden den Vorteil, im glühenden Zustand sich weniger zu verbiegen; andrerseits sind sie im kalten Zustand weniger spröde und zerbrechlich als reine Osmiumfäden.

Um solche Fäden herzustellen, wird zweckmäßig das Osmium als fein verteiltes Metall verwendet, hingegen die anderen Metalle, Chrom, Molybdän und Wolfram, in Form ihrer Oxyde unter Zusatz von so viel Kohlenstoff, wie notwendig ist, um diese Oxyde bei Weißglut zu Metallen zu reduzieren. Ein Teil des Kohlenstoffes wird hierbei von den bei der Herstellung der Fäden durch Pressen angewandten organischen Bindemitteln geliefert.

Man preßt durch feine Düsen eine Paste, bestehend aus fein verteiltem Osmium, Chromoxyd bzw. Wolframtrioxyd und dem Bindemittel, erhitzt die erhaltenen Fäden nach dem Trocknen zunächst unter Luftabschluß gelinde und dann im Vakuum durch Durchleiten des elektrischen Stromes. Das durch die Kohle reduzierte Metall legiert sich mit dem Osmium, während die als Reaktionsprodukt auftretenden Gase durch die Luftpumpe entfernt werden. Der Faden ist vollständig fertig, wenn keine weitere Gasentwicklung mehr wahrzunehmen ist.

Ob dieses Verfahren praktisch im Großen ausgeführt worden ist, entzieht sich der Kenntnis des Verfassers. Zum Schluß sei nur noch kurz das Verfahren von Albrecht Heil[1]) in Frankfurt a. M. angeführt, welches die Herstellung sehr dünner Osmiumfäden bezweckt. Die dicken nach irgendeinem Verfahren erzeugten Osmiumfäden werden als Elektrode in eine galvanische Zelle gegeben, während die Gegenelektrode aus Kohle besteht. Als Elektrolyt dient verdünnte Schwefelsäure. Der Strom wird nun in die Zelle geleitet, wobei eine oxydierende Wirkung auf den Faden ausgeübt wird. Das Oxyd löst sich ab, und so wird in gleichmäßiger und sicherer Weise der Faden beliebig verdünnt. Zur Beschickung der Zelle sind etwa nötig 3—4 Volt Spannung, während sich die Stromstärke nach Anzahl und Querschnitt der Osmiumfäden richtet.

Auch dieses Verdünnungsverfahren dürfte keine Anwendung in der Praxis gefunden haben.

---

[1]) D. R. P. 154412 vom 12. Jan. 1903.

D. Die Zirkonlampe (Zirkonkarbidlampe).

Etwa zur selben Zeit, als die Osmiumlampe auf dem Markte erschien, wurde die Erfindung der Zirkonlampe gemacht. Die Elektrodon-Bogenlichtgesellschaft[1]) in Berlin beschäftigte sich eingehend mit dem Studium der Metalle, Karbide, Wasserstoff- und Stickstoffverbindungen der seltenen Erdmetalle und anderer schwer schmelzbarer Metalle. Hierbei wurde gefunden, daß sich bestimmte Metalle, so ganz besonders das Zirkon und dessen Karbide und Hydrüre, sehr gut zur Herstellung von Leucht- körpern für elektrische Vakuumlampen eignen und dem Osmium deshalb vorzuziehen seien, da sie einen bedeutend höheren spezifischen Widerstand besitzen. Dies bedeutete mit anderen Worten die Schaffung einer Metallfadenlampe für hohe Spannungen mit außerordentlich verkürzter Gesamtfadenlänge. Der elektrische Widerstand konnte außerdem beliebig erhöht und reguliert werden durch Zusätze von Karbiden der entsprechenden Metalle.

Das Zirkonmetall wurde von K l a p r o t h im Jahre 1789 entdeckt, und zwar im Mineral Zirkon, einem Zirkonsilikat ($ZrSiO_4$). Das hieraus isolierte Oxyd (ZrO_2) erhielt aus diesem Grunde auch den Namen Zirkonerde. Das metallische Zirkon wurde zuerst dargestellt von B e r z e l i u s und später von T r o o s t[2]) in kristallinischem Zustand erhalten, während die Darstellung von Carbiden oder eines Metalles mit variablen Mengen Kohlen- stoff, besonders von M o i s s a n[3]), vorgenommen wurde. Die Bildung von Zirkonwasserstoff wurde zuerst beobachtet von C l e m e n s W i n k l e r[4]), der feststellte, daß bei der Reduktion von Zirkon- erde durch Magnesium im Wasserstoffstrom Wasserstoff energisch absorbiert wird. Beim Auskochen des Reaktionsgemisches (ZrH_2 und ZrO_2 mit überschüssigem freien Magnesium) mit Salzsäure entwickelt sich ein eigentümlich riechendes Gas, welches später als gasförmiger Zirkonwasserstoff erkannt wurde. Der Schmelz-

[1]) Hieraus entstand später das Zirkonglühlampenwerk Dr. Holle- freund & Co.
[2]) Ann. Chem. Phar. 136, 53 und Bull. Soc. Chim. 1. 213; Comptes rendues t. LXI p. 109, 1865.
[3]) M o i s s a n. Der elektr. Ofen 1897, S. 231—235.
[4]) Ber. deutsch. chem. Ges. 24. 886 u. ff.

punkt von Zirkon soll nach Landolts Tabellen höher als der
des Siliziums liegen, nach den Bestimmungen von Troost (1865)
bei ca. 1450° C. Dieser Schmelzpunkt ist aber entschieden zu
niedrig angenommen, und wird die Bestimmung sicher beeinflußt
durch dem Metall legierte bestimmte Mengen des wesentlich
niedriger schmelzenden Karbides. Der Schmelzpunkt des reinen
Zirkonwasserstoffes muß bei 2000° C liegen.

In dem grundlegenden Patent von Eberhard Sander[1])
wird die Herstellung dieser Zirkonfäden annähernd so beschrieben,
wie sie dann später praktisch fabriziert wurde. Ein Gemisch
von Zirkonwasserstoff und Zirkonkarbid im Verhältnis von 50 : 45
wird mit 5 °/o Rhodiummetall oder Rhodiumoxyd innig vermischt
und nun mit Hilfe eines organischen Bindematerials eine plastische
Masse hergestellt. Die gepreßten Fäden werden nach dem vorsichtigen Trocknen im Vakuum bei etwa 300° C geglüht und
nun im Rezipienten zuerst im Vakuum, dann bei Anwesenheit
von Wasserstoff oder einem geeigneten Gemisch von Wasserstoff und Kohlenwasserstoffen formiert. Die Anregung im Vakuum
war nötig, da die Rohfäden einen sehr hohen Widerstand besaßen.

Durch spätere Zusatzpatente[2]) wurde diese Methode auch
ausgedehnt auf die Stickstoffverbindungen der seltenen Erdmetalle und die Wasserstoff- und Stickstoffverbindungen anderer
schwer schmelzbarer Metalle, wie Uran, Titan, Wolfram,
Thor usw. Auch bestimmte Mengen der Oxyde dieser Körper
kamen aus gewissen Gründen zur Anwendung. Es hatte sich
nun gezeigt, daß Fäden dieser Art beim Formieren einer starken
Schwindung ausgesetzt waren, die dann später noch recht
störend in der Lampe empfunden wurde. Um diesen Übelstand
möglichst zu vermeiden, wurden dann die Stickstoff- und
Wasserstoffverbindungen[3]) oder die daraus hergestellten Massen
vorher unter Luftabschluß auf etwa 2000° C erhitzt. Diese
Erhitzung darf aber nicht so weit gehen, daß die amorphen
Körper in die kristallinische Form übergehen, da sie sonst ungeeignet sind, um stabile Metallfäden herzustellen. Späterhin

---

[1]) D. R. P. 133701 vom 6. Dez. 1900.
[2]) D. R. P. 137568, 137569 und 147316.
[3]) D. R. P. 147233 vom 16. Mai 1901.

wurde auch die Darstellung von Wolframwasserstoffverbindungen[1]) versucht, wobei es sich zeigte, daß bei Einhaltung gewisser Vorsichtsmaßregeln in der Tat ein derartiger Körper sich bilden kann, wenngleich er auch nicht annähernd die feste chemische Formel besitzt wie z. B. der Zirkonwasserstoff. Man könnte das erhaltene Produkt ansprechen als ein Gemisch von Wolfram- metall und Wolframwasserstoffverbindungen von verschiedener Zusammensetzung.

Die Fabrikation der Zirkonglühlampen, wie sie in den Jahren 1902 bis Ende 1905 vom Zirkonglühlampenwerk Dr. Holle- freund & Co. und Hermann Zerning ausgeführt wurde, soll nun kurz beschrieben werden. Der Verfasser glaubte dies nicht unterlassen zu können, da gerade diese Fabrikation so viel An- klänge an die heutige Wolframglühfadenherstellung besitzt. So ist z. B. die Durchknetung der plastischen Masse auf dem Kalander ganz entschieden das erstemal in dieser Form von Zerning und dem Zirkonglühlampenwerk angewendet worden. Der Verfasser selbst konnte etwa während zweier Jahre die Fabrikation studieren und lernte dabei die außerordentlichen Schwierigkeiten kennen, die diese Herstellung von Fäden mit sich brachte.

Die Gewinnung des Zirkonkarbids erfolgte in folgender Weise: Zirkonnitrat chemisch rein wurde im Porzellantiegel bei starkem Feuer bis zur Konstanz geglüht. Von dem entstandenen Zirkonoxyd wurden 200 g mit 45 g Zuckerkohle vermengt und hierauf 72 g entwässerter Teer zugegeben. Das Ganze wurde auf einem starken Kalander durchgeknetet, bis eine gleichmäßige plastische Masse entstand. Mit einer Presse wurde nun die steife Masse zu Stäben von ca. 15 mm Durchmesser geformt und davon Brikette von 20 mm Länge abgeschnitten. 20 Stück dieser Brikette wurden nun in einen Kohletiegel mit Hilfe von feinem Kohlepulver eingebettet, wobei die Vorsicht gebraucht wurde, eine dicke Schicht von Kohlepulver überzulagern, um den Luftzutritt möglichst zu vermeiden. Der Tiegel kam nun zur Trocknung, die, um ein Zerfallen der Brikette zu verhindern, recht vorsichtig erfolgte, und wurde hierauf im Gebläseofen etwa eine Stunde lang stark geglüht. Dieses Glühen war notwendig.

[2]) D. R. P. 221899 vom 21. Jan. 1906.

um einerseits die Brikette stromleitend zu machen, und anderseits, um die Hauptmenge der sich aus dem Teer entwickelnden
Gase zu entfernen. Zum Schmelzen wurde ein elektrischer Ofen
benutzt, ähnlich konstruiert, wie ihn Moissan[1]) beschreibt.
Zur guten Durchschmelzung der Brikette waren erforderlich
etwa 80—100 Ampere bei 35—40 Volt Spannung. Sobald ein
Brikett glatt geschmolzen war, konnte man das nächste direkt
der geschmolzenen Masse zufügen und die Schmelzung fort-
setzen.

Die erkaltete Masse stellte einen metallischen Körper von
grauer bis schwarzer Farbe und außerordentlicher Härte dar.
Durch Bürsten, Waschen usw.
wurde der Regulus von allen an-
haftenden Fremdkörpern befreit
und nun in einem Diamantmörser
zu kleinen Stückchen zertrümmert.
Das erhaltene grobe Pulver wurde
hierauf im Achatmörser weiter
zerkleinert und endlich in einer
Achatmühle von der in der Zeichnung 9 angegebenen Konstruktion
unter Zusatz von Amylacetat fein
zermahlen. Dieses feine Produkt
wurde nun nochmals geschlämmt,
um den notwendigen feinsten
Karbidstaub zu erhalten, und hierauf schließlich vorsichtig getrocknet.

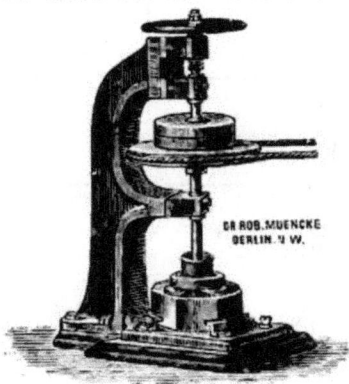

Fig. 9.

Die Kohlenstoffbestimmungen ergaben bei dieser Arbeitsmethode im Mittel 15 % Kohlegehalt. Um ein gleichmäßiges
Produkt in die Fädenfabrikation schicken zu können, wurden
größere Mengen dieses Karbides hergestellt und nun die
Mischungen der einzelnen Produkte so vorgenommen, daß immer
derselbe Kohlenstoffgehalt vorhanden war. Zirkonkarbid besitzt
theoretisch die Formel ZrC.

Zur Darstellung des verwendeten Zirkonwasserstoffes
wurde folgende Methode angewendet:

80 g heiß entwässertes Zirkonoxyd wurde mit 110 g chemisch

---

[1]) Moissan. Der elektr. Ofen, 1897. S. 7 und 11.

reinem und entfettetem Magnesiumpulver in einem heißen
Porzellanmörser innig vermengt. Das Gemisch wurde in einen
starkwandigen Eisentiegel gebracht, und zwar in folgender Weise,
wie in Fig. 10 angegeben ist.

A ist der Eisentiegel, B der Eisendeckel mit dem Loch
zum Zuführen des Wasserstoffstromes, C das Zuführungsrohr.
Der Boden des Tiegels
wurde nun mit einer
dünnen Schicht a von
reinem Magnesiumpulver
bedeckt, das Reaktions-
gemisch b in den Tiegel
gegeben und hierauf
dieses wieder mit einer
Schicht c von reinem
Magnesiumpulver be-
deckt, um nachträgliche
Oxydationen des ent-
standenen Zirkonwasser-
stoffes zu verhüten. Der
ganze Tiegel wurde, um
die erzeugte Reaktions-
temperatur möglichst im
Tiegel selbst zu konzen-
trieren, noch mit einer
starken Asbesthülle D
bekleidet.

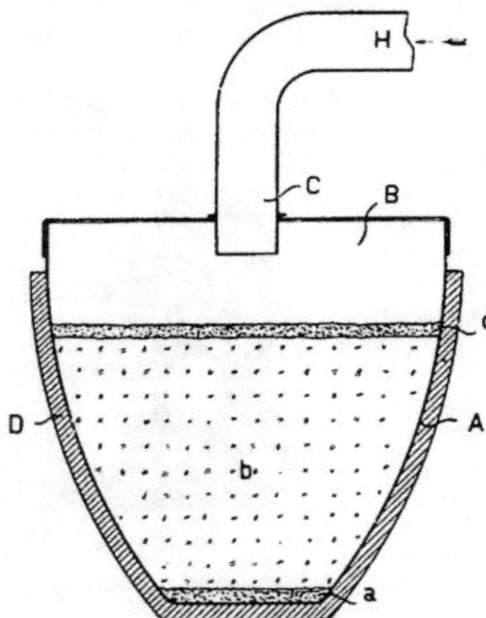

Der Tiegel wurde
nun auf einen Gas-

Fig. 10.

gebläseofen gebracht und die Flammen angezündet. Nach einer
kurzen Zeit erfolgte die Reaktion, die ziemlich stürmisch von
statten ging.

Die theoretische Reaktion ist folgende:

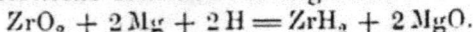

$$ZrO_2 + 2\,Mg + 2\,H = ZrH_2 + 2\,MgO.$$

Aus diesen Reaktionsverhältnissen läßt sich leicht erkennen,
daß mit einem großen Überschuss von Magnesiummetall gearbeitet
werden mußte. Es wird nun weiter erhitzt, und zwar vom
Beginn der sichtbaren Reaktion an etwa noch 20 Minuten lang.
Hierbei wurde das auf dem Boden liegende Magnesium a zur

Verdampfung gebracht, so daß also die durch die Masse streichenden glühenden Magnesiumdämpfe eine nochmalige Nachreduktion veranlassen. Während der ganzen Manipulation bis zum vollständigen Erkalten der Masse wurde ein kräftiger reiner und getrockneter Wasserstoffstrom durch C in den Tiegel geleitet.

Die resultierende Masse bestand zumeist aus einem geschmolzenen Regulus oder bei Anwendung weniger hoher Temperatur aus einem schwärzlichen Pulver. Dieses wurde nun in einen Glaszylinder gebracht und mit verdünnter Salzsäure übergossen, wobei sich unter stürmischer Reaktion das überschüssige Magnesium löste. Nach 24 stündigem Stehen wurde dekantiert und der graubraune Schlamm nun so lange mit konzentrierter Salzsäure gekocht, bis im Filtrat kein Magnesium mehr nachweisbar war. Der Rückstand wurde filtriert auf der Nutsche, und zwar zunächst mit salzsäurehaltigem Wasser gewaschen. Dies war unumgänglich notwendig, da sonst der Rückstand mit durchs Filter lief und ein trübes Filtrat ergab. Schließlich wurde gewaschen mit Alkohol und Äther und dann vorsichtig auf dem Wasserbad getrocknet. Gerade das letztere erforderte eine ganz besondere Vorsicht, da infolge seiner ungemein pyrophorischen Eigenschaften der Zirkonwasserstoff sich sehr leicht oxydierte, d. h. zu Zirkonoxyd verbrannte. Trat .dies unglücklicherweise ein, so war nichts mehr zu retten.

Die Ausbeute bei dieser Methode betrug nur etwa 30—40 %/o der theoretischen Menge. Es bildet sich bei der Reduktion anscheinend auch ein Magnesium - Zirkondoppelhydrür, welches beim Kochen mit Salzsäure glatt in Lösung geht. Diese Lösung von Zirkon hört allmählich auf, sofern die größte Menge des Magnesiums entfernt ist. Weitere Verluste treten ein durch die tatsächliche Bildung des flüchtigen gasförmigen Zirkonwasserstoffes.

Das erhaltene Produkt stellt ein außerordentlich feines Pulver von braungrauer Farbe dar und entspricht laut sorgfältig angestellter Analysen genau der Formel ZrH_2. Zündet man diesen Körper an, so verbrennt er schnell zum weißen Zirkonoxyd unter Bildung einer sichtbaren Wasserstoffflamme. Dieser Zirkonwasserstoff wurde, wie später beschrieben werden wird, noch weiter in der Glühfädenindustrie verwendet, allerdings dort zu einem ganz anderen Zwecke.

Die Herstellung der Zirkonglühfäden erfolgte nun dadurch, daß man z. B. 20 g des Zirkonkarbides mit 10 g des Zirkonwasserstoffes in der Achatmühle zerrieb und nach dem Trocknen mit einem Gemisch von 0,7 g gereinigtem und entwässertem Teer und 0,7 g dicker Benzolgummilösung verknetete. Um die plastische Masse recht geschmeidig und zum Pressen geeignet zu machen, wurden nachträglich noch gewisse Quantitäten von Ölen, ganz besonders Rizinusöl, hinzugegeben. Das Durchkneten geschah zuerst mit Hilfe eines breiten Spatels auf einer geschliffenen Glasplatte, später auf dem schon erwähnten Kalander. Die Mischung und Durchknetung erfolgte hierbei in der idealsten Weise. Die Erzeugung der Fäden geschah mittels einer kleinen Handpresse zuerst durch Preßstein von Achat und Rubin, die mit den entsprechenden feinen Preßkanälen versehen waren. Es stellte sich aber bald heraus, daß diese Materialien zu weich waren und sich nach recht kurzer Zeit durch die ziemlich harte Masse ausschliffen und so immer dickere Fäden ergaben. Um dies zu vermeiden, griff man endlich zu Diamantpreßsteinen, die damals noch mit 60—100 Mk., ja sogar bei besonderer Ausführung der Preßkanäle mit 150 Mk. pro Stein bezahlt wurden, während heute die besten Steine nur etwa 20—22 Mk. kosten.

Die fertigen Rohfäden wurden nun in Bündeln von je 20 Stück in eiserne Schiffchen gelegt so, daß etwa jedes Schiffchen 200 Fäden faßte. Um die direkte Berührung der Fäden mit dem Metall zu vermeiden, wurden die Schiffchen mit einer Schutzdecke überzogen. Das Glühen der Fäden erfolgte in einem doppelt glasierten Porzellanrohr unter Einhaltung einer ausprobierten Glühvorschrift, wobei zuerst die Luft im Rohr durch Leuchtgas verdrängt und hierauf mit einer Ölvakuumpumpe Luftleere erzeugt wurde. Die gebrannten Fäden, die einen sehr hohen Widerstand besaßen und recht spröde waren, wurden dann in einem Rezipienten formiert, zuerst im Vakuum und hierauf in einem geeigneten Gemisch von Leuchtgas und Wasserstoff. Zur Erzielung einer gleichmäßigen Bügelform wurden vor dem Formieren an den Faden kleine für die einzelnen Fädenstärken abgestimmte Gewichtchen angehängt, die aus Kupferdraht bestanden. Um das Anschmelzen der Fäden bei der hohen Formiertemperatur zu vermeiden, waren diese Gewichte mit

Graphit, Kohle oder dergleichen überzogen. Aus 1 kg des Gemisches von Zirkonwasserstoff und Zirkonkarbid konnten etwa vom Durchmesser 0,12 mm 100 000 Fäden hergestellt werden. Die formierten Fäden besassen eine grauweiße Farbe ohne besonderen metallischen Glanz [1]).

Bei der Fabrikation der Zirkonlampen aus diesen Fäden zeigten sich nun anfänglich Untugenden der in der beschriebenen Weise hergestellten Zirkonglühkörper. Das Evakuieren z. B. erforderte eine sehr lange Zeit. Der Grund liegt wohl darin, daß der beigemengte Zirkonwasserstoff nur ganz allmählich seinen Wasserstoff abgab und so immer wieder das Vakuum verschlechterte. Aber auch dieser Übelstand wurde bald vermieden, so daß man schließlich Lampen erhielt von vorzüglichen Eigenschaften.

Es war nun möglich, die Lampen dauernd mit etwa 2 Watt pro Hefnerkerze zu belasten. Nach meinen damaligen photometrischen Messungen und Lebensdauerbestimmungen möchte ich nur folgende Anfang Dezember 1905 beobachtete Lampe anführen, wobei sich aus der nachfolgenden Tabelle die Brauchbarkeit der Lampe ergibt.

Stunden	Volt	Ampere	Kerzen	Watt pro Kerze	Bemerkungen
0	170	0,83	70	2,01	warm
50	170	0,83	70	2,01	„
100	170	0,84	72	1,99	„
150	170	0,84	70	2,04	Handwärme
200	170	0,84	70	2,04	„
500	170	0,84	68	2,10	„
700	170	0,84	68	2,10	„
1000	170	0,84	65	2,20	heiß
1100	170	0,84	60	2,38	„

Bewundernswert ist bei dieser Untersuchung, die wegen anderer Arbeit abgebrochen wurde, die absolute Konstanz der Stromstärke, während die Abnahme der Leuchtkraft noch als befriedigend anzusehen ist. Die Lampe besaß 4 Fäden von

[1]) Sander, Die Zirkonlampe; Schill. J.f.Gasbel.48,S.203/4, 1905; Versé, The Zirconiumlamp, Electr. Review, N. Y. 46, p. 1022, 1905.

etwa je 80 mm Schenkellänge und zeigte nach 1100 Stunden noch keine Spur von Bräunung oder Schwärzung.

In Fig. 11 ist eine zweifädige Zirkonlampe für etwa 80 bis 110 Volt Spannung und in Fig. 12 eine dreifädige Lampe für 140—170 Volt Spannung bildlich dargestellt. Die Halter *a* bestanden aus Nickeldrähten, die zum Schutz gegen das Verdampfen des Nickels an den Berührungstellen mit den glühenden Zirkonfäden entweder mit Kohle oder Zirkonmetall überzogen

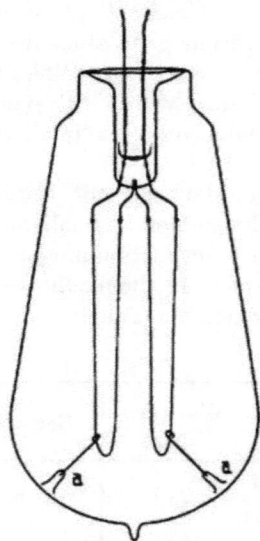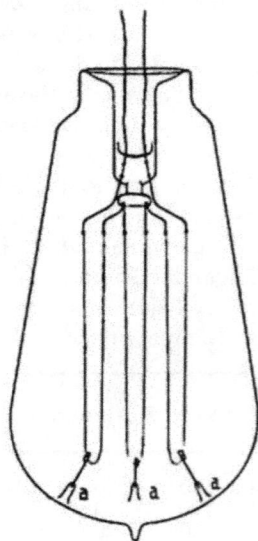

Fig. 11.   Fig. 12.

waren. Die Halterung erfolgte nach dem Einschmelzen des montierten Fußes in die Birne von außen durch Anbringen von kleinen Öffnungen in der Birne an den geeigneten Stellen, wie es in Fig. 13 angedeutet ist. Nach dem Einschmelzen des Fußes mit den angekitteten Fäden werden zuerst mit Hilfe einer Stichflamme die kleinen Öffnungen d und d_1 hergestellt, und zwar an den passenden Stellen. Hierauf wird das aus leicht schmelzbarem Bleiglas bestehende Glasstäbchen b, welches leicht angeschmolzen den Halter c trägt, vorsichtig in das Loch d_1 eingeführt, der Halter um den Faden geschlungen und in dieser Stellung das Ganze bei d oder d_1 verschmolzen.

Mit der Großfabrikation dieser Lampe sollte eben begonnen werden, als sich im Wolfram ein Körper vorstellte, der noch weitaus bessere Eigenschaften als das Zirkon aufwies. Die ersten Wolframlampen wurden im Zirkonglühlampenwerk von Dr. Hollefreund & Co. Anfang Dezember 1905 hergestellt, wobei das Ausgangsprodukt das schon erwähnte Gemisch von Wolfram und Wolframwasserstoff bildete.

Erwähnenswert ist ferner noch, daß dieselbe Gesellschaft versuchte, auch aus den reinen Karbiden der seltenen Erdmetalle Glühfäden herzustellen. Man versuchte zuerst die feinen Karbidpulver mit Hilfe eines organischen Bindemittels in der eben beschriebenen Weise zu Glühkörpern zu verarbeiten. Der hierbei auftretende Überschuß an Kohlenstoff verdampfte aber sehr bald und schwärzte rasch die Lampenglocken. Abgesehen hiervon, war der Kohlenstoff des Bindematerials auch deshalb

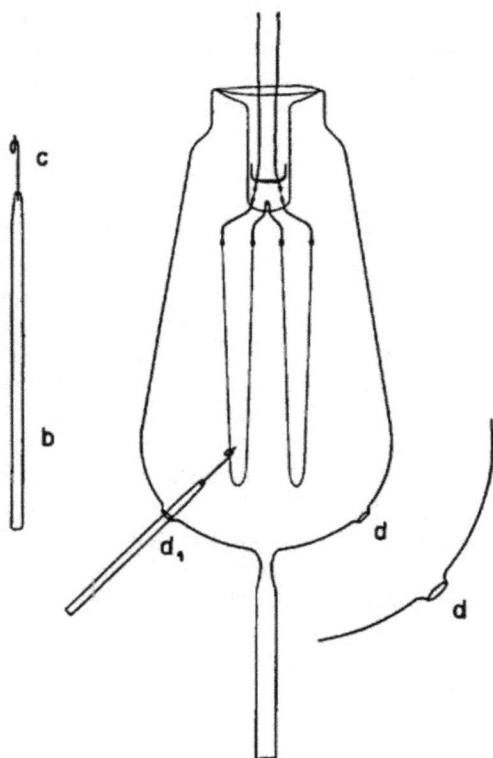

Fig. 13.

schädlich, weil er naturgemäß in äußerst feiner Verteilung im Glühkörper vorhanden war und deshalb das gute Zusammensintern der Karbidteilchen verhinderte. Die erhaltenen Fäden waren äußerst spröde und zerbrechlich.

Um diesen Übelstand zu vermeiden, wurde nun folgendes Verfahren [1]) angewendet. Da zur Herstellung der Glühfäden die

---

[1]) D- R. P. 140378 vom 21. Aug. 1900.

organischen Bindemittel nicht entbehrt werden konnten, so wurde
der Paste so viel des Metalles in feiner Pulverform zugegeben,
als nötig war, um den Überschuß des Kohlenstoffes in Form
des gewollten Karbides chemisch zu binden. Der Erfolg war
offensichtlich beim Formieren der Rohfäden, die anfänglich einen
erheblich hohen Widerstand besaßen. Im Augenblick der erwähnten Karbidbildung findet aber eine rapide Abnahme des
elektrischen Widerstandes statt, bis derselbe konstant geworden
ist. Die mechanische Festigkeit war eine bedeutend größere
als bei den ersteren Fäden. Diese Erscheinung trat bei den
Karbidfäden ohne Metallzuschlag nicht ein.

Zur schnelleren Formierung und rascheren Erzielung des
konstanten Widerstandes wurden dann vorteilhafterweise die
Fäden formiert in einer kohlenwasserstoffhaltigen Atmosphäre [1]).

Eine ganz andere Methode, um zu reinen Zirkonfäden oder
seiner Legierungen zu gelangen, stellt das Verfahren der
General Electric Co. [2]) U.S.A. dar. Als Ausgangsprodukt dient
gelatinöses Zirkonoxalat, dem gute bindende Eigenschaften inne-
wohnen, und welches mit einer berechneten molekularen Menge
feinster Kohle, am besten Lampenruß, vermengt wird. Für
die Darstellung von Zirkonlegierungen dagegen werden gleichzeitig entsprechende Mengen der pulverförmigen Metalle hinzugefügt. Das Pressen der Fäden erfolgt in der bekannten
Weise, während das Sintern derselben im elektrischen Ofen bei
sehr hoher Temperatur und bei Verwendung inerter Gase vorgenommen wird. Es empfiehlt sich, als Heizkörper nicht solche
aus Kohle oder Graphit, sondern solche aus Wolframmetall anzuwenden.

Die gute Eigenschaft des Zirkonoxalates als bindender Körper
wird von der gleichen Gesellschaft [3]) auch verwendet zur Fabrikation von Fäden aus schwer schmelzbaren Metallen, wie Zirkon,
Titan und dergleichen. Das gelatinöse Oxalat wird erhalten
durch Ausfällung der heißen Zirkonnitratlösung mit Ammonoxalat.
Wird eine größere Menge dieses Zirkonoxalates angewendet, als
unbedingt als Bindematerial nötig ist, so können durch das ge-

---

[1]) D. R. P. 146555 vom 30. Dez. 1900.
[2]) Brit. Patent Nr. 5415 vom 10. März 1908.
[3]) Brit. Patent Nr. 10590 vom 15. Mai 1908.

bildete Zirkonoxyd Fäden mit sehr hohem Widerstand erzielt werden.

Selbstverständlich versuchte man auch Gemische von Zirkon mit anderen Metallen, so z. B. Zirkon mit Thorium und den Metallen aus der Itteritgruppe für die Glühlampentechnik nutzbar zu machen [1]). Auch die Hydrure, Nitride, Karbide und Phosphide oder deren Gemische für sich allein oder mit den entsprechenden Metallen versprechen bei Anwendung guter Fabrikationsverfahren einige Erfolge.

Interessant ist es schließlich noch, zu hören, daß schon Edison [2]) an die Verwendung des Zirkons zu Glühfäden dachte, allerdings in Verbindung mit Bor und Silizium, während Williams 1884 Glühfäden erzeugte durch Pressen eines Gemisches von Kohle und Zirkon mit Hilfe eines organischen Bindemittels. F. E. W. Bowen [3]) verwendet als Zusatz zur Kohle oder der Zelluloselösung die Borate von Zirkon, während H. Hirst [4]) die Nitrate für geeigneter hält.

In allen diesen Fällen hat man es demnach mit einem Zusatz von Zirkonkarbid zu tun, welches bei der hohen Formier- oder Sintertemperatur im Faden selbst erzeugt wird.

e) Die Tantallampe.

Schon seit etwa 1897 beschäftigte sich das Glühlampenwerk von Siemens & Halske mit Versuchen, um einen Glühfaden herzustellen, der eine bessere Ökonomie als der Kohlenfaden aufweisen sollte. Die Versuche verliefen anfänglich ziemlich resultatlos, bis endlich im Jahre 1902 der damalige Leiter des Laboratoriums Dr. Werner v. Bolton das Tantal als das geeignete Material entdeckte. Die Entwicklungsgeschichte der daraus entstandenen weltberühmten Tantallampe ist eine hochinteressante und instruktive.

Die ersten Versuche, die angestellt wurden, erfolgten in ähnlicher Weise, wie in den Sanderschen Patenten beschrieben, mit den seltenen Erdmetallen respektive deren Karbiden, Stick-

---

[1]) Brit. Patent Nr. 14411 und 23214 vom Jahre 1901.
[2]) Brit. Patent Nr. 1918 vom Jahre 1881.
[3]) Brit. Patent Nr. 16435 vom Jahre 1896.
[4]) Brit. Patent Nr. 24265 vom Jahre 1898.

stoff- und Wasserstoffverbindungen. Die Resultate befriedigten durchaus nicht, und so wandte sich schließlich B o l t o n den Metallen aus der sogenannten Vanadingruppe, nämlich Vanadin, Niob und Tantal zu. Das Vanadin, dessen braunes Pentoxyd in der Kälte stromleitend ist, war bald erledigt, da es seines niedrigen Schmelzpunktes, etwa 1680^0 C. wegen nicht in Betracht kam. Bessere Resultate und einen höheren Schmelzpunkt, 1950^0 C, zeigte das Niob, das aber anscheinend der zu geringen Reinheit der damaligen Materialien wegen auch bald verworfen wurde. Der volle Erfolg war endlich dem Tantal beschieden, einem damals noch wenig untersuchten Körper von großer Seltenheit. Hierbei sei noch vorausgeschickt, daß die Metalle Vanadin und Niob auch früher schon versuchsweise zur Glühfädenfabrikation benutzt wurden, z. B. von J. W. A i l s w o r t h [1], der ganz besonders dem Niob den Vorzug gab.

Der Verfasser möchte hier nicht unterlassen, die unermüdliche Tatkraft W e r n e r v o n B o l t o n s besonders hervorzuheben, den keine Mißerfolge abschreckten, dem vorgesteckten Ziele bis zum endgültigen Erfolge nachzueilen.

B o l t o n war die geborene Erfindernatur, äußerst befähigt und begabt und ein tüchtiger Chemiker und Praktiker. Ich erinnere nur an die von B o l t o n entdeckte Synthese des Hexachlorkohlenstoffes durch Einleiten von reinem, trockenem Chlorgas in den Lichtbogen einer Bogenlampe.

Wenn die Versuche stillzustehen drohten, so fand B o l t o n sicher in der geschicktesten Weise einen Ausweg. Der frühe Tod dieses Mannes, der sich durch seine epochemachende Erfindung einen Weltruf erwarb, kann nur tief beklagt werden.

v o n B o l t o n schloß beim Studium der Metalle aus der Vanadingruppe lediglich aus den Eigenschaften der Oxyde und Salze dieser Körper, daß nur das Tantal das brauchbare Material sei. Diese Vermutungen haben sich ja später auch glänzend bewahrheitet. Der Verfasser gestattet sich noch hinzuzufügen, daß er etwa vier Jahre lang Assistent v o n B o l t o n s war und aus diesem Grunde die Entstehungsgeschichte der Tantallampe sehr genau kennt.

[1] U. S. P. Nr. 553296.

Dr. Wilhelm von Siemens und Professor Budde[1]) haben sich ganz besonders für die Arbeiten des Glühlampenlaboratoriums interessiert und immer ermuntert zur energischen Fortsetzung der Arbeit. Auch Dr. Feuerlein hat sich um die Einführung der Lampe, speziell im Ausbau für die Großfabrikation, den größten Verdienst erworben.

Wie schon bemerkt wurde, war es seinerzeit schwierig, sich genügende Mengen guten Tantalmaterials zu beschaffen. Selbst die großen chemischen Fabriken waren nicht in der Lage, größere Quantitäten des Materials zu besorgen. Was dann schließlich erhalten wurde, war auch noch verunreinigt mit Niob u. dgl., so daß oftmals hierdurch die Versuche sehr gestört wurden. Im Laboratorium von Siemens & Halske wurde nun zur Erzeugung der zu untersuchenden Metallglühkörper folgender Weg eingeschlagen: Ein Stahlzylinder mit aufschraubbarem Düsenkopf wurde zum Teil mit Paraffin vom Schmelzpunkt 60° C angefüllt und nun erwärmt auf etwa 100° C, bis das Paraffin vollständig geschmolzen und leichtflüssig geworden war. Hierauf wurde die Tantalsäure Ta_2O_5 in kleinen Portionen in den Zylinder gegeben, bis das Paraffin vollständig mit Metall versetzt war. Um eine möglichst luftblasenfreie homogene Masse zu erhalten, wurde beim Zugeben von Säurepulver der Zylinder kräftig gerammt. Nach dem vollständigen Erkalten der Masse wurde sie zu Stäbchen von $1/2$—1 mm Durchmesser ausgepreßt und diese dann in geeigneter Weise durch Glühen bei etwa 1700° C vom Paraffin befreit. Hierbei entstand das stromleitende braune Tantaltetroxyd TaO_2. Zum Formieren

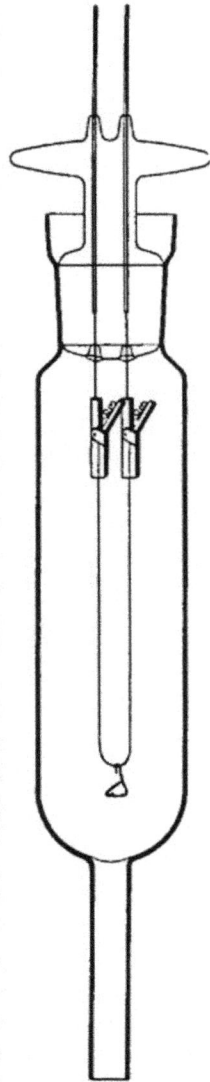

Fig. 14.

[1]) E.T.Z. 26, S. 105 ff., 1905, und Z. f. Elektrotechn. 23, S. 59'62, 1905.

oder Sintern der Stäbchen wurde anfänglich der in Fig. 14 angegebene Rezipient benutzt oder auch der in Fig. 15 angegebene Glaskörper, welcher dann mit Hilfe einer Quecksilberpumpe, z. B. der bekannten Töplerschen Pumpe, evakuiert wurde.

A ist der kugelförmige Hohlkörper, durch den bei a und a_1 die Elektroden B und B_1 luftdicht eingeführt wurden. Die

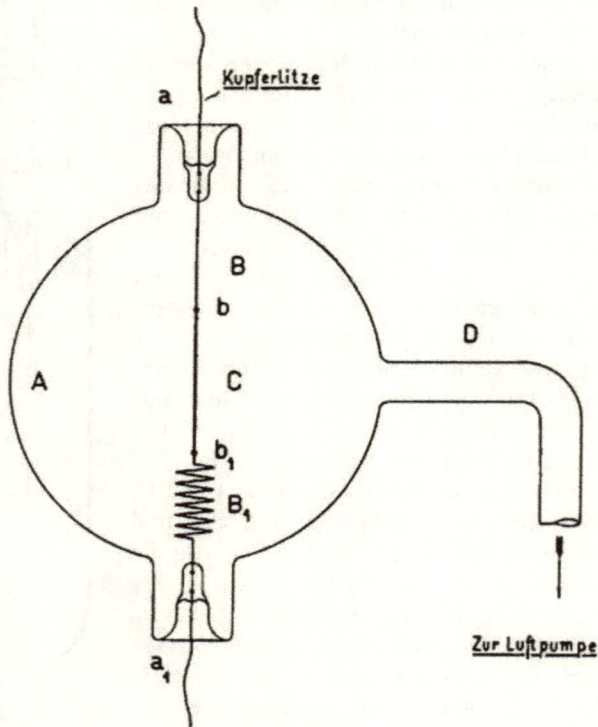

Fig. 15.

Elektroden bestanden aus Kupferlitze von genügend großem Querschnitt, an welche nun bei b und b_1 der Glühkörper C angekittet oder sonstwie befestigt war. Um ein Zerbrechen des Glühkörpers C möglichst zu verhindern, wurde die eine der Elektroden. z. B. B_1, zur Spirale ausgebildet. Mit Hilfe des angeschmolzenen Rohres D wurde nun mit einer Quecksilberluftpumpe höchste Luftleere erzeugt und nun Strom durch den Faden geschickt und bis zur vollständigen Sinterung bei Weißglut des Glühkörpers allmählich gesteigert. Im Vakuum wird nun durch die sogenannte Schmelzflußelektrolyse oder „schwingende Elektrolyse" der Sauerstoff des Oxydes vollständig abgesaugt, bis das reine Metall entsteht. Es ist von grauer Farbe und sehr biegsam[1]).

Bei einem dieser Versuche zerbrach nun ein Tantalstäbchen kurz vor der Beendigung der Sinterung, und es entstand an der Bruchstelle ein Lichtbogen, der die beiden Enden des Glühstäbchens in kurzer Zeit zu Kugeln zusammenschmolz, wie es in Fig. 16 angedeutet ist.

Beim Beobachten dieser Kugeln im Mikroskop stellte es sich nun heraus, daß dieselben eine ungemein glänzende Oberfläche von dunkelsilberweißer Farbe besaßen. Im Laboratorium war nun auch ein kleiner Amboß mit Hammer vorhanden, und ganz zufällig wurde probiert, ob sich die Kugeln breitschlagen ließen. Überraschenderweise gelang dies vollständig, und damit war der Weg gegeben, eine Lampe aus duktilen Tantalmetall herzustellen. Die zweite Kugel wurde nun unter Einhaltung der größten Vorsichtsmaßregeln zuerst zum Blech ausgeschlagen und dann nochmals auf einem Walzapparat dünn ausgewalzt. Aus dem erhaltenen sehr dünnen Blech wurde nun mit der Schere ein Tantalband ausgeschnitten und in einer Glühlampe in der in Fig. 17 angegebenen Weise untergebracht.

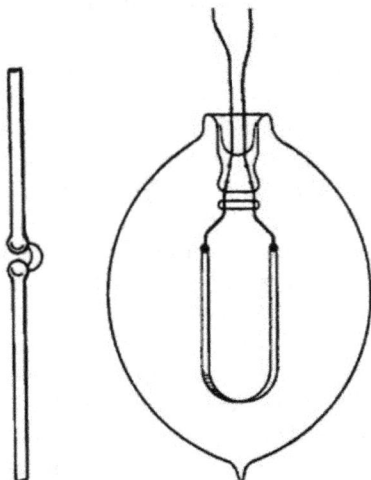

Fig. 16.   Fig. 17.

Dies war die erste Tantallampe, bei welcher also der Glühkörper aus einem dünnen Blechstreifen bestand. Die Lampe brannte meines Wissens nach mit etwa 4—6 Volt Spannung und einem Energieverbrauch von ca. 1,6 Watt pro Hefnerkerze. Die

---

[1]) D. R. P. 152 848. 152 878, 154 527. 153 570, 159 811 und 164 357.

Lampe erreichte eine Lebensdauer von etwa 20 Stunden, wobei sie stark gebräunt wurde.

Das Tantal wurde entdeckt von Hatchatt und Ekeberg. Es findet sich besonders in den Mineralien Tantalit und Kolumbit. Auch das Ittrotantalit ist geeignet zur Gewinnung des Tantals. Die Kolumbite von Grönland, Nord-Carolina, Massachusetts und Schweden weisen einen Tantaloxydgehalt von 20—35 % auf, während das Mineral Tantalit der Fundstellen in Finnland und Schweden einen Gehalt von 45—77 % ergibt. Diese Mineralien haben etwa die chemische Formel $FeO[(Nb_2Ta_2)O_5]$ und werden, je nach dem Überwiegen von Niob oder Tantal, als Kolumbite oder Tantalite bezeichnet.

Die oben geschilderte Methode zur Darstellung von Tantal konnte selbstverständlich für die Großfabrikation nicht in Frage kommen, deshalb verwandte später Dr. von Bolton zur Darstellung des Tantalmetalles die von Rose angegebene, aber wesentlich modifizierte Methode [1]. Als Ausgangsmaterial dienten die feingepulverten Tantalite und Kolumbite, welche in schmiedeeisernen dickwandigen Schalen mit der entsprechenden (etwa dreifachen) Menge Kaliumbisulfat zusammengeschmolzen wurden. Nach dem Erkalten der erhaltenen Schmelze wurde der Kuchen zerkleinert und nun mit kochendem Wasser so lange ausgelaugt, bis der Überschuß von Kaliumbisulfat vollständig ausgewaschen war. Der unlösliche Rückstand besteht aus einem Gemisch von schwefelsäurehaltiger Niob- und Tantalsäure, welches nun zur Entfernung von Zinn und Wolfram mit Schwefelammon behandelt wird. Dieses Produkt wird jetzt in Blei- oder Platingefäßen längere Zeit bis zur vollständigen Lösung mit konzentrierter Flußsäure behandelt. Sowohl Niob als auch Tantal gehen hierbei als die Fluoride in Lösung. Zur Entfernung von Fremdkörpern wird nun die Lösung durch Glaswolle schnell filtriert und endlich Kaliumfluorid in Lösung so lange hinzugefügt, als zur Bildung der Doppelfluoride ausreichend ist. Es entsteht hierbei das Kaliumtantalfluorid $K_2Ta_2Fl_7$, welches in langen rhombischen und farblosen Nadeln auskristallisiert, während das Niobkaliumfluorid viel leichter löslich ist und deshalb in

[1] W. v. Bolton, Z. f. Elektrotechn. 11, 1905, S. 95 ff., und 722; Z. f. ang. Chem. 19, S. 1537/40.

der Lauge verbleibt. Auch die reichlichen Mengen von Kieselsäure werden so fast vollständig eliminiert. Das schwerlösliche
Tantalkaliumfluorid wird von der Lauge durch Abschleudern befreit, wieder gelöst und nun durch mehrfache Umkristallisation
schließlich ein äußerst reines Produkt erhalten, welches das
Ausgangsmaterial zur Darstellung reinen Tantalmetalles ist.

Das Tantalkaliumfluorid besitzt einen niedrigen Schmelzpunkt, wird aber selbst beim Erhitzen bis zur Weißglut in
Platingefäßen nicht zersetzt. Für die Reindarstellung des Salzes
ist es von größter Wichtigkeit, daß es leicht im heißen, aber
schwer im kalten Wasser löslich ist. Bei längerem Kochen
jedoch tritt eine Zersetzung unter Bildung eines weißen Pulvers
von Oxyfluorid ein. Diese von Marignac entdeckte Reaktion
dient zum Erkennen der kleinsten Mengen von Tantal im Kalium-
nioboxyfluorid, so daß also noch von der Darstellung des Tantalkaliumfluorides zurückbleibende reichhaltige Mutterlauge auf
Tantalgehalt geprüft und weiter ausgenutzt werden kann.

Das Tantalmetall wurde zuerst dargestellt von Berzelius
durch Erhitzen von Kaliumtantalfluorid mit Kalium. Die Reduktion erfolgte ziemlich heftig mit einer Feuererscheinung. Das
Reaktionsgemisch wurde mit Wasser ausgelaugt, wobei ein
schwarzes und schweres Pulver zurückblieb. Ein reines Metall
stellte dieses Produkt aber keinesfalls dar, da die Gewichtszunahme bei der Verbrennung im Sauerstoffstrom dem Atomgewicht des Tantals entsprechend viel zu gering war.

H. Rose[1] benutzte 1865—1868 zur Darstellung des
Metalles drei Teile Natriumtantalfluorid, welche mit einem Teil
metallischem Natrium reduziert wurden. Das erhaltene schwarze
Pulver enthielt aber nach dem Auslangen noch große Mengen von
saurem tantalsauren Natrium. Nach den eigenen Bestimmungen
von Rose ergab die Verbrennung des Produktes im Sauerstoffstrom nur eine Gewichtszunahme von 12,8 %, so daß er be-
rechnen konnte, daß sein Metall etwa 55 % Tantal und 45 %
des saueren Tantalates enthielt. Bei der Erhitzung des
Roseschen Metalles im Chlorgasstrom und der dann erfolgenden
Verflüchtigung des gebildeten Chlorides konnte er einen Gehalt
von 58,34 % Tantal feststellen, so daß sich seine frühere An-

[1] Pogg. Ann. 99, S. 69.

nahme über die Zusammensetzung seines Produktes vollauf be-
stätigte. Später versuchte Rose ein reineres Metall zu erzielen
durch eine geeignete Reduktion des Tantalchlorides ($TaCl_5$). Aber
auch dieser Weg versagte.

Marignac[1] benutzte zur Darstellung des Tantalmetalles
ebenfalls das Kaliumtantalfluorid, welches er mit reinem Aluminium-
pulver innig mischte und zur Reduktion bei Luftabschluß stark
erhitzte. Es entstand hierbei ein Regulus von schwärzlicher
Farbe, der mit Salzsäure behandelt wurde. Das verbleibende graue
und kristallinische Metallpulver besaß nach den Bestimmungen
von Marignac ein spezifisches Gewicht von 7,02 und nahm
beim Glühen an der Luft kaum an Gewicht zu. Genaue Analysen
ergaben, daß dieser erhaltene Körper eine feste chemische Verbindung von der Formel Ta_2Al_3 war, also deshalb auch durchaus
nicht die Eigenschaften des reinen Metalles besitzen konnte.

Erst sehr lange Zeit nach diesen wenig erfolgreichen Arbeiten
beschäftigte sich Moissan[2] im Jahre 1902 aufs neue mit der
Herstellung von Tantalmetall nach der gleichen Methode, die er
zur Darstellung anderer schwerschmelzbarer und seltener Metalle
im elektrischen Ofen benutzte. Moissan stellte ein Gemisch von
Tantalsäure (Ta_2O_5) mit Kohle her und erhielt beim Schmelzen
dieser Masse einen Regulus mit etwa 0,5—1 % Kohlenstoff. Die
Reaktionsgleichung ist folgende $Ta_2O_5 + 5C = 2Ta + 5CO$.
Verwendet wurde hierbei ein Strom von etwa 800 Ampere bei
60 Volt Spannung. Die ganze Schmelzarbeit dauerte zehn Minuten.
Man könnte dieses Produkt am besten als ein Metall betrachten,
in welchem eine geringe Menge von Tantalkarbid gelöst ist.
Nach den Beschreibungen dieses Forschers war dies so her-
gestellte Metall sehr spröde und härter wie Glas. von Bolton
hat später auch nachgewiesen, daß in der Tat sehr geringe
Mengen von Kohlenstoff und Wasserstoff die Duktilität des
Tantalmetalles sehr ungünstig beeinflussen. Das Moissansche
Metall ließ sich deshalb auch kaum mechanisch bearbeiten, noch
weniger selbstverständlich zu dünnen Drähten ausziehen.

Erst Werner von Bolton blieb es vorbehalten, größere
Mengen reinen Tantalmetalles herzustellen. Der Verfasser hat

[1] Arch. des sc. 1868, Févr.
[2] Compt. rend. 133, p. 20 (1901) und 134. p. 211—215 (1902).

schon früher die Darstellung des reinen Metalles durch die sogenannte „schwingende Elektrolyse" geschildert, die selbstverständlich für den Großbetrieb nicht in Betracht kommen konnte. von Bolton mußte deshalb von der Darstellung des Rohtantalmetalles nach der modifizierten Roseschen Methode durch Reduktion des reinen Tantalkaliumfluorides mit der entsprechenden Menge von Kalium- oder Natriummetall ausgehen. Die Reduktion erfolgte in Nickeltiegeln, die in folgender Weise mit dem Reaktionsgemisch beschickt waren: Der Boden des Tiegels wurde mit reinen, flachen Natriumstückchen bedeckt, hierauf wurde eine Schicht trockenes Kaliumtantalfluorid eingefüllt, die wieder mit Natriumstückchen vollständig bedeckt wurde. Die oberste Schicht bestand aus Natrium, und die Reaktion erfolgte, um spätere Oxydationen möglichst zu vermeiden, in einer Atmosphäre von Wasserstoff. Nach Erhitzung des Tiegels im Ofen beginnt die Reaktion, die sich lebhaft durch die ganze Masse fortsetzt. Nach dem vollständigen Erkalten des Tiegels wurde die Reaktionsmasse zuerst mit Wasser und hierauf mit verdünnter Salpetersäure ausgekocht und das restierende schwarze Metallpulver getrocknet.

Dieses Rohtantalmetall enthielt nun ganz im Gegensatz zu dem Roseschen Metall nur noch geringe Mengen von Tantaloxyden, die nun vollständig entfernt werden mußten. So zeigen die von dem Chemiker der Siemens & Halske A.-G. Dr. Knyrim[1]) ausgeführten Analysen die große Reinheit des Rohtantalmetalles und seien deshalb hier angeführt:

I. 0,3298 g Rohtantal ergaben 0,3984 g Ta_2O_5, entsprechend 0,3266 g Ta oder 99 % Ta;

II. 0,3199 g Rohtantal ergaben 0,3851 g Ta_2O_5, entsprechend 0,3157 g Ta oder 98,7 % Ta;

III. 0,2360 g Rohtantal ergaben 0,2840 g Ta_2O_5, entsprechend 0,2328 g Ta oder 98,66 % Ta.

Die äußerst sorgfältige Reinigung des Tantalkaliumfluorides und die peinliche Darstellung des Rohtantals haben natürlich auf den glatten Gang der nunmehrigen Umschmelzung des Metalles und die Erzielung großer Duktilität einen günstigen Einfluß ausgeübt.

---

[1]) Zeitschr. f. Elektrotechn. 3, 1905, S. 48.

Eine schematische Darstellung des Apparates zum vollständigen Reinigen und homogenen Umschmelzen des Tantals zeigt in einfachster Weise Fig. 18.

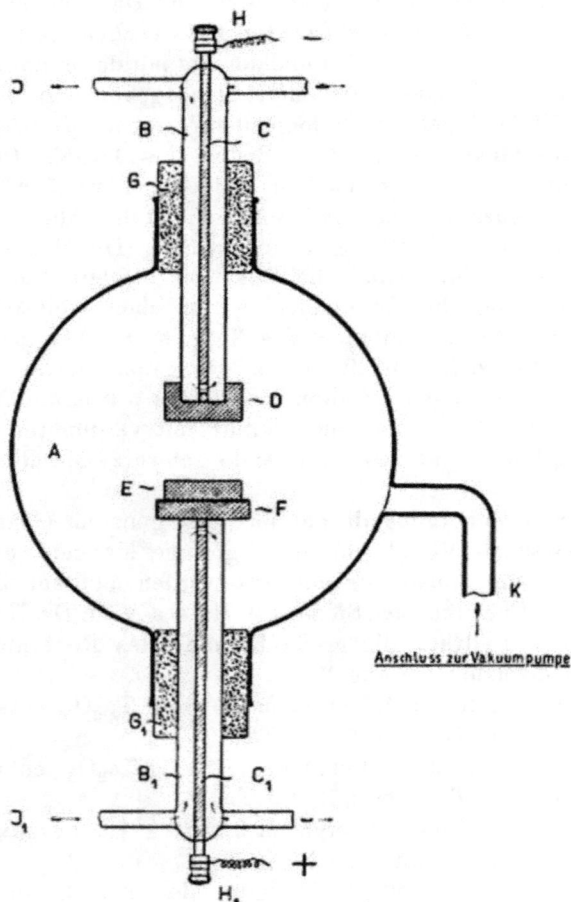

Fig. 18.

A ist ein dickwandiger Glasrezipient in Kugelform, der zur guten Abdichtung die beiden Gummistopfen G und G_1 trägt. Durch diese Stopfen sind nun die beiden hohlen Metallstutzen B und B_1 geführt, die wiederum mit den starken Kupferelektroden H

und H_1 verbunden sind und durch die angesetzten Röhren J und J_1 intensiv durch Wasser gekühlt werden können. Die Elektrode C trägt einen Block D aus Tantalschmelzgut, während die Elektrode C_1 ein dickes Metalltischchen F trägt, auf welchem der zu schmelzende Tantalpreßblock E liegt. Als Tischchen F kann außer Tantalmetall auch ein anderes, leichter schmelzbares Metall verwendet werden, eventuell mit einem Überzug aus Tantalmetall, ohne ein Abschmelzen durch zu starke Erhitzung befürchten zu müssen. Der Tantalpreßblock wird aus dem oben beschriebenen Rohtantalpulver ohne irgendwelche Zusätze als Bindematerialien mit Hilfe einer starken, am besten hydraulischen Presse hergestellt. Die Stromzufuhr erfolgt bei H und H_1 durch entsprechend starke Kabelanschlüsse.

Nachdem nun der Rezipient A mit Hilfe des Glasrohres K und einer Feinvakuumpumpe möglichst vollständig evakuiert worden ist, werden die beiden Elektroden C und C_1 sich genähert bis zur Berührung. Bei der jetzt erfolgenden Entfernung derselben bildet sich nun der Lichtbogen, und die Schmelzung beginnt. Man hat nun besonders darauf acht zu geben, daß das zu schmelzende Metall möglichst gleichmäßig zum Fluß kommt, da sonst bei irgendwelcher Unhomogenität des Schmelzblockes, z. B. durch eingebettete Blasen, der nachfolgende Ziehprozeß ungemein gestört wird. Die hierbei eintretende Reinigung des geschmolzenen Metalles geschieht einerseits durch die Verdampfung der geringen Mengen des leichter schmelzbaren Tantaloxydes, andrerseits gleichzeitig durch die fortwährende Elektrolyse des Tantaloxydes, wobei durch die konstant arbeitende Pumpe der abgespaltene Sauerstoff sofort abgesaugt wird. Die Elektrode C besteht am besten aus Tantalmetall[1]), nicht etwa aus Kohle, da sich sonst unvermeidlich das äußerst schädliche Tantalkarbid bilden würde. Ebenso arbeitet man am besten im hohen Vakuum, da inerte Gase wie Stickstoff und Wasserstoff[2]) eine hohe Affinität zum Tantalmetall besitzen und die gebildeten Nitride und Hydrüre die Sprödigkeit des Metalles zum Teil hervorrufen.

Da bei Verwendung der Glasrezipienten naturgemäß bei der obwaltenden großen Hitze oft ein Zerspringen derselben eintrat,

---

[1]) D. R. P. 152848 vom 20. Jan. 1903 und 152870 vom 13. März 1903.
[2]) D. R. P. 155548 vom 16. Okt. 1903.

so wurden späterhin Rezipienten aus Kupfer oder Messing verwendet, die zur Beobachtung des Schmelzprozesses ein luftdicht eingefügtes Schaufenster besaßen. Auch Schmelztischchen oder Tiegel aus hochschmelzenden Oxyden, wie Magnesia und Thoroxyd, kamen in Anwendung, wobei es notwendig war, daß diese Gefäße einen leitenden Überzug, z. B. aus Tantalmetall, besaßen.

Bei der Ausführung dieses Raffinationsverfahrens zeigte es sich weiter, daß z. B. ein Stäbchen aus gesintertem Tantalmetall von ca. 15 qmm Querschnitt im allgemeinen einen Lichtbogen im Vakuum von mehreren hundert Amperes erfordert, um in praktisch genügendem Umfang und mit ausreichender Geschwindigkeit zum homogenen Schmelzen gebracht zu werden, und um genügend große Schmelzkörper zu erhalten. Die angestellten Versuche ergaben nun, daß der Schmelzprozeß wesentlich geringeren Energieaufwand erfordert, wenn der zu schmelzende Körper bei der Bildung eines Lichtbogens als positive Elektrode verwendet wird[1]). Die Ausübung dieses Verfahrens setzt selbstverständlich die Verwendung von Gleichstrom voraus.

Um ein absolut gleichmäßiges und möglichst weiches Produkt zu erhalten, wurden die geschmolzenen Tantalblöcke mehrere Male derselben Prozedur unterworfen. Hierauf wurde der Block durch Hämmern und Walzen in die geeignete Form gebracht, um zum Ziehprozeß tauglich zu sein. Der Ziehprozeß selbst war anfänglich sehr schwierig, da Tantal selbst bei größter Reinheit immer noch eine bedeutende Härte besitzt. Dieser Ziehprozeß, bei dem ein oftmaliges Ausglühen der Tantalkörper notwendig ist, veranlaßte aber auch, daß gewöhnlich der Draht sich mit einer dünnen Schicht gebildeter Oxyde überzog, die dann in der Lampe verdampften und die vorzeitige Bräunung veranlaßten. Aus diesem Grunde war noch eine chemische oder mechanische Reinigung der Oberfläche der Drähte unerläßlich[2]). Die chemische Reinigung erfolgte z. B. durch eine Behandlung des gezogenen Drahtes mit einem geeigneten Gemisch von Schwefel- und Salzsäure.

Eine Reinigung des Tantalmetalles vermittels der feurig-

---

[1]) D. R. P. 153826 vom 29. März 1903.
[2]) D. R. P. 156714 vom 29. Nov. 1903.

flüssigen Elektrolyse schlägt die British Thomson-Houston Comp. [1]) vor. Das zu reinigende Tantal dient als Anode. Der Prozeß wird am besten in einem Tiegel aus Magnesia oder Tantaloxyd ausgeführt.

Auch die Verbindungen des Tantals mit den Elementen der fünften Gruppe des periodischen Systems (Stickstoff, Phosphor, Arsen) und mit Schwefel [2]) zur Erzeugung von Glühfäden aus Tantalmetall sind versuchsweise in Anwendung gekommen. Ob aber diese Körper bei der Herstellung reinen duktilen Tantals zu gewisser Bedeutung gelangt sind, läßt sich nicht sagen, da leider darüber jegliche Literaturangaben fehlen und aus naheliegenden Gründen aus der Praxis der Siemens & Halske A.-G. nichts zu erfahren ist.

Das gleiche ist auch von den dem Tantalmetall zur Härtung zugegebenen Substanzen, wie Zinn, Aluminium und Titan [3]), zu sagen. Es soll sich bei diesem Verfahren nur um ganz geringe Mengen der zuzuschlagenden Körper handeln und die Erzielung eines gleichmäßigen Gemisches durch innige Schmelzung erfolgen.

Zur Widerstandserhöhung des Tantaldrahtes wurden schließlich auch Zusätze von Tantalkarbid [4]) versucht. Die Karbidierung erfolgt analog der Präparierung der Kohlefäden durch Erhitzen der Drähte in kohlenstoffhaltigen Gasen, wie Benzin- oder Petroleumdämpfen.

Ein anderes Verfahren zur Widerstandserhöhung der Tantaldrähte stammt von der General Electric Comp. [5]) U. S. A. Die Tantaldrähte werden vor dem Gebrauch in der Lampe in reinem Stickstoff erhitzt. Die Erhöhung des Widerstandes beruht demnach anscheinend auf der Bildung von Tantalnitrid an der Oberfläche des Drahtes.

Schließlich seien noch kurz die Versuche erwähnt, um Tantaldraht mit anderen Metallen, wie Wolfram, Molybdän, Titan, Uran, Zirkon u. dgl., in gleichmäßiger Weise zu überziehen. Der Überzug wurde entweder durch einen pastenartigen

---

[1]) Brit. Patent Nr. 24234 vom 30. Okt. 1906.
[2]) D. R. P. 158570 vom 3. April 1902.
[3]) Brit. Patent Nr. 18403 vom 13. Okt. 1904.
[4]) Brit. Patent Nr. 8840 vom 12. April 1906.
[5]) Brit. Pat. Nr. 21511 vom 28. Sept. 1906.

Anstrich oder besser durch Niederschlagen der betreffenden
Metalle durch eine besondere Präparation der Drähte in den
metallhaltigen Dämpfen hergestellt. Praktische Erfolge sind aber
anscheinend nicht erzielt worden, da Lampen mit derartigen
Drähten nicht in den Handel gelangt sind.

So erhielt die Siemens & Halske A.-G.[1]) auf folgende
Verfahren Patente, um Tantaldraht mit einer dichten Schicht reinen
Wolframs zu bedecken. Wolframsäure wird mit Ammoniak gekocht, die gebildeten und ausgeschiedenen kristallinischen Körper
von der Flüssigkeit getrennt, bis etwa 250° C erhitzt und
hierauf mit Wasser so lange gekocht, bis eine viskose und
plastische Masse entstanden ist. Der Tantaldraht wird nun in
geeigneter Weise durch diese Masse gezogen, wobei er sich
mit einer gleichmäßigen Schicht derselben bedeckt. Der beste
Überzug soll entstehen, wenn der Durchgang des Tantaldrahtes
durch die viskose Masse vertikal geschieht. Nach dem flüchtigen
Trocknen wird der Draht in einer reduzierenden Gasatmosphäre
stark geglüht, wobei die Reduktion des Überzuges zu Wolframmetall erfolgt. Um Unebenheiten möglichst auszuschalten, wird
dieser Prozeß mehrere Male wiederholt, bis eine genügende
Stärke der Wolframschicht erreicht ist. Der Prozeß kann ununterbrochen vor sich gehen, wobei auch an die Stelle des oben
beschriebenen kolloidalen Wolframsalzes andere reduzierbare
Wolframverbindungen treten können, die mit irgendeinem geeigneten Bindemittel zu einer dünnflüssigen Paste verarbeitet
worden sind. Auch Zusätze von reinem Wolframmetallpulver
zu diesen Pasten sind anwendbar.

Die Eigenschaften des reinen Tantalmetalles
sind ganz bemerkenswerte und müssen, da sie jeden Glühlampentechniker interessieren, hier kurz angeführt werden.

Das reine Tantal stellt als Rohtantal gewonnen ein feines
schwarzes Pulver dar, welches sich zwischen den Walzen eines
kräftigen Kalanders zu einem metallglänzenden, wenn auch
brüchigen Blech auswalzen läßt. Das kompakte Metall, in Barren-
oder Drahtform, besitzt ein rein metallisches Aussehen von etwas
dunklerer Farbe als das Platinmetall.

Die spezifische Wärme bestimmte Werner von

---

[1]) Brit. Patente Nr. 11716 und 22746 vom Jahre 1907.

Bolton[1]) nach der kalorimetrischen Methode an Tantalklumpen von 22—24 g. und zwar zwischen 16° und 100° C.
Aus drei gut übereinstimmenden Messungen ergab sich im Mittel
die Zahl 0,0365. Es beträgt demnach

die spezifische Wärme . . . W. = 0,0365

„ Atomwärme . . . . . AW. = 6,64.

Das reine Tantalmetall unterwirft sich also dem Gesetz von
Dulong und Petit.

Das spezifische Gewicht des aus Tantalkaliumfluorid
reduzierten Rohmetalles mit 98,6% reinem Tantal ergab aus
mehreren Bestimmungen von W. Borchert 14,08, das des
reinen duktilen, zu Barren geschmolzenen Metalles nach
Dr. M. von Pirani 16,64, während das Gewicht des zu Draht
von 0,05 mm ausgezogenen Metalles 16,50 beträgt. Diese letzte
Zahl könnte vielleicht als unrichtig erscheinen, ist es aber
durchaus nicht, wie folgender Versuch sofort beweist. Wird
nämlich Tantaldraht von 0,05 mm Durchmesser in Form eines
Hufeisenbügels im Vakuum bei einem Energieverbrauch von
1 Watt pro Hefnerkerze elektrisch geglüht, so kontrahiert er
sich nach etwa zwölf Stunden Glühzeit um etwa 7,8%. Er
wird also kürzer, woraus sich auch erklärt, daß das spezifische
Gewicht des gezogenen Drahtes geringer ist als das des kompakten
und homogen geschmolzenen Barrens.

Es nimmt also ein längere Zeit elektrisch geglühter Tantaldraht allmählich an Dichte zu, bis diese schließlich ebenso groß
wird wie die des Barrens. Dabei verändert sich bekanntlich
das Aussehen des Drahtes; er geht aus dem amorphen Zustand
langsam in den kristallinischen über und bekommt ein glitzerndes
Aussehen, wobei auch seine Zerreißfestigkeit enorm abnimmt.

Nach Angaben der Siemens & Halske A.-G. werden
aus 1 kg Tantaldraht von 0,05 mm ⌀ etwa 45000 Lampen für
110 Volt bei 25 Normalhefnerkerzen hergestellt. Das Gewicht
des Drahtes für eine Lampe beträgt 0,022 g bei einer Länge
von 650 mm.

Der lineare Ausdehnungskoeffizient zwischen 0°
und 50°, von der Normaleichungskommission an einem Stab von
3 mm Durchmesser und 15 cm Länge gemessen, beträgt 0,0000079.

---

[1]) Z. f. Elch. 3, 1905, S. 48.

Der spezifische Widerstand des Rohtantals ergab bei einem Durchmesser des Drahtes von 0,28 mm bei einer Länge von 56 mm kalt gemessen den Wert von 0,29 Ohm, also auf eine Länge von 1 m bei 1 qmm Querschnitt bezogen von 0,331. Der endgültige Wert, gemessen am reinsten Tantaldraht, bezogen auf 1 m Länge und 1 qmm Querschnitt, wurde von Pirani gefunden zu 0,165 im Mittel, wobei Schwankungen von 5 % eintreten können.

Der Temperaturkoeffizient, zwischen 0° und 100° gemessen, beträgt 3 %, zwischen 0° und 350° gemessen, 2,6 %. Der Widerstand steigt, wie bei allen Metallen, mit der Temperatur, ist demnach positiv und erreicht bei 1,5 Watt Energieverbrauch pro Hefnerkerze den Wert von 0,855 (v. Pirani).

Der Elastizitätsmodul des Tantaldrahtes von 0,08 mm ⌀ beträgt nach Pirani 19000 kg, ist also fast gleich dem des Stahles, der je nach der Qualität zwischen 18000 und 25000 kg schwankt.

Die Zerreißfestigkeit des gezogenen Tantaldrahtes ist eine sehr große, da sie für einen Draht von 1 mm ⌀, berechnet auf 1 qmm Querschnitt, etwa 93 kg beträgt. Sie steigt mit sinkendem Querschnitt und erreicht bei einem Draht von 0,05 mm ⌀ den Wert von 150—160 kg. Die Zerreißfestigkeit des Tantaldrahtes ist demnach bedeutend größer als die guten Stahles, für welchen nach den Bestimmungen von Kohlrausch etwa 70—80 kg pro Quadratmillimeter gefunden wurde.

Die Dehnung bei der Bestimmung der Zerreißfestigkeit ist sehr gering und beträgt je nach Reinheit des Materials 1—2 %. Trotzdem läßt sich das Metall bis zu den feinsten Drähten von 0,025 mm ausziehen.

Die Zähigkeit und Härte des Tantals ist eine enorme. Wird z. B. ein Tantalklumpen bis zur Rotglut erhitzt und unter den Dampfhammer gebracht und geschmiedet, so erhält das entstandene Blech eine außerordentliche Härte, die um so größer wird, je öfter das Metall erhitzt und geschmiedet wird, zumal wenn noch gewisse Mengen von Oxyd vorhanden waren. Es nimmt hierbei die Härte etwa des bestgehärteten Stahles an. W. von Bolton[1]) versuchte, ein Stück derartig bearbeitetes

---

[1]) Z. f. Elch. 43, 1905, S. 724.

Tantalblech mit Stahlbohrern zu durchbohren. Es gelang nach vieler Mühe, aus ganz besonders geeignetem, in Quecksilber gehärtetem Stahle einen Bohrer herzustellen, der bei kräftigem Druck das nur 1 mm starke Tantalschmiedeblech in 7 bis 10 Minuten durchbohrte, wobei allerdings der Bohrer ganz schartig und stumpf geworden war. Ein anderer Versuch mit einem gewöhnlichen glasharten Diamantbohrer führte zu dem Ziele, daß bei einer ununterbrochenen Arbeit des Bohrers von mehreren Stunden bei 5000 Umdrehungen in der Minute nur eine kleine Mulde von etwa $1/4$ mm Tiefe erreicht wurde, wobei der Bohrer total abgenutzt war. Ein vollkommenes Durchbohren des Bleches war nicht möglich; trotzdem konnte aber dasselbe unter Beibehaltung seiner zähen Härte noch dünner ausgewalzt werden. Das Tantal vereinigt demnach merkwürdigerweise eine außerordentliche Härte bei großer Duktilität.

Der S c h m e l z p u n k t des Tantals, nach der L u m m e r schen Methode bestimmt, liegt zwischen 2250° und 2300°. Nach den Versuchen von B o l t o n schmilzt ein Tantaldraht im Vakuum bei einer Belastung von etwa 0,3 Watt pro Hefnerkerze durch. Nach neuerer Bestimmung soll der Schmelzpunkt des reinen Tantals weit höher liegen, etwa zwischen 2750° und 2800° C. Die Temperatur des bei 1,5 Watt leuchtenden Tantaldrahtes liegt bei ca. 1700° C, also etwa 1000° niedriger als sein Schmelzpunkt. Höher darf der Draht nicht erhitzt werden, da er sonst zu schnell kristallisiert und die Lampe unbrauchbar wird. Im übrigen war der Schmelzpunkt des Tantals bis zum Jahre 1905 vollkommen unbekannt. Selbst in L a n d o l t s Physikalisch-chemischen Tabellen, Ausgabe 1905, steht nur kurz: Unschmelzbar im Knallgasgebläse, schmelzbar im elektrischen Ofen. Der Beobachter war M o i s s a n. Wie schon mitgeteilt, handelte es sich um ein Tantal mit größerem Kohlenstoffgehalt, welches also einen etwas niedrigeren Schmelzpunkt als reines Tantal besitzt. B o l t o n zeigte den hohen Schmelzpunkt auch in der Weise, daß er eine Tantallampe bei dem normalen Wattverbrauch von etwa 1,5 Watt pro Kerze einschaltete und nun so lange die Stromstärke erhöhte, bis der Faden durchbrannte. Eine Lampe für 110 Volt 25 Kerzen (1,5 Watt pro Hefnerkerze) konnte langsam bis ca. 300 Volt gesteigert werden, ehe sie durchbrannte. Die ausgestrahlte Lichtmenge betrug hierbei mehrere hundert Kerzen.

Über die in Betracht kommenden chemischen Eigenschaften sei nur kurz zu erwähnen, daß glühendes Tantalmetall
Wasser energisch zersetzt, und daß Tantalmetall in Barren-, Blech-
oder dicker Drahtform an der Luft zu heller Rotglut erhitzt
werden kann, ohne daß es, wie etwa nach Art des Magnesiums,
verbrennt. Das Metall läuft etwa bei 400° C erst gelb, bei
beginnender Rotglut blau an und bedeckt sich schließlich infolge
der nun allmählich stärker eintretenden Oxydation mit einer
weißen Schicht von Tantalpentoxyd. Sehr feiner Draht jedoch
verglimmt in Luft oder Sauerstoff mit weißem Licht, aber ohne
Flammenbildung.

Das Tantalmetall verbindet sich leicht chemisch mit Sauerstoff, Stickstoff, Schwefel, Selen. Tellur und Phosphor, während
Wasserstoff nur etwa bis zu 0,3 % aufgenommen wird. Ferner
bildet es mit Kohlenstoff ein Karbid.

Das Tantal legiert sich in jedem Verhältnis mit Niob,
Vanadin, Molybdän, Wolfram, Chrom und Eisen, nicht aber mit
Silber und Quecksilber. Legierungen von Aluminium, Magnesium
können, wenn auch schwierig, hergestellt werden.

Die Fabrikation der Tantallampe selbst bereitete
anfänglich erhebliche Schwierigkeiten, bis endlich eine Lampe von
großer Stabilität und genügend großer Nutzbrenndauer erzielt wurde.
Es galt hier, im Gegensatz zum Kohlefaden, einen um vieles
längeren Metalldraht unterzubringen, welcher außerdem noch in
der herrschenden Glühtemperatur erweichte und sich deformierte.
So beträgt z. B. die Gesamtfadenlänge einer Kohlefadenlampe
von 110 Volt, 25 Kerzen ca. 230 mm, während die der Tantallampe derselben Dimensionen ca. 650 mm beträgt. Diese große
Drahtlänge mußte weiter in einer Glasglocke untergebracht
werden, die nicht beträchtlich von der Größe der Kohlefaden-
birne abweichen sollte. Ferner war der Eigenart des Tantal-
fadens Rechnung zu tragen, nämlich, daß er noch stark nach-
sinterte und etwa bis zu 8 °₀ schwinden konnte. Schließlich
stellte man die Bedingung, daß die Lampe, gleichwie die
Kohlefadenlampe, selbstverständlich in allen Lagen brennen
sollte, ohne daß die Fäden durch gegenseitige Berührung, zu
starke Durchbiegung oder sonstwie zerstört wurden.

Nach Angaben von Feuerlein[1]) dauerte es, von der Her-

---

[1]) E. T. Z. 26. 1905, S. 106 ff.

stellung der ersten Tantalversuchslampe gerechnet, ca. ein Jahr
lang, ehe größere Quantitäten von guten Lampen fabriziert
werden konnten. Brauchbare Hochvoltlampen für 220 Volt
Spannung für den Massenverkauf entstanden erst im Jahre 1906.

Nachdem es gelungen war, fortlaufend größere Mengen von
Tantaldraht herstellen zu können, versuchte man zuerst Lampen
herzustellen, deren einzelne Fäden analog bestimmter Kohlefadenlampen aus hufeisenförmigen
Bügeln bestanden. Die Ergebnisse mit dieser
Anordnung waren aber nicht befriedigend, da,
wenngleich noch eine besondere Verankerung der
Fadenbügel angeordnet wurde, die freihängenden
Fäden bei der eintretenden Erweichung sich sehr
leicht deformierten und ganz
und gar sich gegenseitig ver-
schlingen konnten (siehe
Figur 19). Die Lampen
konnten selbstverständlich
nur in senkrecht hängender
Stellung brennen und be-
währten sich auf dem Transport wenig. Auch die Wel-
lung der Bügel, wie in
Fig. 20 angegeben, um die
Schenkellänge erheblich zu
verkürzen, konnte diese
Nachteile nicht beheben.

Einen besseren Erfolg
zeigten Lampen, die, wie
uns Fig. 21 und 22 dar-
stellt, fortlaufend aus einem
Stück Tantaldraht angefertigt
waren. Das Glühfadentrag-

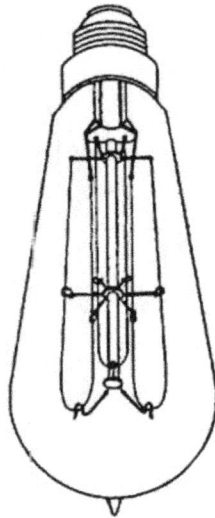
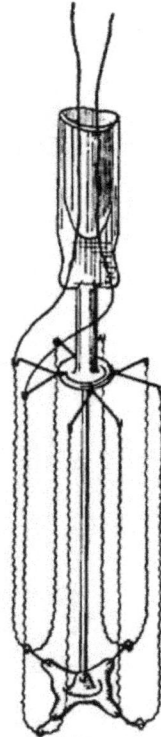

Fig. 19. Fig. 20.

gestell bestand hier aus zwei Glaslinsen, die durch einen stabilen
Metalldraht, z. B. aus Nickel oder durch Glasstäbchen, fest verbunden waren. Die Glaslinsen trugen isoliert die kranzförmigen
Drahthalter, zwischen denen der feine Tantaldraht in der gezeichneten Weise auf und ab geführt wurde. Diese Lampe konnte
infolge ihrer Anordnung in jeder Lage brennen, war aber für

die Dauer auch nicht brauchbar, da sie durch das eintretende Schwinden des Tantaldrahtes sehr leicht zerstört wurde.

Eine weitere frühere Anordnung zeigt Fig. 23, bei welcher einzelne gleichlange Stückchen an die Elektroden angeklemmt waren. Durch die windschiefe Richtung der Fäden wurde, wie bei Fig. 22, ein hübscher gitterähnlicher Lichteffekt erzielt. Weiter

Fig. 21.   Fig. 22.   Fig. 23.

hatte die Lampe den Vorteil, daß auch Abfallstücke des in der Entstehungsperiode doch kostbaren Tantaldrahtes verwendet werden konnten, wobei natürlich in derselben Lampe nur Drähte von absolut gleichem Durchmesser in Anwendung kommen konnten. Auch diese Lampe zeigte sich bei längerer Brenndauer als ungeeignet aus dem oben angegebenen Grunde.

Die Ende 1904 gebräuchliche Form der Tantallampe zeigt uns Fig. 24, wobei der Tantaldraht recht lose in breiterer Bügelform in einem Stück auf dem Traggestell aufgewickelt wurde. Diese Lampen bewährten sich verhältnismäßig gut, wenn auch hier die Zerstörung der Lampe durch zu starke Nach-

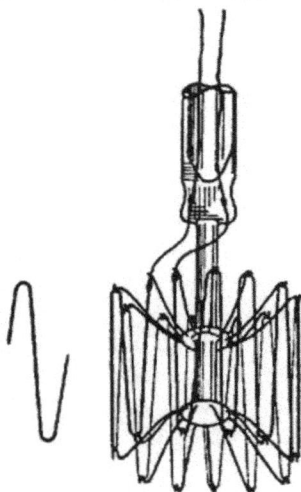

Fig. 24.

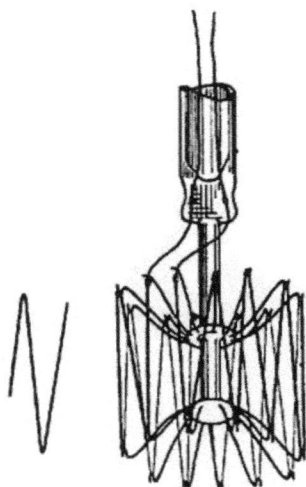

Fig. 25.

sinterung des Drahtes nicht ganz vermieden werden konnte. So zeigten z. B. Lampen nach wenig hundert Stunden das Aussehen, wie in Fig. 25 dargestellt, wo also die großen Biegungen des neuen Fadens verschwunden und an ihre Stelle spitze Winkel getreten sind. Der Faden verlor nach mehrhundertstündigem Brennen seine anfänglich große Festigkeit durch die eingetretenen kristallo-physikalischen Veränderungen und wurde dann sehr empfindlich. Seine Oberfläche, die anfänglich glatt und glänzend war, bekam ein eigentümlich glitzerndes Aussehen. Wenn also bei den Lampen der Faden hin und wieder doch zu fest aufgespannt war, trat auch jetzt noch das unvermeidliche Zerreißen des Fadens auf, wie in Fig. 26 gezeichnet, wobei allerdings, wenn der Konsument Glück hatte, beim Zusammen-

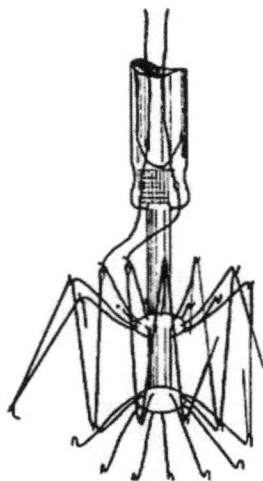

Fig. 26.

treffen der zerrissenen Enden mit intakten Fäden die Lampe
noch eine gewisse beschränkte Zeit weiterbrannte. Schließlich
wurde für die Lampen ganz dieselbe Wicklungsart gewählt,
wobei außerdem noch eine bestimmte Wellung des Drahtes in
Anwendung kam.

Als Haltermaterial wurde nach Ausprobierung der verschiedensten Materialien entsprechend starker Kupferdraht gewählt, um an den Berührungs-
stellen des glühenden Fadens mit
den Haltern eine möglichst starke
Abkühlung zu erreichen und damit
eine Verdampfung dieses Materials
zu verhüten.

Die Form des Glasballons wurde
dem Fadengestell entsprechend möglichst klein gewählt und hierdurch
ein recht gefälliges Aussehen der
Lampe erreicht.

Größere Schwierigkeiten be-
bereitete die Erzeugung brauchbarer Hochvoltlampen für 200 bis
250 Volt Spannung. Man griff
schließlich, nachdem viele Mißerfolge aufzuweisen waren, zu dem
Mittel, die Fadengestelle von
zwei 110-Volt-Lampen für den
Bau einer 220-Volt-Lampe durch
Verschmelzen aneinanderzusetzen,
um so die absolut notwendige
Unterteilung und Verkürzung der
einzelnen Schenkellängen zu erreichen. Ein derartiges Halter-

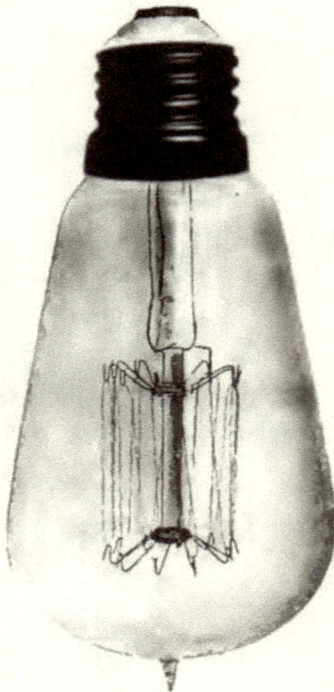

Fig. 27 (Photographie).

gestell ist in Fig. 28, die vollständige Lampe in Fig. 29 dargestellt.

Auch die in Fig. 30 dargestellte Ausführung wurde für
Hochvoltlampen angewendet.

Selbstverständlich gab die stabile Eigenschaft des Drahtes
und die Möglichkeit, denselben in alle denkbaren Formen zu
biegen, Veranlassung zu dem verschiedenartigsten Bau von

Speziallampen. In Fig. 31 sind einige der bekanntesten Anwendungsformen, wie sie der Verfasser aus einem Katalog der Siemens & Halske A.-G. entnommen hat, zu sehen. So konnten selbst spiralförmig angeordnete Fokuslampen, wie in *h* dargestellt, bei den denkbar kleinsten Dimensionen der Glasbirne

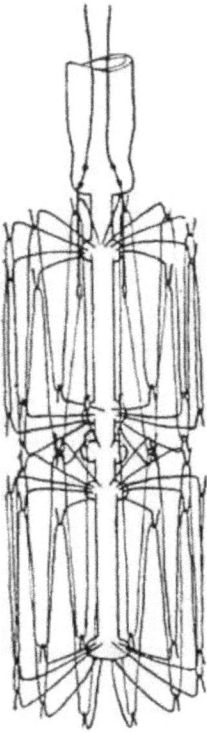

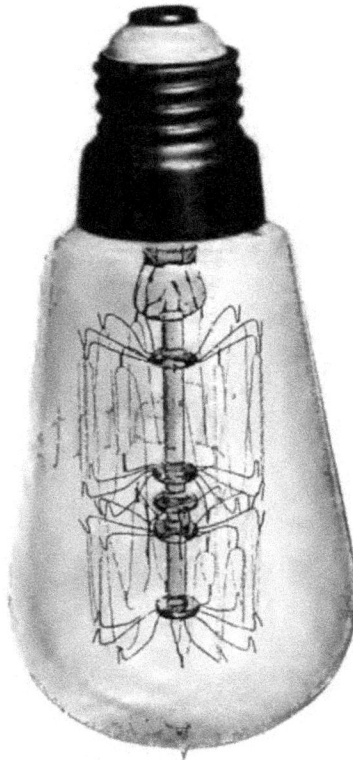

Fig. 28.   Fig. 29 (Photographie).   Fig. 30.

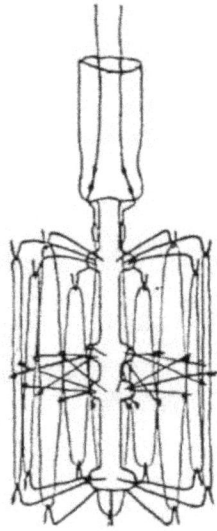

fabriziert werden. Ein besonderes Anwendungsgebiet fanden auch die Lampen speziell für Taschenlampen, medizinische und Reklamebeleuchtungszwecke.

Die Fabrikation der Tantallampe hat sich, wie bekannt, sehr schnell entwickelt und sehr rasch eine ungeheuere Verbreitung erlangt. Leider war es nicht möglich, nähere interessante

Angaben über die Produktionssteigerung zu erhalten, da sich die Direktion der Gesellschaft aus bestimmten Gründen prinzipiell über diese Zahlen ausschweigt. Immerhin ist aus den Ausfuhr-

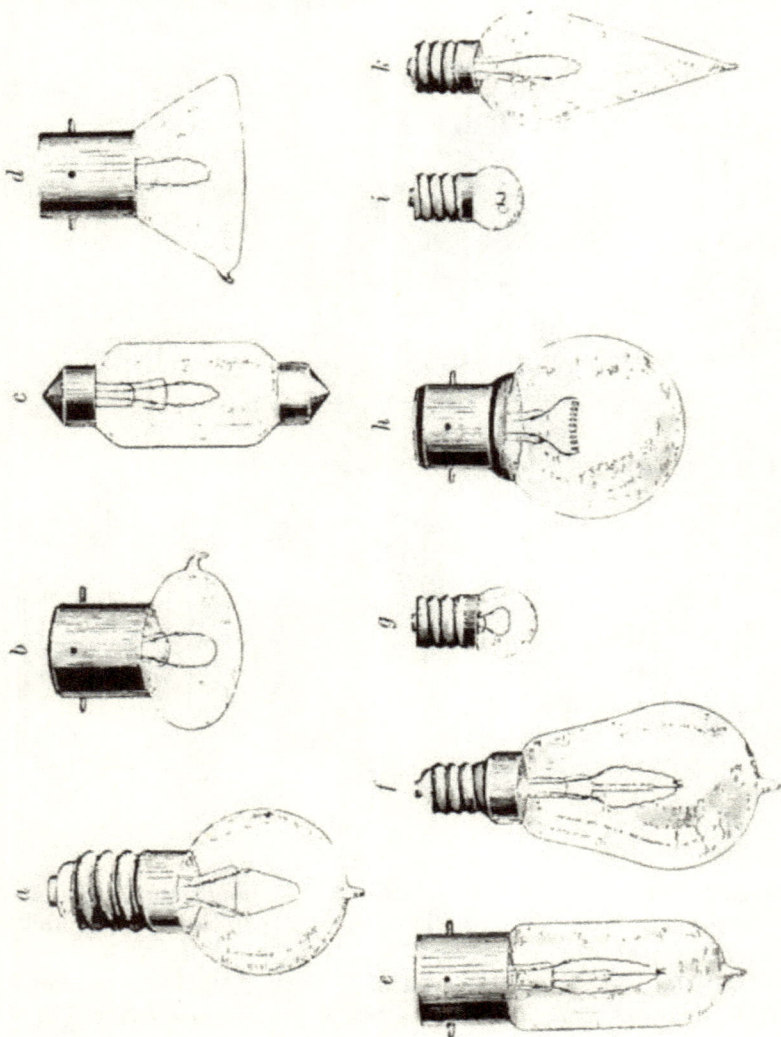

Fig. 31.

statistiken und anderem Material mit ziemlicher Sicherheit anzunehmen, daß die tägliche Produktion an Tantallampen in dem
letzten Jahre vor dem Erscheinen der Wotanlampe etwa 50 bis
60 000 Lampen betragen haben muß.

Die Tantallampe brennt mit einem Energieverbrauch von
etwa 1,5—1,7 Watt pro Hefnerkerze und ist für Gleich- und
Wechselstrom anwendbar. Es zeigte sich jedoch, daß Wechselstrom ungleich viel schneller ungünstig auf die physikalischen
Eigenschaften des Drahtes einwirkt, daß also das Kristallisieren
und Brüchigwerden des Drahtes eher in Erscheinung trat. Außer
den wirklich eintretenden molekularen Veränderungen werden
vermutlich auch elektrolytische Vorgänge die allmähliche Zerstörung des Fadens hervorrufen. Aus diesem Grunde wurde
auch, um diesen Übelstand zu beheben, empfohlen, für den Gebrauch bei Wechselstrom Lampen zu wählen, deren Energieverbrauch 2—2,5 Watt beträgt. Welchen Einfluß der elektrische
Strom auf das innere Gefüge des Tantaldrahtes ausübt, läßt sich
aus Fig. 32 erkennen, wobei Fig. 32 a in hundertfacher Vergrößerung einen ungebrauchten Draht darstellt, während Fig. 32 b
denselben Draht nach etwa 1000 stündiger Brennzeit mit Gleichstrom zeigt. Interessante Beobachtungen in dieser Richtung hat
auch Clayton H. Sharp[1]) angestellt, die die Veränderungen
des Tantaldrahtes in der Lampe betreffen. In Fig. 33 sind die
Drähte in etwa 50 facher Vergrößerung dargestellt, wie die
mikroskopischen Beobachtungen sie ergeben. Es stellt dar:
A Draht mit 300 Stunden Brennzeit bei Wechselstrom von 130 ∿,
B   „   „   157   „   „   „   „   „   60 ∿,
C   „   „   467   „   „   „   „   „   25 ∿,
D   „   „   492   „   „   „ Gleichstrom,
E einen neuen Draht.

Aus diesen Beobachtungen kann man sehr deutlich das verschiedene Verhalten des Tantaldrahtes bei Gleich- und Wechselstrombetrieb erkennen. Durch die Speisung mit Gleichstrom
wird der ursprünglich glatte und glänzende Faden nach längerer
Brenndauer äußerlich wohl rauher, erleidet sonst aber nur
geringere Veränderungen und wird erst sehr allmählich brüchig

---

[1]) Vortrag am 23. Sept. 1906 vor der American Institution of
Electrical Engineers.

und spröde. Bei Wechselstrom dagegen nimmt der ganze Faden
sehr bald ein zerhacktes und zerrissenes Aussehen an, und zwar
um so rascher und auffälliger, je höher die Frequenz des
Wechselstromes war. Aus diesem Grunde ist es also sehr leicht
erklärlich, daß im Mittel die Lebensdauer der Lampe bei
Wechselstrombetrieb um vieles niedriger war als bei Anwendung
von Gleichstrom. Auch eine schnellere Bräunung der Lampen
bei Wechselstrom trat ein.

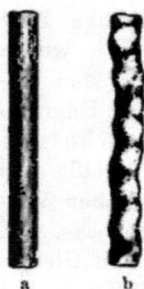

Fig. 32.

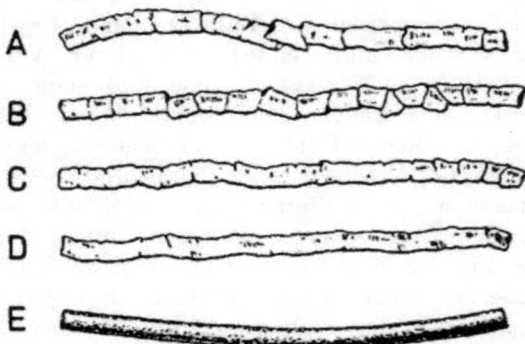

Fig. 33.

Nach Feuerlein[1]) beträgt die durchschnittliche Nutzbrenndauer der Lampen 5—600 Stunden, während die absolute
Lebensdauer ziemlich 1000 Stunden erreicht.

Folgende Tabelle gibt nach Feuerlein ein durchschnittliches
Bild des Verhaltens einer Tantallampe von 25 Kerzen 110 Volt.

Brenndauer in Stunden	Lichtstärke in Hefnerkerzen	Stromverbrauch in Amperes	Watt pro Hefnerkerze
0	25—27	0,36—0,38	1,5—1,7
5	28—31	0,38—0,39	1,3—1,5
150	25—27	0,36—0,38	1,5—1,6
300	22—24	0,36—0,38	1,6—1,7
500	20—22	0,36—0 38	1,9—2,0
1000	18—20	0,35—0,37	2,1—2,2

[1]) E. T. Z. 26, 1905, S. 108.

Aus dieser Tabelle ergibt sich, daß in den ersten Stunden eine starke Kontraktion der Drähte eintritt, und daß nach etwa 300 Stunden Brennzeit der normale Anfangswert der elektrischen und Lichtkonstanten wieder erreicht wird. Nach etwa 500 Stunden betrug die Lichtabnahme im Mittel ca. 20 %.

Diese Zahlen dürften aber nur die unteren Grenzwerte sein, da W. Wedding[1]) günstigere Resultate erhalten hat.

Wedding untersuchte vier Tantallampen für 25 Kerzen und 110 Volt und stellte folgendes fest, wie aus der Tabelle, die die Mittelwerte der vier Lampen enthält, hervorgeht. Die Lampen wurden so lange gebrannt, bis sie sämtlich versagten.

Brenn-stunden	Stromstärke	Watt-verbrauch	Lichtstärke	Spezifischer Wattverbrauch
0	0,401	44,14	26,3	1,68
2	0,400	44,06	27,6	1,59
7	0,403	44,33	28,3	1,57
17	0,399	43,88	27,4	1,60
37	0,398	43,76	27,1	1,62
85	0,401	44,16	26,6	1,67
256	0,403	44,41	26,9	1,66
491	0,402	44,22	23,6	1,87
637	0,399	43,90	23,5	1,89
905	0,396	43,56	21,4	2,04
1199	0,398	43,81	22,2	1,98
1582	0,414	45,51	23,6	1,94
1989	0,427	46,97	23,2	2,03

Die erste Lampe brannte durch nach 886 stündigem Brennen, die zweite nach 1030, die dritte nach 1126 und die letzte nach 1282 Stunden. Durch Anklopfen an die Lampe wurden die Fäden wieder verschweißt, wobei oftmals diese Berührung der zerrissenen Fäden gleich nach dem Durchbrennen von selbst erfolgte. Unterläßt man das nachträgliche Verschweißen, so würde sich also eine normale Lebensdauer von etwa 1081 Stunden bei einer Nutzbrenndauer von ca. 650 Stunden ergeben. Rechnet man jedoch nicht mit der ersten Zeit des Durchbrennens des Fadens als Endpunkt, sondern mit der wirklichen Lebensdauer, erzielt durch das wiederholte Anschweißen der Fäden, so ergibt

---

[1]) E. T. Z. 26, 1905, S. 944 ff.

sich eine Lebensdauer von etwa 1866 Stunden. Die Lichtabnahme nach ca. 900 Stunden betrug nach Weddings Messung
hierbei 20 % der Anfangslichtstärke.

Es sei schließlich noch bemerkt, daß der Anfangspreis der
110 voltigen Tantallampe 4 Mk. betrug, der aber infolge des
Auftauchens der ökonomischeren Wolframlampen und der damit
bedingten starken Konkurrenz sehr bald sank. Tantallampen
werden auch heute noch in großen Mengen hergestellt und verbraucht.

Bevor nun zur Beschreibung der Fabrikation der modernen
Wolframmetallfadenlampen geschritten werden soll, müssen noch
kurz die Versuche gestreift werden, die darauf hinausgehen,
entweder den Kohlefaden mit geeigneten metallischen oder
metalloidischen, lichtemittierenden Körpern zu versetzen oder
besser die Kohlefäden mit diesen Körpern möglichst dicht und
gleichmäßig zu umhüllen. Ebenfalls von den Methoden, um aus
anderen Körpern, wie z. B. Bor, Silizium u. dgl., brauchbare
Glühkörper für elektrische Vakuumlampen zu erzeugen, seien
die hauptsächlichsten angeführt, da gerade die letzteren wertvolle Hinweise für die Fabrikation der späteren Wolframfäden
geliefert haben.

F) Kohlefäden mit metallischen und metalloidischen Überzügen und Zusätzen.

Trotzdem diese Versuche schon im reichsten Maße zu einer
Zeit angestellt wurden, als der Kohlefaden noch lange nicht
seine jetzige Vollkommenheit erreicht hatte, sind dauernde Erfolge damit kaum erzielt worden. Dies lag einesteils wohl daran,
daß bei der Überlastung der Kohlefäden über 3 Watt pro Hefnerkerze immer der Kohlenstoff zur Verdampfung gelangte, gleichviel, ob die hochschmelzenden Körper im Innern des Fadens
verteilt waren oder einen dichten Überzug an der Oberfläche
des Fadens bildeten. Es soll trotzdem nicht abgestritten werden,
daß einige der Zusatzkörper bei der Temperatur des glühenden
Kohlefadens eine bessere Lichtemissionsfähigkeit besitzen als
dieser für sich allein selbst. Anderseits traten, sofern bestimmte
Oxyde der Kohle zugefügt worden waren, unter allen Umständen
elektrolytische Zersetzungen ein, die es nicht zuließen, eine
konstante Lampe zu erzielen. Zusätze von reinen Metallen oder

Metalloiden hingegen zeigten in gewisser Beziehung bessere Erfolge, da hierbei nur eine eventuelle Verdampfung dieser Körper oder zumeist eine Karbidbildung eintreten kann. Weiter darf auch nicht außer acht gelassen werden, daß der Glühlampentechniker zu oft Täuschungen dann ausgesetzt war, wenn z. B. die als Zusatzmaterialien verwendeten Körper irgendwelche geringe Unreinheiten aufwiesen. Auch die im Glühfaden selbst hergestellten neuen chemischen Körper, wie z. B. die Karbide u. dgl., zeigten oft überraschenderweise ganz andere Eigenschaften, als man vermutet hatte. Immerhin haben alle diese Versuche, bei welchen ein Niederschlag von Metallen oder Metalloiden erzeugt wurde, die Gleichmäßigkeit der Oberfläche der Fäden vergrößert, zum Teil auch durch Verstopfen der unvermeidlichen Poren.

Auch hat uns die Glühlampe, bei welcher man nicht mit Unrecht in gewissem Sinne von der Chemie bei hohen Temperaturen und gleichzeitigem Vakuum sprechen kann, wertvolle Aufklärungen über die Eigenschaften vieler Körper gegeben. Ganz hervorragend eignet sich z. B. die Glühlampe für die annähernden Schmelzpunktbestimmungen der Metalle und des Zerstäubungsvermögens im Vakuum.

Als erste Versuche dieser Art seien hier die aufgeführt, die das Imprägnieren oder Bedecken von Kohlefäden mit den Metallen der Platingruppe bezweckten. So stellt J. S. Williams [1]) einen Überzug auf Kohlefäden durch elektrolytisches Niederschlagen von Platin, Iridium und Ruthenium her.

Ein originelles Patent hat Geminiano Zanni [2]) erhalten. Er überzieht einen dünnen Draht aus der Gruppe der Platinmetalle mit einem toskanischen Strohhalm und karbonisiert das Ganze. Eine andere Ausführungsform ist die, daß Fäden aus Seide, Baumwolle u. dgl. in die gewünschte Form gebogen und nun verkohlt werden. Die erhaltenen porösen Kohlekörper werden hierauf auf galvanischem Wege oder durch Behandlung mit zweckentsprechenden Lösungen mit Pl. in oder Iridium überzogen. Zum Schutze dieser Metallschicht wird nun nochmals in bekannter Weise durch Formieren im Kohlenwasser-

---

[1]) Brit. Patent Nr. 224 vom Jahre 1882.
[2]) D. R. P. Nr. 24370 vom 31. Dez. 1882 und Brit. Patent Nr. 2741 vom Jahre 1882.

stoffen eine dünne Graphitschicht auf dem Metallniederschlag erzeugt.

Zu der Zeit, als noch größtenteils organische Fasern, wie Baumwolle, Seide, zur Herstellung der Kohlefäden verwendet wurden, war es im allgemeinen üblich, diese Fasern vor dem Karbonisieren mit den Lösungen der lichtemittierenden Substanzen zu tränken. So behandelt Theodor Mace[1]) gezogene Bambusfasern mit einer Lösung von Chloraluminium oder schwefelsaurer Tonerde. In ähnlicher Weise reichert Hallet[2]) organische Fasern mit Silizium oder Siliziumkarbid an. Hamilton und Varby verwenden zur Erhöhung der Lichtemissionsfähigkeit ein Tränken der Fäden mit geeigneten Salzlösungen der Metalle aus der Kalziumgruppe oder auch bestimmte Borsalzlösungen. Das Bor ist überhaupt ganz besonders für diese Zwecke bevorzugt worden. Der Verfasser erinnert nur an die Patente von Peter Stiens[3]), der Fäden oder Streifen von Vulkanfieber mit Borsäure präpariert und diese dann glüht, während J. Y. Johnson[4]) Borfluoridlösungen zur Anwendung bringt.

In analoger Weise erhalten auch Vasley, Beale und Padbury[5]) einen mit Bor imprägnierten Kohlefaden. Sorgfältig gereinigte Gewebe aus Pflanzenfasern werden mit heißer konzentrierter Boraxlösung getränkt. Zur Ausscheidung der Borsäure wird nun eine entsprechende Behandlung mit Säuren, vorzugsweise mit Essigsäure, vorgenommen. Nach dem Trocknen wird der Faden mit Paraffin getränkt und in bekannter Weise bei Luftabschluß karbonisiert. Um nun aus der im Faden enthaltenen Borsäure das reine Bor auszuscheiden, wird er jetzt einer Formierung in Stickstoff, Wasserstoff oder anderen indifferenten Gasen unterworfen.

Eine Verbesserung der Lichtemissionsfähigkeit der Kohlen bewirkt weiter Lodyguine[6]) dadurch, daß er vegetabilische

[1]) D. R. P. Nr. 49206 vom Jahre 1889 und Brit. Patent Nr. 9694 vom Jahre 18 .

[2]) Brit. Patent Nr. 4017 vom Jahre 1881.

[3]) D. R. P. Nr. 85592 vom Jahre 1895.

[4]) Brit. Patent Nr. 7222 vom Jahre 1885.

[5]) Brit. Patent Nr. 4781 vom Jahre 1884.

[6]) La lumière électrique, T. XXXV, p. 378.

Fasern, wie Fäden aus Hanf, Flachs und Ramie oder auch gezogene Bambusfäden, mit Borfluorid tränkt und diese dann einer Temperatur von etwa 500 ° C aussetzt. Hierdurch sollen sowohl die schädlichen mineralischen Bestandteile, wie Kieselsäure usw., als flüchtige Fluoride entfernt werden und das wahrscheinlich sich bildende Bor oder Borkarbid die Lichtausbeute bedeutend vergrößern.

Diese Art der Behandlung der organischen Fasern oder Kohlen konnte selbstredend kann einen hervorragenden Effekt bewirken. Aus diesem Grunde wurde der Zusatz von Bor und Silizium späterhin auch in innigerer Weise dem Kohlefaden einverleibt oder besser dichte Überzüge auf ihm gebildet. Diese letztere Art vermeidet auch am besten die Bildung des sehr schädlichen Karbides von Bor und Silizium.

So werden nach dem Vorschlag von Rudolf Langhans[1] in Berlin gute Fäden erzielt, wenn dem zur Herstellung von Kohlefäden dienenden Sulfozellulosekleister fein zerteiltes Bor oder Silizium beigemischt wird. Die Menge des Zusatzes soll so groß gewählt werden, daß der Widerstand des erhaltenen Fadens doppelt so groß wird als der des reinen Kohlefadens. Bei Anwendung dieser Methode werden fraglos die Karbide der angewendeten Metalloide gebildet.

E. de Paß und A. de Lodyguine[2] formieren Kohlefäden, hergestellt aus Bambus, Wolle u. dgl., in Kohlenwasserstoffen, denen Borfluoriddämpfe in abgestimmten Mengen zugegeben werden. Beim Niederschlagen der graphitartigen, aus den Kohlenwasserstoffen abgeschiedenen Kohle wird nun gleichzeitig Bor in feinster und gleichmäßiger Verteilung mit eingeschlossen, so daß eine feste Schicht von Bor und Graphit entsteht.

Ein ähnliches Verfahren wenden John Hadden Douglas-Willan und Frank Eustace Welkins Bowen[3] an, welche zur Präparatur der Kohlefäden die Borate der Alkohole, wie z. B. $B(OCH_3)_3$ und $B(OC_2H_5)_3$ benutzen. Zur Erniedrigung der Verdampfungstemperatur dieser Stoffe werden vorteilhafterweise

---

[1] D. R. P. Nr. 72572.
[2] Brit. Patent Nr. 10744 vom Jahre 1889.
[3] D. R. P. Nr. 98210 vom Jahre 1895.

noch 1—2 % Äthyljodid hinzugesetzt. Die beim Formieren eintretende Zersetzung des Äthyljodids soll unschädlich sein, da
das abgeschiedene Jod sich an den Wänden des Formierrezipienten absetzt oder dort verbleibt.

Eine gute Wirkung sollen nach Rudolf Langhans[1]) die
Tetramethyl- und Äthylverbindungen des Bors und Siliziums
ergeben, da der hierbei entstandene Niederschlag dieser
Körper einen äußerst dichten und feinkristallinischen darstellt. Auch die Propyl- und Pyridinverbindungen von Silizium
und Bor sind mit gleich gutem Erfolg anwendbar und ergeben
eine graphitartig-kristallinische Hülle von reinem Bor oder
Silizium.

Siemens & Halske[2]) stellen auf Kohlefäden dichte
Niederschläge von Bor und Siliziumverbindungen, eventuell im
Gemisch mit hochschmelzbaren Metallen, her. Handelt es sich
z. B. um die Darstellung der Nitride, so werden die Kohlefäden
bei Gegenwart von Ammoniakgas in den flüchtigen Salzen von Bor
und Silizium mit Hilfe des elektrischen Stromes formiert. Sulfide
und Phosphide schlagen sich auf der Oberfläche des Fadens
bei Gegenwart genügender Mengen von Schwefel und Phosphordämpfen nieder.

Die Parker Clark Electric Company in Neuyork[3])
endlich stellt Kohlefäden mit einer vollkommen dichten und
leitenden Hülle von Silizium in folgender Weise her: Der Kern
besteht aus einem guten Kohlefaden, der durch das sogenannte
Präparieren in Kohlenwasserstoffen auch mit graphitischer Kohle
überzogen sein kann.

Um den Siliziumniederschlag zu erzielen, wird der Faden
vorzugsweise durch den elektrischen Strom in einer Atmosphäre
von Siliziumtetrachlorid erhitzt, welcher zur Bindung der entstehenden freien Salzsäure reichliche Mengen von Wasserstoff,
Sumpfgas und Äthylen beigemischt werden. Das Äthylen soll
außerdem auch etwa entstehendes und schädliches freies Chlor
absorbieren. Die Anwesenheit von geringen Mengen freier

---

[1]) Brit. Patent Nr. 3082 vom Jahre 1890 und D. R. P. Nr. 53585.
[2]) Brit. Patente Nr. 10741 und 10742 vom Jahre 1890.
[3]) D. R. P. Nr. 208440 und brit. Patente Nr. 7637 und 7642 vom
Jahre 1907.

Kohlensäure soll die gewünschte Reaktion begünstigen, die sich etwa folgendermaßen vollzieht:

$$SiCl_4 + CH_4 + 4 C_2H_4 + CO_2 = Si + 4 C_2H_5Cl + 2 CO.$$

Wie zu ersehen ist, wird das Chlor hierbei unter Bildung von Chloräthyl und Äthylenchlorid gebunden, während die Kohlensäure unter Aufnahme von Kohle, wahrscheinlich des Sumpfgases, zu Kohlenoxyd reduziert wird.

Der Siliziumüberzug nach diesem Verfahren hergestellt soll äußerst dicht, hart und gleichmäßig sein und das in der Lampe ausgestrahlte Licht ein Spektrum besitzen, welches dem des Sonnenlichtes recht nahe kommt.

Einen recht brauchbaren Borüberzug stellt auch Wilmowsky[1]) auf Kohlefäden her.

J. R. Crawford[2]) schlägt zur Erzeugung von Bor oder Siliziumniederschlägen das Formieren der Fäden in den flüchtigen Tetraphenylverbindungen vor.

Jedenfalls sind alle die Methoden, bei welchen feste Überzüge oder Umhüllungen von Bor hergestellt werden, dem Imprägnieren von Kohlen- oder Pflanzenfasern vorzuziehen, da hierbei beim Brennen der Fäden in der Lampe nur an der Berührungsstelle zwischen Kohle und Überzug die schädlichen Karbide gebildet werden können.

Arsen und Antimon als Überzüge über Kohlefäden wendet die Gesellschaft für elektrisches Licht[3]) in Berlin an. Dieser Überzug soll merkwürdigerweise in Vakuumlampen nicht flüchtig sein, dagegen aber das Abschleudern von Kohleteilchen und das Abgeben von Kohlenwasserstoffen stark vermindern.

Zur Ausübung des Verfahrens wird der Kohlefaden, am besten nach der Zellulose-Chlorzinkmethode hergestellt (siehe Weber, Die Kohleglühfäden, S. 44—46), zunächst in Eisessig eingetaucht. Hierauf erfolgt ein Glühen bis zur Rotglut in einer Antimon- oder Arsenwasserstoffatmosphäre, wodurch ein dichter und haltbarer Niederschlag von Antimon oder Arsen erhalten wird.

Sehr alt sind auch die Umhüllungen oder Zusätze von hochschmelzenden Metalloxyden oder Metallen zur Kohle oder den

---

[1]) U. S. P. Nr. 597172.
[2]) Brit. Patent Nr. 14898 vom Jahre 1905.
[3]) D. P. P. Nr. 225842.

für die Glühfadenfabrikation dienenden organischen Bindemitteln. Auch die Karbide der verschiedensten schwerschmelzbaren Metalle kommen als Zusätze in Frage. Einen besonderen Vorzug haben hierbei auch die Oxyde und Metalle der seltenen Erden erhalten, die ja gerade in dieser Zeit eine hervorragende Rolle zur Erzeugung der Auerschen Glühstümpfe und der Nernstschen Glühkörper aus Leitern zweiter Klasse gespielt haben.

Ebenfalls die Metalle aus der Eisengruppe, wie Mangan, Chrom, Molybdän und Wolfram, wurden mehrfach für Glühlampenzwecke dienstbar zu machen versucht. So sei unter anderem das Edmundsonsche [1]) Verfahren angeführt, bei welchem ein Kohlefaden mit einer Hülle von reinem metallischen Chrom versehen wurde. Als Ausgangsmaterial diente dabei eine alkoholische Chromchloridlösung.

Bekannter ist die Methode von J. B. Tibbits [2]), der vegetabilische Fäden, wie Flachs und Seide, mit einer konzentrierten Lösung von wolframsaurem Ammoniak tränkte und hierauf diese Fäden in einer Wasserstoffatmosphäre bei etwa 1800° C glühte. Das wolframsaure Salz wird hierbei vollständig reduziert, wobei sich metallisches Wolfram im Innern und an der Oberfläche des Fadens glänzend und hart ausscheidet. Auch durch Elektrolyse der Kohlefäden in einer geeigneten Wolframsalzlösung soll ein ähnliches Resultat erzielt werden.

Lodyguine erhielt in abgeänderter Form dieser Methode auch wolframhaltige Kohlefäden.

Kohlefäden mit dichtem Wolframüberzug sind auch später verschiedentlich noch hergestellt und als Ersatz für reine Metallfäden verwendet worden. Aus der Fülle der neueren Patentschriften und Verfahren seien nur kurz die folgenden erwähnt.

Nach dem Verfahren von S. Iseki [3]) werden Kohlefäden in Wolframchloriddämpfen formiert. Der entstandene, äußerst dichte Niederschlag von Wolfram soll nun nicht allein den Wattverbrauch der Lampe herabdrücken, sondern auch durch ober-

---

[1]) Brit. Patent Nr. 3363 vom Jahre 1889.
[2]) Brit. Patent Nr. 6104 vom Jahre 1889 und La lumière électrique, T. XXXIV, p. 379.
Brit. Patent Nr. 3509 vom Jahre 1906.

flächliche Bildung einer dünnen Wolframoxydschicht durch Absorption des Sauerstoffes das Vakuum der Lampe verbessern.

Um den Niederschlag fester am Kohlefaden haftend zu machen, überzieht die Glühlampenfabrik Union in Finsterwalde[1]) zuerst in geeigneter Weise den Kohlefaden mit einer feinen Schicht Silber, auf welche nun in ähnlicher Weise wie vorherbeschrieben der Überzug von Wolfram oder Molybdän elektrolytisch erzeugt wird. Bei der notwendigen hohen Formiertemperatur verschwindet auch allmählich die Silberschicht, ohne die Festigkeit des Wolframniederschlages zu beeinträchtigen.

Die Eigenschaft des Wolframs, andere Metalle härter und höher schmelzbar zu machen, verwendet auch F. D. Bottome[2]), um geglühte Kohlefäden aus Pflanzenfasern zu verbessern. Diese werden mit einer ammoniakalischen Lösung von Wolframtrioxyd in geeigneter Weise getränkt, getrocknet und dann in einem Strom trockenen Wasserstoffgases stark geglüht. Auch das Glühen im Kohletiegel bei Weißglut kann angewendet werden, sofern für absoluten Luftabschluß Sorge getragen wird.

Placet und Bonnet[3]) stellen in ähnlicher Weise durch Elektrolyse einen dichten und gleichmäßigen Überzug von reinem Chrommetall auf Kohlefäden her.

Nach Heller[4]) sollen sich Chrom- und Mangankarbid besonders gut als Umhüllungen für Kohlefäden eignen. Heller bedeckt die Kohlefäden mit dichten Schichten dieser Körper entweder auf rein chemischem Wege oder durch Formieren der Fäden in geeigneten Chrom- und Mangansalzdämpfen bei Gegenwart von Wasserstoff und Kohlenwasserstoffen. Besonderen Vorzug gibt der Erfinder dabei den Dämpfen der Chloride dieser Metalle.

Ein Patent auf eine besondere Art des Präparierens hat James Clegg[5]) in London erhalten. Hiernach werden schwer schmelzbare Metalle oder Metallverbindungen, wie Chrom, Zirkon,

---

[1]) Brit. Patent Nr 19157 vom Jahre 1907.
[2]) U.S.P. Nr. 401120.
[3]) Brit. Patent Nr. 6751 vom Jahre 1893.
[4]) U.S.P. Nr. 493914 vom Jahre 1890.
[5]) D.R.P. Nr. 64678 vom Jahre 1890 und brit. Patent Nr. 694 vom Jahre 1890.

Thorium, in flüchtigen Körpern, wie Kohlenwasserstoffen, Alkohol u. dgl., gelöst oder suspendiert und der zu überziehende Leuchtfaden in dieser so vorbereiteten Flüssigkeit durch den elektrischen Strom zum Glühen gebracht. Der Erfinder bezeichnet die erhaltenen, mit dem Überzug versehenen Fäden als sehr dauerhaft und erheblich leichter Licht emittierend als gewöhnliche Kohlefäden. Ein Zusatz von Magnesiumjodid und geringe Mengen von Silizium sollen den Effekt noch stark erhöhen.

Nach M. L. Roß und E. Oberlé[1]) erhält man brauchbare stromsparende Glühfäden, wenn eine Lösung von Nitrozellulose in Methylalkohol, Äther oder Azeton mit einem gewissen Prozentsatz von Thoriumoxychlorid versetzt wird, wobei die Fädenerzeugung in der bekannten Weise vor sich geht. Die durch Ausspritzen in Wasser erzeugten Fäden werden mit Schwefelammon denitriert. Geringe Zusätze von Cer- und Platinsalzen sollen vorteilhaft wirken.

Ebenfalls Thorium als Zusatzmaterial wendet F. de Mare[2]) an, und zwar in Form des zitronensauren Salzes. Auch Mare will, ähnlich wie bei den Auerschen Glühstrümpfen, einen bedeutend besseren Lichteffekt durch geringe weitere Mengen von Cerzitrat beobachtet haben.

Bachmann, Vogt und Weiner[3]) mischen feinen geschlämmten und besonders gereinigten Graphit mit den Oxyden von Kalzium und Chrom und verarbeiten die Mischung mit organischen Bindemitteln, wie Teer, Gummilösung, zu einer plastischen, preßbaren Masse. Die erzeugten Fäden werden in einem Graphittiegel in Kohlepulver unter Luftabschluß stark geglüht und einer nachfolgenden Präparatur unterworfen.

Sehr schwer schmelzbare Metalle oder Metalloxyde als Hülle auf Glühkörpern aus Kohle verwendet zur Erhöhung der Lichtemissionsfähigkeit auch Fritz Dannert[4]) in Berlin. Nach diesem Verfahren werden Glühfäden aus reiner Kohle mit Metallen oder Metalloxyden derart überzogen, daß der Überzug aus

---

[1]) Brit. Patent Nr. 12056 vom Jahre 1896.
[2]) Brit. Patent Nr. 16534 vom Jahre 1896.
[3]) Brit. Patent Nr. 18628 vom Jahre 1896.
[4]) D. R. P. Nr. 111899 vom Jahre 1898.

mehreren Schichten gebildet wird, deren Kohlegehalt von innen nach außen abnimmt, während der Gehalt an Metallen oder Oxyden zunimmt. Diesen Effekt erreicht er auf dem Wege eines Egalisierverfahrens, in dem die Fäden nacheinander in Bäder gebracht werden, die beständig mit den gelösten oder suspendierten Metallsalzen angereichert werden. Es werden hierbei, sofern organische Lösungsmittel wie Alkohol usw. angewendet werden, zuerst mehr Kohle und weniger metallische Körper, später gerade umgekehrt, auf der Oberfläche des Fadens niedergeschlagen.

G. B. Puchmüller[1]) bedeckt Kohlefäden mit den Oxyden von Kalzium, Strontium, Barium und Aluminium unter Verwendung der sich in Glühhitze zersetzenden Nitrate. Um das rote und grüne Licht des Strontiums und Bariums möglichst zu verdecken und ein Licht ähnlich dem Tageslicht zu erzielen, wählt Puchmüller weiter als Zusätze bestimmte Verbindungen von Wolfram, Vanadin und Chrom.

Ein neueres Verfahren, um Kohlefäden mit Oxyden oder Metallen zu überziehen, stammt von José Azarola[2]) in Bilbao, Spanien. Hiernach wird der in Fig. 34 angegebene Apparat benutzt, um auf elektrolytischem Wege den Überzug zu erzeugen. In dem Bad werden die notwendigen Chemikalien aufgelöst und die Lösung bei einer dem Siedepunkte der Lösung nahe kommenden Temperatur erhalten. Zweckmäßig ist es, beim Formieren der Kohlefäden Wechselstrom zu benutzen, um elektrolytische Nebenwirkungen, die unter Umständen sehr störend wirken können, zu vermeiden.

Verwendet man z. B. als Bad eine Lösung der Bikarbonate von Kalzium, Magnesium und anderen Metallen, so schlagen sich auf dem Faden die Oxyde nieder. Zur Erhöhung des Leuchteffektes werden die so behandelten Fäden nochmals mit einer Lösung von den Nitraten der seltenen Erden, z. B. Lanthan, Thorium usw., behandelt. Die Ausführung erfolgt nun in folgender Weise: Die benutzte Vorrichtung ist in Fig. 34 a und b (S. 76) im senkrechten Quer- und Längsschnitt dargestellt.

Mit *a* ist der aus Metall oder Kohle bestehende Faden be-

---

[1]) U. S. P. Nr. 609 702.
[2]) D. R. P. Nr. 215 179 vom 11. Nov. 1909.

zeichnet. Er ist mit seinen Enden bei *b* und *c* in nach unten
ragende, an einem gemeinsamen Träger *d* befestigte Halter *e*
und *f* eingeklemmt. Der Faden *a* ist in ein Bad *g* eingetaucht,
welches aus einer geeigneten Metallsalzlösung besteht. Das Bad
wird nun von der Wärmequelle *h* aus auf einer der Siede-
temperatur der Lösung nahe kommenden Temperatur erhalten.
Durch den Faden *a* wird nun Wechselstrom geschickt, der
durch den Flüssigkeitswiderstand *i* geregelt werden kann. Bei
Verwendung der Bikarbonate der niederzuschlagenden Metalle
oder Oxyde steigert man nun die Temperatur im Faden der-

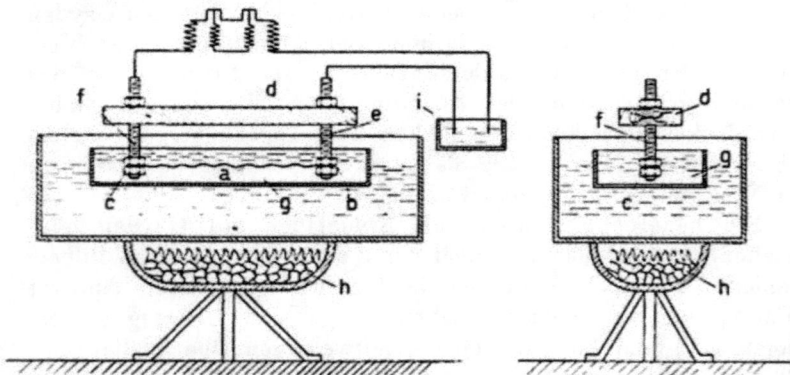

Fig. 34.

artig, daß sich schließlich die Oxyde auf dem Faden niederschlagen. Hierauf erfolgt das Niederschlagen der seltenen Erdmetalle. Nach dem Erfinder sollen sich alle Metalle eignen,
deren Schmelzpunkt höher als 1600° liegt.

Ein von den bisher beschriebenen Methoden gänzlich ver-
schiedenes Prinzip, um Kohle- oder Metallfäden mit einem
dichten und gleichmäßigen Überzug von Metall zu versehen,
wandte Hermann Zerning[1] an. Da der Verfasser die dies-
bezüglichen Versuche selbst im Zirkonglühlampenwerk von
Dr. Hollefreund & Co. in Berlin mit ausführte, so ist er
in der Lage, Genaueres darüber zu berichten. Das Verfahren
beruhte auf der Beobachtung, daß selbst sehr schwer schmelzbare
Metalle sich im höchsten Vakuum bei genügender Temperatur

---

[1] Brit. Patent Nr. 2437 vom Jahre 1906

teilweise verflüchtigen, aber das Bestreben besitzen, sich sofort an den kälteren Stellen wieder niederzuschlagen. Verwendet wurde vorzugsweise möglichst oxydfreies Zirkonmetall oder Zirkonwasserstoff, welcher zum Bedecken von gewöhnlichen Kohlefäden dienen sollte. Die letzteren wurden in einem dichten Porzellanrohr in Form eines Bündels untergebracht, in dessen unmittelbarer Nähe eine genügende Menge von reinem Zirkonwasserstoff aufgeschichtet war. Das Rohr wurde nun evakuiert, mehrere Male mit reinem trockenen Wasserstoff gewaschen und bei nunmehr erfolgtem höchsten Vakuum zur Weißglut erhitzt. Da nun bekanntlich die Verdampfungstemperatur bei steigendem Vakuum erheblich erniedrigt wird, so begann jetzt das Zirkon zu verdampfen, setzte sich jedoch sofort an die nächstgelegenen Wandungen des Porzellanrohres und den dort liegenden Kohlefäden in äußerst dichter Weise nieder. Sobald das Rohr mehrere Male gebraucht war, konnte man eine immer stärker und stärker werdende Schicht von Zirkon beobachten, die nicht mehr von den Wandungen des Rohres abgelöst werden konnte. Die Kohlefäden erhielten so eine Schicht von festem Zirkon, die allerdings bei dieser Arbeitsmethode an allen Stellen des Fadens kaum absolut gleich stark gewesen sein wird. Immerhin konnten aus diesen so behandelten Fäden Lampen hergestellt werden, die eine gewisse Überlegenheit gegenüber den gewöhnlichen Kohlefädenlampen aufwiesen. Der Verfasser stellte mit derartigen Lampen Mitte 1906 umfangreiche Brenndauerversuche an, von denen einer hier angeführt werden soll. Es sei noch bemerkt, daß die für die Zirkonpräparatur verwendeten Kohlefäden sogenannte unpräparierte Kohlen einer bekannten französischen Firma waren, bestimmt zur Herstellung normaler Lampen von 25 Kerzen 110 Volt bei 3,3 Watt. Die Zahlen sind ermittelt aus 15 untersuchten Lampen, und zeigt es sich, daß die Zirkonkohlefadenlampen mit anfänglich ca. 2,6 Watt pro Hefnerkerze belastet werden konnten, wobei nach etwa 400 Brennstunden noch nicht der Energieverbrauch gewöhnlicher Kohlefadenlampen erreicht wurde. Die durchschnittliche Brenndauer der Lampen betrug 1000 Stunden. Auffallend ist die rapide Zunahme des Wattverbrauchs nach 400 Stunden Brenndauer, die nach Meinung des Verfassers wahrscheinlich mit dem ungleichmäßigen Metallüberzug zusammenhängt.

Stunden	Volt	Ampere	Hefnerkerzen	Watt pro Hefnerkerzen
0	110	0,72	28,5	2,68
25	110	0,72	30,0	2,64
50	110	0,72	30,0	2,64
100	110	0,72	30,0	2,64
200	110	0,70	28,0	2,80
300	110	0,71	26,0	3,00
400	110	0,71	24,5	3,19
500	110	0,71	22,5	3,48
600	110	0,70	20,0	3,85
800	110	0,70	18,0	4,28
1000	110	0,70	15,0	5,13

Ebenfalls einen ganz eigenartigen Weg, um Kohle oder andere Glühfäden mit reinen Hüllen von schwer schmelzbaren Metallen, wie Thor, Zirkon, Uran usw., zu überziehen, beschreibt Eberhard Sander[1]. Das Verfahren beruht auf der Entdeckung, daß es neben den festen Stickstoffverbindungen der seltenen Erdmetalle auch gasförmige Verbindungen gibt, die sich bei geeigneten Bedingungen in das reine Metall zerlegen können. Zur Ausübung des Verfahrens werden die gasförmigen Stickstoffverbindungen in einem Gefäß entwickelt, welches gleichzeitig die zu überziehenden Glühkörper, z. B. Kohlefäden, enthält. Das Ganze wird nun in hohe Glut versetzt, wobei sich die Stickstoffverbindungen zersetzen und sich dabei an der Oberfläche der glühenden Kohlefäden absetzen und den rein metallischen Überzug dort bilden. Soll z. B. ein Überzug aus Uranmetall erzeugt werden, so operiert man etwa in folgender Weise: In eine starke Porzellanröhre wird ein Porzellanschiffchen gebracht, welches Uranoxyd mit einem zur Reduktion geeigneten Metall, z. B. Magnesium, enthält. Oberhalb des Schiffchens wird ein mit Stromzuleitungsdrähten versehener Kohlefaden angebracht. Die Porzellanröhre wird hierauf an beiden Enden luftdicht verschlossen. An der einen Seite des Rohres steht dieses mit Hilfe eines Stutzens mit der Luftpumpe in Verbindung, mittels welcher nun das Rohr luftleer gesaugt wird. Dann wird es von außen stark erhitzt, und sobald die

[1]) D. R. P. Nr. 137569 vom 2. Febr. 1901 und Nr. 141353 vom 2. Febr. 1901.

Temperatur im Innern des Rohres genügend hoch gestiegen ist, beginnt die Reduktion des Uranoxydes. Vor und während dieses Vorganges wird durch einen zweiten Stutzen am anderen Ende des Rohres reiner Stickstoff in das Porzellanrohr geleitet. Es bilden sich nun im Schiffchen neben den festen Stickstoffverbindungen auch flüchtige Verbindungen, die nun mit dem darüber angeordneten Glühfaden in Berührung kommen. Schickt man nun Strom durch den Faden, so werden bei Weißglut die Stickstoffverbindungen zerlegt, wobei sich der gewünschte Niederschlag von reinem Uranmetall bildet.

In gleicher Weise lassen sich auch die Überzüge anderer schwer schmelzender Metalle erzielen.

In ganz ähnlicher Weise benutzt Sander[1]) zum Überziehen von Kohlefäden mit den Metallen der seltenen Erden auch die Wasserstoffverbindungen oder organische Metallverbindungen derselben. So wird z. B. Zirkonoxyd mit einem Überschuß von Magnesium bei Luftabschluß im elektrischen Ofen stark erhitzt. Das hierbei gebildete Zirkonmagnesium (siehe darüber auch auf S. 28 ff.) entwickelt nun mit verdünnter Salzsäure flüchtigen Zirkonwasserstoff, welcher nun zum Formieren der Kohlefäden benutzt werden kann.

Um nach einer anderen Methode flüchtigen Zirkonwasserstoff herzustellen, kann auch in der folgenden Weise verfahren werden, indem vom bekannten Zirkonchlorid ausgegangen wird:

1. $ZrCl_4 + 4\,NaOC_2H_5 = Zr(OC_2H_5)_4 + 4\,NaCl$.

Die entstehende Verbindung eines Zirkonalkoholates $Zr(OC_2H_5)_4$ gibt beim Erhitzen flüchtigen Zirkonwasserstoff ab.

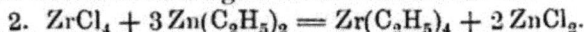

2. $ZrCl_4 + 3\,Zn(C_2H_5)_2 = Zr(C_2H_5)_4 + 2\,ZnCl_2$.

Bei der Behandlung mit Natrium ergibt die Verbindung $Zr(C_2H_5)_4$ Zirkonwasserstoff in Gasform.

Die gleiche Beobachtung wie Zerning macht sich die British Thomson-Houston Co.[2]) in London in einem Verfahren zunutze, wobei die Kohlefäden mit Silizium oder Chromsilizid überzogen werden. Die Fäden in Bündelform werden im Vakuumrohr mit pulverisiertem Quarz und Chrom umgeben und nun stark, bis etwa 2000° C erhitzt. Hierbei sollen sich die

---

[1]) D. R. P. Nr. 133701 und 140323 vom Jahre 1900.

[2]) Brit. Patent Nr. 4364 vom Jahre 1907.

Fäden noch wesentlich verkürzen und mit einer gleichmäßigen bronzeartigen Schicht beladen. Die so behandelten Fäden sollen widerstandsfähiger als gewöhnliche Kohlefäden sein und leichter Licht emittieren.

Ein Überzug von Kohlefäden mit Siliziumkarbid ist übrigens schon im Jahre 1892 von T e s l a [1]) angewendet worden. Das Karborundum soll nach T e s l a ganz hervorragende Eigenschaften besitzen. Bestätigt werden diese Arbeiten von A c h e s o n [2]), dem Entdecker des Karborundums. Er schlägt zur Herstellung nicht oxydierbarer und unschmelzbarer Glühfäden ein Gemisch von 90 % Kohle mit 10 % Karborundum vor. Als Bindemittel zur Herstellung der Fäden dient Steinkohlenteer. Es können auch Fäden aus reinem Karborundum erzeugt werden, die nachträglich durch einen besonderen Formierprozeß wiederum mit einer Kohleschicht umhüllt werden.

E. L. F r e n o t überzieht Kohlefäden mit stark lichtemittierenden Substanzen in der Weise, daß er alkoholische Lösungen der Nitrate von Thorium, Cer usw. zur Verdampfung bringt und in diesen Dämpfen das Formieren der Fäden vornimmt. Der Überzug soll merkwürdigerweise feiner und dichter werden, sofern der alkoholischen Lösung empirisch ermittelte Mengen von Kaliumbitartrat zugefügt werden.

G) Lampen mit Fäden aus anderen Metallen, Metalloiden oder Karbiden und deren Gemischen.

Des Weiteren erfordern noch die Methoden, um aus reinen Metallen oder Metalloiden oder deren Karbiden, wie z. B. Bor, Silizium und den Metallen und Oxyden der seltenen Erden usw. bei möglichstem Ausschluß von Kohle ein gewisses Interesse, da sie die eigentlichen Vorläufer der heutigen Metallfadenlampen darstellen. Im übrigen sei schon hier erwähnt, daß auch einige dieser Körper noch in der neuesten Zeit als Zusatzmaterial für die reinen Wolframfäden benutzt werden, einesteils, um den Widerstand der Fäden zu erhöhen, anderenteils, um die Festigkeit oder Elastizität zu vergrößern. In einem späteren be-

[1]) Elektr. Anzeiger 1895 S. 1242.
[2]) Brit. Patent Nr. 18339 vom Jahre 1894.

sonderen Kapitel soll die verschiedenartige Wirkung dieser Zusätze ausführlicher beschrieben werden.

Ganz besonders versuchte man auch hier wieder das Bor
und Silizium dienstbar zu machen. Schon Edison, Maxim
und andere beschäftigten sich mit diesen Körpern, ohne aber
greifbare Resultate zu erhalten.

Auch R. Werdermann[1]) schlägt zur · Herstellung von
Glühfäden für elektrische Lampen reines Silizium vor; die Glühfäden oder Stäbchen werden erhalten durch Auspressen von
kristallisiertem oder graphitartigem Silizium unter sehr hohem
Druck.

Nach André Blondel[2]) litten die Versuche von Edison,
Maxim und Langhans, diese Körper nutzbar zu machen,
daran, daß sie wenig elastisch und widerstandsfähig waren und
durch den Überschuß an Kohle die gewünschte Widerstandserhöhung nur in geringem Maße zeigten. Blondel stellte deshalb Glühfäden aus reinem Bor oder Silizium in Drahtform her.
Er erreichte dies folgendermaßen:

Reines Bor, vorzugsweise das nach der Moissanschen
Methode hergestellt, in feinster Pulverform wird unter sehr
hohem Druck mit Hilfe einer kräftig gebauten Drahtpresse mit
harten Preßdüsen aus Stahl, Rubin oder Diamant ausgepreßt,
nachdem es mit am besten siliziumhaltigen Bindematerial versetzt worden ist. Dieses Bindemittel soll sowohl die Preßform
zur Erniedrigung des notwendigen hohen Druckes einschmieren
und dem Faden Konsistenz verleihen, als auch sich bei der
nachfolgenden Glühhitze zersetzen und durch Abscheidung des
Siliziums eine feste Verbindung der einzelnen Borteile hervorrufen. Der elektrische Widerstand der in dieser Weise hergestellten Borglühfäden soll etwa das hundertfache des Kohle-
widerstandes betragen.

Léon de Somzée[3]) in Brüssel schlägt zur bedeutenden
Erhöhung der Lichtemissionsfähigkeit dieser Borglühfäden vor,
sie mit geringen Mengen von Oxyden der seltenen Erden zu
versetzen. Besonders geeignet sollen sein Zirkon- und Thor-

---

[1]) Brit. Patent Nr. 3757 vom Jahre 1882.
[2]) D. R. P. Nr. 115 708 vom Jahre 1899.
[3]) D. R. P. Nr 115 709 vom Jahre 1899.

oxyd mit Spuren der Oxyde von Yttryum, Cer und Didym. Der anfängliche Widerstand soll dabei nicht erheblich erhöht werden.

Grünwalds[1]) Vorschlag geht dahin, die von le Roy[2]) für elektrische Heizzwecke verwendeten Widerstandsdrähte aus kristallisiertem Silizium oder Gemischen von Silizium, Bor und anderen Körpern als Glühfäden für elektrische Lampen zu benutzen.

Nach dem Verfahren von A. J. Boult[3]) werden Glühfäden für elektrische Vakuumlampen aus Bor oder Silizium hergestellt durch Niederschläge dieser Metalloide auf feinen Platindrähten. Bei Steigerung der Formiertemperatur verflüchtigt sich das Platin, so daß hohle Glühfäden aus reinem Bor oder Silizium resultieren.

Die Nitride von Bor und Silizium sollen sich nach Alexander Just[4]) vorzüglich als Leuchtkörper bewähren. Das Verfahren zur Herstellung dieser Fäden wird in folgender Weise ausgeführt: Ein Gemisch von z. B. 55 Teilen Bor- oder Siliziumnitrid, 3 Teilen Bor oder Silizium und 2 Teilen amorpher Kohle werden mit einer Lösung von Steinkohlenteer in Xylol zu einer preßfähigen Paste verarbeitet. Die gepreßten und hierauf bei Luftabschluß karbonisierten Fäden werden nun in einem Rezipienten bei Gegenwart inerter Gase sehr hoch formiert, und zwar bei der Temperatur, bei welcher die Nitride so lange Stickstoff abspalten, bis der Widerstand der Fäden konstant geworden ist. Die resultierenden Fäden sollen sehr stabil sein und sich in der Lampe recht günstig verhalten.

Ein anderes Verfahren zur Herstellung reiner Borfäden stammt von der British Thomson-Houston Company[5]), welche auch als Ausgangsprodukt vorzugsweise das Nitrid verwendet. Dieses Nitrid wird zuerst in einem elektrischen Widerstands-ofen auf eine hohe Temperatur bei Gegenwart inerter Gase, wie Wasserstoff, gebracht, damit eine Zersetzung eintritt und

---

[1]) Elektrotechn. Anzeiger 1898, S. 375.
[2]) Eclairage électrique, Bd. 14, S. 317.
[3]) Brit. Patent Nr. 5216 vom Jahre 1900.
[4]) Brit. Patent Nr. 25811 vom Jahre 1901 und D. R. P. Nr. 120875 vom Jahre 1900.
[5]) Brit. Patent Nr. 25978 vom Jahre 1906.

reines Bor hinterbleibt. Diese Operation kann auch im Vakuum vorgenommen werden, wobei zur völligen Abspaltung des Stickstoffes eine Temperatur von 1500° C ausreichen soll. Als Heizkörper werden die hochschmelzenden Metalle, wie Wolfram und Tantal, vorgeschlagen, die möglichst frei von Kohle sein müssen. Hierauf wird das erhaltene Produkt unter hohem Druck zu Fäden oder Stäbchen ausgepreßt.

Ferner können auch Glühkörper aus diesem Metall erzielt werden durch Mischen des feinen Borpulvers mit organischen Bindematerialien, wie z. B. Paraffin, und Auspressen der Paste. Das nachfolgende Formieren der Fäden muß soweit getrieben werden, bis aller Kohlenstoff, aus dem Bindemittel stammend, eliminiert ist.

Nach einem anderen Patent[1]) derselben Gesellschaft wird reines Bor zur Herstellung guter Glühkörper in folgender Weise erhalten: Ein Gemisch von Borsäure mit der entsprechenden Menge von gepulvertem Magnesiummetall werden zusammen erhitzt und das Produkt mit verdünnter Salzsäure behandelt. Nach dem Absetzen des Pulvers muß dieses Waschen mehrmals wiederholt werden. Hierauf nach erfolgtem Trocknen des Rückstandes wird dieser in geeigneter Weise zu Stäbchen gepreßt und dann in einem besonderen Glühofen im Vakuum mehrere Stunden lang auf ca. 1200° C erhitzt. Der Zweck dieser Operation ist die vollständige Vertreibung von Unreinigkeiten. Gleichzeitig sind auch die Stäbchen leitend geworden und werden nun in einem eigenartig konstruierten Quecksilberdampfapparat geschmolzen. Nach dem Pulverisieren der erhaltenen Borschmelzkugeln können nun in verschiedener Weise die Glühfäden hergestellt werden. Das so dargestellte Bor soll absolut rein und für Glühkörperzwecke ganz besonders geeignet sein.

W. D. Coolidge[2]) beschreitet zur Herstellung reiner und kohlenstoffreier Borfäden einen ganz anderen Weg, indem er als Bindemittel ein besonderes Kadmium-Quecksilber Amalgam anwendet. Das pulverförmige Bor wird mit diesem Amalgam zu einer preßfähigen Paste verknetet und die erzielten Fäden nun mit Hilfe des elektrischen Stromes bei Gegenwart von Wasser-

---

[1]) Brit. Patent Nr. 1197 vom Jahre 1907.
[2]) Brit. Patent Nr. 23334 vom Jahre 1906.

stoff gesintert. Der Sinterprozeß soll sehr langsam erfolgen, um
ein zu heftiges Verdampfen des Amalgames und damit eine Zerstörung der Fäden zu vermeiden.

In analoger Weise, wie die reinen Wolframfäden nach der
Kolloidmethode nach dem Hauptpatent Nr. 194 348 erzielt werden,
stellt auch Hans Kûzel[1]) in Baden bei Wien Glühfäden aus
den kolloidalen Metalloiden Bor und Silizium her. Diese
kolloidalen Metalloide können nun jedes für sich allein oder
beide zusammengemengt oder auch mit schwer schmelzbaren
Metallen vermischt in Anordnung kommen.

Ebenso können die Stickstoffverbindungen dieser Metalloide,
z. B. Borstickstoff und Siliziumstickstoff, im kolloidalen Zustande
den plastischen Massen beigemengt werden, wodurch als End-
phase ebenfalls chemisch und physikalisch vollständig homogene
Glühkörper entstehen. Es gelangt infolge der kolloidalen Natur
dieser Körper keinerlei Bindemittel zur Anwendung, wobei z. B.
die Bildung von Karbiden vollkommen vermieden wird.

Bei Erzeugung von Glühkörpern, welche aus mehreren
Kolloiden oder aus Kolloiden und pulverförmigen Metallen hergestellt werden sollen, verfährt man zweckmäßig so, daß man
die Kolloide, z. B. die gelöste Sole, erst mengt, beziehungsweise
die Pulver in den gelösten Solen gleichmäßig suspendiert und
hierauf die Kolloide durch Abdampfen eindickt oder durch Hitze
gelatiniert, wodurch eine innige Mengung der Bestandteile
gewährleistet wird.

Eine recht brauchbare Ausführungsform des Glühverfahrens,
nach welchem die Glühkörper aus Bor oder Silizium leicht hergestellt werden können, besteht darin, daß man die aus den
plastischen Massen erzeugten kolloidalen Körper nach dem
Trocknen über 60° C erhitzt, um sie stromleitend zu machen
und hierauf durch Hindurchleiten des elektrischen Stromes bei
Abwesenheit von Gasen, welche die Metalloide angreifen können,
am besten also im höchsten Vakuum allmählich auf höhere
Temperatur bringt und schließlich zur Weißglut erhitzt.

Nach den Ausführungen der Allgemeinen Elektrizitäts-
gesellschaft[2]) in Berlin soll reines Bor nicht leitend und

---

[1]) D. R. P. Nr. 194890 vom 30. Juli 1905.
[2]) D. R. P. Nr. 195504 vom 1. Mai 1907.

unschmelzbar sein. Diese Meinung wird auch von M o i s s a n und anderen bedeutenden Sachverständigen geteilt. Es handelt sich demnach, um stromleitende Glühkörper aus Bor herstellen zu können, darum, das nicht leitende Bor in die stromleitende allotrope Modifikation zu verwandeln. Diese leitende Abart des Bors kann nun nach der Erfindung dieser Gesellschaft nach verschiedenen Verfahren gewonnen werden.

Nach einer dieser Methoden wird reines amorphes Bor ohne Anwendung irgendeines Bindemittels zu Stäbchen gepreßt und dann durch Erhitzen im Lichtbogen geschmolzen. Diese Schmelzung darf jedoch nicht im Kohlenlichtbogen vorgenommen werden, da sich sehr leicht das schädliche Borkarbid bildet. Dagegen verhält sich das Bor im Quecksilberlichtbogen chemisch inaktiv und ebenso im Lichtbogen anderer Metalldämpfe, welche auf Bor nicht einwirken. Da der Borstaub nicht leitet, so kann er nicht als Anode für den Quecksilberlichtbogen verwendet werden, man muß vielmehr zu besonderen Verfahren seine Zuflucht nehmen. Gemäß der Erfindung nun wird der Quecksilberlichtbogen im Vakuum, im Wasserstoff oder einer anderen indifferenten Atmosphäre gebildet und der Borstab in solche Nähe zum Lichtbogen gebracht, daß er erhitzt wird und schmilzt. Nötigenfalls kann der Lichtbogen durch einen Magneten gegen den Borstab hingelenkt werden.

Etwas abweichend hiervon kann man auch in der Weise verfahren, daß man aus dem reinen Bor eine verhältnismäßig dünne Röhre von etwa 3 mm lichter Weite formt und den Quecksilberlichtbogen durch diese Borröhre streichen läßt. Die vom Lichtbogen entwickelte Wärme ist hinreichend, um das Bor zu schmelzen und leitend zu machen.

Das Schmelzen im Lichtbogen kann auch in folgender Weise erfolgen: Borpulver wird mit einem gepulverten Metall gemischt, welches kein Borid bildet, wie Kupfer oder Wismut, und dann zu einem festen Körper gepreßt, welcher sich als Anode für einen Quecksilberlichtbogen eignet. Wenn man nun letzteren überspringen läßt, so sintern die Borteilchen in solcher Weise zusammen, daß die Anode auch, nachdem alles Kupfer herausgetrieben worden ist, leitend bleibt. Hat man einmal die stromleitende Anode aus Bor, so ist es nun eine einfache Sache, die Temperatur so hoch zu steigern, daß das Bor schmilzt.

Ein anderes Verfahren, um Glühkörper aus reinem leitenden Bor herzustellen, besteht weiter in folgendem:

Borsäureanhydrid wird zusammen mit Nitrozellulose in einer Alkohol-Äthermischung gelöst und dann in eine gesättigte, wässerige Lösung von Borsäureanhydrid gespritzt. Der erhaltene Faden wird mit Ammonsulfid denitriert (siehe auch Weber, Die Kohleglühfäden, S. 82 ff.), unter gelinder Erwärmung karbonisiert und schließlich durch den elektrischen Strom erhitzt, um ihn leitend zu machen. Dabei wirkt der Kohlenstoff des Fadens auf das Borsäureanhydrid und entweicht als Kohlenoxyd, angeblich einen reinen Borfaden hinterlassend. In diesem Falle dürfte es aber sehr schwer sein, allen Kohlenstoff vollkommen aus dem Faden zu entfernen.

Weiter sei noch das letzte Verfahren der Allgemeinen Elektrizitätsgesellschaft angegeben. Bornitrid wird mit einer gelatinösen Borverbindung gemischt und die Paste zu Fäden aus gepreßt. Diese werden dann durch eine Heizspirale aus Platin oder einem anderen hitzebeständigen Körper im Vakuum geglüht und gleichzeitig einem Strom von hoher Spannung ausgesetzt, um den Faden noch weiter zu erhitzen und das Bornitrid zu zersetzen. Es bleibt ein reiner Borfaden zurück, welcher dann durch den unmittelbar hindurchgeleiteten Strom noch stärker bis zur völligen Sinterung geglüht werden kann.

Schließlich kann man auch einen Kohlefaden in Dämpfen von Borsäuremethylester oder den homologen Äthylverbindungen oder anderen flüchtigen Borverbindungen elektrisch erhitzen. Hierbei wird der Kohlenstoff des Fadens durch Bor ersetzt, bis alle Kohle entfernt ist. Auch in diesem Falle dürften nach der Ansicht des Verfassers geringe Mengen von Kohlenstoff noch im Faden verbleiben.

Borkarbid zur Herstellung von Glühfäden wird von S. A. Tucker[1]) vorgeschlagen. Das Karbid, welches die chemische Formel B_6C besitzt, wird dargestellt durch Zusammenschmelzen eines Gemisches von Bortrioxyd mit der korrespondierenden Menge Kohle in Form von reiner Zuckerkohle. Das Schmelzen erfolgt unter Druck in einem elektrischen Ofen bei einer Temperatur von etwa 2500 ° C. Infolge seiner Härte und

---

[1]) Brit. Patent Nr. 22434 vom Jahre 1907.

des hohen Schmelzpunktes soll dieses Karbid zur Fabrikation von Glühfäden geeignet sein.

Borkarbid- resp. Siliziumkarbidfäden entstehen auch nach dem Verfahren von Alexander Just[1]) in Wien. Just stellt die fraglichen Fäden dadurch her, daß er ein Gemenge von 55 Teilen Borstickstoff, 3 Teilen Bor, 2 Teilen amorphem Kohlenstoff und 40 Teilen mit heißem Xylol verdünntem und gereinigtem Steinkohlenteer bereitet. An Stelle des Bors kann auch das Silizium resp. Gemische von Bor und Silizium treten. Das Ganze wird nun gut durchgeknetet, bis eine preßfähige Paste entsteht, die Fäden gepreßt, hierauf diese in Kohlepulver eingebettet und bei völligem Luftabschluß geglüht.

Die gebrannten Fäden werden nun im Vakuum einem so hochgespannten Strom unterworfen, daß eine teilweise elektrolytische Spaltung des Borstickstoffes bzw. Siliziumstickstoffes eintritt und hierdurch das genau einzuhaltende Verhältnis zwischen dem Leiter erster Ordnung und Borstickstoff oder Siliziumstickstoff hergestellt wird.

Als Zusatz zu Metallfäden aus schwer schmelzbaren Metallen, wie Chrom, Wolfram usw., werden die Metalloide Bor und Silizium verschiedentlich verwendet, unter anderem auch von Hermann Zerning[2]). Die Hydrüre und Nitride dieser Metalle werden mit ermittelten Mengen von Bor oder Silizium vermengt und nun in bekannter Weise nach dem Pasteverfahren die Fäden hergestellt. Die Anwesenheit geringer Quantitäten der Metalloide soll die Festigkeit des Fadens erhöhen.

Weiter preßt C. Kellner[3]) hochschmelzbare Metalle, wahrscheinlich in feinster Pulverform, ohne Zusatz von organischen Bindemitteln zu Stäbchen aus und verwendet sie als Glühkörper in elektrischen Vakuumlampen. Als Metalle kommen hauptsächlich in Betracht: Thorium, Titan, Chrom oder Wolfram oder Legierungen dieser Metalle oder auch die Stickstoffverbindungen. Sollen diese Stäbchen oder Fäden als Glühkörper für Nernstlampen verwendet werden, so wird eine oberflächliche Oxy-

---

[1]) D. R. P. Nr. 120875 vom 20. Febr. 1900 und Zusatzpatent Nr. 132713 vom 28. Sept. 1901.

[2]) Brit. Patent Nr. 2554 vom Jahre 1906.

[3]) Brit. Patent Nr. 19785 vom Jahre 1898.

dation durch kurzes Glühen bei Gegenwart von Luft bewerkstelligt.

Der Vorschlag Edisons, den Bor- oder Siliziumfäden bestimmte Mengen Zirkonmetall zuzumischen, sei der Vollständig-
keit halber hier mit aufgeführt.

Auch die Karbide der schwer schmelzbaren Metalle, wie
Titan, Thorium, Chrom, Wolfram, Uran usw., sind mehrfach
und mit besonderer Vorliebe für Glühkörper nutzbar gemacht
worden.

Das Uranmetall, dessen Brauchbarkeit für Glühfäden in
jüngster Zeit wieder ganz besonders intensiv studiert wird, ist
schon in Form des Karbides wiederholt verwendet worden. So
mischt z. B. W. L. Völker[1]) eine konzentrierte Lösung des
reinen Urannitrates mit einer eingedickten Zuckerlösung und
glüht beides bis zur Rotglut bei Luftabschluß und schließlich
im Kohletiegel mit Hilfe des elektrischen Stromes. Das entstandene Karbid wird fein gepulvert und nun mit Kassiaöl oder
Gummilösung oder einem Gemisch von beiden zu einer plastischen
Masse verarbeitet. Diese Operation und das nachfolgende
Pressen der Fäden muß in einer möglichst trockenen Atmosphäre
vor sich gehen, da sonst das Urankarbid leicht zersetzt wird.
Die Fäden werden in bekannter Weise bei Luftabschluß geglüht
und nun entweder in Kohlenwasserstoff oder besser in einer
uranhaltigen Atmosphäre formiert.

Das Produkt war demnach offensichtlich kein reiner Karbid-
faden, sondern ein Faden mit einem größeren oder geringeren
Überschuß von freier Kohle.

Einige Jahre später verwendete Völker[2]) auch das Titan
resp. Titankarbid zur Herstellung von Glühkörpern für elektrische
Vakuumlampen. Nach diesem Verfahren wird Titanmetall innig
mit dem bekannten Eisessigkollodium vermengt und die gepreßten
und getrockneten Fäden nach voraufgegangener Denitrierung in
geeigneter Weise geglüht. Auch hier dürfte das Resultat neben
Titankarbid ein großer Überschuß von freier Kohle gewesen sein.
Das Pressen der viskosen Masse erfolgte unter Druck durch
Diamanten oder Saphire.

---

[1]) Brit. Patent Nr. 5863 vom Jahre 1898.
[2]) Brit Patent Nr. 16653 vom Jahre 1901.

Titan wurde zur Erzeugung brauchbarer Glühfäden ebenfalls von J. Ladoff und J. Mac Naughton[1]) vorgeschlagen. Titanmetall und eine gewisse Menge von Titanoxyd werden mit einem organischen Bindemittel vermengt, zu Fäden ausgepreßt und zuerst bei etwa 200° C langsam getrocknet. Hierauf erfolgt das Glühen bei Luftabschluß. Bei Einhaltung genau ermittelter Mengen des Bindematerials sollen Fäden entstehen, die neben reinem Titanmetall nur geringere Mengen von Titankarbid enthalten.

Dem Titankarbid oder Titanmetall spricht auch Emil Majert[2]) hervorragende Eigenschaften als Glühkörper für elektrische Lampen zu. Nach Majert soll dieser Körper einen weit höheren Schmelzpunkt als alle anderen bekannten Metalle besitzen, und es soll bis jetzt noch nicht gelungen sein, reine und brauchbare Titanfäden herzustellen. Titan verbindet sich sehr leicht mit Stickstoff und Kohlenstoff, beides Körper, die sich gegebenenfalls sehr leicht oxydieren.

Da nun Titansäure durch Kohlenstoff erst bei den höchsten durch den elektrischen Strom erreichbaren Temperaturen reduziert wird, dürfte kein Weg zur Herstellung von reinen Fäden führen, bei dem man von einer Paste aus metallischem Titan und einem organischen Bindemittel ausgeht.

Am leichtesten sollen sich Titankarbidfäden herstellen lassen, und zwar in folgender Weise: 100 Teile Titansäure werden mit 60 Teilen Titanmetall innig gemischt und das Gemisch während einiger Stunden im trockenen Wasserstoffstrom auf helle Rotglut erhitzt. Das entstandene Titanoxyd wird mit einem kohlenstoffhaltigen Bindemittel zur Paste verarbeitet. Die gepreßten Fäden werden im Vakuum geglüht und dann bei hoher Temperatur im Rezipienten elektrisch gesintert. Es ist dabei zu beobachten, daß das verwendete Bindemittel in den gebrannten Rohfäden mindestens 20 % Kohlenstoff hinterlassen muß.

Auch von Titansäureanhydrid ausgehend, lassen sich diese Glühfäden herstellen. Als Bindemittel für diesen Körper käme eine Tragantharzlösung in Betracht. Die gepreßten und geglühten Fäden sollen nicht stromleitend sein und müssen zur

---

[1]) Brit. Patent Nr. 226 vom Jahre 1904.
[2]) Elektrot. Anzeiger 28, Jahrg. 6, S. 64'65.

Vornahme der elektrischen Sinterung vorher in einem Bade vernickelt werden. Diese letztere Operation kann auch erfolgen durch Glühen der Fäden bei über 180° C in einem Nickelkarbonylstrom.

Schließlich könnten nach den Angaben von Majert Titanfäden auch in der Weise erhalten werden, daß man der vorher erwähnten Paste 10—20% Nickeloxydul und 2—5% Kadmiumoxyd beimischt. Diese Oxyde werden nun beim Brennen der Fäden im Wasserstoffstrom zu Metall reduziert, schmelzen und verkitten auf diese Weise die einzelnen Titansäureteilchen. Die so leitfähig gemachten Fäden müssen nun im Ammoniakstrom unter verringerten Druck formiert werden.

Eine andere Methode zur Darstellung von Karbidfäden wird von Laurence Völker[1]) in folgender Weise ausgeführt. Ein gewöhnlicher Kohlefaden wird dabei im elektrischen Lichtbogen in Gegenwart der die metallische Base des Karbides bildenden Metalldämpfe zuerst in Graphit, hierauf in Karbid umgewandelt. Eine weitere Ausbildung und Verbesserung des Verfahrens besteht darin, daß bei der Ausführung dieser Operation, um Oxydationen zu vermeiden, die Luft vollständig verdrängt wird durch inerte Gase, wie Wasserstoff oder auch bestimmte Kohlenwasserstoffe. Anwendbar sind alle Verbindungen von schwer schmelzbaren Metallen, wie Titan, Zirkon, Thorium, Uran usw., die sich verdampfen lassen.

William Laurence Völker[2]) machte nun die Beobachtung, daß diese Karbidfäden sehr schlechte Eigenschaften besitzen können und stellte fest, daß der Grund darin liege, daß die verwendeten feinpulverigen Karbide oxydisch geworden waren. Um nun eine oberflächliche Oxydation vollkommen auszuschließen, pulverisiert er zur Vorsicht die Karbide in einer Mahlvorrichtung, bei der sowohl die Mahl- als auch die Schleifflächen aus dem gleichen Karbid hergestellt sind unter Benutzung einer die Oxydation verhindernden Flüssigkeit, wie z. B. Kohlenwasserstoffen. Nach dem Mahlen werden die Karbide in einem Vakuumapparat getrocknet und können dann zur Verwendung gelangen.

---

[1]) D. R. P. Nr. 130020 vom 18. Juli 1900.
[2]) D. R. P. Nr. 113228 vom 5. März 1899.

Eberhard Sander[1]) verwendet gleichfalls die Karbide der seltenen Erdmetalle zur Erzeugung von Glühfäden, und zwar in Verbindung mit den entsprechenden Wasserstoffverbindungen. Aus beiden Materialien wird ein geeignetes Gemisch in feinster Pulverform bereitet, welches mit einem organischen Bindemittel zur preßfähigen Paste verknetet wird. Die gepreßten Fäden werden bis etwa 300 ° C vorgetrocknet, dann im Vakuum scharf geglüht und schließlich im Rezipienten bei Gegenwart inerter Gase elektrisch gesintert. Die besten Resultate sollen Gemische ergeben, bei welchen die Wasserstoffverbindungen im Überschuß vorhanden sind.

Weiter ist noch erwähnenswert, daß auch die Verwendbarkeit von Vanadin und Tantalkarbid, z. B. von der Siemens & Halske A.-G.[2]), studiert worden ist, ohne daß aber bessere Resultate als mit den reinen Metallen erhalten worden wären.

Zirkonkarbid und Thoriumkarbid gelangten ebenfalls, wie schon früher erwähnt, zur Anwendung.

Um den Kohlenstoff der Karbide der seltenen Erden möglichst zu binden oder unschädlich zu machen, schlägt die Siemens & Halske A.-G.[3]) folgendes Verfahren vor. Die Karbide, z. B. von Thorium, Zirkon, Uran usw., werden in geeigneten Mengen mit den reinen Metallen vermischt und dem Gemisch bestimmte Quantitäten der Metalloxyde zugegeben. Bei der Formiertemperatur treten nun die Karbide mit den Oxyden derart in Reaktion, daß der größte Teil des Kohlenstoffes unter Bildung von Kohlenoxyd oder Kohlensäure entfernt wird. Der resultierende Faden besteht dann nur noch aus dem reinen Metall. welches eine geringe Menge des Karbides gelöst enthält.

W. L. Völker[4]) gelangt zu reinen und unveränderlichen Titankarbidfäden in der Weise, daß er auf elektrischem Wege hergestelles Karbid fein pulverisiert und hierauf mit einem organischen Bindemittel, z. B. 1 Teil Schießbaumwollösung mit 4 Teilen Kassiaöl oder auch mit Kohlenteer und Kautschuklösung, zu einer Paste verarbeitet und zu Fäden auspreßt. Die

---

[1]) D. R. P. Nr. 133701 vom 6. Dez. 1900.
[2]) Brit. Patent Nr. 10867 vom Jahre 1901.
[3]) Brit. Patent Nr. 10869 vom Jahre 1901.
[4]) Brit. Patent Nr. 6149 vom 21. März 1899.

erhaltenen Fäden werden in Kohlenwasserstoffgas so lange erhitzt, bis sie allen freien Kohlenstoff abgegeben haben und der elektrische Widerstand vollkommen konstant geworden ist. Die Festigkeit der Fäden soll sich erhöhen lassen durch bestimmte Zusätze von Uran- und Thoriumkarbid.

Sollen Fäden hergestellt werden, die neben Titankarbid noch größere Mengen von Kohle enthalten, so verfährt V ö l k e r [1] in der folgenden Weise: Eine Lösung von Nitrozellulose in Alkohol oder Äther wird mit dem feinen Metallpulver versetzt und nun in bekannter Weise die Fäden durch Auspressen in Wasser hergestellt. Als Preßdüsen werden am besten solche aus Saphiren bestehend benutzt. Nach dem Denitieren mit Ammonpolysulfid und nachfolgendem Trocknen und Glühen werden sie der Temperatur des elektrischen Flammenlichtbogens ausgesetzt, wobei die Umwandlung in Karbid erfolgt.

J. R. C r a w f o r d [2] verwendet zur Herstellung brauchbarer Glühfäden aus den Karbiden von Uran, Titan, Thorium, Cer, Tantal usw. folgende Verhältnisse:

3 Teile der Karbide, für sich allein oder in Mischung, werden mit 2 Teilen Bor, Molybdän oder anderen schwer schmelzenden Metallen innig verrieben, bis eine feine pulverige Masse resultiert. Vorteilhafterweise wird diesem Gemisch noch eine geringe Menge von Graphit hinzugefügt. Als Bindemittel werden sirupöse Lösungen von Kali- oder Natronwasserglas oder auch organische Lösungen, wie Paraffin mit Terpentinöl, Zelluloselösungen oder dgl. verwendet. Nach dem Auspressen der Fäden erfolgt das Sintern und das Leitendmachen durch Glühen in Kohlenwasserstoffen.

Vanadinkarbid wird zur Erzeugung von Glühfäden von der General-Electric Company [3] verwendet. Das Karbid wird erzeugt durch Mischen des Vanadinpentoxydes mit der theoretischen Menge künstlichen Graphites und Verkneten dieses Gemisches mit Steinkohlenteer zu dicken Klößen, welche in bekannter Weise im elektrischen Ofen zusammengeschmolzen werden. Das hierauf pulverisierte Material wird mit einem Gemisch von

---

[1] Brit. Patent Nr. 16653 vom 19. August 1901.
[2] Brit. Patent Nr. 13253 vom 11. Januar 1904.
[3] Brit. Patent Nr. 19264 vom Jahre 1905.

Ceresin und Terpentinöl zur Paste verarbeitet und die Fäden elektrisch durch Formieren gesintert. Man kann aber auch ausgehen von reinem Vanadindraht, der in kohlenwasserstoffhaltiger Atmosphäre formiert wird, bis sich der Draht mit Kohlenstoff unter Bildung eines konstanten Karbides gesättigt hat.

An dieser Stelle ist auch nochmals auf die schon früher erwähnten Versuche zu verweisen, die die Siemens & Halske A.-G. mit dem Tantalkarbid angestellt hat.

Auch andere chemische Verbindungen als die Karbide, so die Hydrüre, Nitride und Phosphide der schwer schmelzbaren Metalle, versuchte man für die Glühlampentechnik nutzbar zu machen. So empfiehlt z. B. die Siemens & Halske A.-G. [1] die Nitride und Phosphide von Uran, Thor und Zirkon. Erhitzt man diese Stickstoff- und Phosphorverbindungen, welche in geeigneter Weise zu Glühfäden oder Stäbchen geformt worden sind, sehr hoch, so verlieren diese zum Teil ihren Stickstoff oder Phosphor, und es resultieren konstante Glühkörper.

Ein Patent zur Herstellung von Glühkörpern aus den Hydrüren und Nitriden von Chrom, Molybdän, Wolfram usw. erhielt Hermann Zerning [2]. Als geeignete Zusätze sollen Bor und Silizium zu empfehlen sein.

Das bekannte Metall der seltenen Erdgruppe, das Thorium, ist vielfach zur Erzeugung brauchbarer und hitzebeständiger Glühkörper verwendet worden. Hierzu sei bemerkt, daß gerade diesem Metall in der jüngsten Zeit wieder große Beobachtung geschenkt worden ist, ohne daß aber bisher brauchbare Resultate erzielt worden sind. Der Grund mag zum größten Teil wohl darin liegen, daß es außerordentlich schwierig ist, reines Thorium herzustellen. So verwendet schon 1898 Karl Pieper [3] in Berlin Gemische von Thorium mit Titan oder Stickstofftitan, gegebenenfalls unter Hinzufügung von leichter schmelzbaren Metallen, wie Chrom und Wolfram. Die Herstellung der Glühfäden erfolgt ohne jedes Bindemittel, lediglich durch Auspressen der Metallgemische unter hohem Druck. Der hierzu notwendige Druck beträgt etwa 20 000 kg pro Quadratzentimeter. Durch

[1] Brit. Patent Nr. 10867 vom Jahre 1901.

[2] Brit. Patent Nr. 2554 vom Jahre 1906.

[3] D. R. P. Nr. 116 141 vom 17. September 1898.

die Vermeidung der Binde- oder Sintermittel soll sich ein nachträgliches Lockern des Glühkörpers verhüten lassen.

Reines Thorium schlägt die British Thomson-Houston Company [1]) zur Erzeugung von Glühfäden für Vakuumlampen vor. Das Metall wird hergestellt durch Umwandlung des Thoriumdioxydes in das Thoriumchlorid und Reduktion des letzteren vermittels Natrium in einem besonders konstruierten Ofen. Das erhaltene Metallpulver wird zur Entfernung des entstandenen Natriumchlorides und nicht reduzierten Thoriumchlorides gereinigt und ist in dieser Form zur Darstellung von Glühfäden geeignet. Auch gezogene Thoriumfäden können in dieser Weise hergestellt werden, wenn dem Thoriummetallpulver geeignete Mengen reinen Magnesiums hinzugefügt werden. Das Gemisch wird zu einem Klumpen zusammengepreßt und in einem elektrischen Vakuumofen zum Schmelzen gebracht, bis fast alles Magnesium sich wieder verflüchtigt hat. Die erhaltene Schmelze, die erst noch einen Reinigungsprozeß, z. B. Waschen oder Kochen mit Salpetersäure, durchmachen muß, soll sich walzen und ziehen lassen.

Eine ganz andere Methode, um Glühfäden aus Thorium zu erhalten, wendet die Siemens & Halske A.-G.[2]) in Berlin an. Thoriummetall mit bestimmten Mengen von Thoroxyd wird lange Zeit im Vakuumofen stark erhitzt, um alle flüchtigen und schädlichen Bestandteile möglichst vollkommen zu eliminieren. Dieses Material wird nun in eine Röhre aus duktilem Metall, z. B. Silber, Kupfer u. dgl. homogen eingestampft und das Ganze nun einem Walz- und Ziehprozesse unterworfen. Es entsteht so ein Draht, dessen Kern aus Thorium und dessen Hülle aus dem leicht ziehbaren Material besteht. Diese Hülle kann nun entweder auf chemischem Wege, durch Weglösen mit Säuren, oder auch auf rein mechanischem Wege entfernt werden.

Die Erfindung der Wolframlampen-Akt.-Ges.[3]) in Augsburg beruht darauf, daß z. B. ein Faden aus reinem Thormetall hergestellt wird, der mit einer äußeren Hülle von Wolfram-

---

[1]) Brit. Patente Nr. 14972 und 14972A vom 20. Juli 1905.

[2]) Brit. Patent Nr. 2123 vom 29. März 1906 und D. R. P. Nr. 194349 vom 30. März 1906.

[3]) D. R. P. Nr. 197352 vom 27. April 1907.

metall überzogen ist. Als Kern des Fadens können aber auch andere schwer schmelzbare Metalle, wie Titan, Zirkon, Osmium u. dgl., benutzt werden. Diese Glühkörper sollen nicht nur einen hohen spezifischen Widerstand aufweisen, sondern infolge des höheren Sinterungsgrades der Seele eine größere Festigkeit besitzen. Nach den Angaben im Patent sollen derartige Fäden eine Beanspruchung bis zu 0,5 Watt pro Hefnerkerze vertragen, ohne im Vakuum der Lampe zu zerstäuben und ohne nach längerer Brenndauer eine merkliche Lichtabnahme zu zeigen.

Die gleiche Gesellschaft [1]) hat nun die Beobachtung gemacht, daß eine ganz besondere Form des Thoriums für das eben beschriebene Verfahren die besten Resultate ergibt. Nach den Angaben im Patent gestaltet sich das Verfahren ganz besonders einfach und sicher, wenn statt des bekannten eigentlichen Metallpulvers eine filzige oder schwammige Masse des Thoriums in Anwendung kommt. Bei dieser Modifikation des Metalles liegt dieses in außerordentlich weitgehend aufgelockerter Form vor, welche z. B. dadurch erhalten werden kann, daß gewisse Thoriumlegierungen derart mit Säuren usw. behandelt werden, bis das Legierungsmetall vollkommen entfernt worden ist. Diese filzigen Metallmassen ergeben im allgemeinen viel homogenere Fäden, als wenn man von den gewöhnlichen Metallpulvern ausgeht, und ergeben außerdem größere Festigkeit und leichtere mechanische Verarbeitung.

Erwähnenswert ist noch, daß dieser Thoriumfilz auch andere gute Eigenschaften aufweist. So kann er mit Vorteil benutzt werden, um nicht nur für sich allein zu Fäden verarbeitet zu werden, sondern auch, um als Bindemittel für andere, weniger leicht verfilzbare Metalle oder Metallpulver zu dienen, indem diese in die filzige Masse möglichst gleichmäßig eingebettet und dann mit dem Thoriumfilz zusammen verarbeitet werden.

Eine von den bisher beschriebenen völlig verschiedene Methode, um zu metallischen Glühfäden aus Thorium oder Uran zu gelangen, wendet Ernst Ruhstrat [2]) in Göttingen an,

---

[1]) D. R. P. Nr. 201460 vom 27. Oktober 1906.
[2]) D. R. P. Nr. 238380 vom 6. Sept. 1910.

indem er direkt von den Oxyden oder anderer Metallverbindungen dieser Körper ausgeht. Die Erfindung wird in folgender Weise ausgeführt:

In einem Widerstandsofen (Fig. 35) wird ein verhältnismäßig dicker, aus Uran- oder Thoroxyd oder anderen Verbindungen

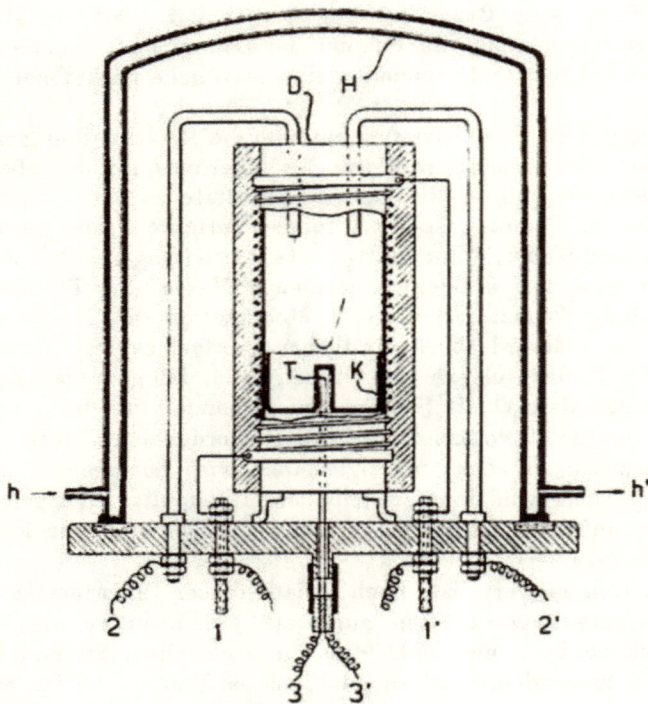

Fig. 35.

bestehender Faden, der das Ausgangsmaterial für die Glühkörper bildet, durch Dämpfe von z. B. Kalium- oder Natriummetall reduziert und hierauf durch Hindurchschicken des elektrischen Stromes hoch erhitzt und gesintert.

In der Zeichnung ist ein Widerstandsofen im Schnitt dargestellt, in welchem die aus den Metallverbindungen hergestellten Fäden reduziert und gesintert werden. D ist ein Widerstandsheizkörper, K ein Verdampfungsgefäß für das reduzierende Metall, H eine doppelwandige Haube, T ein Thermoelement, 3 und 3^1 sind Zuführungsdrähte des Thermoelementes.

Nachstehend soll nun beispielsweise die Herstellung von Uranfäden geschildert werden:

Nachdem das Gefäß K mit Kalium oder Natrium oder einer metallothermischen Mischung, bei welcher das als Reduktions-mittel dienende Kalium oder Natrium im Überschuß vorhanden ist, gefüllt worden ist, wird ein nach dem Pasteverfahren hergestellter Faden aus Urankaliumfluorid oder einer Mischung dieses Körpers mit Uranmetall usw. in Bügelform an den im Heizraum D befindlichen Elektroden 2 und 2^1 befestigt. Darauf wird der Ofen mit der Haube H, welche durch die Röhren h und h^1 mit einem indifferenten Gas gefüllt wird, evakuiert. Die Elektroden 1 und 1^1 werden dann mit einer geeigneten Stromquelle verbunden, so daß der Ofen durch Hindurchfließen des elektrischen Stromes auf etwa 725^0 C erhitzt wird. Infolge dieser Erhitzung gibt das im Verdampfungsgefäß befindliche Metall bzw. die zur Reaktion gebrachte metallothermische Mischung Kalium- oder Natriumdämpfe ab, die den Faden teilweise reduzieren, erhitzen und so leitfähig machen.

Wenn so der Drahtbügel zum Teil reduziert und durch die Erhitzung leitend geworden ist, fließt auch elektrischer Strom durch ihn selbst hindurch. An 2 und 2^1 ist vorher eine regulierbare Spannung gelegt worden. Durch allmähliches Ausschalten von Widerstand wird nun der Fadenbügel fast bis zum Flüssigwerden erhitzt, wobei eine vollständige Reduktion und Sinterung eintritt.

Auch Zirkonfäden sollen sich nach dieser Methode darstellen lassen, ebenso wie diese Methode zur Herstellung reiner hochschmelzender anderer Metalle für die Glühfädenfabrikation anwendbar sein soll.

Auch das Titanmetall, dessen Schmelzpunkt ein sehr hoher ist, ist verschiedentlich als Grundkörper für Glühfäden angewendet worden. Das Verfahren von C. Trenzen und F. R. Pope [1], um absolut reine Titanmetallglühkörper zu erzeugen, wird in folgender Weise ausgeführt. Äußerst fein verteiltes Titanmetall, welches eine kleine Menge von Titannitrid

[1] Brit. Patent Nr. 14852 vom 13. Juli 1908.

enthält, wird mit einer kohlenstoffhaltigen Paste zu Fäden ausgepreßt und hierauf in einem elektrischen Ofen bei Luftabschluß
längere Zeit auf etwa 1200 ⁰ C erhitzt. Bei dieser Temperatur
wird der gesamte Kohlenstoff des Bindemittels als Titancyanid
entfernt. Werden diese Fäden nun vermittels eines hochgespannten Stromes nochmals bei Weißglut erhitzt, so entstehen
praktisch reine Titanfäden.

Als Bindemittel schlagen die Erfinder eine Lösung von
Kasein in Ammoniak vor, der noch gewisse Mengen von Titansäure zugesetzt sein können, um ein vollkommenes Entfernen
der Nitride zu ermöglichen.

Die oben erwähnte Mischung von Titanmetall mit Titannitrid wird dargestellt durch Sättigen von kaltem Titansäureanhydrid mit Ammoniak und Erhitzen des erhaltenen Produktes
im Vakuum auf 1200 ⁰ C.

Die Herstellung des feinen und reinen Titanmetalles erfolgt
entweder nach der Berzeliusschen Methode durch Reduktion
des Titankaliumfluorides mit Natrium oder nach der Kernschen
Methode durch Behandeln des Titanchlorides mit Silber oder
Quecksilber.

Eine andere Methode, um reine Titanfäden herzustellen,
wendet die Société Française d'Incandescence par
le Gaz (System Auer) [1] in Paris an. Hiernach werden zuerst
nach der gewöhnlichen Preßmethode Fäden hergestellt, die aus
einem Titanoxyd - Titanmetallgemisch bestehen, denen Lampen-
schwarz zugefügt worden ist.

Die Fäden werden nun an der freien Luft unterhalb der
Rotglut oder besser bei Rotglut bei Abschluß von Luft oder in
einer reduzierenden Atmosphäre erhitzt. Durch diese Behandlung
wird der Faden elektrisch leitend gemacht und wird dann entkohlt, indem er in einem Gemisch von oxydierenden und sulfu-
rierenden Gasen, das zugleich das den Faden bildende Metall
reduziert, behandelt wird. Durch diese Behandlung bleibt die
elektrische Leitfähigkeit des Fadens erhalten.

Nach dieser Entkohlung erfolgt noch eine Formierung dadurch, daß der Faden in einer Atmosphäre von Wasserstoff und
Ammoniak, denen geringe Mengen von oxydierenden und sulfu-

---

[1] D. R. P. Nr. 234220 vom 18. Juni 1909.

rierenden Gasen beigemengt werden, auf Weißglut erhitzt wird. Bei Weißglut vollzieht sich die Formierung mit großer Geschwindigkeit. Die Erhitzung des Fadens darf aber nicht über eine gewisse Grenze getrieben werden, da sonst der Faden zerstört werden kann.

Die bei der Formierung eintretende Reaktion kann man sich folgendermaßen vorstellen: Das Ammoniak wird vom elektrischen Strom bei der hohen Temperatur zersetzt, und es entstehen Stickstoff und Wasserstoff in statu nascendi, die nun infolge größerer chemischer Aktivität stärker wirken als die Gase für sich allein im gewöhnlichen Zustand. Das Oxyd des angewandten Metalles wird reduziert, es bilden sich Wasserdampf und das Nitrid des betreffenden Metalles. Das Nitrid wird aber hierauf sofort durch den überschüssigen Wasserstoff zerlegt unter Bildung des reinen Metalles.

Das beschriebene Verfahren kann auch so ausgeführt werden, daß dem Metalloxyd gleich in der Paste eine gewisse Menge des Nitrides beigefügt wird, so daß als Formiergas dann nur noch Wasserstoff notwendig ist.

Was die Zerstörung des zu hoch erhitzten Fadens anbelangt, so entspricht wahrscheinlich die Temperatur, bei der sie eintritt, derjenigen der Verflüchtigung des Nitrides. Im übrigen kann auch der im Entstehungszustand befindliche Stickstoff eine gewisse Entkohlung des Fadens mit veranlassen, da dieser Stickstoff unter Bildung von Cyan oder Cyanwasserstoffsäure kräftig auf den Kohlenstoff einwirkt.

Dieses Verfahren ist übrigens auch auf andere Metalloxyde, wie Tantal, Niob, Vanadin usw., anwendbar.

Zweites Kapitel.

Die Wolframmetallfadenlampen.

A. Die Herstellung der Glühfäden.

Die Fabrikation der Glühfäden aus Wolframmetall wird auch heute noch in zum Teil analoger Weise ausgeführt, wie sie der Verfasser zum Schluß des vorhergehenden Kapitels, so z. B. bei der Herstellung von Fäden aus den schwer schmelzbaren Metallen Chrom, Molybdän, Uran, Titan und Thorium oder aus den Metalloiden Bor und Silizium, geschildert hat. Auch heute noch verwendet man in großem Maßstabe die sogenannte „Preß- oder Spritzmethode", die darin besteht, Pasten aus feinstem Wolframmetall anzufertigen, die sich leicht durch feine Düsen zu genügend festen Rohfäden auspressen lassen. Die hierzu notwendigen Bindemittel sind entweder rein organischer Natur oder bestehen vielfach aus organischen Lösungen mit bestimmten Zusätzen. In späteren Abteilungen sollen auch die weiteren technisch angewendeten Methoden behandelt werden, wie z. B. das sogenannte Umsetzungsverfahren und das Pressen der Fäden aus kolloidalem Wolframmetall, ohne Anwendung irgendeines Bindemittels.

Im folgenden soll nun zuerst die Herstellung der benötigten Rohmaterialien, das Pressen, Glühen und Formieren der Fäden beschrieben werden, und zwar ihrer Bedeutung gemäß so ausführlich wie möglich. Hieran schließt sich die weitere Behandlung der Fäden, Berechnung usw. bis zum Einsetzen oder Montieren in die Lampe.

1. Das Pasteverfahren unter Verwendung organischer Bindemittel.

a) Wolframsäure und Wolframmetall.

Das Wolfram hat, wie der Verfasser schon in der Einleitung hervorhob, durch die Schaffung der Wolframmetallfadenlampe ein großes neues Verwendungsgebiet gefunden. Wenn man heute von einer Metallfadenlampe spricht, so meint man ausschließlich die elektrische Glühlampe, welche mit Wolframfäden als Glühkörper ausgerüstet ist. Weiter kann auch die Behauptung aufgestellt werden, daß gerade durch die enorme Verwendung des reinen Wolframs in der Glühlampentechnik die Chemie des Wolframs eine große Erweiterung gefunden hat. Es waren für die Erzielung widerstandsfähiger Fäden Metalle von der größten Reinheit und Feinheit nötig, so daß man gezwungen war, besondere, bisher noch unbekannte Darstellungs- und Reinigungsmethoden aufzufinden und anzuwenden. Aus diesem Grunde hält es der Verfasser auch für durchaus notwendig, soweit es dem Zwecke dieses Buches entspricht, die verschiedenen brauchbaren Herstellungsverfahren zu schildern und einen kurzen Abriß der Chemie des Wolframs und der Wolframsäure, dem Ausgangsprodukt für das Metall, zu geben.

Das Wolfram ist schon sehr lange bekannt und wurde im Jahre 1781 von Scheele entdeckt. Im Jahre 1783 wurde dieses Metall von zwei spanischen Chemikern, den Brüdern d'Elhujar, als Element erkannt und isoliert. Diese Forscher bestätigten, daß im Wolframit, den sie untersuchten, dieselbe Säure enthalten sei wie in dem aus Schweden stammenden Tungstein oder Schwerstein. Sie nannten das erhaltene Metall danach Tungsteinmetall oder Wolframmetall.

Das erste und auch heute noch ausgedehnteste Verwendungsgebiet des Wolframs war die Stahlfabrikation, in der es als Zusatz zum Eisen und Stahl zur Erzeugung des bewährten Wolframstahles benutzt wurde. Später fand es weitere Verwendung zur Darstellung der bekannten Wolframbronzen und von Malerfarben. Auch besondere Geschosse wurden aus Wolfram hergestellt. Weiter ist unter anderem das Imprägnieren von Geweben mit bestimmten Wolframsalzen, um sie feuerfest zu machen, bekannt.

Das Wolfram kommt in der Natur vor hauptsächlich als Wolframocker (WO_3), Wolframit [$(MnFe)WO_4$] und als Tungstein oder Scheelit ($CaWO_4$). Zur Darstellung des Wolframs im Großen werden besonders die letzten beiden Mineralien verwendet, die sich auch auf der Erde am weitesten verbreitet vorfinden. Andere Mineralien, wie der Scheelbleispat ($PbWO_4$), der Ferberit ($FeWO_4$), der Kuproscheelit [$(CaCu)WO_4$] werden

wohl kaum auf reines Wolfram für Beleuchtungszwecke verarbeitet.

Im folgenden sollen nun kurz die erprobtesten Methoden
zur Darstellung der Wolframsäure und des Wolframmetalles beschrieben werden.

Das Wolframsäureanhydrid (WO$_3$), schlechthin auch
Wolframsäure genannt, wird sowohl aus dem Wolframit als
auch aus dem Scheelit dargestellt.   Bemerkt sei hierbei, daß
die Verarbeitung des wolframsauren Kalkes (Scheelit) sehr viel
einfacher ist als die anderer Wolframerze und deshalb in der
Glühlampentechnik vorgezogen wird.

Um Wolframsäure aus den Erzen zu gewinnen, müssen
diese zuerst einem oxydierenden Rösten unterworfen werden.
Die notwendigen alkalischen Zuschläge bezwecken die Umwandlung des Wolframs in lösliche Salze, während das Eisen
und Mangan, die hauptsächlichsten weiteren Bestandteile der
Erze, in die unlöslichen Oxyde übergeführt werden. Beim Vornehmen dieser Röstarbeit, die zumeist in einem einfachen
Flammenofen bewerkstelligt wird, muß die Vorsicht gebraucht
werden, daß das Erzgemisch nicht zum Schmelzen kommt, da
sonst leicht die oxydierende Röstung eine unvollständige
sein kann.

Nach dem Verfahren von Alfred Kirby Huntington[1]
in London wird gemahlenes Wolframerz mit der erforderlichen
Menge von Zuschlägen, wie Alkalien oder kohlensauren Alkalien,
gemischt und nun der oxydierenden Röstung unterworfen. Sind
die Erze kieselsäurearm, so wird vorteilhafterweise Kieselsäure
in Gestalt von Sand oder gemahlenem Quarz hinzugegeben. Das
geschmolzene wolframsaure Salz des Alkalimetalles wird ab-
gestochen, oder die gebildete Schlacke, welche sich beim Erstarren absondert, wird nach teilweiser Abkühlung unter Zurück-
lassung des wolframsauren Salzes entfernt.

Um eine weitere Reinigung dieses Salzes hervorzurufen,
wird die Schmelze nochmals unter Zusatz von kieselsaurem
Natron oder Glas geschmolzen, wobei sich, sofern noch größere
Mengen von Unreinheiten vorhanden waren, wiederum eine geringere Menge von Schlacke bildet, die entfernt wird.

---

[1]) D. R. P. Nr. 32360 vom Jahre 1884.

Ein ähnliches Verfahren zur Gewinnung von Wolframalkalien mit Hilfe der oxydierenden Röstung wendet Gustav
Albert Hempel[1]) in Leipzig-Ötzsch an. Hierbei wird mit
konzentrierten Laugen kaustischer Alkalien unter Zusatz von
Ätzkalk unter Druck und hoher Temperatur gearbeitet. Das
Hempelsche Verfahren bietet den Vorteil, daß es sich im
Autoklaven durchführen läßt und daher erheblich billiger und
einfacher ist als das Flammenofen- und Tiegelverfahren. Das Aufschließen der pulverisierten Wolframerze findet in sehr kurzer
Zeit statt. Das Erz wird außerdem von den kaustischen Laugen
unter Druck vollkommen aufgeschlossen und daher eine große
Ausbeute erzielt. Ferner können große Mengen Erz mit einem
verhältnismäßig kleinen Autoklaven verarbeitet werden. Der
Ätzkalilösung wird so viel Ätzkalk zugesetzt, daß die im Wolframsalz enthaltenen, mit Kalk unlösliche Doppelverbindungen
gebenden Fremdkörper, wie Kieselsäure, Zinn, Mangan usw., in
unlösliche Verbindungen übergeführt werden. Ein Überschuß
von Ätzkalk ist möglichst zu vermeiden, da sonst infolge Bildung
des unlöslichen Kalziumwolframates ein Wolframverlust eintreten würde.

Dieses Verfahren wird beispielsweise folgendermaßen ausgeführt: 30 kg Wolframerz, welches etwa 65 % Wolframsäure,
3,5 % Kieselsäure und 18 % Eisen- und Manganoxyd enthält,
werden mit 11 kg festem Ätzkali, 95 %ig, 1,5 kg Ätzkalk und
12,5 kg Wasser im Autoklaven mit Rührwerk vier Stunden lang
unter sechs Atmosphären Druck auf 180° C erhitzt. Nach erfolgter Umsetzung wird die 70° Bé starke Wolframlösung mit
Wasser auf 28—30° Bé verdünnt und nach erfolgter Klärung
filtriert.

Nach Borchers kann das oxydierende Schmelzen vorteilhafterweise auch mit Soda erfolgen, während nach der Halloway-
Lake[2])-Methode Wolframerz in fein verteiltem Zustande
einem Bade zugesetzt wird, welches aus dem Silikat eines Alkalimetalles besteht.

Wöhler[3]) empfiehlt, pulverisierten Wolframit mit seinem

---

[1]) D. R. P. Nr. 221062 vom Jahre 1907.
[2]) U. S. P. Nr. 667705.
[3]) Lehrb. d. anorg. Chem. Roscoe S. 606, Bd. II.

doppelten Gewichte Kalziumchlorid eine Stunde lang zusammen
zu schmelzen und die Masse mit Wasser auszulaugen, um das
überschüssige Kalziumchlorid sowie die Chloride von Eisen und
Mangan in Lösung zu bringen. Der aus Kalziumwolframat bestehende Rückstand wird dann durch Kochen mit konzentrierter
Salzsäure zersetzt und das erhaltene rote Wolframtrioxyd gereinigt.

Nach dem Verfahren von Brandenburg und Weyland[1])
in Kempen a. Rh. werden Wolframerze mit Natriumbisulfat durch
Schmelzen aufgeschlossen, wobei während des Prozesses konzentrierte Schwefelsäure hinzugefügt wird. Die Menge des
Bisulfates im Verhältnis zum angewandten Erz muß so groß sein,
daß es zur Bildung von saurem Natriumwolframat ausreicht. Ist
das Aufschließen beendet, so wird die Temperatur auf 400° C
gesteigert und die Masse nach Zugabe von Kohlenstückchen
unter sorgfältigem Durchstechen bei reduzierender Flamme so weit
erhitzt, daß die fremden Metallsulfate unter Abspaltung von
Schwefelsäureanhydrid in die Oxyde übergeführt werden.

Die entstandene Schmelze wird hierauf mit kaltem Wasser
behandelt. In der Lösung befinden sich dann das wolframsaure
Natrium, Eisensulfat und Glaubersalz. Wird die Lösung eingedampft, so scheidet sich das Glaubersalz aus. Die Lösung
wird filtriert und hierauf die Wolframsäure durch Fällung gewonnen.

Ebenfalls Natriumbisulfat zum Aufschließen von Wolfram-
erzen in Pulverform wendet Egon Franz Joseph Clotten[2])
in Frankfurt a. M. an. Das Verfahren wird in der Weise ausgeführt, daß man in einem Arbeitsgang die wolframhaltigen
Mineralien oder Rohstoffe zunächst mit Natriumbisulfat allein,
sodann etwa eine halbe Stunde lang mit dem Bisulfat und Kalk
oder Kalksalzen, z. B. Kalziumkarbonat, Chlorkalzium usw., unter
Zusatz von Chloralkalien oder anderen Chloriden schmilzt. Das
Erhitzen mit dem Bisulfat allein erfolgt bei 300° C, während
nach dem Zusatz der Kalkverbindungen und der Chloralkalien
die Temperatur auf etwa 800° C gesteigert wird. Bisulfat muß

---

[1]) D. R. P. Nr. 149556 vom 23. Juni 1902 und Heinrich Leiser.
Wolfram, 1910. S. 29.

[2]) D. R. P. Nr. 141811 vom 25. Juni 1902.

bei diesem Verfahren stets im Überschuß vorhanden sein. In allen Fällen entsteht bei dieser Behandlungsweise unter Abscheidung von Kalziumsulfat eine Schmelze, welche nach vollständig durchgeführtem Verfahren alles Wolfram als Wolframsäure H_2WO_4 beziehungsweise als Natriumwolframat Na_2WO_4 enthält. Schließlich wird die Wolframsäure noch reduzierend verschmolzen.

Nach F r a n z [1]) werden 150 Teile fein gemahlener Wolframit mit 100 Teilen geglühter Soda und 15 Teilen salpetersaurem Natron gemischt und vier bis fünf Stunden lang in einer gußeisernen Pfanne stark im Flammenofen erhitzt. Die erkaltete Schmelze wird mit Wasser ausgelaugt und die Lauge nach der notwendigen Neutralisation bis zum Kristallisieren eingedampft. Die resultierende Mutterlauge wird nun in dünnem Strahl in kochende verdünnte Salzsäure unter beständigem Rühren eingegossen. Nach dem Auswaschen des erhaltenen Wolframsäurehydrates (H_2WO_4) wird letzteres mehrfach wieder gelöst und ausgefällt.

D e r e n b a c h [2]) schmilzt feines Wolframitpulver mit 3 Teilen kohlensaurem Kaliumnatrium, laugt die Schmelze aus, fällt die filtrierte Lösung mit Chlorkalzium und zerlegt das reine wolframsaure Kalzium mit Salzsäure.

Hat man Scheelit ($CaWO_4$) zur Gewinnung von Wolframsäure zur Verfügung, so schmilzt man am besten das gepulverte Mineral mit Soda, wobei sich lösliches Natriumwolframat und unlösliches Kalziumkarbonat bildet.

Ein anderer Weg zur Gewinnung von Wolframsäure aus Scheelit ist der, daß das Material mit kochender Salzsäure längere Zeit behandelt und das entstandene Produkt in das Ammoniumsalz übergeführt wird.

Aus allen diesen Lösungen wird die reine Wolframsäure durch mehrfaches Fällen mittels starker Säuren erhalten. Nach der ersten Fällung wird der Wolframsäureschlamm am besten auf der Nutsche filtriert und gewaschen und der Rückstand wieder in Ammoniak gelöst. Hierauf erfolgt die weitere Fällung.

---

[1]) J. pr. (2) 4, 238 und P h i l i p p H o f m a n n s Ber. 1875, 745.
[2]) Jahresber. chem. Techn. 1893, S. 290.

So stellen z. B. Pennington und Smith[1]) absolut reine
Wolframsäure folgendermaßen her: Aus Wolframmineral abgeschiedene Säure wird drei Tage lang mit konzentrierter Salpetersäure, dann die gleiche Zeit mit Königswasser erhitzt. Hierauf
wird in gelbem Schwefelammon gelöst und filtriert. Nach Zusatz
von Salzsäure, Eindampfen, Filtrieren und Glühen der Säure
wird dieselbe mit Salpetersäure und dann mit Königswasser behandelt, in Ammoniak gelöst und filtriert, Schwefelwasserstoff
bei 80° C eingeleitet, dreifach Schwefelwolfram mit verdünnter
Salzsäure gefällt, sodann filtriert. Durch Erhitzen des getrockneten Materials bei Luftzutritt, Erhitzen der Säure zur
Verflüchtigung von Molybdänsäure bei 150° bis 200° C im Salz-
säurestrom als Molybdänoxydchlorid, Suspendieren des Rückstandes in Wasser, Einleiten von Ammoniakgas, Eindampfen,
dreimaliges Umkristallisieren des Salzes und Trocknen erhält
man dann eine Säure, die vollkommen frei von allen fremden
Bestandteilen ist.

Nach Filsinger[2]) gewinnt man reine Wolframsäure aus
den wolframsauren Alkalien, wenn diese in fein gemahlenem
Zustand mit der doppelten Menge roher Salzsäure von 1,180 bis
1,190 spezifischem Gewicht in einem Tongefäß übergossen wird
und nun unter Einleiten von gespanntem Dampf einige Zeit gekocht wird. Alsdann fügt man der Masse noch 4—5°/₀ vom
Gewichte des Natriumsalzes, Salpetersäure von 1,350 spezifischem
Gewicht hinzu, wobei die abgeschiedene Wolframsäure eine
dunkelgelbe Farbe annimmt. Man kocht dann noch einige Zeit,
läßt erkalten, absetzen, dekantiert anfangs, nimmt das letzte
Auswaschen auf Beuteln vor, trocknet und glüht.

Molybdänfreies Wolframtrioxyd wird nach der Fried-
heimschen und Meyerschen[3]) Methode so hergestellt, daß
zuerst das wolframsaure Natrium in kaltem Wasser bis zur
Sättigung gelöst wird. Hierauf erfolgt ein Zusatz von Salzsäure
bis zur schwach alkalischen Reaktion in der Kälte, Umkristallisieren des erhaltenen parawolframsauren Natriums, wobei
der Molybdängehalt schon um vier Fünftel des ursprünglichen

---

[1]) Zeitschrift f. anorg. Chemie 1895, 8, 198.
[2]) Deutsche Industriezeitung 1878. S. 246.
[3]) Zeitschrift f. anorg. Chemie 1. 76.

herabgemindert wird. Das Zersetzen der Hälfte des erhaltenen Salzes geschieht siedend heiß in Salzsäure mit wenig Salpetersäure. Die gefällte gelbe Wolframsäure wird nun durch Aufrühren mit Wasser ausgewaschen und dieses in möglichst kleinen Teilen in die siedende andere Hälfte eingetragen, bis eine Probe mit Salzsäure keine Fällung mehr gibt. Es erfolgt nun das Filtrieren, Erhitzen des mit etwas Salzsäure versetzen Filtrates zum Sieden, wiederholtes Fällen mit Schwefelwasserstoff, Eindampfen des Filtrates, wobei sich noch etwas Sulfid absetzt, Oxydieren der blauen Lösung mit wenig Bromwasser, Neutralisieren mit Natronhydrat, Auskristallisieren des reinen parawolframsauren Natriums, Ausfällen mit Salzsäure, Trocknen und Erhitzen zu WO_3.

Eine besonders reine Wolframsäure wird nach Bernoulli[1]) in folgender Weise erhalten: Das zur Verfügung stehende Natriumwolframat wird in das Kalksalz verwandelt und dieses mit konzentrierter Salzsäure zersetzt. Durch Auflösen des erhaltenen Wolframsäurehydrates in NH_4OH trennt man noch etwa vorhandene Kieselsäure usw. und läßt das gebildete Wolframammonsalz von der Formel $(NH_4)_{10}W_{12}O_{41}$ auskristallisieren, aus welchem man nach dem Trocknen durch oxydierendes Glühen reine Wolframsäure erhält. Ist dessen Farbe nicht rein gelb geworden, sondern grünlich, so haften ihm noch Spuren von Natrium an, die durch tagelanges Kochen mit Salpetersäure entfernt werden können.

Nach dem Trocknen erhält man ein zitronengelbes leichtes Pulver von der Formel WO_3. Spuren von Natriumsalz verleihen ihm eine grünliche Färbung, die selbst beim Glühen nicht verschwindet. Die weißlichgelbe Farbe rührt nach v. Knorre von einem Gehalt an Kalium her. Das spezifische Gewicht der amorphen Wolframsäure ist nach Zettnow 7,16 und das der kristallisierten 7,232. Beim Erhitzen färbt sich die Wolframsäure dunkelgelb, schmilzt leicht im Gebläsefeuer, wobei die geschmolzene Masse zu langen Tafeln erstarrt.

Die spezifische Wärme beträgt nach:

Regnault 0,0798
Kopp . . . . . 0,0894.

---

[1]) Pogg. Ann. III, 590 und Leiser, Wolfram, S. 41.

Reduziert man nun diese gelbe Wolframsäure z. B. bei höherer Temperatur mit Wasserstoffgas, so entstehen die verschiedenartigsten Reduktionsstufen, die, da sie zum Teil auch in der Fädenindustrie angewendet wurden, hier aufgeführt werden mögen.

Zuerst entsteht das blaue Oxyd bei einer Reduktion von WO_3 im Wasserstoffstrom bei etwa 250^0 C. Die chemische Zusammensetzung dieser indigoblauen Reduktionsstufe liegt nicht fest, da hierbei wahrscheinlich Gemische der verschiedenen Oxyde zwischen WO_3 und WO_2 gebildet werden, z. B. W_2O_5, W_3O_8 und W_4O_{11}. Ein blaues Wolframoxyd entsteht auch nach Bunsen[1]) durch Reduktion wässeriger Wolframatlösungen mit Zinnchlorür.

Dieses blaue Oxyd wurde von manchen Firmen dem Metall in kleinen Mengen zugefügt, um ein angeblich besseres Pressen der Pasten zu ermöglichen, und um zu grau gewordenes Metall dunkler zu färben.

Reduziert man die Wolframsäure im Wasserstoffstrom bei höherer Temperatur, etwa $700—800^0$ C, so entsteht das braune Oxyd von der Formel WO_2. Auch durch Glühen von Wolframsäure mit Kohle erhält man nach Buchholz[2]) dieses Oxyd, welches aber sehr leicht blaues Oxyd und Metall enthalten kann.

Um nun ein möglichst gleichmäßiges und einheitliches Wolframdioxyd zu erhalten, verfährt die Westinghouse Metal Filament Lamp Co. Ltd. in London[3]) folgendermaßen: Wolframsäure wird mit organischen Reduktionsmitteln der aliphatischen Hydroxylverbindungen, wie Glyzerin und Äthylenglykol, innig vermischt, und zwar im Verhältnis von 1—2 Gewichtsteilen z. B. Glyzerin und 10 Gewichtsteilen Wolframsäure. Zur möglichst gleichmäßigen Verteilung des Reduktionskörpers kann vorteilhafterweise noch ein Lösungsmittel wie Wasser hinzugefügt werden. Diese Masse wird hierauf mäßig getrocknet, so daß die Verdampfung des Reduktionsmittels ausgeschlossen ist. Schließlich wird das Gemisch in einem feuerfesten, luftdicht abschließbaren Gefäß auf helle Rotglut erhitzt, etwa zwei bis drei Stunden lang, und dann erkalten gelassen. Bei der Durchführung

---

[1]) Bunsen, A., 138, 289.
[2]) Dammer, Org. Chemie, Bd. III, 1893, S. 635.
[3]) D. R. P. Nr. 199107 vom 24. November 1906.

des beschriebenen Verfahrens ist es von großer Wichtigkeit dafür Sorge zu tragen, daß die verwendeten Substanzen völlig alkalifrei sind.

Ein geringer Zusatz von braunem Oxyd zum Wolframmetall soll die Glühfäden nach der Formierung im Wasserstoff fester machen.

Erhitzt man nun Wolframtrioxyd im strömenden Wasserstoff auf etwa 900—1000° C, so entsteht das sogenannte schwarze Oxyd. Der Verfasser läßt es dahingestellt, ob wirklich ein derartiges Oxyd vorliegt, oder ob es sich nur um ein Gemisch von Wolframmetall und braunem Oxyd handelt. Die Analyse ergibt zumeist einen Gehalt von 98—99% an Wolfram.

Erhitzt man höher, auf etwa 1100° C, so entsteht schließlich das einheitliche schwarze Wolframmetallpulver.

Was nun die Darstellung des äußerst feinen und reinen Wolframmetallpulvers selbst anbelangt, so wird dieses heute fast ausschließlich durch Reduktion der heißen lockeren Wolframsäure im reinen Wasserstoffstrom gewonnen, wie am Schluß dieses Kapitels beschrieben werden soll, während in den Anfangsjahren der Wolframmetallfadenlampenindustrie auch sehr viel nach dem modifizierten Délépineschen [1]) Verfahren gearbeitet wurde.

Délépine stellte sich reines Wolframmetall, das er zur Bestimmung der Verbrennungswärme des Metalles brauchte, durch Reduktion reiner trockener Wolframsäure mit der theoretischen Menge reinen Zinkstaubes her. Die Reduktionsgleichung ist folgende:

$$WO_3 + 3\,Zn = W + 3\,ZnO.$$

Wolframsäure wird mit einem ganz geringen Überschuß der theoretischen Menge frischen und oxydfreien Küpenzinks feinst vermischt und das Gemisch in einem feuerfesten und luftdicht verschließbaren Gefäß erhitzt, bis die Reaktion vollständig durchgeführt worden ist. Nach dem Erkalten des Gefäßes wird das entstandene Produkt, bestehend aus Wolframmetall und Zinkoxyd, zur Entfernung des letzteren so lange mit konzentrierter Salzsäure gewaschen, bis das Filtrat kein Zink mehr aufweist. Nach dem vorsichtigen Trocknen erhält man das reine, nur wenig oxydhaltige schwarze Wolframmetallpulver.

----

[1]) Compt. rend. 131, 184 und Chem. Zentralbl. 1900, 2, 527.

Eine Modifikation des Délépineschen Verfahrens stellt die Herstellungsmethode des Zirkonglühlampenwerkes Dr. Holle-freund & Co.[1]) in Berlin dar, wobei während der Reduktion der Wolframsäure vermittels Zinkstaubes außerdem fortwährend Wasserstoff über das Reduktionsgefäß geleitet und so eine geringe Menge eines Wolframwasserstoffkörpers hergestellt wird. Das Verfahren wird folgendermaßen ausgeführt: Feinste Wolframsäure, die möglichst arsenfrei sein muß, wird eine Stunde lang in einer Nickelschale stark erhitzt, um sie vollkommen zu ent-wässern und von der Herstellung noch anhaftende Mengen von freier Salpetersäure und salpetersaurem Ammoniak zu befreien. Die Reduktion selbst wird mit Zinkstaub ausgeführt, der, um äußerst reaktionsfähig zu sein, frisch bereitet und oxydfrei sein muß. Zur Entfernung grober Stücke aus dem Zink wird dieses am besten vor Verwendung gesiebt.

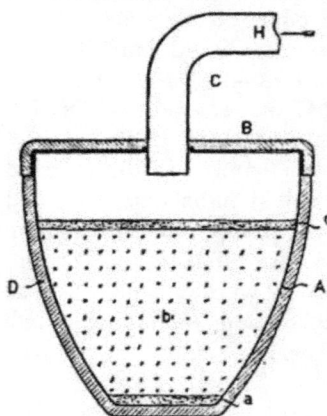

Fig. 36.

Man vermischt nun innig 250 g WO_3 mit 280 g Zinkstaub, also mit einem beträchtlichen Überschuß von Zink, und bringt dieses feine Gemisch in einen Eisentiegel A, wie in Fig. 36 angegeben ist. Auf den Boden des Tiegels bringt man eine dünne Schicht reinen Zinkstaubes a, darauf das Gemisch b und bedeckt das Ganze wiederum mit reinem Zinkstaub c als Schutzhülle, um nachträgliche Oxydationen nach vollendeter Reaktion möglichst zu verhindern. Der Tiegel A wird nun mit einem gutschließenden, mit Loch versehenen Deckel B verschlossen und das Ganze zur Konzentration der von außen zugeführten und selbst entstehenden Reaktionswärme mit einer Asbestschicht C bekleidet. Dieser Tiegel wird nun in einen geeigneten Gebläseofen D (Fig. 37) eingesetzt und hierauf, nachdem einige Zeit die Luft aus dem Tiegel vermittels reinen und trockenen Wasserstoffes verdrängt worden ist, zur Einleitung der Reaktion stark erhitzt. Hat man keinen elektrolytischen

---

[1]) D. R. P. Nr. 221899 vom 21. Januar 1906.

Wasserstoff zur Verfügung, so wird dieser erst in folgender Weise gereinigt und getrocknet:

A ist eine leere Flasche, um ein Zurücksteigen der Waschflüssigkeit in das Ventil der Wasserstoffbombe zu vermeiden, *B* und *C* sind konzentrierte Lösungen von Kaliumpermanganat in Wasser zur Beseitigung eventuell vorhandenen Arsenwasserstoffes, *D* konzentrierte Schwefelsäure und *E* gekörntes Chlorkalzium zur Trocknung.

Nach kurzer Zeit beginnt die Reaktion, die erkenntlich wird an dem lebhaften Auftreten der grünlichblauen Zinkflamme

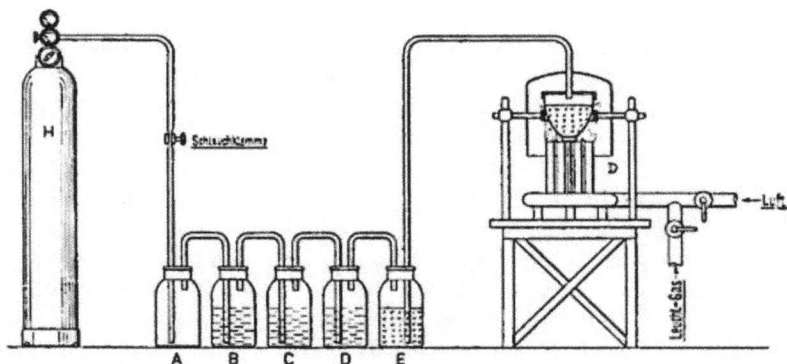
Fig. 37.

und der starken weißen Zinkoxyddämpfe. Das Erhitzen des Tiegels wird jetzt noch 15—20 Minuten fortgesetzt, wobei nun auch das auf dem Boden des Tiegels befindliche Zinkmetall zur Verdampfung gelangt und, als heiße Metalldämpfe durch das reduzierte Metall streichend, nochmals Veranlassung zu kräftiger endgültiger Reduktion gibt. Hierauf läßt man unter fortwährendem Wasserstoffstrom völlig erkalten, der schwärzliche Inhalt des Tiegels wird in eine Porzellanschale gebracht und nun mit konzentrierter, chemisch reiner Salzsäure von 1,12 spezifischem Gewicht gekocht. Das gebildete Zinkoxyd und noch freies überschüssiges Zink gehen hierbei in Lösung. Man läßt das schwere Metallpulver absitzen, dekantiert und kocht wieder mit frischer Säure. Nach etwa acht- bis zehnmaligem Kochen ist alles Zink in Lösung gegangen, und es kommt nun der Metallschlamm auf die Nutsche zum Waschen und Trocknen. Gewaschen wird zuerst

mit destilliertem Wasser, bis das Filtrat säurefrei und frei von
Zinkchlorid ist. Nachweis durch Fällung des Zinkchlorides als
Zinksulfid vermittels Schwefelammon $(NH_4)_2S$. Hierauf wäscht
man zur Entfernung des Wassers zuerst mit Alkohol und
schließlich mit Äther. Der entstandene Wolframmetallkuchen
wird nun von der Nutsche genommen, mit einem Porzellanspatel
fein zerdrückt und endlich auf dem Wasserbad oder besser im
Vakuumapparat vollkommen getrocknet. Das entstandene Metall
besitzt eine tiefschwarze Farbe, ist außerordentlich feinpulverig
und, sofern die Temperatur beim Erhitzen im Gebläseofen nicht
zu hoch war, auch leicht und sammetweich.

Es ist nicht möglich auf diese Weise ein absolut 100 % iges
Metall herzustellen. sondern die besten Resultate, die der Verfasser erhielt, stellten ein Metall mit ca. 25,5 % Zunahme bei der
Verbrennung des Metalles im Sauerstoffstrom dar. Dies bedeutet
demnach ein Wolframmetall, bestehend aus 97,33 % reinem Metall
und 2,67 % Wolframoxyden. Es sei hier gleich bemerkt, daß es
zur Herstellung reiner Wolframfäden bei Verwendung organischer
Bindemittel aber unbedingt notwendig ist, daß das verwendete
Metall einen gewissen Prozentsatz an Oxyden enthält, wie es später
bei der Herstellung der Fäden genauer beschrieben werden soll.

Daß in der Tat bei dieser Methode geringe Mengen eines
Wolframwasserstoffkörpers entstehen, ergibt auch die Analyse.
Es wurde gefunden, daß der Gehalt an Wasserstoff um so ge-
ringer ist, je heißer der Tiegel bei der Reduktion geworden
war. Im Mittel ergab sich ein Gehalt an Wasserstoff von 0,08 %.
Wahrscheinlich wird der von dem im statu nascendi befindlichen
Wolframmetall absorbierte Wasserstoff bei höherer Temperatur
wieder abgespalten. Der Wasserstoff ist ziemlich fest angelagert
und läßt sich nicht durch anhaltendes Erwärmen auf 120 ° C
wieder abtreiben. So betrug z. B. der Gehalt eines Metalles an
Wasserstoff mit 0,09 % H nach dem Erhitzen auf 120 ° C im
Vakuum während zweier Stunden immer noch 0,08 %. Immerhin möchte es der Verfasser dahingestellt sein lassen, ob in der
Tat eine feste chemische Verbindung vorliegt oder nur eine besonders stabile Okkludierung des Gases.

An Stelle des Zinkes als Reduktionsmetall verwenden Gold -
schmidt und Vantin [1]) pulver- oder griesförmiges Aluminium,

---

[1]) Z. Elektroch. 4, 494 und J. Soc. Ch. Ind. 17, 649.

welches mit der berechneten Menge von Wolframsäure innig vermischt und das Ganze unter Luftabschluß zur Reaktion gebracht wird. Das entstandene kohlenstofffreie Metall enthält aber bis 2,6 % Aluminium und ist aus diesem Grunde nicht ohne weiteres für die Glühfädenfabrikation zu verwenden.

Bringt man auf die beendete Schmelze überschüssige Aluminiumblättchen und verbrennt dieselben im Sauerstoffgebläse, so erhält man das Wolfram als Regulus. Ebenso resultiert ein Regulus von Wolframmetall, wenn man nach dem Vorschlag von Borchers[1] das Wolframsäure-Aluminiumgemisch mit einem Drittel des Volumens flüssiger Luft in einem Schamottetiegel zur Entzündung bringt, wobei es notwendig ist, nie mehr als 50 g des Gemisches auf einmal zu verwenden. Aber auch dieser Regulus ist aluminiumhaltig, wenn auch der Prozentsatz an Aluminium von etwa 0,5 % geringer ist als in dem Goldschmidtschen Metall.

Diese Versuche von Borchers, Weiß, Martin und Stavenhagen (vgl. Mennicke, Die Metallurgie des Wolframs, 1911, S. 194—195) konnten die Aufgabe, homogenes Wolfram in beliebig großen Stücken herzustellen, auch nicht durch Anwendung der Aluminothermie lösen.

Die durch die angeführten Methoden erhaltenen Wolframkörper waren entweder zu klein oder zu porös und außerdem niemals ganz rein.

Nach der deutschen Patentanmeldung von Otto Voigtländer[2] in Essen-Ruhr gelingt es nun, vollkommen reine Schmelzstücke von Wolfram zu erhalten, wenn das Rohr oder der Behälter, welcher das Wolframsäure-Aluminiumgemisch aufnimmt, in einen möglichst hoch erhitzten Ofen beliebiger Konstruktion gebracht wird. Die Reduktion des Metalles erfolgt hierbei nicht allein durch die Verbrennungswärme des Gemisches, sondern in Verbindung mit der von außen durch den Ofen zugeführten Wärme. Das so erzeugte Wolframmetall soll frei von Oxyd und Aluminium sein, sofern durch Einleiten von Wasserstoff oder anderen indifferenten Gasen dafür Sorge getragen wird, daß keine nachträgliche Oxydation eintreten kann.

---

[1] Stavenhagen, Ber. 32, 1513.
[2] V. 10743, Kl. 40a, ausgel. 20. März 1913.

Auch die Herstellungsmethode der Regina - Bogenlampen-
fabrik, G. m. b. H. [1]) in Köln - Sülz von Wolframpyridin beruht zum Teil auf dem Délépineschen Verfahren. Nach dem
Kochen des Reaktionsgemisches mit Salzsäure zur Entfernung
der Oxyde des Reduktionsmetalles (Zink) wird das äußerst feine
schwarze Metallpulver durch Waschen mit Wasser von aller Säure
befreit und nun der Einwirkung der Körper der Pyridin- oder
Chinolingruppe ausgesetzt. Man verfährt hierbei am besten so,
daß man z. B. Pyridin (C_5H_5N) mit einer gewissen Menge Alkohol
mischt und dieses Gemisch dann langsam durch den Wolfram-
metallschlamm sickern läßt. So kann z. B. 200 g Wolframmetall
verwendet werden, welches nun mit einer Lösung von 30 g
Pyridin in 110 g Alkohol in der oben beschriebenen Weise behandelt wird. Soll Chinolin in Anwendung kommen, so bedient
man sich am besten einer Lösung von 35 g Chinolin in 110 g
absolutem Alkohol; doch können auch andere Lösungsmittel, wie
Wasser usw., verwendet werden.

Bei dieser Behandlungsweise nimmt nun das äußerst feine
Wolframmetallpulver bis zu einem gewissen Grade Pyridin oder
Chinolin auf, welches sich so fest anlagert, daß es nicht mehr mit
Waschungen von reinem Alkohol entfernt werden kann. Infolge
dieser Absorption wird außerdem eine starke Temperatursteigerung
bemerkt, die ein Anzeichen dafür ist, daß eine chemische Reaktion
stattgefunden hat. Es hat sich gezeigt, daß die Aufnahme von
Pyridin usw. um so geringer wird, je höher die Temperatur ist,
und es empfiehlt sich deshalb, das Gefäß, in welchem die Reaktion
vor sich geht, stark zu kühlen.

Der erhaltene Körper stellt ein Wolframmetall dar, welches
6—10 % Pyridin oder Chinolin fest angelagert enthält. Die
Absorptionsfähigkeit des Metallpulvers richtet sich nach dem
Grade der Feinheit, ferner danach, ob das Metall frisch reduziert
war oder schon längere Zeit mit der atmosphärischen Luft in
Berührung war. Der entstandene organische Wolframkörper läßt
sich auf etwa 200 ° C im Vakuum erhitzen, ohne daß er sich
zersetzt. Erhitzt man jedoch weiter im Vakuum auf etwa 300 ° C
und mehr, so scheidet sich das gesamte Pyridin usw. ab und
läßt sich qualitativ und quantitativ nachweisen. Erhitzt man

---

[1]) D. R. P. Nr. 228286 vom 16. Juli 1908.

diesen Körper im Sauerstoffstrom, so erhält man neben Wolfram-trioxyd Wasser, Kohlensäure und Stickstoffoxyde. Aus diesem ganzen Verhalten ist anzunehmen, daß man es in der Tat mit einer eigenartigen chemischen Verbindung zwischen Wolfram und den besagten Pyridin- oder Chinolinverbindungen zu tun hat.

Der schwarze feinpulverige Pyridinwolframkörper besitzt nun gegenüber reinem Wolframmetall bei der Herstellung von Glühfäden besondere Vorteile. Durch die größere Bindefähigkeit innerhalb der Paste wird die Gleitfähigkeit beim Pressen der Fäden stark erhöht. Weiter wird weniger Bindemittel zur Er-zielung einer brauchbaren Paste benötigt als bei gewöhnlichem Wolframmetall, und es lassen sich leicht erheblich dünnere Fäden herstellen, die ein glatteres Aussehen und eine größere Festigkeit gegenüber anderen Wolframfäden aufweisen. Da weniger Bindemittel gebraucht wird, so ist der Gehalt an Kohlenstoff im gespritzten Faden geringer als bei anderen Fäden, die mit Hilfe von organischen Pasten hergestellt werden. Der Kohlenstoff kann demnach beim Formierungsprozeß, unterstützt durch die Einwirkung der Pyridin- und Chinolinkörper, leichter und vollständiger entfernt werden.

Ein bemerkenswertes Verfahren, um ein äußerst reines und lockeres Wolframmetall zu erzeugen, ist der Wolframlampen - Akt. - Ges. [1]) in Augsburg geschützt worden. Diese Gesellschaft glaubt, daß die Reinigungsmethoden bei der Darstellung von Wolframmetall, z. B. durch Kohle, Zink oder Aluminium, einen schädlichen Einfluß auf das Metall haben. Um dies nun mög-lichst zu vermeiden, wird reine und, was besonders wichtig ist, außerordentlich trockene Wolframsäure mit Phosphor von großer Feinheit innig vermischt und das Gemisch in einer indifferenten Gasatmosphäre oder im Vakuum erhitzt. Das indifferente Gas, z. B. Wasserstoff, soll hierbei keine reduzierende Wirkung aus-üben, sondern lediglich eine nachträgliche Oxydation des ent-standenen empfindlichen Metalles verhüten.

Die Reinigung des erzeugten Produktes geschieht in ein-facher Weise durch kurzes Abschlämmen mit Wasser, um die Hauptmenge des noch vorhandenen Phosphors in Gestalt von Phosphorsäure zu entfernen. Die Reinheit und Homogenität der

---

[1]) D. R. P. Nr. 239877 vom 12. Juni 1910.

Struktur dieses Metalles soll anderen Wolframmetallen weit überlegen sein.

Bekanntlich kann man durch Erhitzen von Ammoniumwolframaten unter Luftabschluß, eventuell unter Zuleitung von reduzierenden Gasen, wie Ammoniak, Wasserstoff u. dgl., metallisches Wolfram erhalten. Dieses bildet aber ein graues, mehr oder minder kristallinisches Pulver, welches sehr wenig zur glatten Fabrikation von Glühfäden geeignet ist. Das Spritzverfahren mit diesem Metall ist ein ziemlich unbequemes, und das Herausbrennen des Kohlenstoffes des Bindemittels bereitet Schwierigkeiten.

Um diese Übelstände zum größten Teil zu vermeiden, stellt Johannes Schilling[1]) in Berlin-Grunewald aus Ammonwolframaten in folgender Weise ein plastisches, äußerst feines und sammetweiches Metall dar. Der Erfinder geht von Ammoniummeta- oder -parawolframaten aus. Das Salz wird im Schiffchen oder direkt in einem geeigneten Rohr unter Luftabschluß zunächst sehr vorsichtig, um etwaiges Kristallwasser oder absorbierte Feuchtigkeit zu vertreiben, erhitzt, eventuell unter Überleiten eines trockenen Stromes sauerstofffreier Gase. Sodann erhitzt man weiter, und zwar bis auf ganz dunkle Rotglut. Bei dieser Temperatur kann vorteilhafterweise ein Gemisch von Wasserstoff und Stickstoff oder getrocknetes Ammoniakgas durch das Reduktionsrohr geleitet werden. Nach einiger Zeit ist die Zersetzung beendet, und es resultiert das weiche, tiefschwarze Metall. Offenbar beruht das Gelingen darauf, daß die Reduktion möglichst vorsichtig und langsam bei niedriger Temperatur vorgenommen wird.

Bei einiger Vorsicht kann man auch mit dem unverdünnten Wasserstoffgas arbeiten; doch ist hier infolge der lebhaften Reaktion eine sehr vorsichtige Temperatursteigerung erforderlich, da sich sonst leicht die oben erwähnte kristallinische und grobkörnige Modifikation des Wolframs bildet, die bereits Berzelius als Produkt der Einwirkung von Wasserstoff bei hoher Temperatur auf Wolframoxyde beschrieben hat.

An Stelle der Ammonsalze können auch die Salze flüchtiger organischer Basen in Anwendung kommen, die ebenfalls ein sehr

---

[1]) D. R. P. Nr. 249314 vom 29. März 1908.

weiches, gut spritzbares Material ergeben, allerdings vermischt mit geringen Mengen abgeschiedenen Kohlenstoffes.

Ein anderes Verfahren, um reines Wolfram oder andere schwer schmelzbare Metalle zu erhalten, stammt von der Electric Furnaces and Smelters Ltd.[1]) in London. Die Erfindung beruht auf der Reduktion der Metallverbindungen mit Hilfe eines Gemisches von Karbid und Ferrosilizium. Hierbei wird weniger Karbid genommen, als zur völligen Reduktion erforderlich ist, und der Fehlbetrag wird durch Ferrosilizium ergänzt. Als Karbid wählt man zweckmäßig Kalziumkarbid, da dieses ein viel niedrigeres Molekulargewicht im Vergleich zum Atomgewicht der Metalle, wie Wolfram und Uran, besitzt.

Das Silizid kann nach dieser Methode $2-5\,^0/_0$ des Reduktionsgemisches ausmachen. Bei der Gewinnung von Wolfram aus Wolframsäure mittels dieser Reduktionsmischung kann man vorteilhaft durch äußere Beheizung die Reaktion fördern.

Die Reaktion spielt sich, soweit das Kalziumkarbid in Frage kommt, nach folgender Gleichung ab:

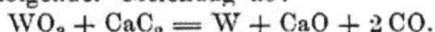

$$WO_3 + CaC_2 = W + CaO + 2\,CO.$$

Bei Anwendung überschüssiger Wolframsäure kann demnach kein freier Kohlenstoff auftreten. Die Wolframsäure ist dann leicht mechanisch vom Metall zu trennen.

Soll reines Uranmetall dargestellt werden, so wird z. B. Pechblende $UO_2\,2\,UO_3$ zuerst in das Natriumsalz übergeführt.

Zu diesem Zweck wird das fein gepulverte Mineral mit Kalk geglüht, das entstandene Kalksalz mit Schwefelsäure zersetzt und die in Lösung gebliebene Uransäure mittels Soda in das Natriumsalz übergeführt. Letzteres wird nun, wie oben beschrieben, mit Kalziumkarbid fein vermischt und geglüht, wobei nach der Gleichung:

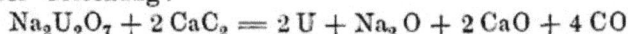

$$Na_2U_2O_7 + 2\,CaC_2 = 2\,U + Na_2O + 2\,CaO + 4\,CO$$

das reine Metall entsteht. Anstatt des Natriumuranates kann man auch das Uranoxyd direkt verwenden.

Die entstandenen Metalle sind infolge der notwendigen hohen Temperaturen mehr oder weniger körnig oder gesintert und aus diesem Grunde wohl weniger für die Glühfadenfabrikation geeignet.

---

[1]) D. R. P. Nr. 247993 vom 8. April 1911.

Bekanntlich kann Wolframsäure auch mit Kohle in der Weise reduziert werden, daß man in einem Reduktionsrohr Wolframsäure und Kohle in getrennten Schiffchen nebeneinander lagert und mit in der Kohle entwickeltem Kohlenoxydgas das Metalloxyd reduziert, wobei sich das Gas mit dem Sauerstoff des Oxydes zu Kohlensäure verbindet, die dann wieder zu Kohlenoxyd reduziert wird.

Nach diesem Verfahren ist es aber notwendig, zwecks Einleitung der Reduktion der Wolframsäure eine gewisse Menge des Reduktionsmittels (Kohle, beizumengen. Die Erfindung von Charles Morris Johnson[1]) in Avalon (U.S.A.) beruht nun darauf, derartige Beimengungen von Reduktionsmitteln überflüssig zu machen.

Bei der Durchführung des Verfahrens empfiehlt es sich, das Metalloxyd in dünner Schicht in einer röhrenförmigen Retorte derart zu lagern, daß ein gutes Durchdringen des Oxydes durch das Kohlenoxydgas ermöglicht wird. Der Erfindung gemäß werden Wolframtrioxyd und Kohle in abwechselnder Reihenfolge gelagert. Zur Vermeidung einer Vermengung beider Körper wird einer von ihnen oder beide in besonderen Muffeln eingelegt. Um den Verlauf des Verfahrens beobachten zu können, bedient man sich einer Methode, die im Prinzip bereits bekannt ist. Diese Methode besteht darin, daß man aus der Flamme der entzündeten, aus der Retorte ausströmenden Gase auf den Fortgang des Prozesses schließt. Um diesen Gedanken für den vorliegenden Fall nutzbar zu machen, erhält die Retorte einen kleinen Gasauslaß, an dem das ausströmende Gas entzündet wird. Solange nun noch die Flamme brennt, ist die Reduktion noch nicht beendet, da weiter Kohlenoxydgas entwickelt wird. Wenn jedoch das Metall vollkommen reduziert ist und damit die Zufuhr von Sauerstoff aufhört, erlischt die Flamme.

Die Verwendung der röhrenförmigen Retorte ermöglicht ein schnelles Füllen und ist am besten so konstruiert, daß sie nach beendigter Reduktion aus dem Ofen genommen werden kann, um eine schnelle Abkühlung zu bewirken. Eine frisch gefüllte neue Retorte kann dann in den Ofen gebracht und so ein nahezu ununterbrochener Betrieb aufrechterhalten werden.

---

[1]) D. R. P. Nr. 246182 vom 22. März 1910.

Eine weitere geschickte Anordnung besteht darin, daß man das Kohlenoxydgas nicht sofort aus der Retorte ausströmen läßt und zur Entzündung bringt, sondern einer zweiten Retorte zuführt, die nur mit dem Metalloxyd beschickt zu sein braucht, eventuell nur geringe Mengen Kohlenstoff enthält. Man erzielt bei dieser Anordnung insofern eine Ersparnis, als die in dem

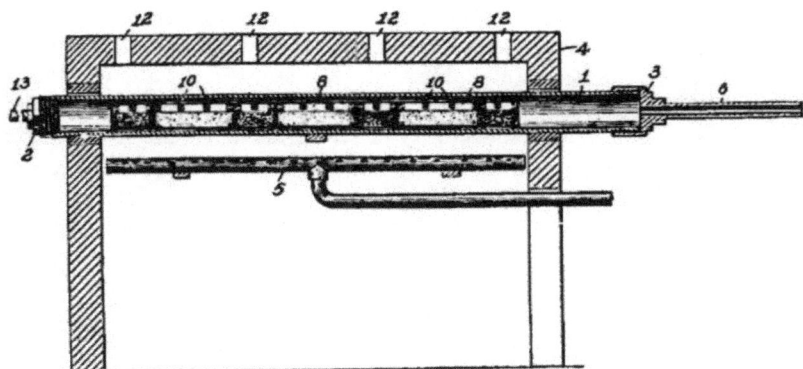

Fig. 38a.

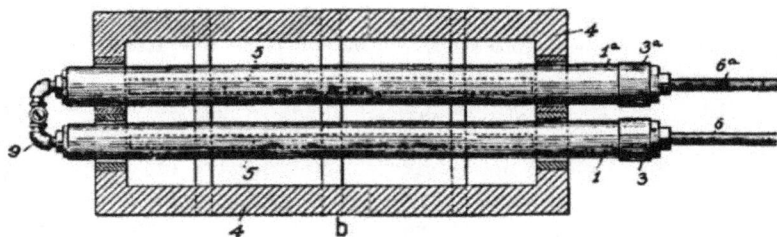

Fig. 38b.

Kohlenoxyd enthaltene Wärme nutzbar gemacht wird. Ein erheblicher Vorteil liegt aber auch darin, daß die zweite Retorte keinen oder nur wenig Kohlenstoff zu enthalten braucht, daß also fast der ganze Raum für das zu reduzierende Oxyd ausgenutzt werden kann.

In der Zeichnung Fig. 38 ist ein entsprechender Ofen in *a* als Längsschnitt und in *b* als wagerechter Längsschnitt dargestellt. Die Retorte *1* besteht aus einem Eisenrohr, dessen

größter Teil sich innerhalb des Ofens befindet. Sie ragt über
die Ofenwandungen hinaus und ist an ihrem vorragenden Ende
mit einem Gasrohr b versehen, das mit der Außenluft in Verbindung steht. Der Ofen wird dadurch beschickt, daß man
nacheinander oben offene Muffeln S in die Retorte bringt, in
denen sich abwechselnd Metalloxyd und Kohle befinden. Nach
dem Füllen der Retorte werden die Muffeln auf annähernd
1000° C erhitzt und dauernd auf dieser Temperatur gehalten.
Der in den Muffeln enthaltene Sauerstoff verbindet sich mit der
Kohle, am besten Holzkohle, zu Kohlenoxyd, welches nun die
ganze Retorte ausfüllt. Das entstandene Kohlenoxyd verbindet
sich nun mit dem Sauerstoff der Wolframsäure zu Kohlensäure,
die dann wieder Kohlenstoff aufnimmt unter Bildung von
Kohlenoxyd. In dieser Weise setzt sich das Verfahren ununterbrochen fort, bis aller Sauerstoff der Wolframsäure entfernt
worden ist.

Während des Verfahrens entweicht Gas durch das Rohr b
und kann dort entzündet werden. Es besteht aus Kohlenoxyd,
welches in der Retorte im Überschuß entwickelt wird.

Dieser Überschuß wird nun zur weiteren Ausnützung, wie
in b gezeichnet ist, also zur Reduktion von frischem Oxyd benutzt. Zu diesem Zweck wird das Gasrohr b abgeschlossen
und das Kohlenoxyd durch Ventil 9 nach der zweiten Retorte
geleitet. Zur Beobachtung des Fortschrittes der Reaktion wird
das Gas dann bei $6a$ entzündet.

Ein anderes Verfahren, bei welchem auch zum Teil Kohlenstoff als Reduktionsmittel benutzt wird zur Erzeugung feinen
und dichten Wolframmetallpulvers, speziell für die Herstellung
von Metallfaden, stammt von Wilhelm Majert[1]) in Berlin.

Der Erfinder geht vom wasserfreien, pulverisierten Natrium-
parawolframat ($Na_2W_2O_7$) aus und mischt es mit Lampenruß im
Verhältnis von 500 Gewichtsteilen Wolframsalz zu 35 Teilen
Ruß. Dieses innige Gemisch wird nun in einer langsam
rotierenden Eisenretorte in strömenden reduzierenden Gasen, wie
z. B. Wasserstoff-Wassergas- oder Alkoholdämpfen erhitzt, bis
Kohlensäure zu entweichen beginnt. Nach vollständig beendeter
Reduktion läßt man das erhaltene Produkt im Gasstrom erkalten,

---

[1]) U. S. Patent Nr. 946551 vom 18. Januar 1910 und Mennicke S. 199.

wäscht das im erhaltenen Metallpulver durch Umsetzung entstandene Natriumwolframat (NaWO$_4$) mit alkalischem, dann mit salz- oder schwefelsaurem und schließlich mit reinem Wasser aus. Das Wasser wird endlich mit Alkohol, Benzol oder Leichtbenzin verdrängt und das restierende feine Metallpulver der leichten Oxydierbarkeit wegen vor Luft oder Feuchtigkeit gut geschützt.

Die in Form von feinstem und reinstem Ruß zugegebene Menge Kohlenstoff führt die fast völlige Reduktion herbei, während die reduzierenden Gase diese beenden und schädliche Karbidbildung bzw. Wiederoxydation des feinen Pulvers verhindern sollen.

Reines und feines Wolframmetall stellt auch die Wolfram-lampen-Akt.-Ges. [1]) in Augsburg auf elektrolytischem Wege dar, und zwar direkt aus den Salzen des Wolframs. Es hat sich gezeigt, daß z. B. das Wolframhexachlorid (WCl$_6$) ohne Zersetzung oder Oxydation in verschiedenen stromleitenden organischen Flüssigkeiten, beispielsweise Azeton, unter Auftreten schöner Färbungen löslich ist, und daß es gelingt, in diesen Lösungen einen dauerhaften Metallüberzug von Wolfram auf der Kathode zu erhalten. Hierbei ist durch geeignete Anordnung der Elektroden unter Anwendung entsprechender Ströme und Einhaltung nicht zu hoher Temperaturen dafür Sorge zu tragen, daß das Kathodenmaterial vor dem an der Anode entwickelten Chlor geschützt wird. Sollte es von Vorteil erscheinen, ein anderes organisches Lösungsmittel, das an und für sich nicht oder schlecht stromleitend ist, zu verwenden, z. B. hochprozentigen Alkohol, so kann derselbe durch Aufnahme anorganischer, die Stromleitung in jedem gewünschten Maße bewirkender trockener Gase, z. B. Ammoniak oder Salzsäuregas, besser leitend gemacht werden, damit die Elektrolyse bei geringerem Potential vor sich geht.

Eingehende Versuche haben nun ergeben, daß eine elektrolytische Abscheidung von Wolframmetall aus alkalischen oder neutralen anorganischen Lösungen der Wolframsalze nicht durchführbar ist. Versucht man, die wässerigen Lösungen, z. B. der Wolframate, anzusäuern, so tritt Zersetzung und Abscheidung

---

[1]) D. R. P. Nr. 237014 vom 12. Juni 1910.

von Wolframsäure ein. L e i s e r[1]) erhielt bei Elektrolyse von Wolframsäure nur einen schwachen Anflug auf der Kathode.

Ganz anders jedoch verhält sich die Perwolframsäure (H_3WO_6), die auch von der oben angeführten Firma[2]) zur Darstellung elektrolytischen Wolframs verwendet wird. Diese Perwolframsäure entsteht nach F a i r l a y bei der Einwirkung von Wasserstoffsuperoxyd auf Wolframtrioxyd oder Wolframsäurehydrat und verträgt ohne momentane Zersetzung starke organische und anorganische Säurezusätze. Aus diesen stark sauren Lösungen läßt sich elektrolytisch reines Metall abscheiden, z. B. bei Anwendung folgender Bedingungen:

Die auf kaltem Wege erhaltene saure Lösung der Perwolframsäure wird unter Aufrechterhaltung einer Temperatur von 20 bis 25 ° C durch einen möglichst gleichmäßigen Batteriestrom von 4—6 Ampere bei einer Spannung von 10—20 Volt elektrolysiert. Dabei besteht die Anode bei Anwendung salzsaurer Lösungen aus Kohle oder Grafit, die Kathode aus Platin, Nickel, Kupfer, Kohle oder ähnlichen Leitern. Bei Anwendung höherer Stromstärken oder Temperaturen tritt ein zu rascher Verbrauch der Lösungen ein. Die Dauer der Einwirkung richtet sich selbstverständlich nach der Menge des gewünschten Metalles.

Die Herstellung des k o l l o i d a l e n W o l f r a m m e t a l l e s wird in einem späteren Kapitel beschrieben, und soll nur noch kurz erwähnt werden, daß sich auch Wolframmetall aus Wolframtrioxyd vermittelst Natrium- oder Kaliummetalls reduzieren läßt. Auch das Erhitzen der Wolframchloride mit diesen Metallen ergibt metallisches Wolfram.

Auch das Kalziummetall soll sich vorzüglich zur Reduktion von feiner Wolframsäure eignen. So stellen z. B. H. K ú z e l in Baden bei Wien und E. W e d e k i n d[3]) in Straßburg feinstes Metall dar, indem sie Wolframsäure im Vakuum bei höherer Temperatur mit Kalziumdämpfen behandeln. Nachträglich muß noch das metallische Produkt mit Wasser und Säuren gewaschen, hierauf unter Luftabschluß getrocknet und geglüht werden. Das so gewonnene Metall soll sich mit ganz besonderem Vorteil zur

---

[1]) Zeitschr. f. Elektrochem. 1907, S. 690.
[2]) D. R. P. Nr. 231657 vom 15. Juni 1910.
[3]) D. R -Patentanmeldung Kl. 40, K. 42377 vom 9. Oktober 1909.

Darstellung von Pasten, Glühfäden und Kolloidverbindungen verwenden lassen.

Das reinste und brauchbarste Wolframmetall für die Glühfädenfabrikation wird jedoch hergestellt durch geeignete Reduktion feinster Wolframsäure vermittelst Wasserstoffgases bei höherer Temperatur. Schon Berzelius stellte Wolframmetall dar durch Erhitzen von Wolframsäure in einer Platinröhre, durch die trockener Wasserstoff geleitet wurde. Die beste Temperatur zur Erzielung hochprozentigen gleichmäßigen und doch tiefschwarzen und weichen Materials liegt zwischen 1100 und 1150° C. Wählt man eine niedrigere Temperatur, so erhält man ein stark oxydisches Produkt, dessen Sauerstoffgehalt sehr variieren kann. Steigert man umgekehrt die Reduktionstemperatur, so geht das leichte schwarze Wolframmetall in die graue und körnige Modifikation über, die bei der Verarbeitung zu Glühfäden Schwierigkeiten bereitet.

Die Feinheit und Struktur des Wolframmetalles hängt ferner von der Reinheit des verwendeten Reduktionsgases und von der Gasgeschwindigkeit ab. Außerdem ist es von größter Wichtigkeit für die Erzielung eines vollkommen reduzierten und gleichmäßigen Materials, die Wolframsäure in möglichst dünner Schicht im Reduktionsofen unterzubringen, damit der glühende Wasserstoff Gelegenheit findet, bis auf den Boden durchgreifend einwirken zu können. Eventuell kann dieser Zweck auch erreicht werden, wenn für ein entsprechendes Umlagern oder Rühren der Wolframsäure während der Reduktion Sorge getragen wird. Die Wolframsäure selbst kommt in feinster Staubform und absolut trocken zur Anwendung. Es empfiehlt sich ein vorheriges Sieben mit Müllergaze.

Als Reduktionsgas kommt am besten reiner, trockener elektrolytischer Wasserstoff in Anwendung. Die Trocknung erfolgt vorteilhafterweise zuerst mit konzentrierter Schwefelsäure und hierauf durch Überstreichenlassen über Phosphorpentoxyd (P_2O_5) in dem in Fig. 39 angegebenen Glasgefäß.

A ist das Glasgefäß, welches luftdicht durch den Stopfen B mit Schliff verschlossen werden kann. C ist ein Kupferschiffchen, welches mit dem trockenen Phosphorpentoxyd angefüllt ist. Will man in ganz besonders vorsichtiger Weise trocknen, so können mehrere dieser Gefäße hintereinander geschaltet werden oder

ein größeres derartiges Gefäß in Anwendung kommen, welches
mehrere der Phosphorschiffchen faßt. Weiter wird sehr oft ein
Gemisch von Wasserstoff- und Ammoniakgas zur Reduktion ver-

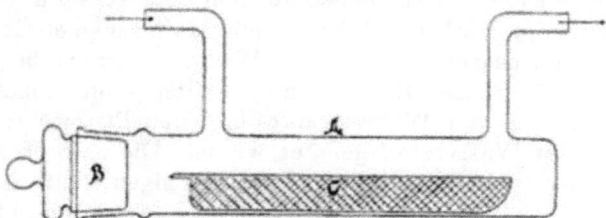

Fig. 39.

wendet, da dieses Gemisch ein besonders leichtes und tiefschwarzes Metall ergibt.

Als Reduzieröfen werden im allgemeinen folgende drei Arten,
die in den Abbildungen Fig. 40, 41 und 42 dargestellt sind,

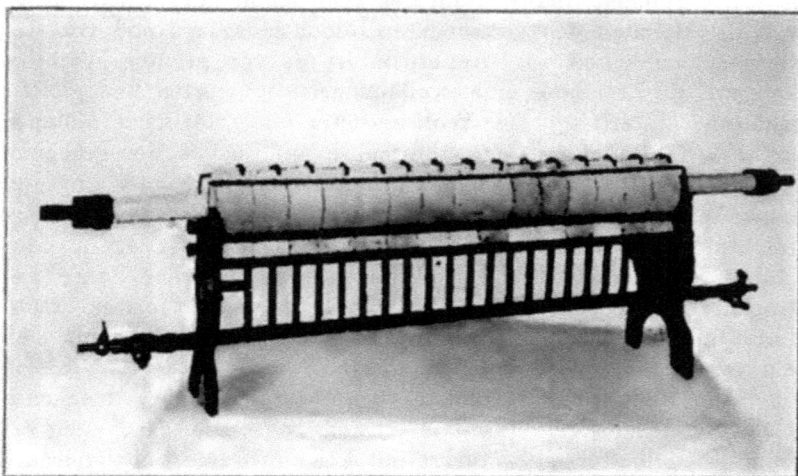

Fig. 40.

benutzt. Als Glühröhren kommen in Betracht solche aus Quarz
oder aus Eisen, am besten aus gezogenem Mannesmannrohr.
Soll mit einem Gemisch von Wasserstoff und Ammoniak reduziert werden, so sind infolge der bald eintretenden chemischen

Zerstörung des sauren Quarzrohres durch die Base Ammoniak nur Eisenröhren verwendbar.

Der Ofen, in Fig. 40 dargestellt, wird ebenso wie der Ofen in Fig. 41 mit einer Gebläsebrennerröhre geheizt, und zwar so, daß die Temperatur sehr allmählich gesteigert wird. Die heizbare Länge wird gewöhnlich zu 1—1,5 m gewählt, um eine größere Quantität Metall auf einmal reduzieren zu können. Um nach vollendeter Reduktion das Reduzierrohr schneller abkühlen

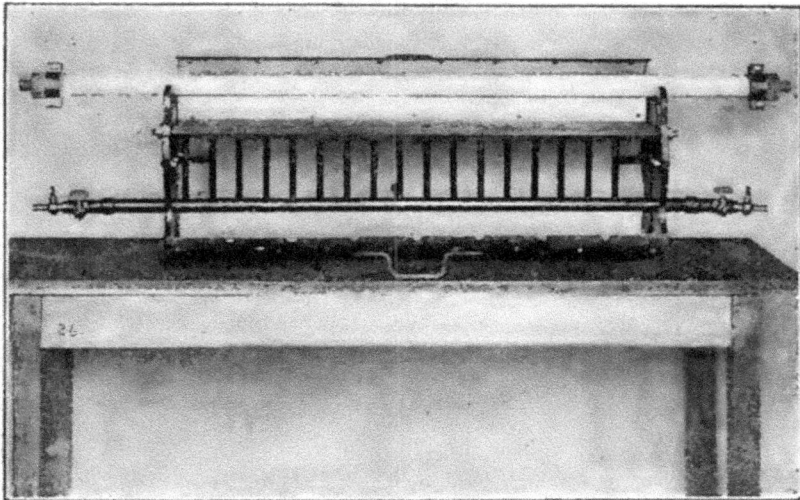

Fig. 41.

zu können, ist, wie Fig. 41 zeigt, dieser Ofen mit einer auf beiden Seiten umklappbaren Heizkappe ausgerüstet, die aus mit Asbest belegtem Eisenblech, am Ofen 40 jedoch aus Tonkacheln besteht. Wählt man die Reduzierröhren sehr lang, so daß z. B. eine Länge von etwa ½ m auf jeder Seite des Ofens außerhalb der Heizzone liegt, so kann auch das Schiffchen mit dem reduzierten Metall nach dieser kalten Zone geschoben werden, um eine rasche Abkühlung des Metalles zu ermöglichen. Während der ganzen Abkühlungszeit muß selbstverständlich der Wasserstoff ununterbrochen über das Metall streichen, und zwar muß das so lange fortgesetzt werden, bis das Metall die normale Lufttemperatur angenommen hat. Infolge seiner äußerst pyropho-

rischen Natur entzündet sich das Metall sonst sehr leicht an
der Luft.

In neuerer Zeit haben sich als sehr vorteilhaft und praktisch
die elektrischen Öfen erwiesen, wie einer in Fig. 42 und eine

Fig. 42.

Anlage von zwei Öfen in Fig. 43 dargestellt ist. Diese Öfen
besitzen den großen Vorzug, daß die Temperatur, die eventuell
noch durch ein angeordnetes Pyrometer kontrolliert werden
kann, sich in sehr gleichmäßiger Weise bis genau zum gewünschten Grade steigern läßt.

Diese Röhrenöfen, in bester Konstruktion von der Firma
W. C. Heräus in Hanau gebaut, bestehen aus dem Ofen B,
welcher als eigentlichen Heizkörper ein Rohr C aus der bekannten feuerfesten Marquardtschen Masse der Königlichen

Porzellanmanufaktur in Berlin trägt, um welches ein Band von sehr dünner Platinfolie in spiraligen Windungen gewickelt ist.

Fig. 43.

Ein derartiger Heizkörper ist in Fig. 44 gezeichnet, wobei a das Band aus Platinfolie mit den beiden Anschlüssen für den elektrischen Strom b und b_1 bedeutet.

Fig. 44.

Zur Regulierung der Temperatur dient der hierzu geeignete Vorschaltwiderstand A. Will man besonders genau in der Temperatursteigerung vorgehen, so empfiehlt es sich, zwei von diesen Vorschaltwiderständen hintereinander angeordnet zu benutzen.

In das Heizrohr B wird nun das eigentlich aus Quarz oder Mannesmannrohr bestehende Reduzierrohr von derartigem äußeren Durchmesser eingeführt, daß es sich bequem hin und her schieben läßt. Als gebräuchliche Größen für die Wolframfabrikation kommen zumeist Öfen in Betracht, deren Heizrohre eine Platinbewicklung von 100 cm besitzen. Bei einer derartigen heizbaren Länge läßt sich auf etwas über die Hälfte des Heizrohres (in Fig. 42 durch zwei Striche auf dem Ofen B angegeben) die Temperatur bis zu etwa 10° Differenz genau regulieren.

Diese Öfen können für alle Stromarten bei Spannungen von 65—250 Volt verwendet werden, wobei zu beachten ist, daß der maximale Stromverbrauch beim Anheizen etwa 35—40% größer ist als der mittlere. So beträgt z. B. der mittlere Stromverbrauch bei einer Höchsttemperatur von 1300° und einer Heizkörperlänge von 100 cm ca. 28 Ampere bei 220 Volt oder 56 Ampere bei 110 Volt. Empfehlenswert ist es auch, die Temperatur im Ofen anfangs nur allmählich zu steigern, um ein Springen des Heizkörpers zu vermeiden.

Wie schon vorhin angedeutet, ist es von größtem Vorteil, wenn das fertig reduzierte Metall möglichst schnell abgekühlt wird. Um dies zu erreichen, werden die Reduzierröhren, in Fig. 41 aus Mannesmannrohr bestehend, mit einer langen Windung eines dünnen Bleirohres umwickelt, durch die fortwährend kaltes Wasser läuft. Nach beendeter Reduktion wird nun das Reduktionsschiffchen durch Schieben in diese kalte Zone eingeführt.

Um die Reduktion der Wolframsäure zum Metall in einem ununterbrochenen Arbeitsgang vornehmen zu können, wird vielfach auch die in Fig. 45 schematisch dargestellte Anordnung eines Ofens benutzt. a ist das Reduktionsrohr aus Eisen, an welches ein zweites Rohr b aus Glas angekittet ist. Dieses letztere Rohr b dient dazu, um die Reduktionsstufe an der Farbe des Metalles erkennen zu können. Das Rohr a trägt eingeschweißt oder eingenietet ein Gaszuführungsrohr d derart, daß der Wasserstoff H nach beiden Seiten der Reduktionsröhre ausfließen kann. Außerdem wird weiter bei g Wasserstoff eingeleitet, der nach beendeter Reduktionstätigkeit bei f ausströmt.

c sind die aus Kupfer- oder Nickelblech bestehenden Glüh-
schiffchen, die zur Erleichterung des Durchstreichens des
Wasserstoffes an den Seitenwänden durchbohrt sein können.
e endlich sind die Gebläsebrenner zur Erzeugung der notwendigen
Temperatur.

Der Arbeitsgang ist nun folgender: Bei f werden die
mit WO_3 gefüllten Schiffchen eingeführt, die in bestimmten ausprobierten Zeiten in der Richtung nach g vorwärts geschoben
werden. Der Zufluß von Wasserstoff findet bei g statt. Ist

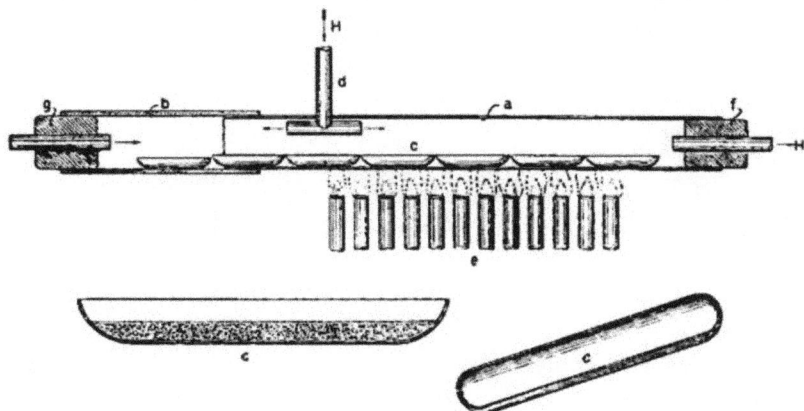

Fig. 45.

nun ein Schiffchen bei g fertig reduziert angelangt, so wird der
zweite Zufluß von Wasserstoff bei d in Tätigkeit gesetzt, der
Gummistopfen g entfernt und das dort befindliche Schiffchen
völlig erkaltet aus dem Ofen genommen. Hierauf wird das
Rohr b mit Stopfen g wieder verschlossen, Stopfen f entfernt
und dort ein neues Schiffchen mit Wolframsäure eingeführt,
wobei gleichzeitig das Vorwärtsschieben der anderen in der
Glut befindlichen Schiffchen um eine ganze Schiffchenlänge vorgenommen wird. Nach Einführung des Dichtungsstopfens f wird
der Wasserstoffzufluß bei g wieder betätigt und der bei d unterbrochen.

Durch diese Anordnung läßt es sich leicht ermöglichen, daß
während des Herausholens des reduzierten Metalles und des
Einführens der neuen Schiffchen mit Wolframsäure der Luft-

zutritt vollkommen ausgeschlossen und so eine Wiederoxydation
des reduzierten Metalles vermieden wird.

Wie schon erwähnt, ist es zur Erzielung eines homogenen,
hochprozentigen Produktes von größtem Vorteil, wenn die zu
reduzierende Wolframsäureschicht in den Schiffchen sehr niedrig,
etwa 2—3 mm hoch ist.

Um eine Berührung der Wolframsäurepartikelchen mit dem
Wasserstoff von allen Seiten zu ermöglichen, könnte man auch
einen Ofen benutzen, der mit einer rotierenden Schnecke, wie
in Fig. 46 gezeichnet, benutzen, die während der Reduktion die
Wolframsäure konstant umrührt. Es kann auch eine Einrichtung

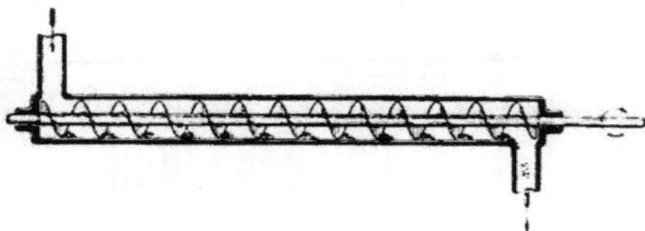

Fig. 46.

derart getroffen werden, daß die Röhren, in welchen die Wolframsäure eingeschichtet ist, rotieren und so immer neue Angriffs-
flächen dem reduzierenden Wasserstoff geboten werden (vgl.
Mennicke, Die Metallurgie des Wolframs, S. 192 ff.).

Einen derartigen Schneckenofen zur Herstellung feinen
Wolframmetallstaubes verwenden auch Elihu Thomson in
Swampscott und die General Electric Company[1]) in
Neuyork. Nach diesem Verfahren wird die Wolframsäure in
einem mit einer Schnecke versehenen Rohre bei etwa 800° C
mit Wasserstoff reduziert. Die Feuchtigkeit aus dem un-
verbrauchten Wasserstoff wird mit Natriummetall beseitigt, so daß
dieser getrocknete Wasserstoff zu weiterer Reduktionsarbeit in
einen anderen Ofen geleitet werden kann.

Ein anderes Prinzip, um ein feines, vollkommen reduziertes
Metall zu erhalten, wäre auch z. B. das, die Wolframsäure in
Staubform durch den glühenden Wasserstoff fallen zu lassen.

---

[1]) U. S. Patent Nr. 960441 vom 7. Juni 1910.

Um diese Reduktionsmethode praktisch ausüben zu können, könnte man sich etwa den folgenden Apparat, der in Fig. 47 im Prinzip dargestellt ist, denken.

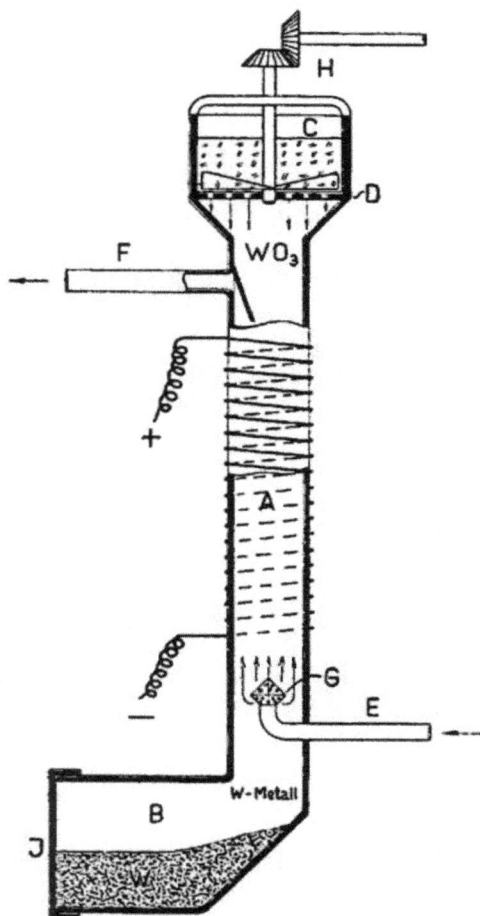

A ist ein sehr langes, vielleicht 1,5—2 m langes Rohr aus Quarz, welches mit einer Heizspirale versehen ist, welche das Rohr auf etwa 1200 ° C u erhitzen vermag. Auf dieses Rohr ist der Trichter *C* aufgesetzt, welcher mit einem feinen Sieb *D* versehen ist. *B* ist der unten angesetzte Röhrenteil, am besten aus Metall angefertigt und mit der Verschlußkappe *J* ausgerüstet. Hier wird das reduzierte Metall aufgefangen und kann bei *J* entnommen werden.

Durch *E* und den brauseartigen Trichter *G* tritt nun der Wasserstoff in die Röhre *A* ein, nimmt dort die hohe Temperatur an, reduziert dabei die durch das Rührwerk in Staubform herabfallende Wolframsäure und entweicht bei *F*. Die Geschwindigkeit

Fig. 47.

des Wasserstoffstromes muß nun so abgestimmt sein, daß die Wolframsäure resp. das noch nicht völlig reduzierte Matall sehr langsam fällt, also recht lange mit dem heißen Wasserstoff in Berührung bleibt. Ein zu starker Wasserstoffstrom würde die

9*

Wolframsäure bei F heraustreiben, während ein zu langsamer Strom ein zu schnelles Sinken der Wolframsäure und damit eine unvollständige Reduktion veranlassen würde. Aus diesem Grunde ist vorteilhafterweise auch die Heizröhre A möglichst lang zu wählen. Durch eine besondere Anordnung könnte man auch den Wasserstoff schon im glühenden Zustande in die Röhre A leiten.

Eine diesem ähnliche Darstellungsweise von feinem Wolframpulver hat sich Ernst Ruhstrat[1]) in Göttingen schützen lassen. Hiernach läßt man Wolframsäure durch die Wasserstoffflamme und erhitzten Wasserstoff in kalten Wasserstoff fallen. Es wird dadurch, daß die Wolframsäure durch die Flamme fällt, ein Teil der Säure verdampft und dieser Dampf in dem glühenden Wasserstoff unter der Flamme zum Metall reduziert und plötzlich abgekühlt. Neben etwas geschmolzenem, durch die Abkühlung glashart gewordenem Wolfram findet man dann den größten Teil in feinem pulverförmigen Zustande vor, welches dann leicht von dem gröberen Pulver mechanisch getrennt werden kann.

Ruhstrat[2]) hat ferner gefunden, daß man ein äußerst feines und weiches Wolframmetall erhält, sofern das Metall z. B. durch Hindurchfallen durch einen in Wasserstoff oder im Vakuum brennenden Lichtbogen zur Verdampfung und hierauf zur plötzlichen starken Abkühlung gebracht wird. Dieses so erzielte Material soll sich sehr leicht in kurzer Zeit so fein zerreiben lassen, daß es nahezu den kolloidalen Zustand erhält. Die Abkühlung erfolgt mit stark gekühltem Wasserstoffgas; werden aber zur Verdampfung nicht das Pulver, sondern größere Wolframmetallstücke verwendet, so muß die Abkühlung in einer Flüssigkeit erfolgen.

Bei der Reduktion der Wolframsäure vermittelst des Wasserstoffes im Ofen wird, wie bereits angeführt, eine Temperatur von etwa 1150° C benötigt. Um nun diese hohe Temperatur, die z. B. bei Anwendung der elektrischen Öfen und der Quarzröhren auf die Dauer eine Zerstörung der Apparatur nach sich zieht, zu vermeiden und dennoch ein brauchbares Material zu erhalten, reduziert die Badische Anilin- und Soda-

---

[1]) D. R. P. Nr. 215347 vom 27. Oktober 1907.
[2]) D. R. P. Nr. 220176 vom 23. April 1909 und brit. Patent Nr. 24437 vom Jahre 1909.

fabrik[1]) unter starkem Druck. Die angewandte Temperatur beträgt etwa nur 550—600° C, während der Wasserstoff unter einem Druck von ca. 80 Atmosphären über die Wolframsäure geleitet wird. Die Reduktion erfolgt nach dieser Methode außerdem in kürzerer Zeit als bei der gewöhnlichen Reduktionsweise.

Eine niedrige Temperatur bei stark erhöhter Reduktionsgeschwindigkeit wird zur Darstellung von feinstem Wolframpulver auch von Paul Schwarzkopf[2]) in Berlin angewendet. Die große Gasgeschwindigkeit bewirkt, daß der Sauerstoffpartialdruck in der reduzierenden Atmosphäre möglichst niedrig gehalten wird. Dieses Verfahren beruht demnach auf der Erkenntnis, daß bei der Reduktion des pulverförmigen Wolframtrioxydes dann ein äußerst fein verteiltes Produkt entsteht, wenn die Reduktion so durchgeführt wird, daß das zur Anwendung gebrachte höchste Oxyd zu Metall reduziert wird, ohne daß während des ganzen Reduktionsvorganges Zwischenoxyde als beständige Gebilde aufzutreten vermögen. Bei dieser Arbeitsweise können sich die Zwischenoxyde deshalb nicht stabil ausbilden, weil in jedem Augenblick die Tension des Sauerstoffes im Gasraum kleiner ist als die Sauerstofftension irgendeines der bestehenden Zwischenoxyde, während bei Nichteinhaltung dieser Bedingungen zunächst der Reihe nach alle existenzfähigen niedrigeren Oxyde entstehen müssen und während einiger Zeit bestehen bleiben.

Die Strömungsgeschwindigkeit des Gases muß, um einen vollen Erfolg zu erzielen, eine sehr große sein. So wird z. B. bei einem inneren Rohrdurchmesser von 26 mm und bei einer Beschickung von 1,2 g pro Quadratzentimeter und einer maximalen Temperatur von 750° C mit einer Stundengeschwindigkeit von 28000 m gearbeitet.

Um technisch derartig große longitudinale Strömungsgeschwindigkeiten zu erreichen, ist es erforderlich, die Reduktionsanlage mit Apparaten zu versehen, die dem Gasstrom diese große Geschwindigkeit erteilen, und welche außerdem dafür sorgen, daß diese Geschwindigkeit, von der der ganze Erfolg des Prozesses abhängt, stets konstant erhalten wird. Am besten eignet sich

---

[1]) D. Patentanmeldung B. 65694, Kl. 40a vom 27. Dezember 1911.
[2]) D. Patentanmeldung Sch. 39510, Kl. 21 f. vom 24. Oktober 1911.

dazu ein Kompressor. Weiter muß auch an allen anderen Stellen
der Anlage dafür gesorgt werden, daß nirgends die Geschwindigkeit verringert werden kann, auch nicht vorübergehend. Es
muß also z. B. in dem Falle, daß das Material dem Gasstrom
entgegengeführt wird, wobei durch Einladen auf der einen und
Ausladen auf der anderen Seite ein ununterbrochener Betrieb
erzielt wird, verhindert werden, daß dieses Aus- und Einladen
die Strömungsgeschwindigkeit stört oder verringert.

Ferner sei noch angeführt, daß manche Glühlampenfabriken
auch das feinste, durch Wasserstoffreduktion dargestellte Wolframmetall nach einer nochmaligen intensiven Zerkleinerung durch
Mahlen unterwerfen. Zu diesem Zwecke wird das Metall in
einem Mahlapparat, zweckmäßig einer Achatmühle, mit konzentrierter Schwefelsäure ein bis zwei Tage lang zerrieben.

Das Mahlprodukt wird alsdann mit einer größeren Menge
destillierten Wassers aufgenommen und in einem Schlämmapparat
zur völligen Entfernung der Schwefelsäure bei langsamem und
kaltem Wasserstrom gereinigt. Um die letzten Spuren der Säure
zu entfernen, wird der restierende Metallschlamm mit Ammoniak
behandelt, wieder geschlämmt, bis das Metallpulver ammoniakfrei
geworden ist. Das erhaltene Produkt wird schließlich filtriert,
mit Alkohol und Äther gewaschen und im Vakuum getrocknet.

Im allgemeinen erübrigt sich aber dieser Mahlprozeß, da
bei Verwendung feinster, durch Müllergaze gesiebter Wolframsäure ein so feines Produkt entsteht, daß ohne weiteres die
dünnsten gebräuchlichen Glühfäden gepreßt werden können.

Dieses Pulverisieren und Mahlen ist jedoch dann unerläßlich,
sofern Metall zur Anwendung kommen soll, das nach der aluminothermischen Methode von Ernst Ruhstrat[1]) in Göttingen
dargestellt worden ist. Ruhstrat vermischt 4—6 Teile
Wolframsäure (WO_3) mit 1 Teil staubfeinem und fettfreiem
Aluminium (Al), knetet die Mischung zu einer Paste an und
preßt daraus ca. 4 mm starke Fäden. Diese werden getrocknet
und in einer indifferenten Atmosphäre abgebrannt. Die Wolframsäure tritt hierbei mit dem Aluminium in lebhafte Reaktion, es
bildet sich Wolframmetall, während das entstandene Aluminiumoxyd zum Teil verdampft, zum Teil später mechanisch oder

---

[1]) D. R. P. Nr. 217781 vom 7. Januar 1908.

chemisch entfernt werden kann. Das erhaltene grobe Metall wird feinst gemahlen und kann dann zur Herstellung von Glühfäden nach dem Pasteverfahren verwendet werden. Die daraus hergestellten Fäden sollen sehr homogen sein und weniger beim Formieren schwinden als solche, die aus amorphem Metallpulver erzeugt worden sind.

Auch ein geringer Zusatz von feinstem Lampenruß zum Metallpulver soll die Preßfähigkeit des Metalles erhöhen.

Zum Schluß dieses Kapitels seien noch einige der besten und bekanntesten Methoden angeführt, um geschmolzenes Wolfram herzustellen, da dieses Material Interesse für die Herstellung gezogener Fäden haben dürfte. Hierbei sei erwähnt, daß es bisher noch mit keinen Hilfsmitteln gelungen ist, absolut reines und kohlenstofffreies geschmolzenes Wolfram in größeren Stücken herzustellen.

An erster Stelle sei hier das Verfahren von Henri Moissan[1]) angeführt, welches zu einem Wolfram mit etwa 0,13 % Kohlenstoffgehalt führte. Moissan mischte 800 g reine und entwässerte Wolframsäure mit 80 g feiner Zuckerkohle innig. Die Wolframsäure ist demnach hierbei im starken Überschuß. Dieses Gemisch wurde nun in einem geeigneten elektrischen Ofen zehn Minuten lang mit einem Strom von 900 Ampere bei etwa 50 Volt erhitzt. Es resultiert eine Schmelze, die wohl oberflächlich teilweise gut durchgeschmolzene Partien aufwies, während das Innere des Regulus eine halbgeschmolzene poröse Masse darstellte. Der Regulus berührt den Kohletiegel nur an einzelnen Stellen, so daß daraus der Schluß zu ziehen ist, daß der Kohlenstoff des Graphittiegels sich nicht an der Reaktion beteiligt. Bei der entstehenden enormen Temperatur verflüchtigt sich die überschüssige, nicht reduzierte Wolframsäure.

Auch Siemens und Huntington[2]) schmolzen Wolfram im elektrischen Ofen, das aber noch etwa 1,8 % Kohlenstoff enthielt.

Weiß, Martin und Stimmelmayr[3]) konnten ebenfalls fast reines geschmolzenes Wolfram darstellen. Sie stellten

---

[1]) H. Moissan. Préparation au four électrique de quelques métaux réfractaires: tungstène, molybdène, vanadium. Comptes rendus 106, p. 1225, 29. Mai 1893.

[2]) Ann. Chim. et Phys. 5. Serie A XXX, p. 465, 1883.

[3]) Z. anorg. Chem. 1910, 65, S. 248 und 345.

sich stromleitende Wolframstifte her, die nun als Elektroden in einen Vakuumofen eingesetzt wurden. Unter Benutzung eines magnetischen Gebläses bei 120 Ampere gelang es, das Metall zum Schmelzen und Abtropfen zu bringen. Die Elektroden hatten dabei nur etwa 1 mm Abstand. Wurde diese Entfernung vergrößert oder Spannung und Stromstärke erhöht, so zerspritzte das geschmolzene Metall zu kleinen Kugeln. Das magnetische Gebläse übte hierbei bei richtiger Einstellung insofern einen günstigen Einfluß aus, als es den Lichtbogen und damit das geschmolzene Metall nach unten drückte, wodurch das Abtropfen bedeutend erleichtert wurde.

Eine Kohlenstoffbestimmung dieses geschmolzenen Wolframs ergab 0,08 % Kohle. Das Metall war also reiner als das von Moissan dargestellte.

Immerhin muß konstatiert werden, daß diese Herstellung nur im kleinsten Maßstabe möglich ist, daß also an eine fabrikmäßige Gewinnung von geschmolzenem Wolfram heute kaum gedacht werden kann.

Das reine amorphe Wolframmetallpulver stellt, sofern es durch Reduktion mit Wasserstoff bei annähernd 1200 ° C erhalten worden st, ein tiefschwarzes, sehr pyrophorisches Pulver dar. Aus diesem Grunde ist es auch rätlich, das frisch bereitete feine Metallpulver in gut verschlossenen, luftdichten Gefäßen aufzubewahren. Da ferner die bekannte Lichtempfindlichkeit des Metalles eine Verschlechterung hervorrufen könnte, so benutze man am besten schwarze oder braune, mit eingeriebenen Stopfen versehene Glasflaschen. Mit Ammoniak reduziertes Metall sieht noch um einen Schein schwärzer aus. Metall, bei Temperaturen weit über 1200 ° C gewonnen, besitzt eine metallgraue, dem Eisenpulver ähnliche Farbe und ist kristallinisch.

Das spezifische Gewicht reinen geschmolzenen Wolframs beträgt nach

Moissan 18,70
Roscoë 18,92
Hallopeau 18,62
Weiß, Martin und Stimmelmayr . . 18,715

Diese letztere Zahl dürfte wohl die richtigere sein, da diesen Forschern tatsächlich das reinste Metall zur Bestimmung vorlag.

Das spezifische Gewicht von Wolframmetallpulver ist je nach dem Grade der Feinheit und Reinheit zu 17,1—18,44 bestimmt worden.

Das Atomgewicht beträgt 184,0 (international 1911). Der Schmelzpunkt liegt nach H. v. Wartenberg zwischen 2800 und 2850° C, der Siedepunkt dagegen bei 3700°.

Das im Wasserstoff geschmolzene Metall besitzt einen schön weißen, quecksilberartigen Glanz. Bei rascher Abkühlung geschmolzenes Wolfram weist einen feinkörnigen, bei langsamer Abkühlung jedoch muscheligen Bruch auf.

Die spezifische Wärme beträgt 0,0358 kal., die Atomwärme ist demnach 6,59 bei 184,0 Atomgewicht.

Die Härte des Metalles schwankt zwischen 7,5 und 6,5, je nach der Darstellungsweise.

Die Duktilität des Metalles ist erwiesen, da sich nach den heutigen Methoden dünnste Drähte herstellen lassen. Die Duktilität steigt mit der Verminderung des Drahtdurchmessers. Die Erhöhung der Duktilität beruht anscheinend darauf, daß die anfänglich verhältnismäßig großen Kristalle des hochreduzierten Metalles durch mechanische Bearbeitung, wie Hämmern, Walzen und Ziehen, in unendlich viel kleinere Kristalle zertrümmert werden. Diese Annahme hat sehr viel Wahrscheinlichkeit für sich, da nach neueren Untersuchungen rasch abgekühltes, geschmolzenes Wolfram duktiler ist als langsam abgekühltes.

Nach C. G. Fink[1]) ist die Zugfestigkeit gezogenen Wolframs eine sehr große. Fink stellte folgende Zahlen durch reichhaltige Messungen fest:

Drahtdicke in $1/1000$ Zoll	5	2,8	1,5	1,2
Zugfestigkeit in amerik. Pfund pro Quadratzoll . . .	475 000	505 000	575 000	595 000.

An der Luft verbrennt feines amorphes Wolframpulver sehr leicht und rasch zu Wolframtrioxyd unter Vergrößerung seines Volumens, während kompaktes Metall sich nur oberflächlich oxydiert. Die Anlauffarben des Wolframs gehen von Weiß über Gelb und Grünlich nach Blau über. Auffallenderweise wiederholt sich dieser Farbenwechsel in gleicher Reihenfolge mehrmals,

---

[1] Vortrag auf der 17. Versammlung der American Electrochemical Society in Pittsburgh, 4.—7. Mai 1900.

bis das Metall so weit oberflächlich oxydiert ist, daß es unveränderlich blaugrau bleibt.

Der Temperaturkoeffizient des Wolframs beträgt
zwischen 0° und 100° C 0,438.

b) Die Bindematerialien.

Ebenso wie das für die sogenannte Spritz- oder Preßmethode
notwendige Wolframmetall ganz besondere Eigenschaften besitzen
muß, so ist auch auf die Wahl der Binde- oder Kittmaterialien eine
große Sorgfalt zu verwenden. Das Bindemittel, welches die vorläufige feste Verbindung zwischen den einzelnen losen Metallteilchen
bezweckt, muß im allgemeinen folgenden Bedingungen entsprechen:

1. Das Bindemittel soll beim Brennen der Fäden eine die
   einzelnen Metallpartikelchen stark verkittende, kohlenstoff-
   haltige Masse zurücklassen, um ein Brüchigwerden der
   gebrannten Fäden zu vermeiden.
2. Der Kohlenstoffgehalt des Bindemittels, der bei der
   trockenen Destillation im Vakuumbrennofen zurückbleibt,
   muß dem Sauerstoffgehalt des verwendeten Metalles annähernd entsprechen.
3. Das Bindemittel darf beim später zu beschreibenden
   Kalandern der Masse nicht zu schnell austrocknen.
4. Das Bindemittel muß derartig zusammengestellt sein, daß
   es dauernd eine gewisse Elastizität behält. damit die gepreßten Rohfäden nicht brüchig werden.
5. Das Bindemittel muß die Eigenschaft besitzen, die Preßdüsen selbständig einzuschmieren und eine, ich möchte
   sagen innere Gleitfähigkeit besitzen, um das Pressen
   auch der feinsten Fäden leicht zu gestatten.
6. Endlich muß das Bindemittel frei von allen fremden, festen
   Bestandteilen sein, um ein Verstopfen der Preßdüsen auszuschalten.

Aus oben Angeführtem geht mit Deutlichkeit hervor, daß
die zur Verwendung gelangenden Bindematerialien sehr vielen
Anforderungen entsprechen müssen, um die Gewähr für die Erzielung eines reinen und elastischen Metallfadens zu geben. Es
ist wohl verständlich, daß es nicht viele derartiger Materialien
gibt, und daß nur eine sehr beschränkte Anzahl sich Eingang
in die Großfabrikation zu verschaffen gewußt hat.

Was den Kohlenstoffgehalt des Bindemittels anbelangt, so ist derselbe so zu regulieren, daß der im Faden beim Verbrennen abgeschiedene Kohlenstoff den Sauerstoff des Metalles möglichst vollständig unter Bildung von Kohlenoxyd oder Kohlensäure entfernen kann. Es sei hier schon bemerkt, daß eine nochmalige Entfernung der letzten Reste von Sauerstoff und Kohlenstoff beim später zu beschreibenden Formierprozeß mit Hilfe von geeigneten Gasen vorgenommen wird, daß also deshalb das Verhältnis zwischen Kohlenstoffgehalt des Bindemittels und Sauerstoffgehalt des Metalls nicht theoretisch peinlich genau eingehalten zu werden braucht.

Zum Verständnis des oben Angeführten sei folgendes gesagt: Nimmt man z. B. ein Wolframmetall mit etwa 95 % Metall und einen Kitt, dessen im Faden verbleibender Kohlenstoff nicht zur Reduktion ausreicht, so wird ein Faden resultieren, der noch stark oxydisch ist und nur Spuren von Kohlenstoff enthält. Diese Reste von Oxyden erhöhen anfänglich den Widerstand des Fadens. Ein derartiger Faden ist aber einer Elektrolyse während des Brennens in der Lampe ausgesetzt, d. h. der Sauerstoff des Metalles spaltet sich allmählich ab, der Widerstand sinkt, und die Stromstärke steigt. Der Wattverbrauch pro Kerzeneinheit sinkt unter die zulässige Grenze. Man kann demnach aus solchen Fäden keine von Anfang an konstante Lampe erzielen.

Wird aber umgekehrt ein Wolframmetall verwendet, welches nur sehr wenig Sauerstoff enthält und die gleiche Menge des gleichen Kittes, wie oben angeführt, so resultiert ein Faden mit nur wenig oder keinem Sauerstoff, dagegen aber größeren unzulässigen Mengen von Kohlenstoff. Auch der Widerstand dieser Fäden ist höher als der absolut reiner Wolframmetallfäden. Der zu große Kohlenstoffgehalt zeigt sich aber bald in der Lampe durch vorzeitige Schwärzung infolge des Verdampfens des Kohlenstoffes bei einer Belastung von etwa 1 Watt pro Hefnerkerze.

Zum Beweis dieser Ansicht seien hier folgende Versuche des Verfassers angegeben:

Es wurde ein Wolframmetall mit 23,8 % Gewichtszunahme bei der Verbrennung im Sauerstoffstrom, entsprechend einem Metall mit etwa 90,90 % Wolfram, mit einer gewissen Menge eines kohlenstoffhaltigen Bindemittels vermengt und die erhaltenen Fäden in trockenem Wasserstoff bei höchster Temperatur elektrisch formiert.

Die Analyse der resultierenden Fäden ergab bei der Verbrennung im Sauerstoff:

26,1 % Zunahme = 99,62 % Metall
(theoretisch ·26,2 % Zunahme)
und 0,024 % Kohle.

Ein höherprozentiges Wolframmetall, das bei der Verbrennung im Sauerstoff eine Zunahme von 25.2 % aufwies, also einem Metall mit 95,42 % Metall entsprach, wurde mit der gleichen Menge des gleichen Kittes zu Fäden verarbeitet und die Fäden nach dem Brennen, genau wie vorher beschrieben, bei gleicher Temperatur in trockenem Wasserstoff elektrisch formiert. Die Analyse ergab folgendes Resultat:

25,98 % Gewichtszunahme = 99,16 % Metall
und 0,74 % C.

Der Gehalt an Kohlenstoff war also, trotzdem an und für sich dieses letztere Metall logisch als reiner angesehen werden muß, etwa 30 mal größer als in dem schlechteren, d. h. oxydreicheren Metall.

Aus diesem Grunde ist es unerläßlich, sofern ein immer gleichartiges Metall mit konstantem Sauerstoffgehalt verwendet wird, auch die Art und Menge des Bindemittels für ein gewisses Quantum Metall immer beizubehalten.

Im folgenden sollen nun die gebräuchlichsten und bewährtesten Bindemittel angeführt werden.

Das am meisten verwendete und nach Ansicht des Verfassers auch beste aller für die Wolframfadenerzeugung dienende Bindemittel ist eine geeignete Lösung von Zelloidin in Amylazetat. Dieser Lösung werden noch bestimmte Quantitäten von Ölen hinzugefügt.

Ein sehr brauchbares Bindemittel wird folgendermaßen hergestellt:

Eine Platte Zelloidin (bezogen von der chemischen Fabrik Schering-Berlin), welche ca. 40 g trockene Nitrozellulose enthält, wird in kleine Stückchen geschnitten und in einer Porzellanschale auf dem Wasserbade mit einer genügend großen Menge von Amylacetat gelöst. Nach vollkommener Lösung, die durch beständiges Rühren beschleunigt werden kann, setzt man 20 g Rizinusöl (Oleum ricini albissimum) hinzu und dampft so lange unter beständigem Umrühren ein, bis das Endgewicht der Masse 280 g beträgt.

Kleine Portionen, etwa 50 g dieser honigartigen zähflüssigen Masse, werden nun zirka eine Viertelstunde lang auf dem Ölbad auf etwa 130—140° C erhitzt unter flottem Umrühren, um eine möglichst innige Vermischung des Öles mit der Nitrozelluloselösung zu erreichen. Es hat sich nämlich gezeigt, daß bei weniger guter Verbindung beider Körper beim Pressen der Fäden sich gern das Öl vorher absondert und dann die Preßmasse im Preßzylinder sehr bald fest wird, so daß eine weitere Erzeugung von Fäden an der Härte der Paste scheitert.

Das Gewicht der 50 g Bindemittellösung nach der Behandlung auf dem Ölbad reduziert sich auf etwa 40 g, so daß also aus einer Platte Zelloidin, d. i. 40 g trockener Nitrozellulose, ca. 225 g Bindemittel entstehen. Es kommt demnach auf 1 g Nitrozellulose 0,5 g Rizinusöl und etwa 4,2 g Amylacetat. Der Zusatz von Rizinusöl verleiht diesem Kitt ganz besondere Vorteile. Abgesehen davon, daß er die „innere Gleitfähigkeit" ganz bedeutend fördert, so hinterläßt auch dieses Öl bei der trockenen Destillation im Vakuumofen bei einer bestimmten Temperatur einen schwarz aussehenden, ungemein klebrigen, kohlehaltigen Körper, der geeignet ist, die einzelnen Wolframmetallteilchen in energischster Weise zu verkitten.

Es ist zu empfehlen, daß dieser Kitt nach Fertigstellung noch auf einer Nutsche mit Müllergaze als Filtermaterial mit Hilfe hohen Vakuums schnell filtriert wird, um alle festen Bestandteile, die ein Verstopfen der Düsen hervorrufen könnten, restlos zu entfernen.

Nach einer anderen Methode, bei welcher sonst zur Herstellung des Kittes die gleichen angeführten Bestandteile benutzt werden, wird die ganze Masse auf dem Ölbad so lange eingedampft, bis auf 1 g trockene Nitrozellulose 3,5 g Amylacetat kommen. Dieses Bindemittel ist konsistenter, so daß pro Einheit verwendetes Metallpulver eine etwas geringere Menge des Kittes zur Anwendung gelangt.

Auch andere Öle als das Rizinusöl werden als Zusatz benutzt, so z. B. das Nelkenöl, Leinöl, überhaupt vorzugsweise die Öle, die an der Grenze zwischen trocknenden und nicht trocknenden Ölen stehen.

Recht brauchbare Mischungen sind auch folgende:

40 g Nitrozellulose, 10 g Rizinusöl, 10 g Nelkenöl werden in 300 g Amylacetat gelöst und wie vorher behandelt, bis die ganze Masse 260 g wiegt.

40 g Nitrozellulose, 10 g Rizinusöl, 6 g Nelkenöl und 4 g Leinöl werden mit 300 g Amylacetat übergossen und das Ganze so lange bei 120° C eingedampft, bis das Gewicht der Masse 270 g beträgt.

Es ist nun eine allen Glühfädentechnikern wohlbekannte Erscheinung, daß bei regnerischem und sonstwie sehr feuchtem Wetter sich weniger gut Fäden pressen lassen als bei trockenem Wetter. Das Verstopfen der Düsen, das ja auch sonst nicht, speziell bei sehr feinen Fäden, ganz auszuschalten ist, tritt dann manchmal in beängstigendem Maße ein. Die Produktion gepreßter Rohfäden kann dann unter Umständen bei gleicher Anzahl von Pressen usw. trotz größter Anstrengung stark reduziert werden. Der Verfasser führt diesen unglücklichen Zustand zum Teil darauf zurück, daß bei dem später zu beschreibenden Misch- und Kalanderprozeß große Mengen von Wasserdämpfen der Luft in der ganzen Preßpaste fein verteilt hineingepreßt werden und dort Veranlassung zur Ausfällung von fester Nitrozellulose geben. Nitrozellulose fällt, wie bekannt, aus ihren Lösungen bei Zusatz von Wasser flockenartig aus. Diese Flocken entstehen dann auch in der Paste selbst und geben dann zum Teil Veranlassung zur fortwährenden Verstopfung der Düsen.

Diese unangenehme Erscheinung kann man nun merkwürdigerweise zum größten Teil aufheben, sofern den oben bezeichneten Bindemitteln gewisse Quantitäten von flüssigem Paraffinöl zugegeben werden. Auch Ceresin, Vaseline, weißes Bienenwachs wirken in ähnlicher Weise. Im folgenden sollen nun einige der gebräuchlichsten Rezepte mit diesen Materialen angegeben werden:

1. 40 g Nitrozellulose, 20 g Rizinusöl und 5 g Paraffinöl werden mit Amylacetat so lange eingekocht, bis die Masse 285 g wiegt.

2. 40 g Nitrozellulose, 10 g Rizinusöl, 5 g Nelkenöl, 2 g Ceresin und 3 g Paraffinöl werden mit Amylacetat zu einem Gesamtgewicht von 280 g eingedickt.

3. 40 g Nitrozellulose, 15 g Rizinusöl, 5 g Paraffinöl und 5 g weißes Bienenwachs werden mit Amylacetat zu 280 g eingekocht bei 125° C.

Es ist wohl selbstverständlich, daß man je nach der Art des verwendeten Wolframmetallpulvers, je nach der Feinheit der zu erzeugenden Fäden und je nach dem Feuchtigkeitsgrade der Luft mit diesen Mischverhältnissen sehr variieren kann und eventuell muß. So empfiehlt es sich für Länder, deren Feuchtigkeitsgehalt der Luft ein dauernd großer ist, z. B. England, derartige Körper dem Nitrozellulosekitt immer in ausprobierten Mengen beizufügen. Sollte also einmal die Preßarbeit, auch bei Verwendung des feinsten Metallpulvers und tadelloser Preßdüsen, zu großen Störungen Veranlassung geben, so kann man sich in den meisen Fällen mit diesen Zusätzen helfen und ein Pressen möglicherweise ganz ohne Stockungen erreichen.

Als weitere organische Bindemittel kamen auch, wenigstens in der Anfangsperiode der Wolframmetallfadenlampe, verschiedene Gummilösungen, entwässerter und gereinigter Steinkohlenteer oder Mischungen von beiden in Betracht. Diese Materialien hat man jedoch in der Folgezeit deshalb fallen lassen, weil die Entkohlung dieser Fäden größere Schwierigkeiten bereitet als die mit einer der oben beschriebenen Nitrozelluloselösungen hergestellten. Auch die Verstopfung der Preßdüsen bei der Fabrikation der feinsten Fäden tritt hierbei häufiger auf, da die sowohl im Gummi als auch im Steinkohlenteer enthaltenen festen Fremdkörper schwer vollständig entfernt werden können. Verwendet werden und wurden ferner geeignete Lösungen von Zucker, Dextrin, Stärke, Kasein, Hausenblase, Lävulose und dergleichen oder deren Mischungen.

Ein anderes Bindemittel aber, die wässerige Aufquellung des sogenannten T r a g a n t h a r z e s, hat jedoch größere Aufwendung gefunden.

Der Tragantgummi (Gummi Tragacanthae) ist das Harz verschiedener asiatischer, speziell persischer und kleinasiatischer, stachliger Astragalusarten, welches durch Einritzen der Rinde gewonnen wird. Der am besten verwendbare Tragantgummi stammt aus Smyrna und wird als Blättertragant bezeichnet. Er sieht honigartig, fast durchscheinend aus. Käuflich ist dieser Gummi erhältlich in großen flachen oder bandförmigen Stücken oder Blättern mit dachziegelförmig übereinandergeschobenen Schichten.

Die Hauptbestandteile des Tragants sind das Bassorin oder Adragantin ($C_{12}H_{20}O_{10}$), welches durch Alkalien in löslichen Gummi und durch Säuren zum Teil in Zucker übergeführt wird. Weiter sind vorhanden löslicher Gummi, Stärkemehl und mineralische Stoffe, besonders Alkalien und Kieselsäure. Unter dem Mikroskop im Wasser besehen, bemerkt man nach der Verquellung Häufchen kleinkörniger Stärke. Verdünnt man Tragantschleim mit Wasser, filtriert die Lösung. so färbt sich der Rückstand mittelst Jodlösung schwarzblau, während das Filtrat durch Jodwasser nicht gebläut wird.

Aus diesem Tragant sucht man nun die besten Blätter aus und übergießt sie mit dem 35—40 fachen Gewicht destillierten Wassers. Das vollständige Aufquellen zu einem dicken Schleim erfolgt nach zwei bis drei Tagen, wobei es vorteilhaft ist, hin und wieder umzurühren. Diese ganze Arbeit wird am besten in einem größeren Becherglas vorgenommen, welches gut und dicht bedeckt werden kann. Zur Entfernung aller festen Unreinigkeiten wird die entstandene schleimige Masse mit Hilfe des Vakuums durch feine Müllergaze filtriert.

Eine Verkürzung der Zeit zur vollkommenen klümpchenfreien Aufquellung läßt sich auch erreichen, wenn die Tragantblätter oder das Tragantpulver mit Alkohol durchfeuchtet und dann das erforderliche Quantum Wasser unter konstantem Rühren hinzugefügt wird. Einen ähnlichen Effekt erzielt man, wenn Tragantpulver zuerst mit einer geringen Menge von reinem Glyzerin durchfeuchtet und verrieben wird, worauf dann der nötige Zusatz von destilliertem Wasser erfolgt.

Eine genügend große Menge des feinen Wolframmetalls, dessen Gewicht im Verhältnis zum Tragantschleim je nach dem Sauerstoffgehalt des Metalls schwankt, wird nun mit der Tragantaufquellung zusammen innig vermischt und das Ganze in einer Porzellanschale auf dem Wasserbade bis zu einer sehr steifen Paste eingedickt. Man verarbeitet gewöhnlich solche Mengen von Metall und Tragant auf einmal, daß etwa 100—150 g dieser Metallpaste entstehen. Diese Paste wird nun in Kloßform gebracht und schließlich gut unter einer dicht schließenden Glasglocke aufbewahrt. Es hat sich herausgestellt, daß diese Paste sich dann am günstigsten zu festen und elastischen Rohfäden auspressen läßt, wenn sie einige Tage gestanden hat. Endlich werden dann Stücke von 6—10 g von diesem Kloß abgeschnitten und, je nach der Dicke der gewünschten Fäden, zum Kalandern gebracht.

Auch dieser Paste können noch geeignete, die Gleitfähigkeit erhöhende Körper einverleibt werden.

Im allgemeinen bestehen die zumeist verwendeten Bindemittel aus organischen Substanzen, deren Kohle die letzten Reste des Sauerstoffes mit Unterstützung der hohen Formiertemperatur aus den Fäden herausschaffen soll. Man hat jedoch versucht, wie schon hier erwähnt werden soll, auch andere, nicht organische Pasten zur Verwendung gelangen zu lassen, deren einzelne Bestandteile eine ähnliche Wirkung wie der Kohlenstoff ausüben.

Eine dieser Methoden ist bemerkenswert und soll deshalb hier angeführt werden. Sie basiert zum Teil auf der gleichen reduzierenden Wirkung des Phosphors, die schon bei der Metalldarstellung [1]) benutzt wurde, und ergibt Glühfäden, die kohlenstofffrei sind.

Das Verfahren stammt von Wilhelm Heinrich[2]) in Charlottenburg, der ein bestimmtes Gemenge von reinsten Schwefelblumen und rotem Phosphor bei Vermeidung von Luftzutritt erhitzt, wobei nach stürmischer Reaktion ein äußerst klebriger, rotbraun aussehender Körper zurückbleibt. Man mischt etwa 50 g trockene Schwefelblumen mit 60 g trockenem roten Phosphor, bringt das Gemisch in eine geschlossene Röhre, durch welche z. B. zur Verdrängung der Luft Wasserstoff geleitet werden kann. Hierauf erhitzt man vorsichtig, bis die Reaktion beginnt, die sich dann selbsttätig durch die ganze Masse fortpflanzt. Nimmt man weniger Phosphor als angegeben, so wird die erhaltene Paste zuerst dünnflüssiger, bei größerem Zusatz von Phosphor jedoch auch wieder fest.

Der entstandene Körper wird bei etwa 200 ⁰ C leicht flüssig und siedet bei etwa 400 ⁰ C.

15 g reines amorphes Metallpulver werden nun mit 3 g dieser Phosphorschwefelpaste innig zusammen geknetet und der erhaltene gummiartige, elastische Körper in üblicher Weise zu

---

[1]) Wolframlampen-Akt.-Ges. Augsburg, D. R. P. Nr. 239877.
[2]) D. R. P. Nr. 214493 vom 21. Januar 1909.

Fäden verarbeitet. Diese Fäden werden hierauf im Vakuum vorsichtig erhitzt und formiert. Die nähere Beschreibung dieser Arbeit ist in einem späteren Kapitel angegeben.

Es gibt außerdem noch eine Reihe anderer organischer und zum Teil anorganischer Bindemittel, wie Schwefelammon, ammoniakalische Wolframsalzlösungen, die jedoch, um das Verständnis zu erleichtern, dort näher angeführt werden sollen, wo gleichzeitig die Darstellung der Fäden nach anderen Verfahren unter A, 4 beschrieben wird.

c) Die Zubereitung der Preßpaste.

Zur Erzeugung stabiler und möglichst kohlenstofffreier Wolframmetallfäden gehört nicht nur ein gutes Zusammenpassen von Metall und Bindemittel resp. ein sorgfältig ausprobiertes Mischungsverhältnis, sondern vor allem auch die mechanische innige Verbindung dieser beiden Körper. Man kann im allgemeinen den Grundsatz aufstellen, daß ein zerbrechlicher Rohfaden auch niemals einen erstklassigen festen, formierten Faden ergeben wird. Was den Glanz oder die Beschaffenheit der Fäden anbelangt, so ist mit Sicherheit zu behaupten, daß aus einem matten, glanzlosen Rohfaden auch kein hochglänzender formierter Faden resultiert. Man hat demnach bei der Herstellung der Preßpaste möglichste Sorgfalt darauf zu verwenden, daß ein fester, biegsamer und stark glänzender Rohfaden entsteht.

Um nun diese notwendigen Eigenschaften zu erreichen, wird heute ausschließlich das sogenannte Kalandern angewendet. Es ist fraglos, daß diese Mischarbeit auf dem Kalander die idealste ist, die sich für diese Zwecke denken läßt. Abgesehen von dem Vermischen, bewerkstelligt gleichzeitig der Kalander ein gewisses Austrocknen der Preßpaste, wodurch im Verein mit dem konstanten Durcharbeiten die Zähigkeit erreicht wird. Ferner werden auch noch größere und härtere Partikelchen des Metalles, die beim Sieben mit durchgeschlüpft sein können, in kleinste Teile zermahlen, so daß die Gefahr der Verstopfung der Preßdüsen vermindert wird.

Die gebräuchlichen Kalander bestehen hauptsächlich aus einem Paar möglichst glasharter Walzen, wie in Fig. 48 und 49 bildlich dargestellt ist, die sorgfältig geschliffen und genau rund sein müssen. Fig. 48 stellt einen Kalander für Riemenbetrieb dar, während der Kalander in Fig. 49 mit Hilfe des Motors B und eines Schneckenrades direkt gekuppelt ist.

Die Walzen A sind mit Zahnrädern a und b versehen mit einer derartig abgestimmten Zähnezahl, daß beim Rotieren die obere Walze sich schneller dreht als die untere. Dies ist ein ganz besonderer Vorteil und für die Erzielung einer guten Paste

Fig. 48.

unerläßlich, da bei dieser Anordnung sich die gesamte Paste immer auf der schnell rotierenden oberen Walze befindet und dort mit Hilfe eines Spatels abgenommen werden kann. Außerdem wird das Mischgut durch die schneller laufende Walze auf der langsamer laufenden fortwährend zerrieben. Da die Walzen beim Kalandern einen sehr starken Druck auszuhalten haben, so müssen sie sehr kräftig gelagert sein. Durch die drehbare Vorrichtung c lassen sich die Walzen voneinander entfernen und sich nähern. Diese Spannvorrichtung steht mit der Stange d in fester Verbindung, welche schräg abgeflachte Metall-

stücke trägt, die unter den beiden Lagern der unteren Walze
liegen. Durch die Hin- und Herbewegung der Stange können
nun die beiden Lager genau gleichmäßig nach oben oder nach
unten bewegt werden. Um das Abnehmen der Masse von der
oberen Kalanderwalze mit Hilfe des Spatels zu erleichtern, ist
noch die Metallstütze e befestigt, die etwa 2—2¹/₂ cm von der
Walze entfernt ist.

Fig. 49.

Die Geschwindigkeit der oberen Walze richtet sich selbstverständlich nach der Art des benutzten Bindemittels und beträgt z. B. bei Anwendung des Zelloidinkittes etwa 45 bis
50 Touren pro Minute. Der Kraftverbrauch stellt sich bei fest
angepreßten Walzen und Verarbeitung von 12 g Paste auf etwa
1,5—2 P. S. Die Walzen können sowohl übereinander als auch
nebeneinander angeordnet werden.

Es ist von Vorteil, die Kalanderarbeit auf zwei nebeneinander-
stehenden Kalandern durchzuführen. Man wählt dann einen
Apparat (Fig. 48) mit kleineren Walzen, etwa 260 cm lang und
70 cm Durchmesser, zum Vorkalandern, während diese Arbeit

auf einem stärkeren Kalander (Fig. 49), dessen Walzen etwa
210 cm lang und 100 cm dick sind, beendet wird. Die Lager-
zapfenstärke beträgt bei dem schwächeren Kalander etwa 30 mm,
bei dem stärkeren 50 mm. Die Wahl von zwei Kalandern zum
Fertigmachen einer Preßpaste ist auch aus dem Grunde angebracht, damit nach dem Vorkalandern die beinahe fertige Paste
wieder auf einen kühleren Apparat kommt, wo das Lösungs-

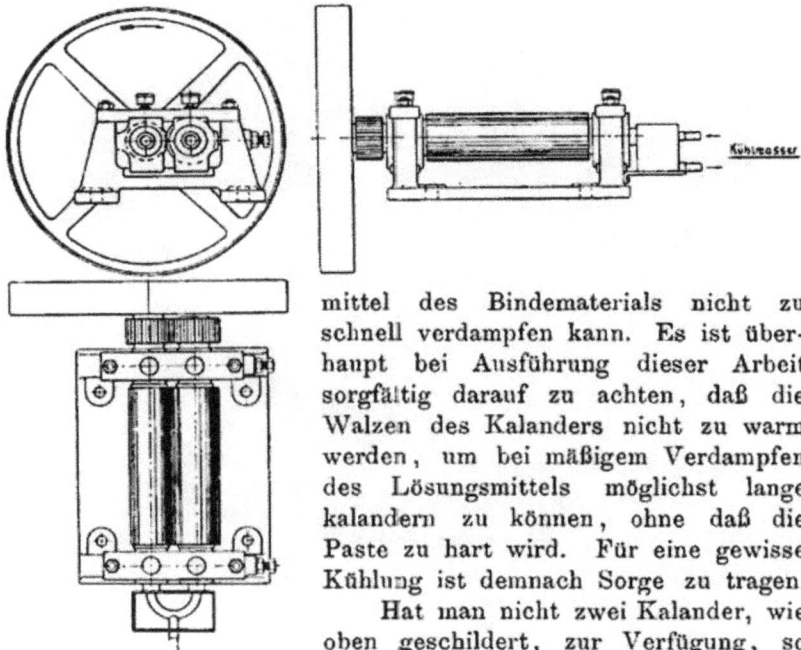

Kühlwasser

mittel des Bindematerials nicht zu
schnell verdampfen kann. Es ist überhaupt bei Ausführung dieser Arbeit
sorgfältig darauf zu achten, daß die
Walzen des Kalanders nicht zu warm
werden, um bei mäßigem Verdampfen
des Lösungsmittels möglichst lange
kalandern zu können, ohne daß die
Paste zu hart wird. Für eine gewisse
Kühlung ist demnach Sorge zu tragen.

Hat man nicht zwei Kalander, wie
oben geschildert, zur Verfügung, so
kann man eine starke Kühlung auch
in der in Fig. 50 dargestellten Weise

Fig 50.

erreichen. Die Walzen dieses Kalanders liegen nebeneinander,
nicht übereinander und sind hohl und werden durch Wasser
gekühlt. Die Walzen haben einen Durchmesser von 80 mm
bei einer Gesamtlänge von 300 mm und bestehen aus glashartem, sauber geschliffenem Compoundstahl. Die eine der
Walzen macht außerdem eine axiale Hin- und Herbewegung, um
eine intensive Vermischung und nochmalige Zerkleinerung zu
bewerkstelligen.

Eine andere Anordnung zeigt Fig. 51. Dieser Spezial-
kalander soll eine besonders gute Verarbeitung des Paste-
materials gestatten und besteht aus drei Walzen von 180 mm
Durchmesser mit 400 mm Länge. Diese drei Walzen bewirken
nun gleichzeitig das Vor- und Fertigkalandern.

Fig. 51.

Die Paste wird auf die langsam laufende Walze aufgelegt,
von der mittleren Walze zerrieben und dann der schnell-
laufenden Feinwalze zugeführt, die ebenfalls außer der rotierenden
noch eine hin und her gehende axiale Bewegung macht. Die
bereits vorgearbeitete Paste wird auf der letzten Walze nochmals feinst verrieben und kann dann dort mit Hilfe eines Spatels
abgenommen werden.

Auch grobe Metallteilchen können so auf etwa 0,015 mm
Feinheit zerrieben werden. Der Kalander ist, um die einzelnen
Walzenentfernungen genau einstellen zu können, mit einem

Schneckenradgetriebe ausgerüstet und wiegt etwa 600 kg. Zur
Verhütung von Unglücksfällen werden selbstverständlich die Zahn-
räder usw. mit Blechklappen geschützt.

Ein ähnlicher Kalander, wie der in Fig. 50 dargestellte, ist
der in Fig. 52 bildlich gezeigte, der auch mit Wasserkühlung
für beide Walzen ausgerüstet ist, bei dem jedoch die Entfernung
der beiden Walzen mittelst Federdrucker bei *a* und des Handrades *b* in gleichmäßiger Weise erreicht wird.

Fig. 52.

Um das Beschmutzen der Walzen mit Öl aus den Lagern zu
vermeiden, werden diese am besten mit Schutzrillen *a*, Deutsches
Reichs-Gebrauchsmuster von C. H e i n r i c h W e b e r in Berlin
(Fig. 53), oder mit den abgeschrägten, angeschliffenen Flächen *a*
(Fig. 54) versehen. Bemerkt sei noch, daß auch Kalanderwalzen
aus Achat und Hartporzellan probeweise verwendet wurden, die
sich aber ihrer Kostspieligkeit halber nicht einbürgern konnten.

Die H e r s t e l l u n g d e r P r e ß p a s t e selbst erfolgt nun
in folgender Weise:

Sollen s e h r d ü n n e Fäden hergestellt werden, so kalandert
man vorteilhafterweise nur eine kleine Quantität der Paste, z. B.
6 g Metall, mit der nötigen Menge Bindemittel (1,6 g Kolloidin-

kitt). Für stärkere Fäden kann man die doppelten Mengen anwenden.

Das Metall wird nun in einem kleinen sauberen Gefäß,
vielleicht einem geeigneten Porzellantiegel, mit Hilfe eines
messerartigen Metallspatels, mit dem Bindemittel verknetet und

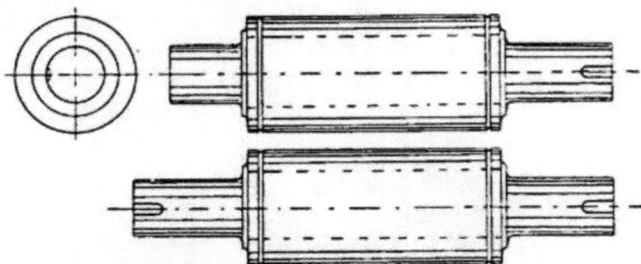

Fig. 53.

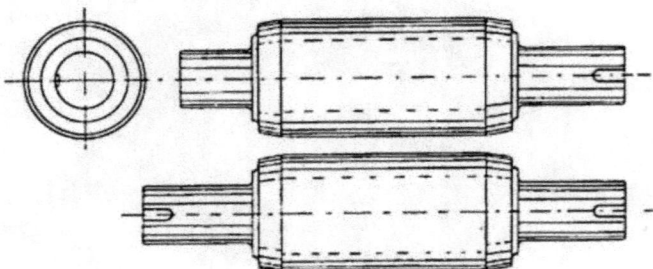

Fig. 54.

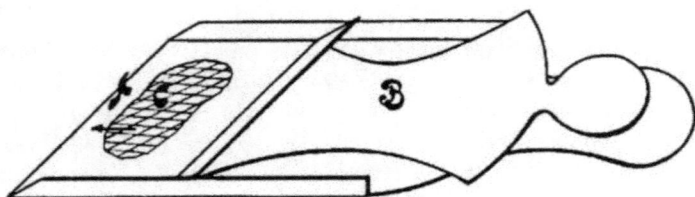

Fig. 55.

hierauf mit dem Spatel auf den kleinen Kalander gebracht. Zum
Aufbringen dieser Rohpaste kann man sich auh der in Fig. 55
gezeichneten Aufschubvorrichtung bedienen, die das Herein-
rutschen des Spatels bei unvorsichtigem Handhaben völlig verhindert. A ist ein mit umgebogenen Seitenflächen versehenes

starkes Stahlblech, in das genau der Schieber B paßt. C bedeutet die geknetete und zum Kalandern fertige Metallpaste.

Die Masse läuft nun, solange sie noch sehr weich ist, mehrere Male auf beiden Walzen, die noch nicht sehr fest angezogen sind, herum, und sammelt sich bald auf der oberen, schneller laufenden Walze an. Hierauf wird die untere Walze mit dem in Fig. 56 gezeichneten Spatel gereinigt.

Dieser Spatel besteht aus etwa 8 cm breitem und 3 cm starkem Stahlblech, das aber etwas weicher sein muß als die Kalanderwalzen, und besitzt eine genau geschliffene Schärfe. Nach der Reinigung der unteren Walze werden die Ka-

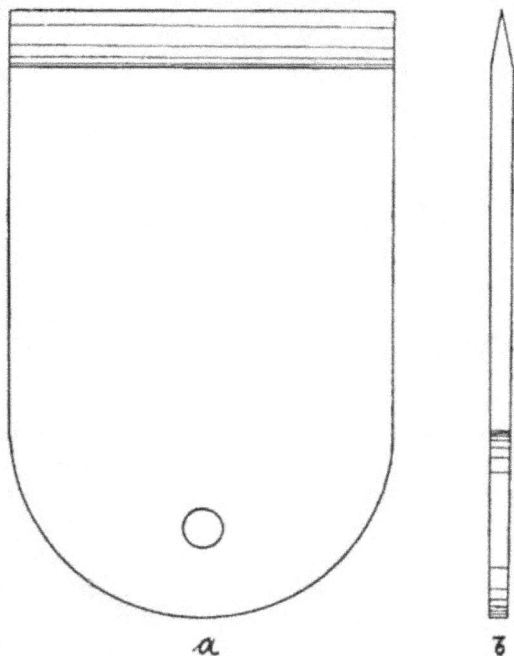

a b

Fig. 56.

landerwalzen fester angezogen und hierauf mit Hilfe des Spatels die Hälfte der fester werdenden Paste von einer Seite abgenommen

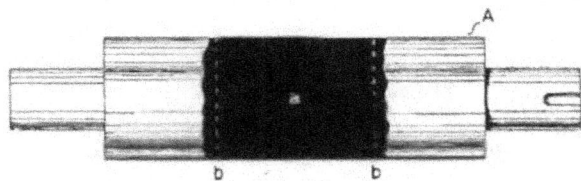

Fig. 57.

und auf das Übrige gegeben. Hierbei wird die Vorsicht gebraucht, die an den Rändern sitzenden, sehr hart gewordenen Teilchen immer vorher wegzunehmen, wie in Fig. 57 dargestellt, und bei-

seite zu legen, damit diese harten Randteile die übrige Paste nicht
verderben. Die wegzunehmenden harten Ränder sind in der Figur
durch die Striche *b* bezeichnet. Dieses Abnehmen der Paste und
Wiederaufbringen auf die Walzen wird nun immer wiederholt.

Am allmählich besser hervortretenden Glanze der Paste
kann man sehr deutlich das Fortschreiten der Kalanderarbeit
beobachten. Ist die Paste nun so fest geworden, daß sie nur
noch wenig an den Fingern klebt, so wird sie völlig von dem
kleinen Kalander abgenommen und nach dem fest angezogenen
großen Kalander gegeben, wo in gleicher Weise die Kalanderarbeit beendet wird. Das Ende, d. h. der Grad der Viskosität,
der sich am besten zum guten Pressen der Fäden eignet, macht
sich bemerkbar durch den Hochglanz der Masse, die sich
bläschenartig von der Walze löst. Die Paste darf nicht kleben
und eher etwas härter als zu weich sein. Je härter die Masse,
um so höheren Glanz bekommen die Rohfäden. Ist die Paste
zu weich, so wird das Pressen ungemein erschwert, da die
klebrigen Fäden sich am Ausflußkanal der Preßdüsen festsetzen
und dann Veranlassung zu fortwährender Verstopfung geben.
Die Paste muß jedoch auch so fest sein, daß die gepreßten
Rohfäden fest und elastisch sind und sich nicht beim Auflegen
auf den Auffangplatten durch ihr eigenes Gewicht abflachen
können. Außerdem soll das flüchtige Lösungsmittel des Kittes
so weit verdampft sein, daß starke Verkrümmungen durch zu
schnelle Kontraktionen der Fäden auf den Auffangplatten möglichst
vermieden werden. Glatte, nicht gekrümmte Fäden erleichtern
sehr das Auseinandernehmen der gebrannten Fäden, wie nachstehend beschrieben werden soll. Es sei nur noch hervorgehoben,
daß die Räume, in denen die Kalanderarbeit vorgenommen wird,
möglichst staubfrei und kühl temperiert sein sollen.

d) Das Pressen der Fäden.

Unmittelbar nach dem Kalandern, also sehr rasch darauf,
muß die fertige Preßpaste in die sogenannten Preßzylinder
gebracht werden, damit sie infolge zu langer Berührung mit der
Luft nicht hart werden kann. Zu diesem Pressen gehört im
allgemeinen folgende Apparatur:

1. der Preßzylinder mit Dichtungskörper und aufschraubbarem
   Kopf,

2. die Preßdüse,
3. die eigentliche Presse für Hand-, Motor- oder hydraulischen Betrieb,
4. die Fädenauffangvorrichtung,
5. die Einrichtung zum Reinigen und Öffnen der verstopften Düsen.

Als Preßzylinder wird der in Fig. 58 *a* und *b* in Ansicht und Schnitt dargestellte bevorzugt. *A* ist der eigentliche Preßzylinder aus Stahl, der gut gehärtet und sauber genau rund aus-

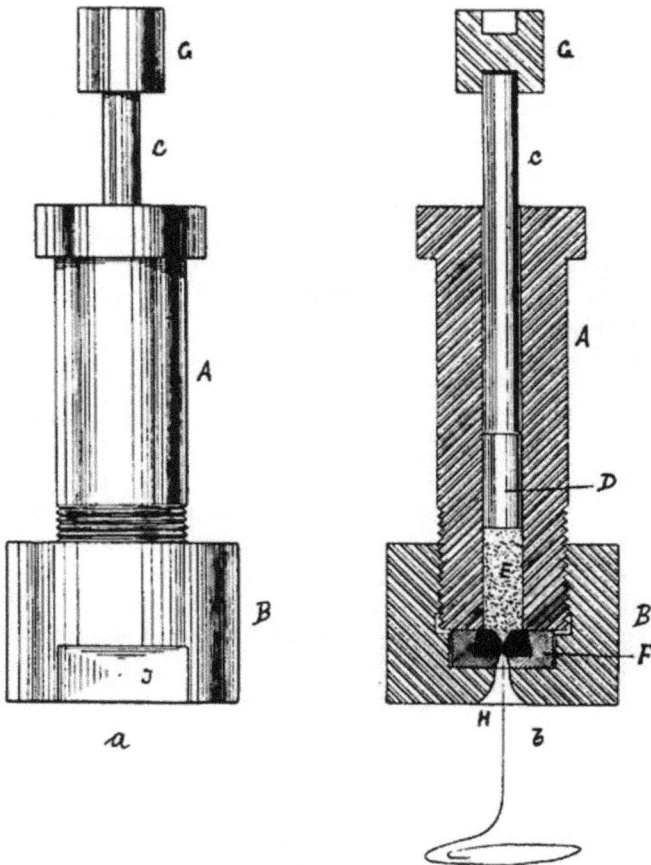

Fig. 58.

geschliffen sein muß. In den Zylinderkanal, dessen Durchmesser im allgemeinen zu etwa 7—10 mm gewählt wird, paßt genau der glasharte Preßkolben C, der an seinem unteren Ende bei D absolut genau abdichtet. Der Stahlkopf B ist mit dem gleichen Gewinde versehen wie das untere Ende des Zylinders B, so daß beide fest zusammen verschraubt werden können. Dieser Kopf enthält nun ein einsetzbares Stahlstück F, welches an beiden Seiten zur guten Abdichtung plan geschliffen ist. Dieses Stück ist derart ausgedreht, daß der gefaßte Preßstein bequem und etwas beweglich darin liegen kann. Dieses Metallstück ist ebenso wie der Kopf B entsprechend bei H durchbohrt und konisch ausgeschliffen, um dem gepreßten Faden ungehindert den Austritt zu gestatten. E bedeutet die kalanderte Metallpaste. Das Metallstück G paßt genau auf den Stahlstempel C und soll ein Verbiegen und Zerbrechen des Kolbens bei dem hohen Preßdruck verhindern. J sind an den Kopf angeschliffene Flächen, die das Einspannen des Zylinders in einen Schraubstock behufs Öffnung und Verschraubung erleichtern. Bei nicht genau schließendem Kolben kann man das Durchpressen der Preßpaste nach oben hin vermeiden, wenn man die Paste nach dem Einbringen zuerst mit einem runden Stückchen Flanell oder dergleichen bedeckt und nun erst den Kolben auf die Masse bringt. Daß der ganze Kolben in jedem seiner Teile peinlich sauber sein muß, braucht wohl nicht erst besonders hervorgehoben zu werden.

Ist dieser Preßkolben mit Präzision hergestellt, daß also besonders ein genau eingeschliffener Kolben vorhanden ist, und daß sämtliche aufeinander gehörigen Flächen plan geschliffen sind, so geht das Pressen ohne Stockung und Verlust vonstatten. Auch die Härtung sämtlicher Teile muß eine genügend gute sein, um zu schnelle Abnutzung und Verbiegungen möglichst zu vermeiden.

Ein anderer Preßkolben[1]) ist der in Fig. 59 dargestellte. In dem unteren Teil des Preßzylinders P ist ein konischer Einsatz C eingesetzt. Stempel S und Einsatz C sind aus glashartem Stahl hergestellt. Bei eintretender Abnutzung braucht dann nur dieser Einsatz und Stempel ersetzt zu werden.

---

[1]) D. R. P. Nr. 212615 vom 20. November 1908.

Die Düse *D*, welche den Preßstein gefaßt enthält, ist halb-
kugelförmig ausgestaltet, ebenso wie der untere Teil des Ein-
satzes *C*, und sind beide Teile zur besten Abdichtung zusammen
eingeschliffen. Der Preßzylinder wird nun durch den Gewinde-
kopf *M* fest verschraubt. Selbst bei ungenauer Ausführung des
Gewindes und der Mutter
wird dann infolge der kugel-
förmigen Ausgestaltung der
Düsenfassung eine voll-
ständig sichere Abdichtung
zwischen Zylinderboden
und Fassung erzielt.

Es existieren noch
mehrere Ausführungsfor-
men dieser Preßzylinder,
deren Beschreibung aber
kaum von Interesse sein
dürfte. Es ist nur noch
zu erwähnen, daß die Aus-
flußkanäle der gepreßten
Fäden vom Preßsteine ab
sorgfältigst aufeinander
passen müssen und am
besten konisch ausgedreht
sind, damit der Faden
nirgends anstoßen kann.

Die weiteren not-
wendigen Utensilien sind
die Preßdüsen oder
Preßsteine. Diese be-
stehen heute ausschließ-

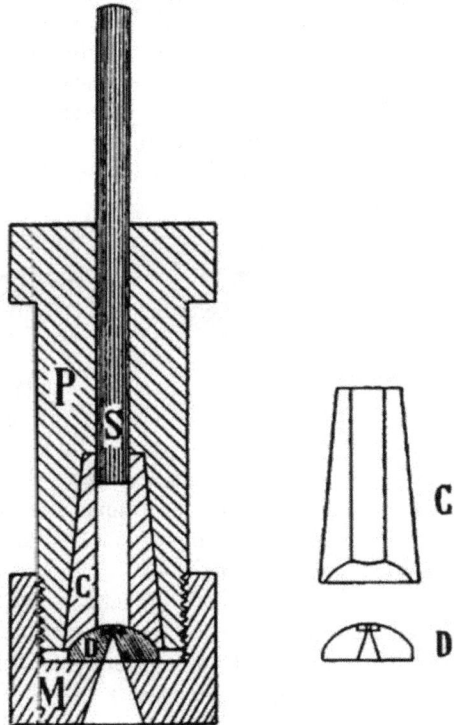

Fig. 59.

lich aus Diamant, dem härtesten bekannten Material, und sind
mit entsprechenden Bohrkanälen versehen. Preßdüsen aus Rubin
und Smaragd sind für die harten Wolframpasten und den notwendigen hohen Druck, der zu großen Weichheit dieser Materialien
wegen, unbrauchbar. Auch Düsen aus Quarz sind auf Anwend-
barkeit untersucht worden, jedoch ebenfalls mit negativem Erfolg.

Die besten Resultate ergeben die Kap- und brasilianischen
Diamanten, die den etwas weicheren deutschen Diamanten vor-

zuziehen sind. Die Bohrung selbst darf nie in der Kristallspalt-
richtung erfolgen, sondern lediglich senkrecht zu dieser. Zu
dünne und flache Diamantstückchen sind ebenfalls der Zerbrechlichkeit halber auszuschalten. Gewöhnlich werden zu den
feinsten Düsen Diamanten von $^1/_4$—$^3/_4$ Karat, zu den stärkeren
bis $1^1/_2$ Karat Gewicht verwendet.

Die Bohrung selbst, die fein poliert sein muß, kann sehr
verschieden gestaltet sein, wie in Fig. 60 angedeutet ist. a zeigt
einen Preßdiamanten, dessen Preßkanal sich von unten nach
oben genau trichterförmig erweitert. Die untere schmale Öffnung
entspricht dem Durchmesser des gepreßten Rohfadens.

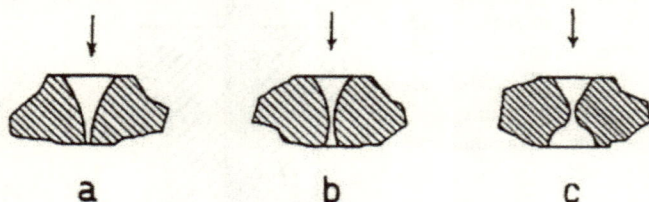

Fig. 60.

b zeigt einen Diamanten, dessen Kanal aus zwei Trichtern
zusammengesetzt ist, einem oberen größeren und einem unteren
kleineren. Die engste Stelle entspricht dem Durchmesser der
gewünschten Rohfäden.

c endlich stellt die jetzt gebräuchlichste Form des Diamanten
dar, bei welchem der obere Einlauf ähnlich dem Auslauf ausgestaltet ist. Der notwendige Druck ist bei diesen Preßsteinen
um vieles geringer als z. B. bei dem Stein a. Die Richtung
der Preßmasse wird durch die Richtung der Pfeile angedeutet.

Steine, deren beide Trichter in der Mitte nicht ganz genau
zentrisch, sondern etwas seitlich zusammenstoßen, sind unbrauchbar.

Diese Preßdiamanten müssen nun in geeigneter Weise in
einer stabilen Metallfassung untergebracht werden, deren
Ausführung für die Haltbarkeit von großer Bedeutung ist. Eine
gebräuchliche Fassung stellt Fig. 61 dar. a ist ein runder, aus
Stahl oder Messing bestehender, in der gezeichneten Weise aus-
gedrehter Metallkörper. In diesen Körper wird zuerst (b) ein
Messing- oder Kupferring 1 eingelegt und mittels starken Druckes
eingepreßt. Durch hohen Druck wird der jetzt eingeführte

Diamantpreßstein *3* und ein zweiter Metallring *2* (Kupfer oder Messing) wiederum eingepreßt (*c* und *d*), worauf endlich ein letzter Metallring *4* aufgepreßt wird (*e* und *f*). Diese Pressungen sollen möglichst langsam, zum Schluß unter verstärktem Druck erfolgen, um ein Zerplatzen des Steines zu verhindern. Nachher

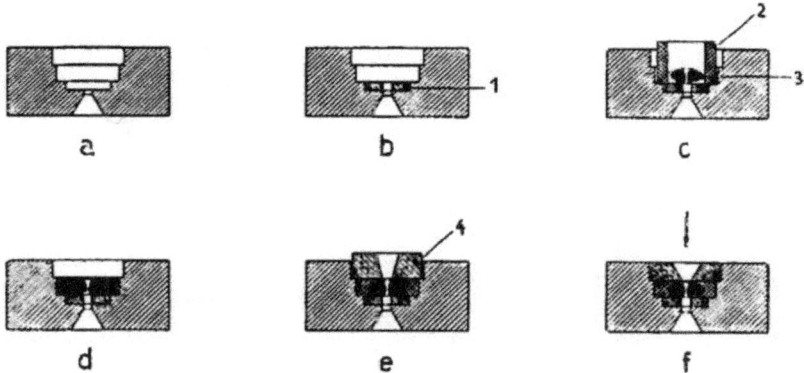

Fig. 61.

erfolgt noch die sorgfältige konische Ausdrehung der Metall-ringe, wie in der Zeichnung angedeutet ist.

Eine weitere recht brauchbare Fassung stellt die in Fig. 62 angegebene dar.

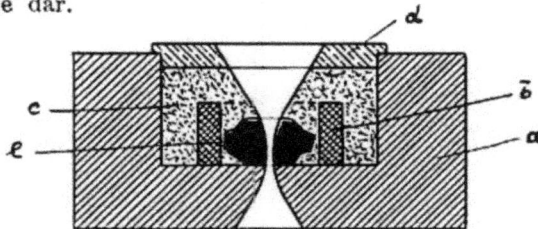

Fig. 62.

Der ausgedrehte Stahl- oder Messingkörper *a* enthält den Preßstein *e*, um den ein schwacher Messingring *b* gelegt worden ist. Nach genauer Zentrierung, die mit Hilfe des in Fig. 56 ge-zeichneten Apparates zur Fassung des Steines geschieht, wird das Ganze mit einem harten Lote *c* ausgegossen. Geeignet sind hierzu z. B. Silberlote, die bei hohem Drucke eine geringe Be-wegung des eingebetteten Steines gestatten. Dieses Lot wird

nachträglich noch vorsichtig eingepreßt, damit alle Hohlräume
vollkommen ausgefüllt werden, worauf noch die Messingplatte *d*
zum festen Abschluß aufgelegt wird.

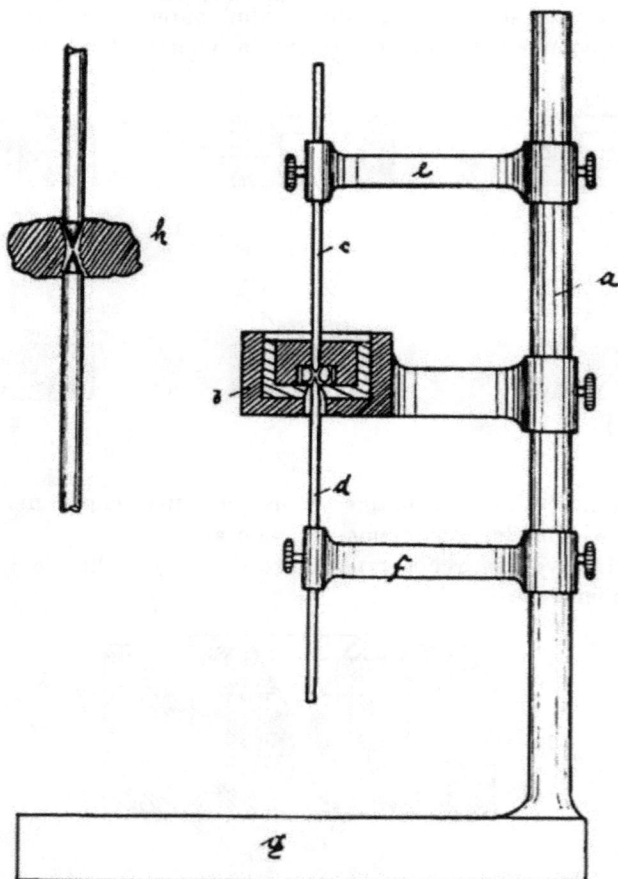

Fig. 63.

Auch Fassungen, bei denen die Diamantdüse vollkommen in
Stahl eingegossen ist, kommen zur Anwendung.

Der Einfaßapparat Fig. 63 besteht aus dem Tisch *g*, der die
runde Stange *a* trägt. Auf der Stange *a* sind zur genauen Einstellung mit Schrauben beweglich angebracht die Nadel *c*, ver-

schiebbar durch den Arm *e*, das bewegliche Tischchen *b* und die Nadel *d*. Beide Nadeln sind an den Enden sehr fein angespitzt und bestehen aus Aluminium oder Magnalium, um ein Festhaften des Lotes zu umgehen. Die Spitzen der Nadeln müssen so fein sein, daß sie in die Bohrkanäle des Diamanten reichen und dort dicht abschließen, um das Eindringen des geschmolzenen Lotes zu verhindern.

Diese Fassung gestattet eine geringe Bewegung der Preßdüsen beim ersten Drucke der Presse, wodurch zumeist das lästige Zerspringen neuer Steine gänzlich vermieden wird. Es empfiehlt sich überhaupt, bei der erstmaligen Anwendung neuer Steine den Druck nach dem Einspannen in den Preßkolben nur langsam und ruckweise zu erhöhen, bis sich der Stein dorthin gelagert hat, wo er endgültig liegen bleibt.

Auch Preßdüsen kommen in Anwendung, bei denen die Diamanten vollkommen ohne Zuhilfenahme eines Lotes in Stahl, Wolframstahl und Wolframbronze eingefaßt sind. Bei dieser Fassung ist großes Gewicht darauf zu legen, daß keinerlei Hohlräume in der Nähe des Diamanten vorhanden sind, die ein Zerspringen des Steines begünstigen würden.

Wie bekannt, schleifen sich diese Preßsteine nach einer gewissen Zeit infolge der Härte der Preßpaste und der erzeugten Preßgeschwindigkeit derart aus, daß der Stein für den gleichen Durchmesser der Fäden nicht mehr tauglich ist. Gewöhnlich kann ein sehr guter und harter Stein für etwa 20—25 000 m Faden des gleichen Durchmessers gebraucht werden. Derartige auszuschaltende Steine sind jedoch nicht wertlos, sondern können, sofern es die Größe der Steine gestattet, auf den nächst höheren notwendigen Durchmesser aufgebohrt und poliert werden. Zerbrochene Diamanten werden z. B. als Glaserdiamanten verbraucht, zum Teil werden die Stückchen zu Diamantbord verarbeitet.

Nach den Bestimmungen des Verfassers schliff sich ein Stein, der anfänglich genau den Durchmesser von 0,030 mm hatte, nach dieser Leistung so weit aus, daß der Durchmesser sich auf 0,0318 mm vergrößerte. Zur Erzielung möglichst gleichmäßiger Lampen ist es nicht rätlich, diesen Stein länger für dieselbe Type zu verwenden.

Nach der Unterbringung der Paste in dem kompletten Preßzylinder wird dieser in die eigentliche Presse gebracht. Dieser

Apparat, der für Hand-, Motor- und hydraulischen Betrieb eingerichtet sein kann, besteht aus folgenden Teilen:

    a) der eigentlichen Presse zur Erzeugung des Druckes und

    b) der Fädenauffangvorrichtung.

Einige Typen der gebräuchlichsten Handpressen sind in den Fig. 64, 65 und 66 dargestellt.

Fig. 64.

Die in Fig. 64 abgebildete Handpresse besitzt einen zur Aufnahme des gefüllten Preßzylinders geeignet ausgeführten, sehr starken Kasten, durch welchen die mit Handrad versehene Spindel zur Erzeugung des Druckes geführt ist. Die Spindelgänge sind sehr fein ausgebildet, um mit wenig Kraft einen hohen Druck erzeugen zu können. Der Spindelkasten kann mit einem Drahtgewebe verschlossen werden, um beim eventuellen Zerspringen des Kolbens usw. Verletzungen des Arbeiters zu verhindern.

Die Auffangvorrichtung für die Fäden besteht, wie ersichtlich, aus einem mit vier kleinen Rädern ausgerüsteten Wagen, der auf zwei auf dem Tisch befestigten Schienen hin und her geschoben werden kann, um das Legen der hufeisenförmigen Fädenschleifen zu ermöglichen. Auf diesen Wagen wird die

Fig. 65.

stabile, nicht verbiegbare F a d e n p a p p e aufgelegt, die zur besseren Abnahme der Fäden am besten mit glattem Glanzpapier überzogen ist. Durch federnde Anschläge an beiden Enden der Schienen kann übrigens die Länge der gepreßten Fäden reguliert werden.

Fig. 65 zeigt uns eine ähnliche Presse mit Wagen, bei der jedoch die Fallhöhe der Fäden durch Vorstellung des Preßkastens geändert werden kann. Der Druck wird hier auch durch Spindel mit Spindelrad erzeugt.

11 *

Die Erzeugung des Druckes bei der Fadenpesse in Fig. 66
erfolgt im Gegensatz zu den ersten beiden Handpressen nicht
durch ein Handrad, sondern durch einen Handhebel mit Sperrad

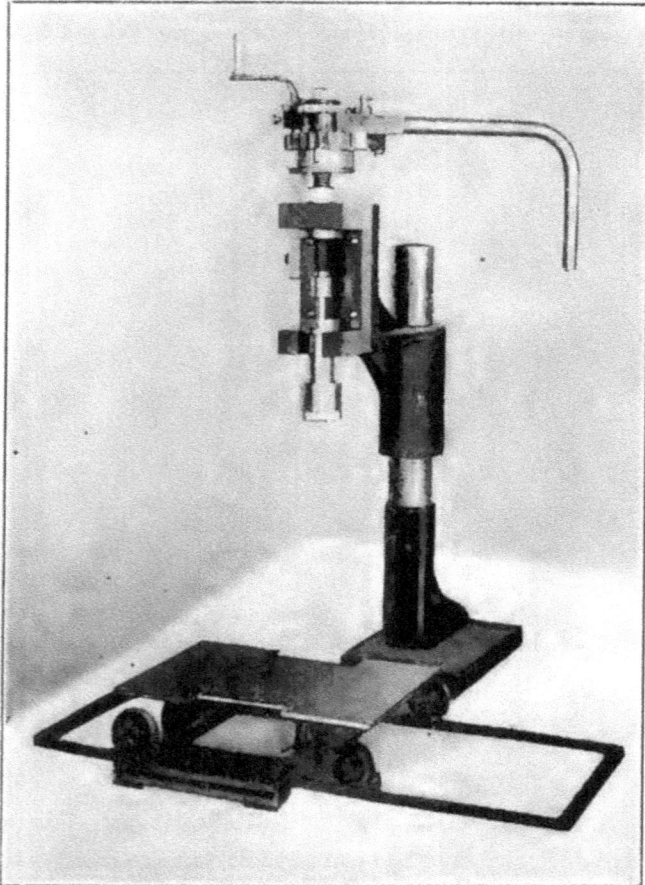

Fig. 66.

und Spannfeder. Diese Einrichtung funktioniert in der Weise,
daß durch Hin- und Herbewegung des Handhebels eine kräftige
Feder gespannt wird, deren Kraft durch Vermittlung der Spindel
auf den Preßkolben übertragen wird. Durch diese Einrichtung

soll erreicht werden, daß nach Stillstand des Hebels der Druck auf die Masse und damit auch das Pressen der Fäden noch einige Zeit fortdauert. Dieses noch etwas fortdauernde Pressen tritt übrigens auch bei den Handpressen ein, veranlaßt eben durch den feinen Gang der Spindel.

Wenn man auch mit den beschriebenen Handpressen während der Dauer des Auspressens einer Masse nicht absolut genau denselben Druck einhalten kann, so lernt ein geschickter Arbeiter doch in kurzer Zeit mit ziemlich gleichem Druck zu pressen. Im übrigen machen sich kleine Druckunterschiede bei der harten Wolframmetallpaste viel weniger bemerkbar als beim Auspressen viskoser Massen, wie z. B. der Nitrozelluloselösung bei der Herstellung der Kohlefäden [1]). Die Handpressen haben infolge ihrer Einfachheit und Billigkeit eine ausgedehnte Anwendung erhalten.

Diese Handpressen werden verschiedentlich auch so konstruiert, daß das Handrad durch ein Schneckengetriebe vermittelst eines Motors direkt angetrieben wird. Ein besonderer Vorteil kann aber kaum in dieser Anordnung erblickt werden.

Gleich zu Anfang der Wolframfädenindustrie wurden auch die hydraulischen Pressen speziell für die Glühfadenfabrikation konstruiert. Diese Pressen bestehen:

a) aus der eigentlichen Presse,
b) dem Druckakkumulator,
c) der Druckregulierung und
d) der Fädenauffangvorrichtung.

Eine der ersten Pressen, die auf dem Markte erschienen, stellt die Fig. 67 dar.

Wie aus der Abbildung ersichtlich, drückt der Plunger, der ausbalanciert ist, auf den Preßstempel in dem darunter befindlichen Massezylinder. Der austretende Faden wird auf einer auf der Tischplatte hin und her bewegten Pappe aufgefangen. Die dargestellte kleine hydraulische Preßpumpe liefert den erforderlichen Druck vermittelst einer Flüssigkeit (Öl), und zwar derart, daß der Faden mit gleichmäßiger Geschwindigkeit austritt. Zum Zwecke der genauesten Regulierung der Presse, von welcher zum Teil die Genauigkeit des gewünschten Fadendurchmessers abhängt, dient ein Präzisionssteuer- und regulier-

---

[1]) Weber, „Die Kohleglühfäden". Dr. Max Jänicke, Hannover 1907.

apparat, der, bequem vom Arbeiter erreichbar, unterhalb des
Tisches angebracht ist. Durch Drehen des gezeichneten kleinen
Handrades kann der Zufluß des Drucköles nach der oben befindlichen Presse vermindert oder verstärkt werden. Zum Ablesen
des Druckes ist ein Manometer vorgesehen worden.

Fig. 67.

Der Kraftbedarf für diese Presse beträgt ½ P. S. Die auf
der Vorlegewelle sitzende Riemenscheibe hat 225 mm Durchmesser und soll mit 500 Touren pro Minute angetrieben werden.
Die Fadenpresse ist, wie der Verfasser aus seiner eigenen Praxis
bestätigen kann, außerordentlich leicht regulierbar und gibt zu
wenig Störungen Veranlassung. Es ist jedoch erforderlich, hin

und wieder die im Ölkolben befindliche Ledermanschette aus-
zuwechseln, behufs fortwährend guter Dichtung.

Fig. 68.

Der Preis einer derartigen Preßanlage stellt sich auf etwa 1800 Mark.

Weit billigere und ebenfalls recht brauchbare hydraulische Pressen sind in den Fig. 68 und 69 abgebildet. Die Presse,

Fig. 69.

in Fig. 68 dargestellt, liefert einen Druck von etwa 2500 kg, während bei der zweiten, stärkeren Presse ein Druck bis etwa 6000 kg erzielt werden kann. Auch diese Pressen werden betrieben vermittels eines kleinen Riemenpumpwerkes, wie Fig. 70

Fig. 70.

zeigt, während in Fig. 71 die Verbindung von hydraulischer Presse und Riemenpumpwerk dargestellt ist.

Diese Pressen liefern einen völlig stoßfreien Druck, der im Moment beliebig reguliert werden kann. Die Regulierung selbst erfolgt durch ein kombiniertes Handsteuerventil, dessen

gewöhnliches Einstellventil mit einer Präzisionsregulierung für
feinste Druckunterschiede versehen ist. Das Zurückgehen des
Druckkolbens wird durch Gewichte veranlaßt, wie es aus den
Abbildungen auch zu ersehen ist. Diese Anordnung ist einem

Fig. 71.

im Preßzylinder befindlichen Rückzugskolben entschieden vorzuziehen, da die Innenmanschette des Rückzugskolbens leicht
zu Störungen Anlaß gibt und ein Auswechseln derselben stets
zeitraubend ist.

Der Kolben selbst ist mit einer Rinne umgeben, von der
durch einen Schlauch etwa heraustretende Flüssigkeit abgeleitet

wird. Zum Betriebe der Pressen wird entweder Wasser mit einem Zusatz von Simplizit oder reines Mineralöl verwendet.

Diese Pressen sind auf einem starken Tisch montiert, bei welchem die Platte zum Auffangen der gepreßten Fäden in der Höhe verstellbar angeordnet ist.

Bei Anlagen von nur wenig Pressen wird am besten jede einzeln mit einem kleinen dreifachen Pumpwerk angetrieben, das mit einem Quecksilber-Druckausgleicher ausgerüstet ist, so daß die Kolbenstöße der Pumpe sich nur in ganz geringem Maße bemerkbar machen. Der Pumpenkörper selbst ist aus einem Stück zäher Bronze gearbeitet, die Ventile sind aus demselben Metall, so daß ein Undichtwerden derselben durch Rosten völlig vermieden wird. Sämtliche Lager bestehen vorteilhafterweise auch aus Bronze. Die Pumpe ist ferner mit einem Sicherheitsventil versehen, welches auf den höchstzulässigen Druck eingestellt wird, so daß eine Überlastung der Anlage nicht eintreten kann.

Wie schon oben erwähnt, kombiniert man der Einfachheit halber bei kleinen Anlagen, vielleicht von zwei bis drei Pressen, immer eine Presse mit einem der kleinen Pumpwerke. Für größere Anlagen jedoch empfiehlt es sich, ein größeres Riemenpumpwerk, wie in Fig. 72 dargestellt, in Verbindung mit einem Gewichtsakkumulator (Fig. 73) anzuwenden. Will man mit völlig gleichem Druck, ohne jede bemerkbare Schwankung, arbeiten, so empfiehlt es sich ferner, an ein Pumpwerk zwei Akkumulatoren anzuschließen und dieselben durch ein automatisches Steuerventil eines besonderen Systems zu verbinden. Die Anlage arbeitet dann in der Weise, daß das Pumpwerk den einen Akkumulator in die Höhe pumpt, während der andere herniedergeht und auf die Pressen arbeitet. Ist dieser unten angelangt, so schaltet das Ventil selbsttätig um, so daß nun der andere Akkumulator auf die Pressen arbeitet, während der erste wieder hochgedrückt wird. Eine derartige Anlage mit zwei Akkumulatoren zeigt uns Fig. 74.

Der große Vorteil dieser Anlage ist der, daß die Pumpe nie auf die Pressen arbeitet, sondern dieselben ununterbrochen stets den gleichmäßigen Druck der Akkumulatoren bei deren Niedergehen erhalten. Diese Anordnung hat sich im Betrieb vorzüglich bewährt. Die oben angedeutete Anlage genügt völlig

für den Betrieb von zwanzig Pressen unter der Voraussetzung,
daß während des Betriebes kein Wasser durch Nichtschließen

Fig. 72.

der Ventile unnötig verbraucht wird. Auf die gute Beschaffenheit der Ventile ist demnach die größte Sorgfalt zu verwenden.

Fig. 73.

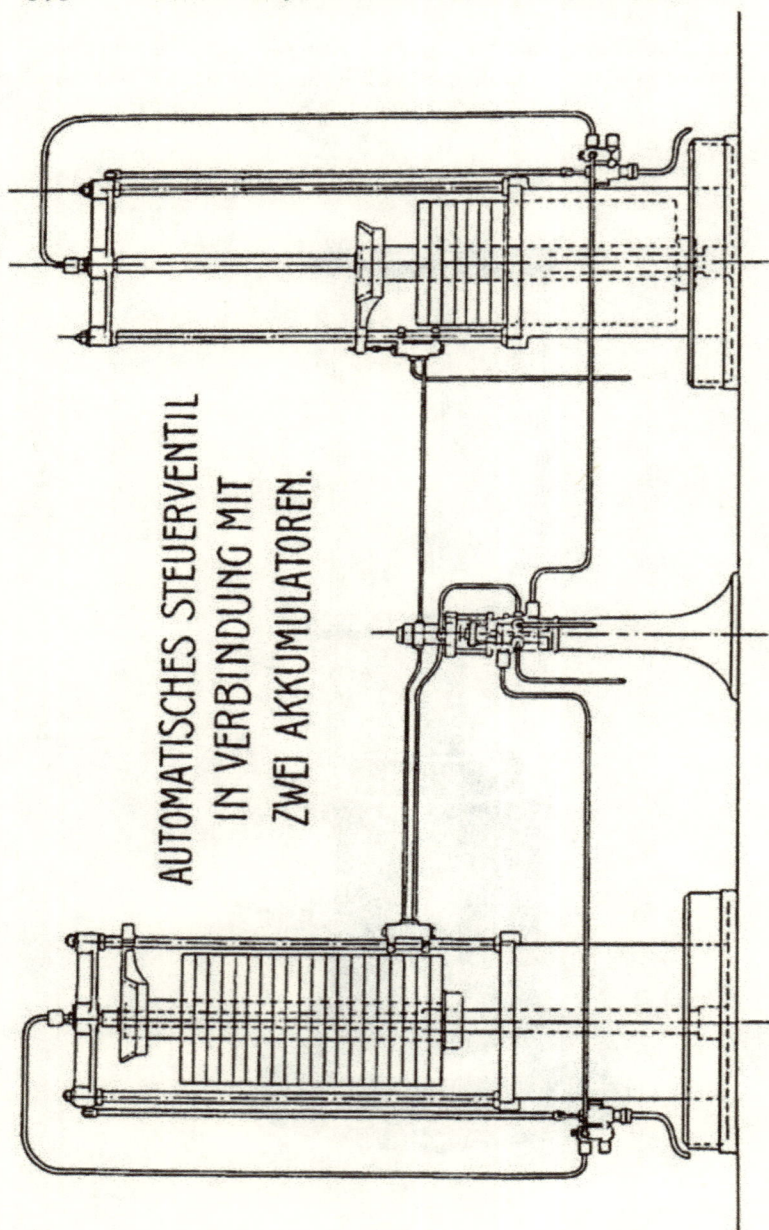

AUTOMATISCHES STEUERVENTIL
IN VERBINDUNG MIT
ZWEI AKKUMULATOREN.

Fig. 74

Wird das große Pumpwerk nur mit einem Akkumulator verbunden, so macht sich dann beim Hochpumpen des Akkumulators das Arbeiten der Pumpe, die ja dann direkt auf die Pressen wirkt, in geringen Druckschwankungen bemerkbar.

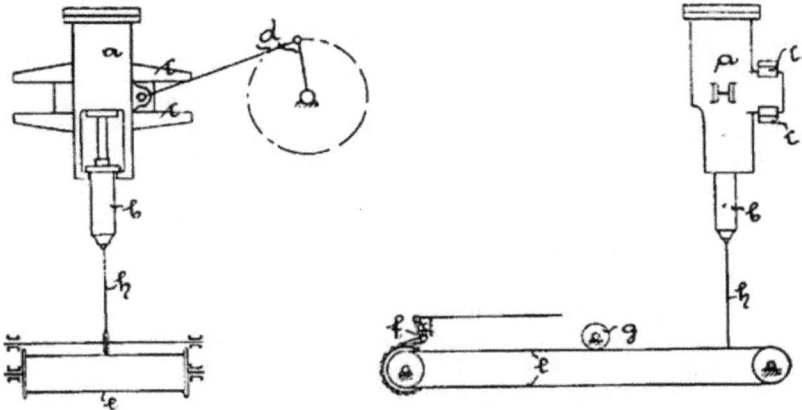

Wenn dieses nicht erwünscht erscheinen sollte, so muß man mit dem Pressen so lange anhalten, bis der Akkumulator wieder seine höchste Stellung erreicht hat. Die Leistung einer solchen Anlage, wenn auf absolut gleichen Druck großes Gewicht gelegt wird, wäre dann naturgemäß geringer. Der Verfasser hält jedoch, wie er schon früher hervorhob, die geringen eintretenden Druckdifferenzen für völlig unschädlich.

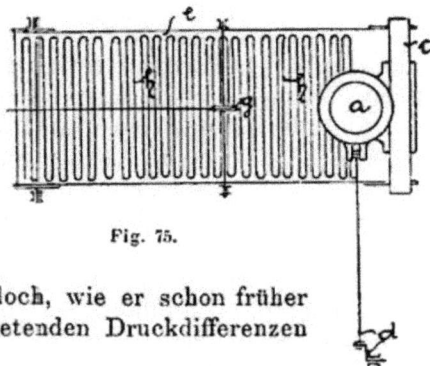

Fig. 75.

Eine weitere hydraulische Preßanlage ist Adolf Schmitz[1]) in Wien patentiert worden. Diese Preßanlage soll sowohl Druckschwankungen vollkommen vermeiden, als auch die Fäden in ununterbrochenem Gang gleichmäßig und automatisch auf die Fadenpappen auflegen. In Fig. 75 bedeutet I einen schema-

---

[1]) D. R. P. Nr. 212075 vom 29. November 1908.

tischen Aufriß, *II* eine schematische Seitenansicht und *III*
einen schematischen Grundriß der Preßvorrichtung. Es bedeutet *a* eine Preßvorrichtung, *b* einen Spritzzylinder, *c* Führungen
für die Presse, *d* einen Mechanismus zur Bewegung der Preßvorrichtung, *e* ein endloses Band, *f* eine Schaltvorrichtung für
ruckweise Bewegung des endlosen Bandes, *g* eine Messerscheibe, *h* den gepreßten Faden.

Die Presse *a* mit dem Spritzzylinder *b* ist in den Führungen *c*
beweglich und wird durch den Mechanismus *d* zwangläufig hin
und her bewegt. Der heraustretende Faden *h* legt sich bei der
Bewegung von *a* auf das unter der Presse befindliche endlose
Band *e*, welches in den Endstellungen der Presse jedesmal durch
den Mechanismus *f* ruckweise vorwärts bewegt wird, so daß der
Faden sich in der aus *III* ersichtlichen Form auf das endlose
Band auflegt. Die Messerscheibe *g* schneidet auf dem Band
die vorwärts bewegten Fäden auseinander, welch letztere dann
abgenommen werden können. Hierdurch gestaltet sich der Vorgang vollkommen kontinuierlich und unabhängig von der Geschicklichkeit des Arbeiters, der nur durch eine Steuervorrichtung an
der Presse in bekannter Weise die Geschwindigkeit des heraus-
tretenden Fadens zu regeln hat.

Der Mechanismus *d* kann selbstverständlich durch irgendeine andere zweckmäßige Anordnung, wie Kurvenscheibe, Zahn-
stange, Schraube usw., ersetzt werden, ebenso die Führung.

Der Preßstempel der Presse *a* wird am besten auf hydrau-
lischem Wege zur Druckerzeugung bewegt. In den Fig. 76
und 77 ist eine derartige hydraulische Presse nebst Preßkolben,
mit Druckmesser versehen, und der automatische Auffangapparat
deutlicher dargestellt, während Fig. 78 eine Anlage von fünf
hydraulischen Pressen zeigt. *A* ist der Pumpenzylinder (Fig. 77),
B der mit Masse gefüllte Preßzylinder, *C* der Druckmesser und
D die Druckregulierung. Die Fäden werden auf dem durch
Riemenantrieb *b* bewegten Tisch *d* aufgefangen.

Aus dem Reservoir *A* (Fig. 78) fließt die Druckflüssigkeit
(Öl) der Pumpenbatterie *B* zu, die aus fünf getrennten, für sich
separat arbeitenden, vierfach wirkenden Pumpen besteht. Jede
Pumpe ist mit einem einstellbaren Sicherheitsventil *K* versehen
und ist durch die Rohrleitung *C* mit einer Presse *D* verbunden.
Die Presse besteht in der Hauptsache aus einem hydraulischen

Zylinder, der im unteren Teil mittelst Bajonettverschlusses den Spritzzylinder aufnimmt, auf dessen Stahlstempel der Plunger

Fig. 76.

wirkt, sobald an der seitlich befindlichen Steuerung E der Handgriff F nach rechts geschlossen wird. In diesem Augenblick ist der Ölumlauf gesperrt, und die betreffende Pumpe fördert jetzt Druckflüssigkeit in die Presse, wodurch sich der Plunger abwärts bewegt, den Stahlstempel G in den Spritzzylinder H hineinpreßt und den Faden spritzt.

Durch Drehen des Handrades J läßt sich der am Mano-meter angezeigte Preßdruck genau regulieren und der gewollten Fadengeschwindigkeit anpassen. Bei Überschreitung eines ge-

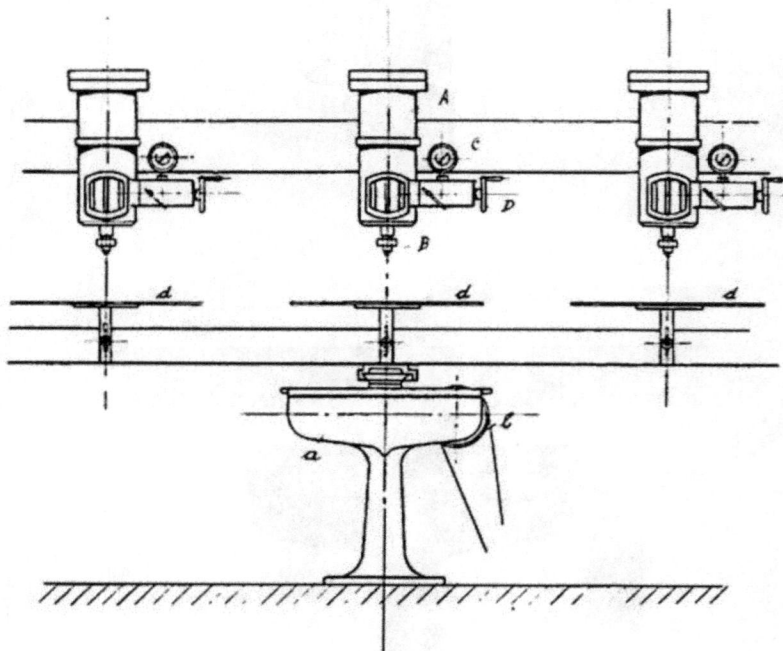

Fig. 77.

wissen, empirisch ermittelten und einstellbaren Höchstdruckes hebt sich das Sicherheitsventil K und verhütet dadurch sehr oft Preßsteinbrüche.

Soll das Pressen unterbrochen werden oder der Plunger zurückgehen, so ist der Handgriff F nach links zu drehen, worauf die Pumpe wieder in den Umlauf arbeitet und der Plunger durch eine starke Feder im Innern der Presse zurück-gezogen wird. Das Öl fließt dann hinten aus der Presse durch das Rohr L in das Reservoir A zurück.

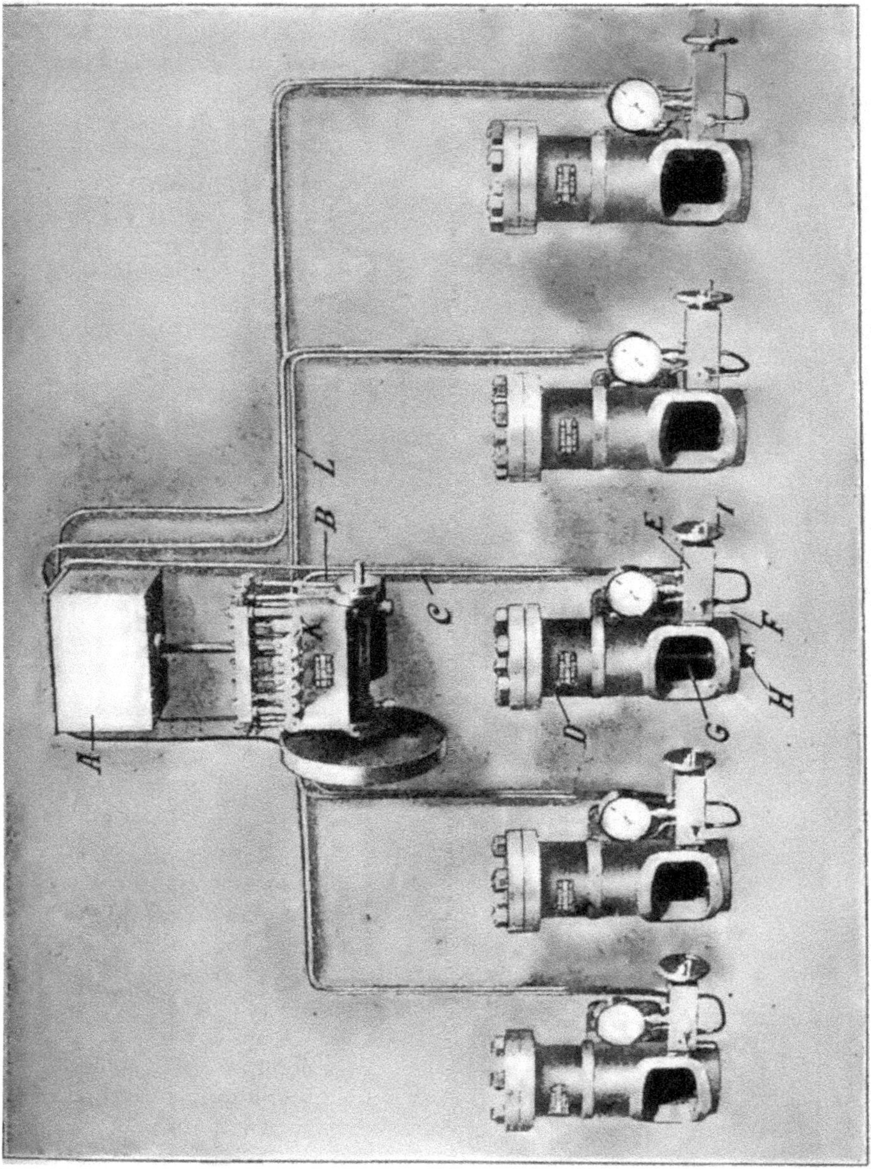

Fig. 72.

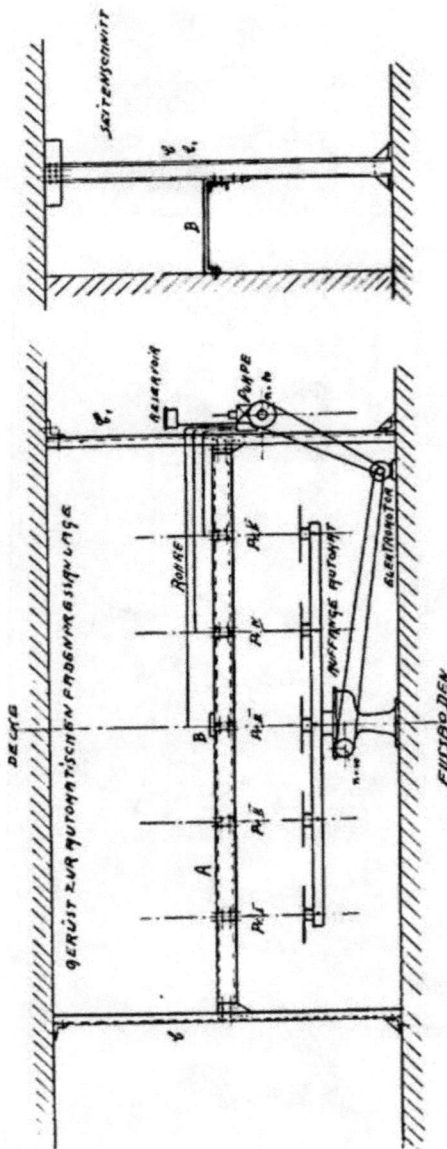

Fig. 79.

Die Pressen arbeiten ganz unabhängig voneinander und können auch während des Betriebes ohne Störung der anderen in der Batterie befindlichen Pressen nachgesehen werden, indem an der betreffenden Pumpe das Sicherheitsventil hochgehoben wird.

Der Kraftbedarf der geschilderten Batterie beträgt etwa $1/4$ P. S.

Die Montage der Anlage erfolgt nach den mir überlassenen Zeichnungen im Maßstab 1 : 30 der vorhin erwähnten Firma gewöhnlich in der in Fig. 79 angegebenen Weise.

A ist ein starker Eisenträger, der die einzelnen Pressen zu tragen hat. Dieser Träger ist etwa 1,5 m vom Boden entfernt. Die Entfernung einer Presse von der anderen beträgt 600 mm. Zum sicheren Halten des Trägers und zur Vermeidung schädlicher Verbiegungen ist noch eine etwa 55 mm breite Querstütze *B* an den Träger *A* angenietet, welche an der anderen Seite in die Wand eingelassen wird. Zwei weitere *U*-Träger *C* und

C'_1, die 60 mm stark sind, halten dieses ganze Traggestell. An
dem einen Träger C_1 ist das Ölreservoir zur Bedienung der
Pumpen stabil angebracht und etwa 1 m tiefer die Pumpen
selbst. Sowohl diese Pumpen als auch die Auffangeautomaten
werden vom gleichen Motor angetrieben, der auf dem Fußboden
montiert ist. Der Kraftbedarf zur Verrichtung dieser beiden
Arbeiten beträgt etwa 1 P. S.

Das Ganze ist, wie ersichtlich, derart stabil gebaut, daß
Erschütterungen durch das Arbeiten der einzelnen Pressen völlig
ausgeschaltet werden.

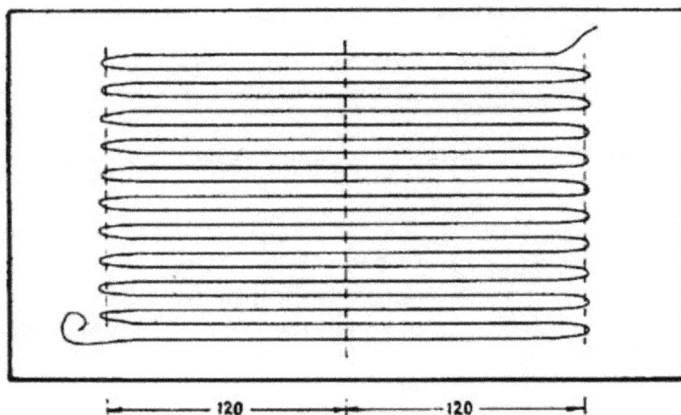

Fig. 80.

Im allgemeinen läßt sich jedoch feststellen, daß die Handpressen den hydraulischen Pressen vorgezogen werden, nicht
allein des Kostenpunktes wegen, sondern ganz besonders auch
der Einfachheit der Bedienung halber. Bei Verwendung geschickter Arbeiter ist die Leistung der Handpressen ebenso
groß wie die der hydraulischen. Die Gleichmäßigkeit des Druckes
ist jedoch entschieden bei den letzteren eine größere als bei
den ersteren.

Die Fäden werden nun auf guten, glatten Pappen aufgefangen und mit Hilfe des Wagens und der entsprechenden
Hin- und Herbewegung in Hufeisenform aufgefangen. Man kann
nun das Legen der Fäden in der in Fig. 80 oder auch in der
in Fig. 81 angegebenen Form vornehmen.

Bei Verwendung der früher beschriebenen Zelloidin- oder Tragantharzkitte kann man gefahrlos mehrere Lagen von Fäden übereinander pressen, ohne ein Flachlegen oder gegenseitiges

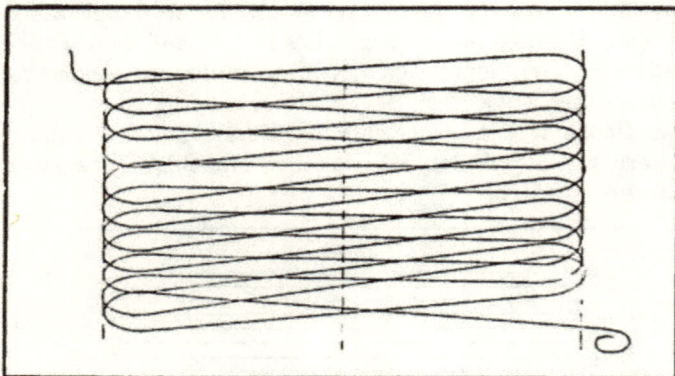

Fig. 81.

Anhaften befürchten zu müssen. Es empfiehlt sich, je nach dem Durchmesser der Fäden, 100—200 auf eine Pappe zu pressen und weiter die Pappen, um Verwechslungen zu vermeiden, genau mit der Nummer des Preßsteines und des Durchmessers der Düse zu bezeichnen.

Nachdem die gepreßten Fäden etwa eine halbe Stunde an der Luft gelegen haben, werden sie in der Mitte mit Hilfe eines Messers, am besten eines Rollmessers, wie in Fig. 82 dargestellt zerschnitten und dann in Bündeln wie in Fig. 83 angegeben zusammengelegt.

Um das Auseinandernehmen der Fäden nach dem Brennen nicht zu erschweren, und um zu starken Bruch zu umgehen, legt man am besten nicht zu viel Fäden in einem Bündel zusammen. Im allgemeinen wählt man folgende Mengen:

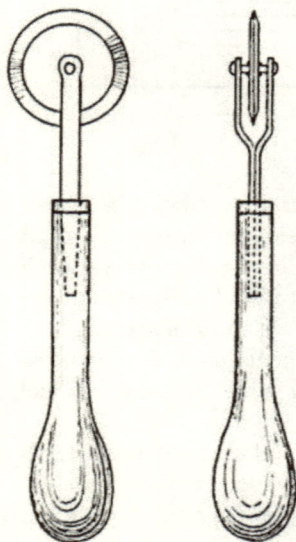

Fig. 82.

Durchmesser des Fadens	Anzahl der Fäden im Bündel
0,028—0,033 mm	10—15 Fäden
0,035—0,050 „	20—25 „
0,050—0,070 „	30 „
0,075—0,100 „	20 „
0,110—0,150 „	10 „
über 0,150 „	5—10 „

Die Preßgeschwindigkeit ist in den einzelnen Fabriken sehr verschieden und richtet sich selbstverständlich nach der Härte der Preßpaste und dem Durchmesser des Fadens. Im Mittel

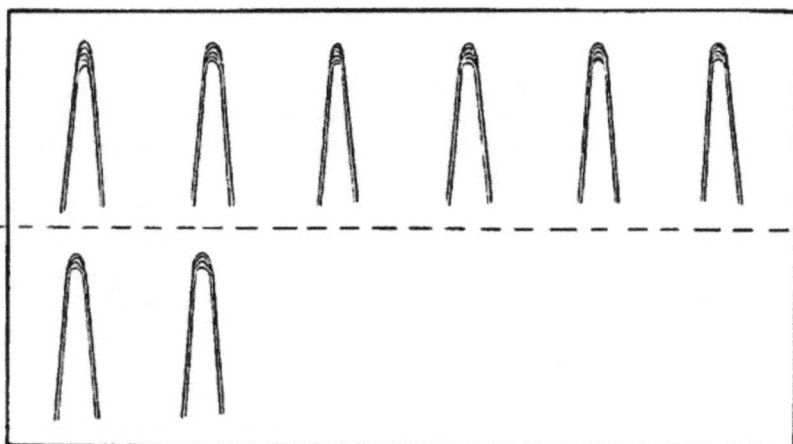

Fig. 83.

preßt ein tüchtiger Arbeiter bei achtstündiger Arbeitszeit und bei Verwendung einer normalen, gut laufenden Preßpaste etwa folgende Mengen von Fäden, wobei die Schenkellänge der Bügel zu 120 mm angenommen worden ist:

Durchmesser des Fadens	Anzahl der Fäden ca.	Gesamtlänge ca.
0,028 mm	8— 9 000	2000 m
0,030 „	10—12 000	2600 „
0,035 „	14—16 000	3600 „
0,040—0,050 mm	18—20 000	4600 „
0,060—0,075 „	15—16 000	3700 „
0,080—0,100 „	12—14 000	3100 „
0,115—0,130 „	8—10 000	2200 „
0,135—0,150 „	7—- 8 000	1800 „

Dies würde im Mittel bei den feinen Fäden (0,028—0,035 mm) einer Minutengeschwindigkeit von etwa 5,7 m Fadeplänge entsprechen, während für die mittleren Sorten (0,040—0,075 mm) etwa 8,7 m zu rechnen wären, für die stärkeren (0,080—0,100 mm) 6,5 m und für die starken Fäden (0,115—0,150 mm) 4,2 m. Die feinsten Fäden lassen sich naturgemäß schwerer, d. h. mit geringerer Geschwindigkeit pressen als die stärkeren Sorten und geben außerdem leichter Veranlassung zur Verstopfung der Düsen. Die Reinigung der Steine nimmt nun einige Zeit in Anspruch, so daß auch hierdurch ein gewisser weiterer Zeitverlust eintritt.

Bei den stärkeren und ganz starken Fäden hingegen müssen wiederum öfters die Preßzylinder mit neu gefüllten ausgetauscht werden, so daß dort ebenfalls die Meterzahl gepreßter Fäden erheblich gegenüber den mittleren Sorten herabgedrückt wird.

Es ist nun die größte Sorgfalt darauf zu verwenden, daß nur genau runde und glatte feste Fäden zur weiteren Verarbeitung gelangen. Die gröbsten Fehler, die sich schon beim Pressen zeigen, lernt ein geschickter Arbeiter sehr bald erkennen. Diese Fehler entstehen entweder durch einen Bruch eines Steines, der selbstredend sehr verschiedenartig sein kann, ferner auch durch Unreinigkeiten, die sich im Preßkanal der Düse festgesetzt haben. Einige dieser Fehler, die leicht mit bloßem Auge, besser mit der Lupe zu erkennen sind, sollen in folgendem angegeben werden und sind in Fig. 84 bildlich bei etwa 100 facher Vergrößerung für einen 0,060 iger Rohfaden dargestellt.

a stellt einen tadellosen runden Faden dar, a_1 den Querschnitt des Fadens und a_2 die Obenansicht des Preßsteines.

Bei Faden b ist am Auslauf des Preßkanales der Düse b_2 ein Stück Diamant ausgebrochen. Der Faden b bekommt dann im allgemeinen an der Stelle des Bruches ein zerrissenes, sägeartiges Aussehen. Oftmals kommt es auch vor, daß der Stein während des Pressens ganz zertrümmert wird, so daß diese säge- oder fransenartige Erscheinung an mehreren Seiten des Fadens auftritt.

Eine andere Erscheinung, die auch auf einen teilweisen Bruch des Steines zurückzuführen ist, stellt der Faden c dar. Aus dem Stein c_2 ist ein Stück längs des Preßkanales herausgeplatzt, und zwar nicht genau in der Längsrichtung des Kanales, sondern etwas schräg zu dieser. Das Resultat ist ein spiralartig ausgefranster Faden, der auch schon beim Pressen in Spiralwindungen die Preßdüse verläßt.

d endlich stellt einen eingekerbten Faden dar, der die Folge eines im Preßkanal festsitzenden Fremdkörpers ist. Ist dieser

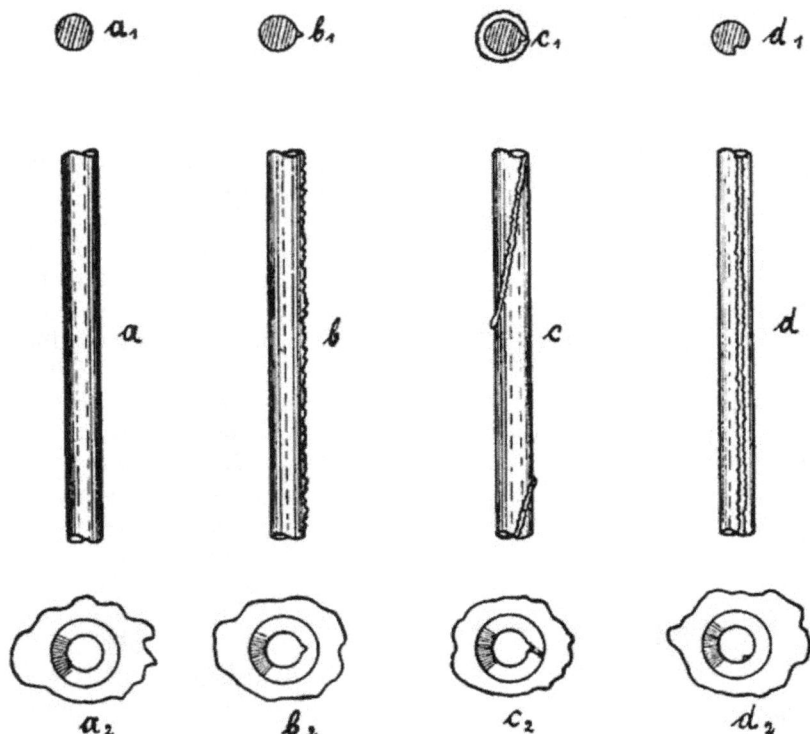

Fig. 84.

feste Körper sehr groß, so kann unter Umständen, wie es beim Pressen der Fäden häufig beobachtet wird, der Faden vollkommen gespalten aus der Düse austreten.

Alle diese beschriebenen Fäden sind zur Erzeugung guter Lampen vollkommen unbrauchbar und müssen sorgfältigst von den guten aussortiert werden. Besonders die sägeartig gezackten Fäden sind ferner sehr schädlich für eine gute Ausbeute an gebrannten Fäden, da ein einziger schlechter Faden im Bündel

Veranlassung zu starkem Bruch der empfindlichen gebrannten
Fäden geben kann. Ein einziger gezackter Faden erschwert ungemein das glatte Auseinandernehmen der Fäden aus dem Bündel.
Es ist deshalb auch nötig, daß der Arbeiter bei Beobachtung
irgendeines Stockens beim Pressen oder Auftretens nicht korrekter
Fäden sofort mit dem Pressen aufhört und den Stein reinigt.
Der Arbeiter muß auch möglichst dahin erzogen werden, daß
er das Mikroskop ge-
brauchen lernt, um be-
urteilen zu können, ob
der gereinigte Stein
zerbrochen oder un-
lädiert ist. Es muß auch
erkennen lernen, ob er
einen unrunden, nicht
zerbrochenen Stein vor
sich hat, der an und für
sich glatte Fäden ergibt,
aber auch am besten
ausgeschaltet wird.

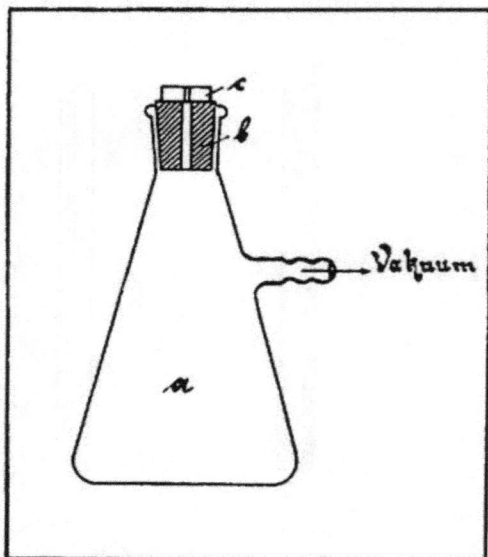

Fig. 85.

Die Reinigung der
verstopften Düsen er-
folgt nun in einfachster
Weise mit dem in Fig. 85
gezeichneten Apparat.
Der Apparat be-
steht aus der mit
Schlauchansatz ver-
sehenen dickwandigen Glasflasche a, die mit dem durchlochten
Gummistopfen b verschlossen wird. Auf diesen Korken wird der
verstopfte Preßstein derart gelegt, daß Preßkanal und Bohrung
des Stopfens übereinander liegen. Der Ausfluß des Preßsteines
liegt dabei oben, so daß der die Verstopfung veranlassende
Fremdkörper in der entgegengesetzten Richtung entfernt wird,
in welcher er in den Preßkanal gelangt ist. Nachdem in der
Flasche ein mäßiges Vakuum (z. B. mit Hilfe eines guten Wasser-
strahlgebläses) erzeugt worden ist, bringt man auf den Stein,
bei Verwendung des Zelloidinkittes, einige Tropfen Amylacetat,
läßt kurze Zeit erweichen und stößt vorsichtig mit einer feinen

Nadel durch den Preßkanal, bis der Fremdkörper entfernt ist. Das Verschwinden dieses wird erkannt an dem schnellen Durchsaugen des Amylacetates, das zur völligen Reinigung des Steines noch mehrere Male tropfenweise auf den Preßkanal gegeben werden muß.

Bei Anwendung des Tragantharzkittes ist selbstverständlich Wasser zur Reinigung zu nehmen.

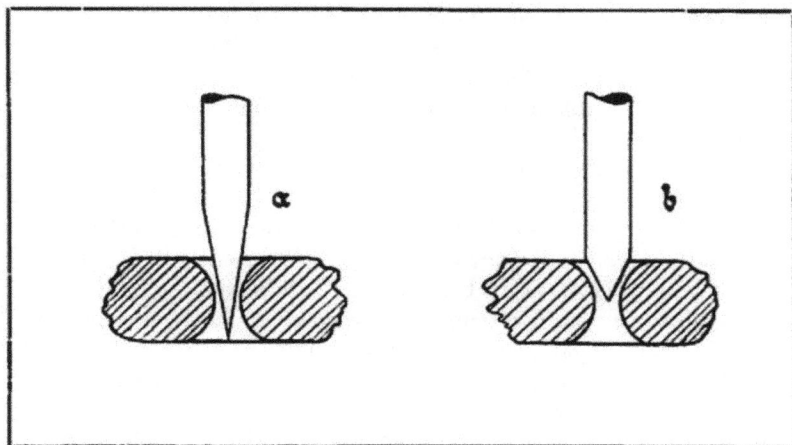

Fig. 86.

Als Reinigungsnadeln werden gewöhnlich gute Nähnadeln benutzt, die auf einem kleinen Schleifmotor mit feiner Schmirgelscheibe scharf angespitzt und hierauf auf einem Ölstein nochmals nachpoliert werden. Die Spitze muß lang und fein sein, wie in Fig. 86 a dargestellt, damit sie durch den Stein gelangen und den Fremdkörper herausstoßen kann. Eine sehr stumpfe Nadel, wie in b gezeichnet, wird oftmals nicht zum Ziel führen.

Bei sehr feinen Düsen kommt es bei Unachtsamkeit des Arbeiters öfters vor, daß die feine Spitze der Nadel im Preßkanal abgebrochen wird, wie es in Fig. 87 dargestellt ist. In diesem Falle legt man den Stein, wie gezeichnet,

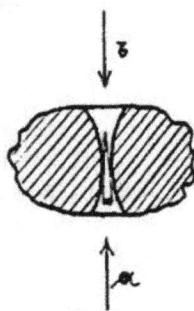

Fig. 87.

mit der anderen Fläche auf die Reinigungsflasche und stößt mit
einer abgeflachten Nadel vorsichtig die Spitze zurück. Im allgemeinen läßt sich dies leicht erreichen, sofern die Spitze bei
vorsichtiger Reinigung nur lose im Kanal sitzt, während mit
Gewalt eingestoßene Spitzen größere Schwierigkeiten bereiten,
ja sich öfters mit diesen Mitteln nicht entfernen lassen.

Ein Herauslösen der Nadelspitze mit Salpetersäure oder
Königswasser, welches in feinen Tropfen auf die Nadel gegeben
wird, verläuft meist resultatlos, da die Angriffsfläche für die
Säure zu gering ist. In diesem Falle ist es besser, den verstopften Stein dem Lieferanten zurückzugeben, damit die Spitze
sorgfältig und fachmännisch herausgebohrt und der Stein nachpoliert wird.

Unter den Fadenpressern bürgert sich zuweilen die üble
Sitte ein, bei Verstopfungen der Düse nicht diesen Reinigungs-
weg zu beschreiten, sondern den verstopften Stein verkehrt in
den Preßzylinder zu bringen und durch weiteres Pressen den
Fremdkörper rückwärts zu beseitigen. Bei Diamanten, die völlig
in Stahl oder dergleichen eingefaßt worden sind, ist dieser Weg
allenfalls noch angängig, wenn auch nicht ratsam, bei in Lot
eingefaßten hingegen unter allen Umständen zu unterlassen.

Es ist vorher beschrieben worden, daß sich der weich gefaßte Stein durch allmählich erhöhten Druck schließlich dahin
bettet, wo er sich nicht weiter bewegen kann. Durch das umgekehrte Einlegen des Steines beim Pressen wird nun der
Diamant aus dieser eingenommenen günstigen Lage wieder heraus-
gerissen und gelockert, so daß unter Umständen schon hierbei
ein Bruch des Steines veranlaßt werden kann. Mit ziemlicher
Gewißheit geschieht dies dann, wenn der Stein mehrere Male
in richtiger und verkehrter Richtung zum Pressen benutzt
worden ist.

Des Interesses halber sei noch erwähnt, daß auch Fäden
von nicht rundem Querschnitt hergestellt worden sind. So
schlägt z. B. Walter Schäffer in Berlin[1]) Wolframfäden
mit flachem Querschnitt vor. Der aus der Preßdüse austretende
noch plastische Faden wird durch ein entsprechend eingestelltes
Walzenpaar derart geführt, daß durch den schwachen Druck

---

[1]) D. R. P. Nr. 203532 und brit. Patent Nr. 28554 vom 2. Januar 1908.

der ursprünglich im Querschnitt kreisrunde Faden einen annähernd rechteckigen Querschnitt erhält. Meines Wissens nach sind jedoch Lampen mit solchen nahezu bandförmigen Fäden nicht in den Handel gekommen.

Hohle Fäden, um die Fadenlänge in der Lampe möglichst zu verringern, hat man ebenfalls nach der Preßmethode herzustellen versucht. Einerseits bereitet jedoch dieses Verfahren sehr große Schwierigkeiten, so z. B. das elektrische Formieren, andererseits sind die schließlich erzielten Fäden von geringer Gleichmäßigkeit und Festigkeit.

Eine mögliche Methode zur Fabrikation hohler Fäden beschreibt F. W. Le Tall[1]), der zuerst Kohlefäden mit einer dichten Schicht von Wolframmetall überzieht und dann den Kohlekernfaden durch hohes elektrisches Erhitzen in einem Gemisch von Stickstoff und Wasserstoff allmählich entfernt. Die Kohle verschwindet infolge der Bildung von cyanartigen Körpern fast vollkommen, bis ein Wolframröhrchen hinterbleibt.

Ferner ist bekannt, hohle Fäden aus Wolfram in der Weise herzustellen, daß man eine Seele mit einem Überzug von Wolfram versieht und dann die Seele, etwa durch Verdampfen, entfernt. Das Verfahren der Deutschen Gasglühlicht-Akt.-Ges. [Auergesellschaft[2])] in Berlin beruht im Gegensatz hierzu darauf, daß man einen vollkommen homogenen Rohfaden, welcher selbst nicht hohl ist und auch nicht mit einer Wolframschicht überzogen wird, in einen hohlen Wolframfaden umwandelt.

Wenn man in einer Atmosphäre, die neben Wasserstoff oder einem Gemisch von Wasserstoff und Stickstoff ganz geringe Mengen von sauerstoffhaltigem Gase enthält, einen kohlehaltigen Wolframrohfaden ganz allmählich immer höher erhitzt und schließlich zur Weißglut bringt, so erhält man einen reinen Wolframfaden, der nicht hohl ist.

Wird hingegen die Temperatur, lange bevor der Kohlenstoff auf chemische Weise entfernt ist, rasch hochgetrieben, dann bildet sich ein Faden, welcher im allgemeinen noch einen nicht unbeträchtlichen Teil des ursprünglichen Kohlenstoffgehaltes

---

[1]) Brit. Patent Nr. 26 179 vom 26. November 1907.
[2]) D. R. P. Nr. 193 292 vom 31. August 1906.

enthält, und welcher sich außerdem von dem nach dem oben geschilderten Verfahren erhaltenen dadurch unterscheidet, daß er seiner ganzen Länge nach einen Kanal besitzt.

Schaltet man zum Beispiel einen Rohfaden, der etwa 7 % Kohlenstoff neben etwa 93 % Wolfram enthält, in den genannten Gasen, in den elektrischen Strom ein und läßt die Stromstärke durch Erhöhung der Spannung rasch ansteigen, so daß der Faden in wenigen Sekunden Weißglut erhält, so wird ein hohler Faden erhalten.

Der Durchmesser des Kanals kann willkürlich durch die Geschwindigkeit der Temperaturerhöhung beeinflußt werden. Läßt man den Faden längere Zeit unter der Einwirkung einer niedrigeren Temperatur und steigert dann erst die Temperatur auf höchste Weißglut, so bleibt der Kanal klein; nimmt man aber die Temperaturerhöhung sehr rasch vor, dann resultiert ein Faden mit entsprechend vergrößertem Innenkanal.

Zum Schluß sei noch ein interessantes Fadenspritzverfahren erwähnt, das einige Ähnlichkeit mit den Herstellungsmethoden der Kohleglühfäden besitzt. Das Verfahren stammt her von Adolf Kroll in Luxemburg und Byramji Saklatwalla[1] in Neuyork.

Die Erfinder meinen, daß die Leuchtfäden der bekannten Wolframmetallfadenlampen deswegen sehr brüchig sind, weil das der Paste zugemengte Bindemittel das Metall verunreinigt (?) und ein lockeres Gefüge verursacht. Besonders soll dies gelten für die feinsten herstellbaren Metallfäden. Nach der vorliegenden Erfindung nun sollen durchaus reine, feinste und sehr feste Fäden erzielt werden, indem einfach das Bindemittel räumlich von der Metallmasse getrennt in Anwendung kommt. Das hierzu benutzte Verfahren stellt sich als eine Übertragung und Erweiterung des von Wollaston zur Herstellung besonders dünner Platindrähte eingeführten dar. Wollaston umgibt den bereits dünnen Metalldraht mit einer Silberhülle, zieht den Doppelfaden wieder durch Ziehlöcher hindurch und löst nachher den Silbermantel in Säure.

Ein ähnliches Verfahren wandte auch schon, wie früher mitgeteilt, die Siemens-&-Halske-Akt.-Ges. in Berlin

---

[1] D. R. P. Nr. 212 180 vom 14. Dezember 1907.

an, die in Nickelröhrchen Wolframmetallpulver einstampfte und das Ganze zu dünnen Drähten auszog.

Im vorliegenden Falle wird dieses Verfahren nun gleich auf das Auspressen der Metallpaste übertragen.

Zur Ausführung des Verfahrens benutzt man zweckmäßig eine Vorrichtung mit zwei ineinandergeschachtelten Düsen, von denen die äußere etwas über die innere hervortritt. Die innere Düse verspritzt die Metallpaste, und zwar zu einem draht-förmigen Kernfaden, den die äußere Düse in einen Mantel aus Bindemittel einfüllt, wobei sie den Doppelfaden, wie sich die Erfinder ausdrücken, derart zusammendrückt, daß der Kern-faden an Querschnitt einbüßt.

Als Masse für den Kernfaden eignen sich angerührte Metalloxyde u. dgl., namentlich aber kolloidale Metalle und kolloidale Metallverbindungen, da sie ein hervorragend dichtes Gefüge hinterlassen. Die Kernmasse kann beliebig wenig Klebe-mittel enthalten, da sie nicht plastisch zu sein braucht; sie muß aber stets genügende Nachgiebigkeit aufweisen.

Mit besonderem Vorteil kann man kolloidale Wolframsäure verwenden, die erst nach Meinung der Erfinder durch das neue Verfahren technisch verwendbar wird. Diese Ansicht dürfte nicht ganz stimmen, da kolloidale Wolframsäure, wie später be-schrieben werden wird, auch noch mit Hilfe anderer Verfahren zu reinen Wolframmetallfäden führen kann. Die kolloidale Wolframsäure ist an und für sich sehr nachgiebig, aber wenig plastisch und verliert an der Luft sehr schnell das Wasser, so daß sie bald steif und brüchig wird. Dies läßt sich unter anderem nun nach dem Krollschen Verfahren in ebenso einfacher wie wirksamer Weise verhüten, wenn man auf den Kernfaden aus kolloidaler Wolframsäure einen wasserdichten Überzug aufbringt.

Im allgemeinen sollen sich für den Mantel die Bindemittel der anderen bekannten Verfahren, vornehmlich aber Kollodium, das in Alkoholäther, Eisessig oder dergleichen gelatiniert ist, eignen. Dem Bindemittel macht man indessen mit Vorteil solche Zusätze, die auf dem Faden einen nützlichen Überzug zurück-lassen, indem sie z. B. dessen Zerstäubung verringern.

Zwecks Verwendung als Leuchtkörper für elektrische Glüh-lampen werden die sogenannten Doppelfäden zuerst am besten in die später gewünschte Lage gebracht, ehe sie durch ein-

faches Abbrennen von ihrem Mantel befreit und einem Reduktions-
verfahren unterworfen werden, so daß dann ein reiner Metallfaden zurückbleibt.

Es erübrigt sich nur noch, das Verhältnis zwischen Durchmesser der Preßdüse, des formierten Fadens und der elektrischen
Konstanten für die marktgängigsten Lampen anzugeben, während
eine genaue Tabelle am Schluß des Kapitels „Berechnung
der Fäden" zu finden ist.

Die nachfolgend aufgeführte Tabelle bezieht sich auf Lampen,
die mit ca. 1,1 Watt Stromverbrauch pro Hefnerkerze brennen
sollen bei Verwendung des Zelloidinkittes.

Durch- messer der Düsen- bohrung	Durchmesser des formierten Fadens ca.	Spannung der Lampe in Volt	Strom- stärke in Ampere ca.	Hefner- kerzen ca.	Watt pro Hefner- kerzen
0,030 mm	0,022 mm	110	0,16—0,17	16	1,1—1,17
0,040 „	0,029—0,030 mm	110	0,25—0,26	25	1,1—1,14
0,050 „	0,035—0,037 „	110	0,32—0,33	32	1,1—1,13
0,070 „	0,050—0,052 „	110	0,50—0,52	50	1,1—1.14

Des Interesses halber sei endlich noch erwähnt, daß man
nicht gleich am Beginn der Wolframmetallampenfabrikation in
der Lage war, die dünnsten gebräuchlichen Metallfäden herzustellen. So erinnere ich mich, daß man etwa anfangs 1907
höchstens Fäden mit nur 0,08 mm Düsendurchmesser pressen
konnte, während es Jahre dauerte, bis schließlich Fäden von
0,028 mm Düsendurchmesser entstanden. Dies lag nicht etwa
allein daran, daß nicht genügend feine Metalle zur Verfügung
standen, sondern vor allen Dingen auch daran, daß erst zu
den verschiedenen Metallen geeignete Bindemittel gesucht und
die Erkennung des richtigen Kalandergrades erlernt werden
mußte.

Selbstverständlich hat auch die Diamantpreßsteinfabrikation
durch den Aufschwung der Glühlampenfabrikation einen großen
Umfang angenommen, zumal durch die Anwendung der sich
schnell ausschleifenden Steine mit sehr feinen Bohrungen.

Es sei endlich noch angeführt, daß die Diamantpreßsteine
im Betriebe durch Abnutzung rauh und unrund werden und
deshalb die Bohrungen öfters nachgeschliffen und poliert werden

müssen. Diese penible Arbeit wurde bisher zumeist den Preß-
steinfabriken überlassen, die auch das Aufbohren ausgeschliffener
Steine auf den nächstgrößeren Durchmesser übernahmen. In
neuerer Zeit jedoch besorgen die Glühlampenfabriken, welche
große Quantitäten von Düsen gebrauchen, diese Arbeit zumeist
selbst, zumal durch die heutigen zweckdienlichen Apparate das
Polieren recht einfach gestaltet ist und eine nennenswerte Ersparnis erzielt werden kann.

Eine viel benutzte Poliermaschine[1]) ist in Fig. 88 dar-

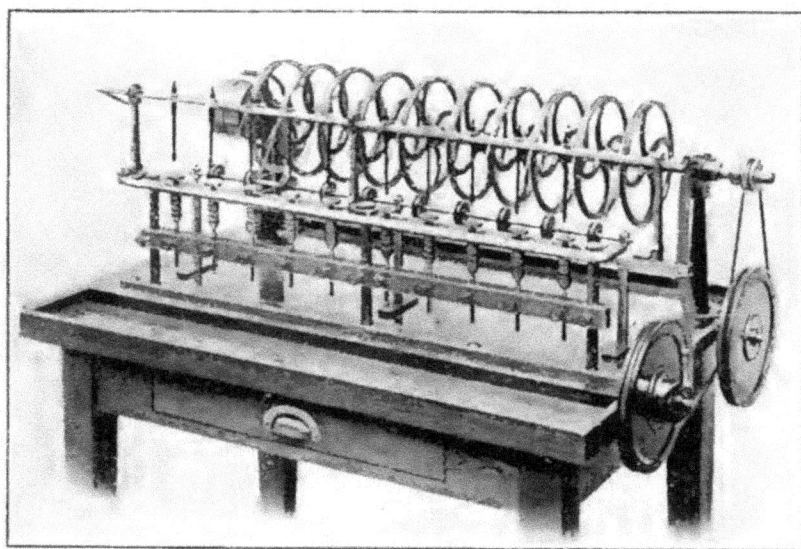

Fig. 88.

gestellt, auf welcher zehn Steine auf einmal nachpoliert werden
können. Der zu bearbeitende Stein wird mit einem besonderen
Kitt (z. B. Wachs oder Siegellack) auf dem rotierenden Tischchen
befestigt, genau zentriert, so daß die schwingende Poliernadel
genau in die Bohrung einpaßt, wie in Fig. 89 a dargestellt. Bei
den älteren Systemen von Poliermaschinen wurde diese polierende

---

[1]) D. R. P. Nr. 226062, U. S. P. Nr. 983929 vom Jahre 1911 und
Nr. 1039186 vom Jahre 1912.

Nadel in der Bohrung rasch hin und her gestoßen, während durch Einstellung von Hand oder durch zwangläufige Führung der Nadel die der notwendigen konischen Form der Preßlöcher entsprechende Schrägstellung gegeben wurde. Infolge der großen Verschiedenheiten der Bohrungen und der ungleichen Stärke der Fassungen und Düsen gelang es jedoch nicht, die Nadel an alle Stellen der Lochbohrung gleichmäßig heranzubringen. Hierzu kam noch, daß das Ausschwenken der Nadel aus ihrer Mittellage oft nicht genügend weit geschehen konnte, ohne daß

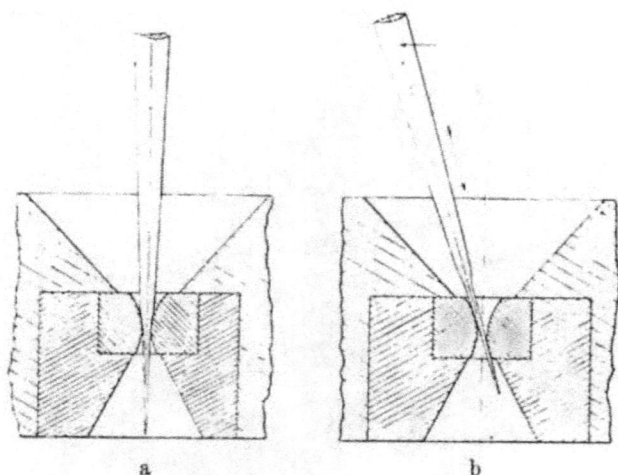

Fig. 89.

sich die Nadel beim Hin- und Herstoßen in der Bohrung verbog und festklemmte. Es gehörte demnach eine große Fertigkeit und lange Erfahrung dazu, um das Nachpolieren der Steine, ohne das Ziehloch zu verderben, richtig zu vollenden.

Alle diese Übelstände werden durch die oben dargestellte Maschine gänzlich vermieden dadurch, daß während der schnellen Umdrehung der Diamanten die Nadel mit ihrem oberen Teil in einer hin und her gehenden Schiene schwingt. Ein um den Nadelschaft gelegter Mitnehmerring, welcher oberhalb der Schiene angebracht ist, veranlaßt ein Anheben der Nadel in der Bohrung. Derselbe wird so eingestellt, daß bei vertikaler

Stellung der Nadel im Bohrloch (siehe Fig. 90 a) zwischen Ring und Nadelschiene eine lichte Weite von etwa 3 mm besteht. Bei der Seitwärtsbewegung der Schiene wird an einem gewissen Punkte ein Aufliegen des Ringes auf der Schiene und bei der Weiterbewegung in die äußerste Schräglage ein Anheben der Nadel erfolgen, wie es in den Fig. 89 b und 90 b dargestellt ist. Das Zurückschwingen in die Geradstellung erfolgt ungehindert mit dem gleichzeitigen Senken der Nadel in das Bohrloch.

Durch dieses Verhalten der Nadel wird nun erreicht, daß in der senkrechten Stellung die Nadelspitze, die sich übrigens sofort beim Beginn des Schleifvorganges der Lochform entsprechend genau einschleift, die Bohrung an ihren engen Stellen, soweit sie unrund ist, berührt und so die unrunden Stellen beseitigt.

Ferner wird durch das Ausschwenken der Nadel, unter gleichzeitigem Herausziehen der Nadelspitze aus der Bohrung, abgesehen von einer der Konizität der Steinbohrung entsprechenden Schräg-

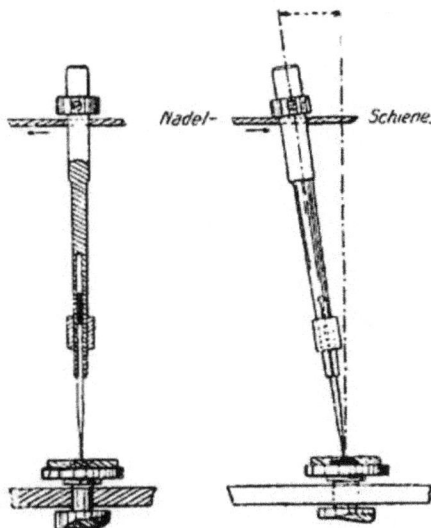

Fig. 90.

stellung, der Vorteil erreicht, daß die Nadelspitze nicht zu scharf umgebogen wird. Ein Zerbrechen der Nadel oder Abdrücken des Steines aus dem Kitt kann demnach kaum eintreten.

Das Wesentliche dieses Verfahrens ist jedoch besonders darin zu erblicken, daß die Schleifnadel in allen Phasen dieses Schleifvorganges, solange sie nicht herausgezogen wird, auf den Wandungen der Steinbohrung mit ihrem Gewicht aufliegt, so daß ein Rundschleifen selbst sehr unrunder Löcher erfolgen muß. Weiter wird beim Entlangstreichen an der Lochwandung, d. h. beim Heben und Senken der Nadel, gleichzeitig immer wieder

13*

das Poliermittel zur Schleifstelle geführt, wodurch der sparsamste Verbrauch des teuren Diamantschmirgels eintritt. Die beliebteste Form der Bohrung endlich, d. h. allmähliche Verjüngung des Bohrkanals durch sanft gewölbte Lochwände auf der einen Seite und beliebige Erweiterung des Kanals auf der anderen Seite des Steines, wird ohne eine besondere Einstellung der Vorrichtung, lediglich durch das eigenartige Verhalten der Poliernadel im Preßkanal. ganz zweckentsprechend ausgeschliffen.

Zur Erreichung dieser Vorteile ist es selbstverständlich notwendig, daß die Poliernadel so angespitzt ist, daß sie durch die Bohrung so weit hindurchragt, bis die Spitze mindestens die Linie der unteren Ziehstein-Einfassungsfläche erreicht. Ein Herausspringen und Abbrechen der Nadel wird dann zur Unmöglichkeit.

Erwähnenswert ist noch, daß bei dieser Maschine. mit zehn Poliernadeln ausgerüstet, jede der Nadeln und Tischchen für sich ausgeschaltet werden können, ohne das Arbeiten der anderen zu stören. Die Bedienung ist außerdem so einfach, daß auch nichtgeschulte Arbeitskräfte verwendbar sind, die eventuell zwei bis drei dieser Maschinen gleichzeitig bedienen können.

Eine weitere recht brauchbare Poliermaschine ist in den Fig. 91 a und b in Ansicht, in Fig. 92 a und b in Seitenansicht und Draufsicht dargestellt.

Die Maschine ist nur zum Polieren eines Steines, der bei a angekittet wird, eingerichtet und derart konstruiert, daß sich durch Verschiebung des Nadelhalters d, durch Vorstellung des Teiles c die schräge Polierrichtung beliebig einstellen läßt. Die Figuren 91 a und b zeigen sowohl die genau zentrierte Lage der Nadel als auch die Schrägstellung zum Schleifen der Konusflächen. Die Hin- und Herbewegung der Nadel wird durch Rotation einer abgeschrägten Scheibe b erreicht, während der angekittete Stein etwa 2000 Touren pro Minute macht.

Das zum Polieren notwendige Diamantbordöl stellt man sich etwa folgendermaßen her:

Etwa zehn Karat der zerbrochenen Diamantziehsteine. die ja sowieso in der Fadenpresserei entstehen, werden in einem harten Stahlmörser feinstens pulverisiert, und nun das Diamantmehl mit Olivenöl vermengt. Man läßt die groben Stückchen sich absetzen,

Fig. 91 a.

Fig. 91 b.

und benutzt nun als Poliermittel das Öl, welches nach etwa
drei- bis vierstündigem Stehen über dem gröberen Pulver steht.

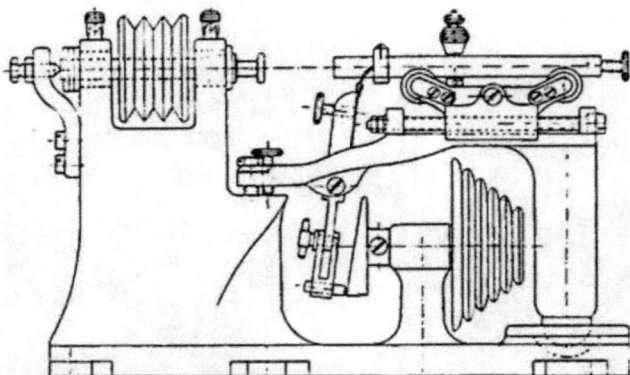

Fig. 92 a.

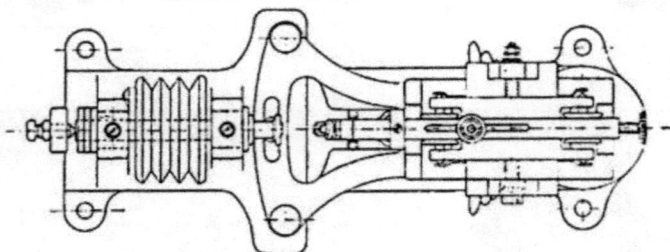

Fig. 92 b.

Man kann auch die Diamantstückchen gleich mit Olivenöl
vermengt zu feinstem Pulver verreiben.

e) Das Brennen oder Karbonisieren der Rohfäden.

Die in der geschilderten Weise fabrizierten Rohfäden bestehen also aus dem feinen Wolframmetallpulver und dem
organischen Bindemittel. Dieses Bindemittel umhüllt die einzelnen
Metallpartikelchen derart, daß zwischen diesen, da der Fadenkitt
selbst kein Leiter des elektrischen Stromes ist, kein Stromübergang, wenigstens bei den normalen üblichen Spannungen, stattfinden kann. Diese gepreßten Rohfäden sind vorläufig also
Nichtleiter des elektrischen Stromes.

Es handelt sich zuerst demnach darum, diese nichtleitenden Fäden in Stromleiter überzuführen derart, daß die resultierenden leitenden Rohfäden noch so große Festigkeit besitzen, daß sie gefahrlos den weiteren Behandlungen ausgesetzt werden können.

Durch das in folgendem zu erörternde vorsichtige Glühen wird das Leitendmachen der Fäden erzielt. Auch ein weiterer Zweck wird durch diese Erhitzung der Fäden verfolgt, nämlich den größten Teil des schädlichen Kohlenstoffes des Bindemittels schon hier zu entfernen.

Beim Glühen des organischen Bindemittels, z. B. des Nitrozellulosekittes im Vakuum, scheiden sich gewisse Mengen von Kohlenstoff feinverteilt im Faden ab, die dann bei genügend hoher Temperatur mit den geringen Mengen des Sauerstoffes des verwendeten Wolframmetalles in Reaktion treten und als Kohlenoxydgas verschwinden. Es läßt sich leicht durch eine entsprechende chemische Analyse feststellen, daß zum Beispiel der Kohlenstoffgehalt von Fäden, die an und für sich aus den vollkommen gleichen Materialien hergestellt wurden, geringer wird, je höher die Glühtemperatur beim Brennen gewählt wurde.

Nach eigenen Bestimmungen des Verfassers ermäßigte sich der Kohlenstoffgehalt um mehr als die Hälfte, wenn an Stelle einer Temperatur von ca. 700^0 C eine solche von ca. 900^0 C in Anwendung kam. Es ist sogar möglich, bei weiterer Steigerung der Temperatur und bei Verwendung genau ausprobierter Mengen oxydhaltigen Metalles und des organischen Bindemittels den Kohlenstoffgehalt der Rohfäden auf ein Minimum herabzudrücken, besonders wenn während dieser Operation noch eine gewisse Menge reduzierender Gase im Glühofen vorhanden ist.

Um nun das Glühen oder Brennen der Fäden vornehmen zu können, werden vorerst die früher beschriebenen Fadenbündel mit 10—30 Fäden, je nach dem Durchmesser der Fäden, in sogenannte Brennschiffchen gebracht. Diese Brennschiffchen bestehen im allgemeinen aus poliertem Eisen, Nickel oder Kupfer und besitzen die in Fig. 93a und 93b gezeichnete Form. Sie sind entweder dreiteilig oder auch speziell für feinere Fäden fünf- bis sechsteilig. Jedes Schiffchen paßt bequem in die anderen Abteilungen, so daß das Auseinandernehmen nach dem Brennen leicht vonstatten geht.

Die dreiteiligen Metallschiffchen wählt man gewöhnlich 200 mm lang, 25 mm breit und 20 mm hoch, die fünf- bis sechsteiligen dagegen etwa 250 bis 300 mm lang, 25 mm breit und 8—12 mm hoch.

Auch Schiffchen aus Quarz, Magnesia und anderen schwer schmelzbaren Oxyden sind in Anwendung gekommen, ohne jedoch besondere Vorteile aufweisen zu können.

Es ist nun von besonderer Wichtigkeit, die Fäden bei der zum Glühprozeß notwendigen höheren Temperatur vor der direkten Berührung mit dem Metall des Schiffchens zu schützen. Man überzieht deshalb die Einlegeflächen der Schiffchen für die Fäden mit Metallschichten, die bei der hohen, im Brennofen herrschenden Temperatur nicht zu verdampfen vermögen. So wird zum Beispiel zum Anstreichen eine Paste verwendet, die durch Zusammenrühren von Wolframmetallpulver und Amylazetat erhalten worden ist.

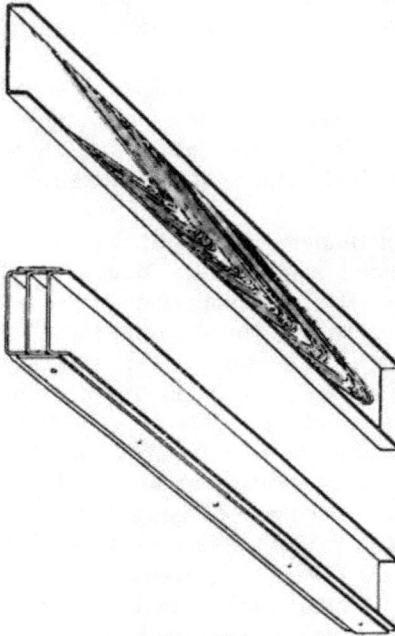

Fig. 93a.

Mit diesem feinen Überzug verfolgt man außerdem noch einen anderen Zweck. Die dicht im Schiffchen übereinander liegenden Fadenbündel schließen sehr viel Luft ein, die so fest

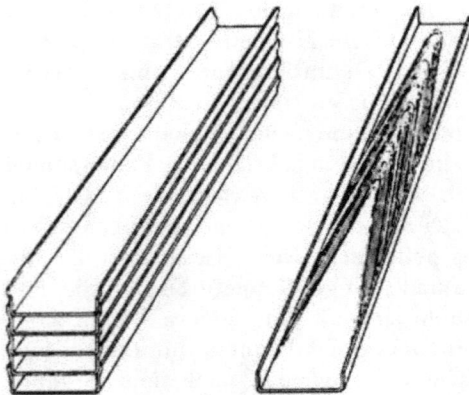

Fig. 93b.

zwischen den einzelnen Fäden haftet, daß sie selbst bei hohem
Vakuum oder bei fortwährendem Durchstreichen von inerten
Gasen nicht völlig beseitigt werden kann. Der Sauerstoff dieser
restierenden Luftbläschen würde nun bei einer bestimmten Temperatur im Glühofen unbedingt die Oberfläche der Fäden schwach
oxydieren, wenn nicht die feine, leicht oxydierbare Wolfram-
metallschicht vorher den gesamten Sauerstoff entfernen würde.

Diese Erkenntnis hat auch dazu geführt, als Anstrich, außer
dem Wolfram, noch leichter oxydierbare und nichtflüchtige
Körper anzuwenden, so zum Beispiel das sehr geeignete, feinpulverige Zirkonmetall oder Mischungen von Zirkonmetall und
Wolframmetall. Auch Zusätze von rotem Phosphor zu diesen
Mischungen werden hin und wieder benutzt. Daß der Sauerstoff
der zwischen den Fäden klebenden Luft in der Tat sich leichter
mit dem auf dem Schiffchen fein verteilten Metallpartikelchen
verbindet als mit dem kompakteren Metall der Fäden, läßt sich
zweifelsfrei erkennen, sofern man als Anstrich das Zirkonmetall
oder den Zirkonwasserstoff verwendet. Nach dem Glühen sind
die Teile des Anstriches, die unter und dicht neben den Faden-
bündeln liegen, deutlich zu grauweißem Zirkonoxyd oxydiert
worden.

Einen anderen Anstrich, der gleichzeitig geeignet ist, sowohl
den Sauerstoff zu entfernen, als auch eine gewisse verstärkte
Entkohlenstoffung zu bewirken, wählt das Zirkon-Glüh-
lampenwerk Dr. Hollefreund & Co.[1]) in Berlin. Der
Anstrich der Schiffchen besteht bei diesem Verfahren vornehmlich aus Phospham (PN_2H). Der in diesem Körper enthaltene
Stickstoff wird im Vakuum schon bei verhältnismäßig niedriger
Temperatur aus seiner Verbindung abgeschieden und bildet in
freiem Zustand mit der Kohle des Fadens Cyan oder ähnliche,
vielleicht oxydierte Cyanverbindungen.

Der gleichzeitig frei gewordene wirksame Phosphor aber ist
befähigt, den zwischen den Fädenbündeln haftenden Sauerstoff
vollkommen zu binden, gegebenenfalls sogar noch in den Fäden
vorhandene metalloxydische Verunreinigungen zu reduzieren.
Nach der Beschreibung im Patent empfiehlt es sich, dem Phospham noch freien roten Phosphor zuzusetzen, namentlich in

---

[1]) D. R. P. 210326 vom 20. Juni 1906.

Seiten mit gutschließenden, starkwandigen Gummikappen 2 verschlossen, wobei zur absoluten Abdichtung noch Gummi- oder
Schellacklösungen in Anwendung kommen können.   Auch ein
dichtes Anpressen der Kappen vermittels Metallscharnierringen
wird oft angewendet.   Die Kappen tragen in ihren Ansätzen
nun Glasröhren mit möglichst großer lichter Weite, die fest mit
guten Glashähnen, mit breiten Schliffflächen verbunden sind.
Hinter dem Vakuumhahn 3 ist ein Glasteestück angesetzt, das
sowohl zu dem Manometer 4 als auch zu der Wasserstoffbombe

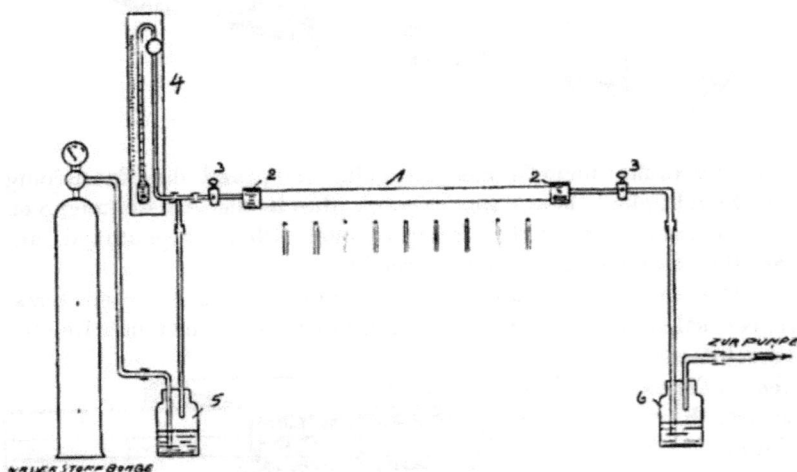

Fig. 96.

führt.   Zwischen der Bombe und dem Hahn 3 wird gleichzeitig
zur Trocknung als auch zum Erkennen der Einflußgeschwindig-
keit des Gases eine Waschflasche 5, mit konzentrierter Schwefelsäure gefüllt, eingeschaltet.   Auf der anderen Seite ist der
Vakuumhahn 3_1 angebracht und zwischen Pumpe und Hahn die
Absorptionsflasche 6, die mit Phosphorpentoxyd teilweise gefüllt
ist.   Dieses Phosphorsäureanhydrid (P_2O_5) hat den Zweck, die
beim Brennen aus den Rohfäden entwickelten Dämpfe möglichst
vollkommen aufzunehmen, und so die Verschlechterung des
Vakuumöles der Pumpe zu verhindern.   Schon kurze Zeit nach
Beginn des Glühens, bei einer Temperatur von etwa 250° C,

färbt sich das im frischen Zustand reinweiße Pentoxyd gelblich, bis es zum Schluß der Glühung an der Oberfläche eine schwarzbraune Färbung angenommen hat.

Das Brennen der Fäden erfolgt nun in folgender Weise: Nachdem die Brennschiffchen mit den Fäden in das Brennrohr entsprechend eingeführt worden sind, werden die Enden des Rohres mit den Gummikappen 2 und 2₁ verschlossen und die Dichtung mit Hilfe der oben angegebenen Lösungen vorgenommen. Der Hahn 3 wird hierauf geschlossen, Hahn 3₁ geöffnet und vermittels der kleinen Ölvakuumpumpe das höchste erreichbare Vakuum im Rohr 1 erzeugt. Hierauf wird Hahn 3₁ geschlossen, Hahn 3 geöffnet und das Rohr langsam vollkommen mit Wasserstoff angefüllt. Durch das Sinken des Quecksilbers im Manometer 4 läßt sich die Füllung mit Wasserstoff erkennen. Hahn 3 wird wieder geschlossen, Hahn 3₁ geöffnet und nochmals höchstes Vakuum gepumpt. Diese Operation des Leersaugens und Füllens mit Wasserstoff wird drei- bis viermal vorgenommen, so daß man sicher sein kann, die schädlichen Luftreste aus dem Rohr so weit als möglich beseitigt zu haben.

Nachdem das letztemal höchstes Vakuum erzielt worden ist, beginnt das Brennen. Im allgemeinen hält man für feine Rohfäden, etwa bis 0,075 mm Durchmesser, folgendes Brennschema ein, sofern, wie in Fig. 97 angegeben, die Entfernung des Rohres von den Brennern 100 mm beträgt:

5 Minuten brennen mit rußender Flamme,
15 „ „ „ blauer Flamme etwa 40 mm hoch,
10 „ „ „ „ „ 70 „ „
10 „ „ „ „ „ 100 „ „
(Die Flammen berühren das Rohr.)
5—8 „ brennen mit voller Flamme,
(d. h. die Flammen umgeben vollkommen das Rohr)
5 Minuten abkühlen mit rußender Flamme.

Je stärker die Fäden im Durchmesser sind, d. h. also, je mehr Bindemittel aus den Fäden abzudestillieren ist, um so vorsichtiger und langsamer muß die Temperatursteigerung erfolgen, damit noch stabile und verarbeitbare, gebrannte Fäden erzielt werden. Ein zu schnelles Vorgehen in der Temperatur würde eine Zertrümmerung der Rohfäden durch zu plötzliche Dampfentwicklung

hervorrufen, so daß dann oftmals nur Stückchen von Fäden in
den Schiffchen vorgefunden werden. Man wählt daher für Fäden
von 0,080—0,100 mm Durchmesser etwa folgende Brennzeit:

5 Minuten brennen mit rußender Flamme.
20   „   „   „   blauer Flamme etwa 40 mm hoch,
15   „   „   „   „   „   „   70   „   „
10   „   „   „   „   „   „ 100   „   „
5   „   „   „   voller Flamme,
5   „   abkühlen mit rußender Flamme.

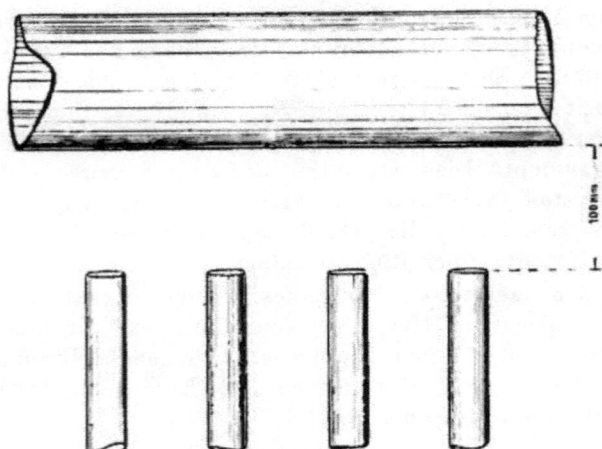

Fig. 97.

Für ganz starke Fäden über 0,100 mm Durchmesser kommt vorzugsweise folgendes Schema in Betracht:

5 Minuten brennen mit rußender Flamme,
25   „   „   „   blauer Flamme etwa 40 mm hoch,
20   „   „   „   „   „   „   70   „   „
10   „   „   „   „   „   „ 100   „   „
5   „   „   „   voller Flamme.
5   „   abkühlen mit rußender Flamme.

Manche Fabriken gehen in der Temperatursteigerung sogar
so langsam vor, daß zum Beispiel bei feinen Fäden die höchste
Temperatur (etwa 900° C) in ca. 2 Stunden, bei starken Fäden
erst in ca. 2½ Stunden erreicht wird.

Nachdem das Leuchtgas für die Blaubrenner vollkommen abgedreht worden ist, läßt man möglichst schnell erkalten und zu diesem Behuf die Druckluft aus den Gebläsebrennern gegen das heiße Brennrohr rauschen. Die Fäden können gefahrlos aus dem Ofen genommen werden, wenn sich das Brennrohr auf Handwärme (etwa 70° C) abgekühlt hat.

Während der ganzen Operation des Brennens und des Abkühlens der Fäden läßt man die Vakuumpumpe arbeiten, damit sämtliche aus den Fäden abgestoßenen Dämpfe schnellstens und gründlich abgesaugt werden.

Man kann das Brennen im Vakuum auch dergestalt vornehmen, daß man während des Glühens einen langsamen Strom inerter Gase, zum Beispiel Wasserstoff oder Ammoniak, von einigen Millimetern Druck, durch das Brennrohr fließen läßt. Dieser langsame und stark verdünnte Gasstrom begünstigt ungemein das Fortspülen der entwickelten Dämpfe, die gleichfalls von der konstant wirkenden Vakuumpumpe entfernt werden.

Es empfiehlt sich, für jeden einzelnen Ofen eine besondere kleine Öl-Hochvakuumpumpe getrennt zu benutzen. Diese kleinen Pumpen, die etwa je $1/2$ P.S. Kraftbedarf beanspruchen, sind schon in einem meiner früheren Werke: „Die Kohlenfadenglühlampen 1908“, erschienen im gleichen Verlag, ausführlich beschrieben worden, so daß sich eine nochmalige Aufführung erübrigt.

Das Brennen in strömenden, inerten Gasen gestaltet sich etwas einfacher, da hierbei keine Sicherheitsmaßregeln zur Erzielung absolut dichter Brennröhren notwendig sind. Als Brennröhren werden hierzu, wie schon angeführt, im allgemeinen gezogene Mannesmannröhren mit entsprechender lichter Weite verwendet, ebenfalls auch Quarzröhren, sofern es sich um das Glühen im Wasserstoffstrom handelt. Soll jedoch im Ammoniakstrom oder einem Mischgas von Ammoniak und Wasserstoff gebrannt werden, so sind Quarzröhren der schnellen Zerstörung halber unbrauchbar.

Da nun die heißen Wolframmetallfäden während der langen Brenndauer mit dem Wasserstoff usw. in inniger Berührung bleiben, so muß dieser absolut sauerstofffrei und möglichst trocken sein. Es empfiehlt sich deshalb, auch den käuflich zu habenden, elektrolytischen Wasserstoff für das Brennen noch einer be-

sonderen Reinigung zu unterwerfen, um möglichst allen schädlichen Sauerstoff auszuschalten.

Die Reinigung resp. Entsauerstoffung erfolgt in einfachster
Weise in dem in Fig. 98 darstellten Röhrengaswaschofen. Gewöhnlich vier etwa 1 m lange Mannesmannröhren von beispielsweise 25 mm lichter Weite, die nebeneinander auf einem Stativ
angeordnet sind, werden untereinander mit dicht schließenden
Stopfen und Metall- oder Glasverbindungsröhren so verbunden,
daß das zu reinigende Gas in langsamem Strome durch sämtliche

Fig. 98.

Röhren nacheinander streichen muß. Die Röhren selbst sind
mit Kupferdrehspänen oder Kupfergazewickeln derart dicht gefüllt, daß das Gas unbedingt überall mit Kupfer in Berührung
kommt. Durch die auf dem Stativ angebrachten Flachbrenner
wird nun das Ganze bis zur dunklen Rotglut erhitzt, bei welcher
Temperatur das Kupfer jede Spur von Sauerstoff, unter Bildung
von Kupferoxyd, aufnimmt nach der Gleichung:

$$Cu + O = CuO.$$

Dieses Kupferoxyd wird nun sofort wieder durch den überschüssigen
Wasserstoff reduziert unter Bildung von Wasserdämpfen:

$$CuO + 2H = Cu + H_2O.$$

Das Resultat dieses Reinigungsprozesses ist demnach bei sehr unreinem Wasserstoff die Bildung größerer Mengen von Wasserdämpfen, während das Kupfer immer als reines, wirksames Metall im Ofen verbleibt. Das gereinigte Gas muß deshalb auch durch zwischengeschaltete Waschflaschen, am besten mit Phosphorpentoxyd oder konzentrierter Schwefelsäure gefüllt, getrocknet werden. In manchen Fabriken ist es üblich, den Wasserstoff vor der Behandlung im Kupferofen zuerst durch eine Pyrogallollösung zu leiten.

Nachdem die Schiffchen mit den Fäden in der Brennröhre untergebracht worden sind, läßt man zuerst etwa 2—3 Minuten lang einen langsamen Strom des gereinigten Gases durchfließen und beginnt erst dann mit dem Glühen. Das Glühen kann hierbei mit etwas schnellerer Temperatursteigerung als beim Brennen im Vakuum erfolgen, da der durch den Trockenprozeß abgekühlte Wasserstoff auch eine gewisse Kühlung der glühenden Fäden hervorruft. Hierbei kann man das Vergasen und Abdestillieren der entstehenden Dämpfe sehr gut kontrollieren, wenn am Ausflußende der Brennröhre ein Korken mit Glasrohrspitze aufgesetzt und dort der Wasserstoff angezündet wird. Es wird dann der Wasserstoff zuerst mit fast nicht leuchtender Flamme verbrennen, die sich jedoch bei einer gewissen Temperatur mehr und mehr gelb färbt, bis schließlich zum Schluß des Brennens die leuchtende gelbe Färbung wieder verschwindet.

Zum Fadenbrennen im Gasstrom lassen sich nun auch Verfahren zum ununterbrochenen Glühen anwenden. So ist zum Beispiel ein Verfahren bekannt, wonach die einzelnen Fadenbügel durch ein endloses Drahtseil in ein Wasserstoff oder Stickstoff enthaltendes Rohr auf der einen Seite eingeführt, in dem Rohr mittels elektrischen Stromes langsam erhitzt und schließlich wieder abgekühlt auf der anderen Seite herausbefördert werden.

Ein anderes Verfahren, von den Lichtwerken[1] G. m. b. H. in Konkurs, Berlin, stammend, besteht darin, daß ein langes, von einem Ende bis zur Mitte allmählich höher erhitztes Glührohr benutzt wird, in das die in den bekannten Schiffchen zu Bündeln vereinigten Fäden am kühlen Ende eingeführt, nach

---

[1] D. R. P. Nr. 246911 vom 19. Februar 1910.

und nach in der Richtung der steigenden Temperatur vorwärts-
geschoben und am anderen Ende wieder abgekühlt werden.

Zu diesem Zweck wird ein Brennrohr in einen beispielsweise 2 m langen Verbrennungsofen gebracht und so lang
gewählt, daß auf jeder Seite etwa $1/2$ m Rohr vorsteht.
An jedem leicht verschließbaren Ende dieses Rohres befindet
sich ein dünnes Ansatzrohr für Gaszu- und -ableitung. Die
Heizung des Ofens und damit die Erhitzung des durchgeführten
Rohres geschieht derart, daß nach der Gaszuleitung hin die
Höchsttemperatur sich vorfindet, die nach dem anderen Ende
hin innerhalb des Ofens bis zur Rotglut abnimmt, während am
äußeren Ende höchstens Temperaturen von etwa 100—200° C
vorhanden sind. Erreichen kann man diese abgestuften Temperaturen durch Einstellen der Brenner auf abnehmende Gas-
zufuhr bis zur kleinsten notwendigen Menge. Während nun
Stickstoff, Wasserstoff und dergleichen durch das erhitzte Glührohr geleitet wird, öffnet man zeitweilig den Verschluß an dem
Gasaustrittsende und schiebt nach und nach mehrere mit Rohfäden gefüllte Schiffchen in das Rohr, bis das erste Schiffchen
in die Hitzezone des Rohres gelangt. Hat das erste Schiffchen
genügend lange in dieser Zone verweilt, so werden durch Einsetzen eines neuen Schiffchens die bereits im Rohr befindlichen
in gewissen ausprobierten Zeitabständen vorgeschoben. In dieser
Weise gelangen die Schiffchen nacheinander durch alle Hitze-
zonen und kühlen sich schließlich in dem aus dem Ofen herausragenden Teil des Rohres am Gaseintrittsende ab und werden
somit abgekühlt in demselben Maße nacheinander aus dem Rohr
entfernt, als neue Schiffchen am entgegengesetzten Ende eingeschoben werden. Da beide Rohrenden genügend kalt sind
und im Brennrohr durch das Gasdurchleiten ein geringer Über-
druck herrscht, so ist beim Öffnen des einen Rohrendes eine
Explosion kaum zu befürchten.

Nach den Erfindern soll das vorbeschriebene Verfahren das
Brennen von der Aufmerksamkeit des Heizers und der Gleichmäßigkeit des Brandes unabhängig machen. Wenn die Temperatur des Rohres einmal eingestellt ist, so sei nur notwendig,
in gewissen bestimmten Zeitabschnitten die mit Fäden gefüllten
Schiffchen nachzuschieben und am anderen Ende zu entnehmen.
Außerdem soll es für die Wirkung völlig gleichgültig sein, ob

die ruckweise Vorwärtsbewegung im Gleich- oder Gegenstrom des Gases erfolgt, wenn nur die Richtung nach der größten Hitzezone hin eingehalten wird.

Diese Meinung der Patentinhaberin dürfte aber nach der Ansicht des Verfassers in verschiedener Hinsicht zu korrigieren sein. Durch das ruckweise, zeitlich genau innezuhaltende Nachschieben von Schiffchen mit ungebrannten Rohfäden wird die Aufmerksamkeit des Arbeiters voll und ganz in Anspruch genommen und durchaus nicht ausgeschaltet. Es ist bekannt, daß Fäden, die sowohl zu kurze als auch zu lange Zeit der höchsten Temperatur ausgesetzt gewesen sind, sehr verschiedene Eigenschaften sowohl in elektrischer als auch in physikalischer Hinsicht aufweisen können. Derartige Unterschiede lassen sich später leicht beim sogenannten Formierprozeß erkennen und geben dort Veranlassung zu Störungen. Unausgesetzte Aufmerksamkeit der Bedienung ist also auch hier Bedingung dafür, daß die Fäden den Ofen fehlerlos und immer gleichmäßig verlassen.

Ferner ist entschieden das ununterbrochene Brennen im Gasgleichstrom, d. h. also dann, wenn der Gasstrom mit dem Vorschieben der Schiffchen gleichgerichtet ist, als verfehlt anzusehen. Die aus dem Bindemittel abdestillierenden Dämpfe, besonders die von den zugesetzten Ölen stammenden, kondensieren sich sehr leicht und sofort dann, wenn sie in eine auf etwa 100° C abgekühlte Zone gelangen. Die den Ofen verlassenden Fäden werden deshalb allmählich mit den kondensierten, kohlenstoffhaltigen Dämpfen imprägniert und dringen in die feinen Poren ein, ein Fehler, der gerade möglichst vermieden werden soll.

Brauchbare Resultate sind demnach meiner Ansicht nach weiter nur bei dem Arbeiten im Gasgegenstrom zu erzielen.

Eine andere Methode, um die Rohfäden zu brennen und die Bindemittel zu entfernen, schlägt die British Thomson-Houston Co.[1]) (General Electric Co.) vor. Diese Gesellschaft benutzt zum Brennen der Fäden einen elektrischen Heizkörper 2 (Fig. 99), der aus einem feuerfesten Material besteht, und in den Heizwiderstände 7 aus Eisen entsprechend eingebaut sind. Auf diesem Heizkörper liegt nun eine Kupferplatte, welche derartig ausgestaltet ist, daß kleine Schiffchen zur Aufnahme

---

[1]) Brit. Patent Nr. 5575 vom 7. März 1907.

14 *

der zu brennenden Fadenbündel entstehen. Die Kupferplatte
kann vorteilhafterweise auch mit Leisten 5 aus Kohle oder Graphit
versehen sein, um die die einzelnen Fadenbündel so gruppiert
sind, daß die Schenkel der Bündel auf beiden Seiten der Leisten
liegen. Nachdem die Bündel in der beschriebenen Weise untergebracht worden sind, wird dieser Heizkörper 2 in Glasgefäß 1
eingeschoben, welches nun evakuiert werden kann. 3 ist eine
abnehmbare Kappe zum Einbringen des Heizkörpers. Diese
Kappe dient gleichzeitig zur guten Abdichtung des Glasgefäßes,
unter Verwendung einer entsprechenden Dichtungsmasse oder
Lösung. Um ein Zerspringen
des Glaskörpers zu verhüten, ist
zwischen Glaswandung und Heizkörper noch eine Aluminium-
platte angeordnet.

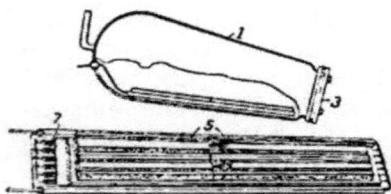

Nachdem hohes Vakuum
erzielt worden ist, wird Strom
eingeschaltet und die Temperatur allmählich bis zur gewünschten Höhe getrieben. Selbstver-
ständlich arbeitet die Vakuumpumpe während der ganzen Dauer
des Glüh- und Abkühlprozesses.

Durch Anwendung eines solchen Glühapparates soll die
Temperatursteigerung sehr genau zu regulieren sein und als
Produkt sehr stabile gebrannte Rohfäden resultieren.

Ein ganz anderes Prinzip, um die nichtleitenden Rohfäden
in leitende überzuführen, wendet Ernst Ruhstrat[1]) in
Göttingen an. Die Erfindung soll eine wesentliche Vereinfachung und Beschleunigung des Arbeitsganges hervorrufen.
Nach dem Ruhstratschen Verfahren geschieht das Vorbrennen
über einer offenen, reduzierenden Flamme, wobei der Querschnitt
der Flamme so groß sein muß, daß der Faden durch die Flamme
in das zu verbrennende Gas gebracht werden kann. Mit anderen
Worten ausgedrückt, muß die Flamme so groß im Durchmesser
sein, daß der zu brennende Faden vollkommen von der Flamme
eingehüllt ist, so daß eine Oxydation nicht eintreten kann.
Die Fig. 100 zeigt eine Einrichtung zur Ausführung des

Fig. 99.

[1]) D. R. P. Nr. 201464 vom 13. Dezember 1907.

Verfahrens. Sie besteht aus einem Gefäß, durch welches das indifferente Gas, zum Beispiel Wasserstoff, streicht. Das Gefäß dient zur Aufnahme der Fäden. Letztere werden durch die Flamme, welche das Vorbrennen des Fadens bewirkt, in das Gefäß gebracht. Die Temperatur der Wasserstoffflamme genügt nach den Angaben des Erfinders vollkommen, um Fäden, die zum Beispiel mit Zelloidinkitt hergestellt worden sind, binde-

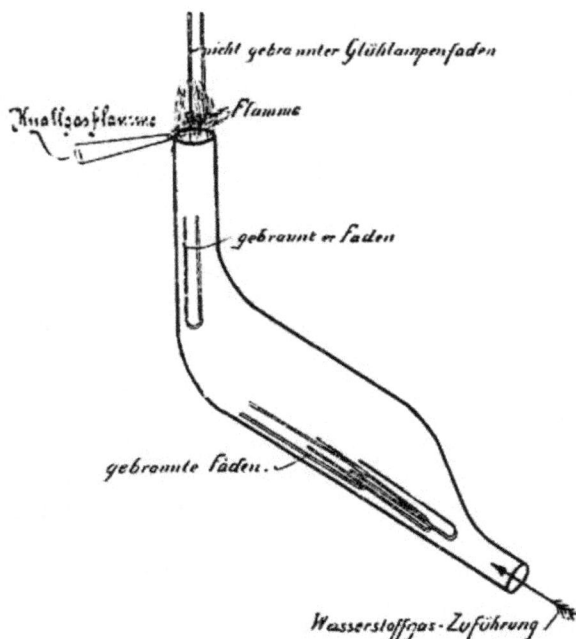

Fig. 100.

mittelfrei und leitend zu machen. Sollen jedoch Fäden, besonders solche, die recht dick sind, und andere schwerer zu eliminierende, organische Bindemittel, wie Zucker und Stärke, enthalten, gebrannt werden, so genügt die Temperatur der Wasserstoffflamme nicht. In diesem Falle kann die erzielte Hitze ohne weiteres durch eine zweckentsprechend angeordnete Knallgasflamme verstärkt werden.

Bekanntlich verkürzen sich die Fäden bei einer Temperatur von etwa 900 ° C beim Glühen beträchtlich infolge des Ab-

destillierens des Bindemittels und um so mehr, je größere
Quantitäten von verdampfbarem Bindemittel pro Einheit Metallpulver angewendet worden sind. Nach den Beobachtungen des
Verfassers bewegt sich diese Kontraktion zwischen 5 und 8 °₀
der Gesamtfadenlänge.

Bei diesem Zusammenschrumpfen, das ja die Stabilität der
Fäden erhöht, verkrümmen sich diese hin und wieder mehr
oder weniger, so daß durch das entstehende Fädengewirr das
Herausnehmen der einzelnen Fäden aus den Bündeln sehr erschwert werden kann. Um dieses Verkrümmen möglichst zu
vermeiden, brennt die Julius Pintsch[1]) Akt.-Ges. zu
Berlin die Rohfäden in einem vertikal stehenden, mit einem
Kohle- oder schwer schmelzbaren Metallrohr versehenen und
elektrisch geheizten Ofen und ordnet die Fädenbündel hängend
so an, daß die Scheitel der Hufeisen nach oben zu liegen
kommen. Um nun das Verziehen oder Welligwerden der frei
herabhängenden Fadenschenkel zu umgehen, werden diese beschwert. Die Beschwerung geschieht nun in einfachster Weise
dadurch, daß die Enden der Fadenschenkel in geeigneter Weise,
z. B. mit Klümpchen Wolframmetallkitt usw., beschwert werden.
Die Beschwerung, welche je nach der Anzahl und dem Durchmesser der Fäden leichter oder schwerer gewählt wird, wirkt
nun beim Kontrahieren der Fäden als Gewicht, so daß in der
Tat nach dieser Methode gebrannte Fäden entstehen, deren
Schenkel nicht verkrümmt, sondern ziemlich geradlinig sind.

Bei geeigneter Belastung der einzelnen Fadenenden mit
dem Wolframkitt, der bei der hohen Temperatur des Glühofens
in das Metall umgewandelt wird, kann auch gleichzeitig eine
vorteilhafte Verdickung der Schenkelenden erreicht werden.
Daß man Glühfäden an ihren unteren Enden mit einer Verstärkung versieht, ist an und für sich bekannt. Nach der Patentschrift soll diese bekannte Vergrößerung des Querschnittes des
unteren Fadenendes aber dazu dienen, den Widerstand des
letzteren zu verringern.

Statt des Eintauchens oder Bestreichens mit der fertigen
Metallpasta kann der Faden auch zuerst in eine klebende Flüssigkeit
getaucht und dann mit dem Wolframmetallpulver umgeben werden.

---

[1]) D. R. P. Nr. 245 477.

In einem späteren Kapitel soll außerdem der sonstige günstige Einfluß dieser Verstärkung der Fadenenden behandelt werden.

Als inertes und reduzierendes Gas zum Brennen der Fäden kommt vor allem, wie schon kurz angedeutet, reiner und trockener Wasserstoff in Betracht. Ebenfalls sind stark wasserstoffhaltige Gase, wie Leuchtgas, Generatorgas und Wassergas, verwendet worden. Bei Benutzung dieser letzteren Gase ist es aber unbedingt notwendig, eine vollkommene Absorption des reichlich vorhandenen schädlichen Sauerstoffes und möglichst auch der Kohlensäure vorher vorzunehmen.

Weiter empfiehlt es sich auch, das eventuell benutzte Leuchtgas möglichst von den schweren Kohlenwasserstoffen zu befreien, indem dieses durch eine Reihe von Waschflaschen, mit konzentrierter Schwefelsäure gefüllt, geleitet wird.

Sehr oft wird auch zum Brennen der Rohfäden trockenes und luftfreies Ammoniakgas angewendet, besonders im Gemisch von Wasserstoff. Ammoniakgas soll außerdem, dem Leuchtgas beigemengt, die Eigenschaft besitzen, ein Niederschlagen oder Absondern von Kohle auf den Fäden zu verhindern.

Endlich werden auch sulfurierende Gase, wie z. B. Schwefelwasserstoff oder Gemische von Wasserstoff und Schwefelwasserstoff, zum Glühen benutzt, um auch bei der Brenntemperatur eine teilweise Entkohlung der Rohfäden hervorzurufen. Ein derartiges Gemisch benutzt z. B. die Wolframlampen - Akt.-Ges.[1]) in Augsburg, wie auch zum später zu beschreibenden Formieren der Fäden. Der Schwefelwasserstoff soll sich in der Nähe der glühenden Fäden zersetzen, und der gebildete Schwefel mit dem Kohlenstoff des Bindemittels als flüchtiger Schwefelkohlenstoff abwandern. Andererseits bewirkt der freie Wasserstoff eine sofortige Reduktion des außerdem gebildeten Schwefelwolframs zu reinem Metall.

Auch Formaldehyddämpfe werden dem Wasserstoff beigemischt, ebenso, wie man den Wasserstoff durch Überleiten über leicht erwärmte Waschflaschen, die mit weißem Phosphor angefüllt sind, schwach mit den stark reduzierenden und sich leicht oxydierenden Phosphordämpfen anreichern kann. Diese

---

[1]) D. R. P. Nr. 199 040 vom 8. Oktober 1907.

geringen Mengen von Phosphordämpfen in feinster Verteilung
sind außerordentlich geeignet, die letzten Spuren von Sauerstoff
aus den Fädenbündeln und dem Brennrohr zu beseitigen.

Zum Schluß soll noch ein eigenartiges Verfahren angegeben
werden, bei welchem gepreßte Rohfäden entstehen, die sofort
leitend gemacht werden können, mit Umgehung der eben beschriebenen Brennmethoden. Das Verfahren stammt von Erwin
Achenbach[1]) in Wilhelmsburg bei Hamburg. Die gepreßten Rohfäden werden einfach durch eine frei brennende
Flamme gezogen, wodurch sie ohne weiteres und ohne Oxydation
oder Verbrennung des feinen Wolframmetallpulvers leitfähig
werden.

Diese merkwürdige Erscheinung soll nach dem Erfinder
dadurch ermöglicht werden, daß dem Faden Silbermetall in
feinster Fällung zugesetzt wird. Am zweckmäßigsten is es,
das Wolframmetall in eine Lösung von Silbernitrat ($AgNO_3$) zu
schütten, wodurch momentan Silber ausgefällt wird, welches die
Wolframteilchen mit einem schützenden Silberüberzug versieht.
Nach dem Abgießen der sauren Lösung und Auswaschen mit
reinem Wasser ist das Metall zum Verarbeiten fertig und wider-
steht jetzt der Oxydation beim Durchziehen durch eine offene
Flamme.

f) Das Sintern, Entkohlen oder Formieren der Fäden.

Neben der sorgfältigen Auswahl der zur Fadendarstellung
dienenden Rohmaterialien, wie reinsten Wolframmetallpulvers und
des dazu abgestimmten Bindemittels, erfordert der nach dem
Brennen der Fäden notwendig werdende Entkohlungs-,
Sinter- oder Formierprozeß die peinlichste Aufmerksam-
keit. Nur ununterbrochene und genaueste Beobachtung der
Formierstation und der als beste ausgewählten Vorschriften kann
Gewähr für ein gleichmäßiges und brauchbares Resultat bieten.

Es ist jedem Glühfadentechniker aus der Praxis wohl bekannt, daß an und für sich sehr gute und feste gebrannte Rohfäden durch ungeeignetes Formieren mehr oder weniger verdorben
werden können, während im Gegenteil Partien von Fäden, die

---

[1]) D. R. P. Nr. 235666 vom 26. Oktober 1909.

durch das Brennen durch irgendwelche Umstände weniger stabil wurden oder sonstwie nicht gewünschte Eigenschaften aufwiesen, durch zweckentsprechendes Formieren in vielen Fällen gerettet werden können. Der Verfasser will damit aber durchaus nicht behaupten, daß alle vorher mehr oder weniger verdorbenen Fäden durch geschickte Abänderung der Formierungsmethode wieder gutzumachen seien. Manche Fadenbündel sind eben mit keinen bekannten Hilfsmitteln gebrauchsfähig zu machen.

Wer sich intensiv mit der fabrikatorischen Erzeugung von Wolframmetallfäden beschäftigt hat, wird zugeben, daß dieser wichtigste Prozeß der Metallampenfabrikation zugleich auch der schwierigste ist. Besonders die Kontrollmittel während und nach dem Formierprozeß zur Feststellung, ob ein Faden die besten erreichbaren Eigenschaften aufweist, sind nur beschränkte, so daß größte Aufmerksamkeit des Arbeiters zur Einhaltung der zuverlässigsten Vorschriften und unablässige Beobachtung des Betriebsleiters dieser Station unumgänglich ist.

So sagt Dr. H. Lux[1]) wörtlich, daß gerade bei dem wichtigsten Prozesse in der Fabrikation der Metallfäden leider die sonst anwendbaren Kontrollmittel versagen. Für eine bestimmte Fadensorte, die eine genau bekannte chemische Zusammensetzung hat, die einen bestimmten Durchmesser und eine bestimmte Länge aufweist, sei durch eingehende Versuche die passende Belastung in Wattstunden festgestellt worden, und zwar sowohl hinsichtlich der maximal anzuwendenden Stromstärke bei gegebener Spannung als auch der Zeitdauer der Formierung. Auch die äußeren Bedingungen, wie Gasdruck und Gasgeschwindigkeit der in einem bestimmten Verhältnisse gemischten reduzierenden Gase, etwa Wasserstoff und Ammoniak, seien genau bekannt. Man sollte dann annehmen, daß durch strikte Innehaltung der Formierungsbedingungen immer ein gleichmäßig formierter Faden resultieren müßte. Das ist aber durchaus nicht der Fall, denn die Eigenschaften des zur Formierung gelangenden Fadens sind eben nicht genau bekannt. Man kennt weder seinen absoluten noch spezifischen elektrischen Widerstand, noch seinen Temperaturkoeffizienten. Aus diesem Grunde ist man in sehr hohem Maße auf die Aufmerksamkeit, Geschicklichkeit und Erfahrung des

---

[1]) Zeitschr. f. Bel., XVI. Jahrg., 1910, Heft 1, S. 2.

Bedienungspersonals angewiesen, das, fast ohne einen bestimmten
sicheren Anhalt zu haben, lediglich aus dem Glühgrade und dem
Grade der Fadenverkürzung während des Formierens beurteilen
muß, ob ein Faden genügend formiert ist oder nicht. Hieraus
ist ohne weiteres zu erkennen, daß in der Metallfadenfabrikation
der Zufall noch immer eine beträchtliche Rolle spielt. Von
diesem Unsicherheitskoeffizienten vermag man sich auch nicht
dadurch vollkommen zu befreien, daß man nachträglich die formierten Fäden nach Länge, Durchmesser, Gewicht und metallischen
Widerstand sortiert. Hiernach erscheint es nicht verwunderlich,
wenn in einzelnen Metallfadenlampenfabriken mit einem Lampen-
ausschuß von 30—50 % gearbeitet wird. Das ist ein Zustand,
der weitab von einer rationellen Fabrikationsmethode liegt.

Wenngleich ich diesen allerdings schon im Jahre 1910 gemachten Ausführungen heute nicht voll und ganz beipflichten
kann, so liegt in diesen Erklärungen entschieden doch viel
Wahres. In den ersten Jahren der Wolframfadenindustrie sah
es allerdings sehr böse um ein gutes, gleichmäßiges Fabrikat
und eine befriedigende Ausbeute aus. Immerhin haben sich die
Verhältnisse wesentlich gebessert, und man kann heute eine
Fabrik, die mehr als 15 % Gesamtlampenausschuß aufweist, als
schlecht geleitet bezeichnen. Auch der Bruch in der peniblen
Fädenfabrikation ist durch die Einführung der Metalle für die
sogenannten „duktilen" oder „knickbaren" Fäden ganz
bedeutend herabgemindert worden.

Ferner hat man bei den heutigen Formierapparaten Ampere-
und Voltmeter zur Verfügung, um eine genaue, bestimmte Strom-
menge durch den Faden schicken zu können. Das Manometer
zeigt außerdem genau den gewünschten Gasdruck an usw. usw.
Ich stehe überhaupt auf dem Standpunkt, daß die früher auf-
getretenen großen Unterschiede in der Qualität der Fäden auch
bei sonst absolut gleicher Verarbeitungsweise zumeist auf die
Verschiedenheiten der angewendeten Metalle zurückzuführen sind.
In der Tat sind die physikalischen Eigenschaften der Wolframmetalle, je nach der Reinheit der zur Reduktion angewandten
Wolframsäure und besonders der Höhe der Reduktionstemperatur,
sehr verschieden, auch in chemischer Hinsicht in bezug auf
den Sauerstoffgehalt. Es sei hier weiter erwähnt, daß es sich
bei der Reduktion eventuell nur um etwa 50—60 ° C Temperatur-

unterschied handeln kann, um aus dem sammetweichen schwarzen Metall das härtere graue Metall oder wenigstens die Übergangsprodukte zu demselben darzustellen. Ein hartes graues Metall wird nach den in der Metallfadentechnik gesammelten Erfahrungen nie einen so stabilen, biegsamen Faden ergeben als ein weiches, schwarzes Metall.

Aber vor allen diesen Unannehmlichkeiten und Schwierigkeiten kann man sich sehr wohl schützen, wenn v o r Verarbeitung neuer Quantitäten von Metall und Bindemittel mit Sinn und Verstand die geeigneten Vorversuche angestellt und die erzeugten Fäden sofort durch Eilversuche in Lampen ausprobiert werden. Zeigt sich dabei, daß einmal eine besondere Menge Metall usw. etwas andere Resultate als die gewohnten ergibt, so wird ein versierter Fadentechniker sehr bald ein Mittel finden, um durch abgeänderte Mengenverhältnisse zwischen Metall und Kitt, anderen Glühbedingungen, Wahl anderer Brenn- und Formiergase, Wahl anderer Temperaturen und Zeiten, die gleichen gewünschten Resultate zu erzielen. Oftmals ist auch das Metall durch zu langes Lagern in schlecht verschlossenen Flaschen stark oxydisch geworden, so daß schon eine nochmalige Nachreduktion des Metalles zum Ziele führt.

Am Ende dieses Abschnittes sollen entsprechende Anweisungen gegeben werden, um durch schnelle Kontrolle der frischen Rohmaterialien sofort eingreifen zu können und sich vor großen Verlusten zu schützen.

Das Sintern, Entkohlen und Formieren hat nun verschiedene Zwecke, wie schon aus den Bezeichnungen dieser Operation hervorgeht, die jetzt kurz angeführt werden sollen:

1. Die Rohfäden sollen praktisch kohlenstofffrei gemacht werden. Dies ist der hauptsächlichste Zweck der Entkohlung. Wird der Kohlenstoff nicht fast vollständig beseitigt, so tritt die Gefahr der vorzeitigen Schwärzung der Lampen bei einer Belastung von etwa 1,1 Watt pro Hefnerkerze ein. Größere Mengen von Kohlenstoff, der vorwiegend nicht als freier Kohlenstoff, sondern als Metallkarbid gebunden sich im Faden vorfindet, erniedrigen auch, je nach der Menge des im Metallfaden vorhandenen Karbides die Schmelztemperatur des Glühfadens selbst. Fäden mit hohem Kohlenstoffgehalt können

deshalb nicht so hoch beansprucht werden wie reine Metall-
fäden. Die geforderte Stromersparnis würde demnach zum
Teil wieder verloren gehen. Schließlich würde auch das
Verdampfen zu großer Mengen von Kohlenstoff den Faden
sehr schnell porös und damit brüchig machen. Die
Stabilität der Lampe ginge damit rasch verloren.

Immerhin ist es, trotz Verwendung bester Methoden,
bei der Kürze der Formierzeit nicht möglich, bei Anwendung organischer Bindemittel die letzten Spuren des
schädlichen Kohlenstoffes zu entfernen. Allgemein nimmt
man jedoch an, und dies ist in der Tat durch die Praxis
bestätigt worden, daß sehr geringe Mengen von Kohlenstoff, zumal als Karbid im Faden gelöst, praktisch unschädlich sind. Spuren von etwa ein bis zwei Hundertstel-
prozent sind für einen guten Faden eben noch zulässig.

2. Die Rohfäden sollen durch das elektrische
Sintern fest und biegsam gemacht werden und
hohen metallischen Glanz bekommen.

Nach dem Brennen der gepreßten, plastischen Rohfäden besitzen diese infolge des Verdampfens des Klebe-
materials eine sehr geringe Kohäsion, die oftmals eben
geradeso groß ist, daß die Fäden sich ohne empfindlichen
Bruch weiter verarbeiten lassen. Durch das Sintern nun
sollen die lose aneinanderhängenden Metallteilchen so fest
verkittet werden, daß ein stabiler, sehr elastischer und
wenig zerbrechlicher Metallfaden entsteht. Um dies zu
erreichen, muß selbstverständlich die Formiertemperatur
nahe bis zum Schmelzpunkt des Wolframs gesteigert werden.
Hierbei verkürzen sich die Fäden erheblich, im Mittel etwa
um 18—20 % der Gesamtfadenlänge des gebrannten Fadens.
Die hohe Elastizität der Fäden ist erforderlich, um das
Montieren derselben auf den sogenannten Fadensternen
vornehmen zu können, und um das Zerbrechen der Fäden
bei starken Erschütterungen möglichst auszuschalten.

Bei diesem Sintern nun, das in inerten Gasen zum Schutz
gegen Oxydation vorgenommen werden muß, erhalten die
anfänglich dunkelschwarzbraun aussehenden Rohfäden den
metallischen Glanz. Die Fäden bekommen etwa das Aussehen
wie blanke, feingezogene Eisen-, Platin- oder Molybdändrähte.

3. **Die Rohfäden sollen durch den Sinterprozeß ein so festes und dichtes Gefüge bekommen, so daß sie sich nachträglich in der Lampe nicht mehr merklich verkürzen können.**

Dieses äußerst dichte Gefüge erhalten die Fäden nur, wenn sie genügend lange und heiß genug formiert worden sind. Ein geringes, unschädliches Nachsintern in der Lampe tritt jedoch fast immer ein und läßt sich kaum ganz vermeiden. Erhebliche Verkürzung der Fäden in der Lampe ist außerordentlich schädlich und gibt zur sicheren Zerstörung der Lampe Veranlassung. Wie später beschrieben werden soll, werden die einzelnen, zumeist haarnadelförmigen Fäden auf Metallhaltern aufmontiert, die nun durch die eingetretene Verkürzung stark auf Zug beansprucht werden. Die Metallhalter besitzen im allgemeinen bei weitem größere Festigkeit als der beim Glühen weich gewordene Metallfaden, so daß, wenn der Zug ein zu großer wird, die Fäden einfach durchreißen müssen. Dieses Zerreißen kann an irgendeiner Stelle des Fadens eintreten, durchaus nicht immer an der Auflagestelle zwischen Metallfaden und Halter.

Ein weiterer schlimmer Übelstand ist der, daß sich mit nicht genügend formierten Fäden überhaupt keine konstante Lampe von gewünschtem Stromverbrauch, Spannung und Kerzenstärke bauen läßt. Durch das Nachsintern wird der Querschnitt des Fadens um einen gewissen Betrag vergrößert, während der elektrische Widerstand sinkt. Mit anderen Worten ausgedrückt, werden die ungenügend formierten Fäden nach einer gewissen Brennzeit in der Lampe einen höheren Stromverbrauch besitzen als im Anfang, die Spannung wird sinken, während sich die Lichtausbeute erhöht.

Um diese Verhältnisse genauer zu studieren, stellte der Verfasser absichtlich ungenügend formierte Fäden her und prüfte sie in der Lampe. Eine aus diesen Fäden hergestellte Lampe ergab im Anfang nach dem photometrischen Befund folgende Konstanten:

Volt	Ampere	Hefnerkerzen	Watt pro HK.
110	0,26	25	1,144

Nach 20 Stunden Brenndauer in der Lampe zeigte sich folgendes Bild:

Volt	Ampere	Hefnerkerzen	Watt pro HK.
110	0,30	36	0,916

und nach 35 Stunden:

Volt	Ampere	Hefnerkerzen	Watt pro HK.
110	0,305	38	0,883

Hierauf blieb die Lampe konstant, war aber außerordentlich heiß geworden.

Nach der weiter vorgenommenen Messung brannte diese Lampe bei 103 Volt genau mit 1,1 Watt Stromverbrauch pro Hefnerkerze.

Daß eine solche stark überbelastete Lampe sicher sehr bald geschwärzt und zerstört wird, ist wohl jedem erklärlich, sofern er weiß, daß reine Wolframmetallfäden im allgemeinen zur Erzielung genügend großer Lebensdauer höchstens bis auf etwa 1 Watt Stromverbrauch pro Hefnerkerze belastet werden können.

Eine ähnliche Erscheinung der Veränderung der elektrischen Widerstandsverhältnisse und Erhöhung der Lichtausbeute, allerdings in nur geringem, kaum schädlichem Maße, weisen übrigens die meisten der bekannten Fabrikate auf. Gewöhnlich ist die ausgestrahlte Lichtmenge bei einer 25 kerzigen Lampe nach etwa 20—30 Stunden Brennen um ein bis zwei Hefnerkerzen gestiegen.

Je stärker die Fäden nun im Durchmesser sind, um so größer und gefährlicher wird diese nachträgliche Kontraktion.

Ganz besonders unbrauchbar sind auch die Lampen, die verschieden formierte Fäden aufweisen, die dann, je nach dem verschiedenen Widerstand, heller und dunkler in der Lampe brennen. Diese Helligkeitsunterschiede werden sich durch Nachsintern zwar mit der Zeit allmählich größtenteils ausgleichen, sofern die Formierungsunterschiede nicht allzu große waren. Es sind dann aber schließlich Fäden von verschiedener Länge in der Lampe, die dann zweifellos zugrunde gehen durch Zerreißen des am meisten nachgesinterten Fadens.

4. Die Fäden dürfen in der Lampe keine beträchtlichen Mengen von das Vakuum nachträglich verschlechternden Gasen abgeben.

Auch dieser Fehler des starken Nachgasens der Fäden im Vakuum muß unter allen Umständen vermieden werden, da derartige Fäden Lampen mit geringer Lebensdauer ergeben. Wie schon unter 3. erwähnt, beruht auch diese Fehlerquelle auf ungenügend durchgeführter Formierung.

Infolge des Reduzierens der Wolframsäure im Wasserstoffstrom und des Brennens der Fäden im gleichen Gase ist es erklärlich, daß gewisse Mengen von Gasen im Faden vorhanden sind. Die Okkludierung des Wasserstoffgases ist erfahrungsgemäß bei dem Wolframmetall eine ziemlich feste, so daß die größten Gasmengen sich erst bei sehr hoher Formiertemperatur bei vermindertem Druck im Rezipienten und nach bestimmter Zeit entfernen lassen. Die letzten Spuren von Gasen lassen sich schwer restlos austreiben.

Bei ungenügender Formierung sind demnach in den Fäden beträchtliche Mengen von Gasen enthalten, die bei der hohen Temperatur in der Lampe bei gleichzeitigem höchstem Vakuum allmählich aus den Fäden entweichen und das Vakuum verschlechtern. Abgesehen davon, daß durch die Miterwärmung dieser Gasmengen ein Stromverlust eintritt und die Lampe heiß wird, so begünstigen sie dann das Auftreten der sogenannten „vagabundierenden Ströme". Die vagabundierenden Ströme springen mit Hilfe der heißen, leitenden Gase von allen Punkten des einen Fadens zu anderen Stellen des nächstliegenden Fadens über und begünstigen dadurch ungemein das Abschleudern feiner Wolframmetallpartikelchen, die sich naturgemäß dann an den kälteren Glaswandungen der Glühbirne absetzen. Die Bräunung oder Schwärzung der Lampen erfolgt bei den gaserfüllten Lampen demnach rapider als bei praktisch luftleeren.

5. Den Fäden soll im allgemeinen durch das Formieren die Form der bekannten Hufeisen- oder Haarnadelbügel gegeben werden.

Die Formgebung, die außer dem angegebenen Haar-

nadelbügel noch weitere besondere Formen, die später angegeben werden sollen, zeitigen kann, ist unbedingt notwendig, besonders zur Berechnung der Fadenlängen, und
läuft immer auf geradlinige Schenkel hinaus. Krumme oder
unregelmäßig gewundene oder gebogene Hufeisenfäden gestatten für die Großfabrikation keine genaue und schnelle
Festlegung der Gesamtlänge.

Es sind demnach, wie aus dem oben Angeführten hervorgeht, eine Menge Sicherheitsmaßregeln zu ergreifen, bei un-
ausgesetzter intensiver Beobachtung dieser Operation, um zu
gleichmäßigen, brauchbaren Resultaten zu gelangen. Besonders
ist darauf zu achten, daß gute, luftdicht schließende Formierrezipienten vorhanden sind, daß die Temperatursteigerung beim
Entkohlen immer gleichmäßig bis zum höchsten gewünschten
Grade gesteigert wird, und daß der Gasdruck bei dieser Arbeit
fortwährend der gleiche ist. Werden diese Maßregeln alle immer
genau eingehalten, so kann man mit Sicherheit ein annähernd
gleiches Produkt erwarten, vorausgesetzt natürlich, daß auch
das verwendete Wolframmetall und der Fadenkitt die gleichen
waren und in unverändertem Mischverhältnis zu gepreßten und
gebrannten Fäden verarbeitet worden sind. Daß auch die Formiergase dabei stets von gleichem Reinheitsgrad sein müssen, braucht
wohl kaum besonders hervorgehoben zu werden.

Außer diesem eigentlichen Formierprozeß wird hin und
wieder auch ein sogenannter Egalisierformierprozeß angewendet, der durch Niederschlagen von Wolframmetall auf den
Fäden eventuell vorhandene Ungleichheiten der Fäden ausmerzen
soll. Dieser Egalisierprozeß ist meiner Ansicht nach nur notwendig, wenn wirklich ungleiche und rauhe Fäden vorliegen, und
kann entweder nach erfolgter, oben beschriebener Sinterung oder
gleichzeitig mit dieser vorgenommen werden. Die heutigen angewandten Methoden zur Fadendarstellung sind aber derartig
ausgebildet, daß bei einiger Aufmerksamkeit so gleichmäßige
Fäden resultieren, daß sich die Egalisiermethoden im allgemeinen
erübrigen.

Das Egalisieren beruht in analoger Weise wie das „Präparieren“ oder „Tränken“ der Kohlefäden (siehe Ausführliches darüber: Weber, Die Kohleglühfäden, Verlag Dr. Max
Jänecke, 1907, S. 146 ff.) auf dem elektrischen Niederschlagen

von Wolframmetall auf den Metallfäden. Während bei der Präparatur der Kohlefäden Kohlenwasserstoffe elektrolytisch zerlegt werden und der abgeschiedene graphitartige Kohlenstoff sich auf den Kohlefäden niederschlägt, so werden bei den angeführten Egalisierverfahren geeignete flüchtige Wolframmetallsalze zerlegt, die befähigt sind, Wolframmetall in reinster Form abzuscheiden. Das abgeschiedene Wolfram setzt sich nun auf dem elektrisch erhitzten Metallfaden nieder, und zwar um so reichlicher, je hellere Weißglut vorhanden ist, also zuerst an den dünnsten Stellen des Fadens, die naturgemäß heller glühen als die daneben liegenden dickeren Stellen. In dieser Weise wird nach kurzer Zeit eine annähernde Gleichheit des Fadenquerschnittes erreicht. Durch die Beseitigung der dünnen Stellen wird selbstverständlich auch die Haltbarkeit des Fadens und damit auch die Lebensdauer der Lampe vergrößert. Weiter dringt das abgeschiedene, unendlich feine Wolframmetall in die durch das Herauswandern der Kohlepartikelchen entstandenen Poren des Fadens ein und füllt diese aus. Es wird demnach auch eine ziemliche große Gleichmäßigkeit der Fäden in bezug auf den elektrischen Widerstand erreicht, sofern nach gewisser, gewünschter Querschnittsvergrößerung auf der ganzen Länge des Fadens das Absetzen von Wolfram unterbrochen wird.

Die nach dem Egalisieren erhaltene glatte Oberfläche der rauhen Fäden spielt anscheinend auch eine Rolle bei der erhöhten eintretenden Lichtausbeute.

Nach den praktischen Erfahrungen des Verfassers ist nun die Dichte und Härte des niedergeschlagenen Wolframüberzuges um so größer:

1. je höher die Formiertemperatur ist und
2. je verdünnter die flüchtigen, zersetzbaren Wolframverbindungen in Anwendung kommen.

Es ist deshalb, sofern durchaus ein Egalisierverfahren als notwendig erscheinen sollte, vorteilhaft, die Formiertemperatur sehr rasch bis zum erwünschten Grade zu steigern und das flüchtige Metallsalz in starker Verdünnung, zum Beispiel mit Wasserstoff oder anderen geeigneten inerten Gasen gemischt, zu verwenden.

Bei diesem Egalisieren vermittels metallhaltiger Dämpfe wird selbstverständlich, je nach der Formierdauer und dem Metalldampfgehalt, auch der Querschnitt des ganzen Fadens vergrößert.

Sollte diese allgemeine Verstärkung nicht erwünscht sein, so
schlägt Johann Lux[1]) in Wien ein anderes Egalisierverfahren
vor, welches leicht durchführbar und wenig zeitraubend sein soll.

Es ist bekannt, daß erhitztes Wolfram mit den Halogenen
in Reaktion tritt; hierauf gründend besteht das Luxsche Verfahren darin, daß man die ungleichen Wolframglühfäden in geeigneten Gefäßen erhitzt und sie stark verdünnten Dämpfen
von Chlor, Brom und Jod aussetzt. Hierbei werden diese Gase
auf die Fäden einwirken und flüchtige Verbindungen bilden.

Diese Verbindungen werden nun am glühenden Faden wieder
dissoziieren, und zwar am stärksten an den dünnsten und somit
heißesten Stellen. Die dünnen Stellen werden so in kurzer Zeit
ausgeglichen, wobei also das Metall an den dickeren Stellen
entnommen und nach den dünneren verpflanzt wird.

Auch in der schon fertig montierten Lampe läßt sich dieser
Egalisierprozeß durchführen und mit Vorteil anwenden, sofern
durch ein kurzes momentanes Einschalten der Lampe hell- und
dunkelglühende Stellen am Faden festgestellt worden sind.

Man unterscheidet nun im allgemeinen:

1. die sogenannte Einzelformierung, bei welcher der
   durch den Faden geschickte Strom die Sinterung bewerkstelligt und

2. die Massenformierung, bei welcher ganze Fädenbündel durch äußere starke Erhitzung eines geeigneten,
   zur Aufnahme der Bündel dienenden Rohres erfolgt.

Diese letztere Methode hat sich infolge bestimmter Unannehmlichkeiten weniger in der Praxis bewährt als die erstere
und ist daher nur ausnahmsweise von wenigen Betrieben aus-
genützt worden.

Die zum Sintern und Entkohlen dienenden Einzelformier-
apparate bestehen nun aus folgenden notwendigen Teilen:

a) dem Formierrezipienten, der leergesaugt und mit
   Gasen angefüllt werden kann;

b) der Stromzuführung und Aufhängevorrichtung
   zur elektrischen Erhitzung der Fäden;

---

[1]) D. R. P. Nr. 182967 vom 16. Februar 1906.

c) der Meßvorrichtung und dem Widerstand, um den durch die Fäden geschickten Strom bestimmen und regulieren zu können;

d) dem Manometer zur Ablesung des im Rezipienten herrschenden Gasdruckes, und

e) den Rohrleitungen, sowohl zur Erzeugung des Vakuums als auch zur Zuführung der Formiergase.

Die Rezipienten selbst bestehen aus dickwandigem, blasenfreiem Glas, wie in den Fig. 101, 102 und 103 dargestellt.

Alle diese Rezipienten sind mit sauber plangeschliffenen Böden bei *a* versehen, um eine gute Abdichtung zu erreichen.

Fig. 101.   Fig. 102.   Fig. 103.

Der Rezipient Fig. 102 hat den Vorteil, daß durch die Anwendung der nach innen gerichteten Schliffflächen *a* die glühenden Metallfäden weiter von der Glaswandung entfernt sind als bei Fig. 101, so daß das lästige Zerspringen der Rezipienten infolge der enorm entwickelten Hitze fast vollständig fortfällt. Der Rezipient Fig. 103 dient zur Formierung der Fäden im strömenden Gas, während die beiden ersteren vorzugsweise zum Sintern im ruhenden Gas angewendet werden.

Vor Verletzungen durch Explosionen, die durch Unachtsamkeit der Arbeiter eintreten können, schützt man sich zumeist dadurch, daß die Glasrezipienten mit Drahtnetzkörben umhüllt werden. Infolge der im Rezipienten herrschenden Druckver-

15*

minderung werden die Scherben des zertrümmerten Rezipienten
gewöhnlich nach innen geschleudert, so daß eine Verletzung des
Arbeiters durch nach außen fliegende Stückchen durch das Draht-
gitter verhindert wird.

  Diese Rezipienten stehen nun auf dem sogenannten Teller
oder der Grundplatte, der mit einem Gummiring zur sorgfältigen Abdichtung derart aus-
gerüstet ist, daß die plangeschlif-
fene Bodenfläche des Rezipienten
auf dem Gummiring steht. Es
empfiehlt sich, den Ring und die
Schliffläche des Rezipienten mit
einem besonderen Fett oder
schwer verdampfbaren Öl einzuschmieren.

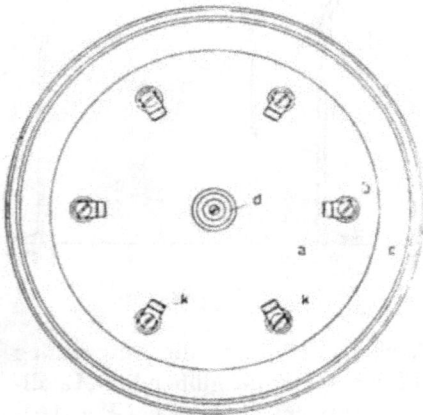
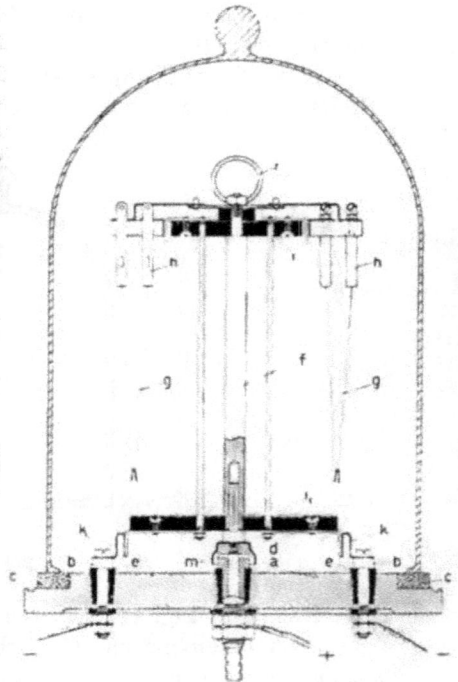

Fig. 104a.   Fig. 104b.

  Zur Stromzuführung zum Formieren der gebrannten Rohfäden tragen diese Rezipienteuteller nun Kontakte, die gut abgedichtet eingebaut sind, so daß etwa sechs bis zehn Fäden
nacheinander im selben Rezipienten gesintert werden können.
In Fig. 104a ist zum Beispiel ein Teller a in Draufsicht gezeichnet, der sechs Außenkontakte b besitzt. c stellt den Gummi-

ring zur Abdichtung dar. Der Mittelkontakt d dient zur Stromzuführung für alle sechs Außenkontakte.

Sowohl der Mittelkontakt d als auch die Außenkontakte b,
die zur besseren Stromübertragung am besten mit Metallfedern k
versehen sind, müssen selbstverständlich gut isoliert und dicht
in den aus dichtem Eisenguß bestehenden Teller eingebaut sein.

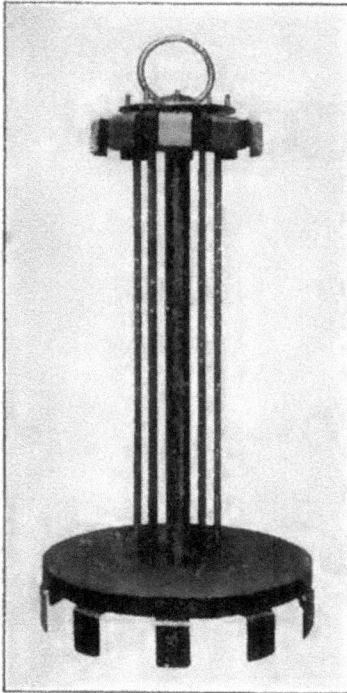

Fig. 105a.

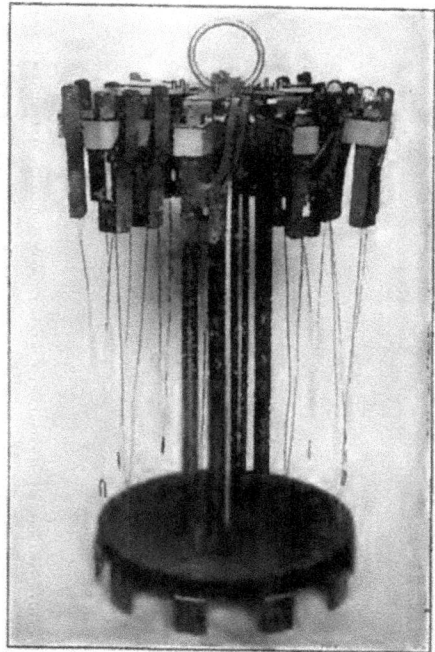

Fig. 105b.

Eine recht praktische Abdichtung und Isolierung wird, wie in
Fig. 104b gezeichnet, durch die konischen Hartgummi- oder
Fiberröhrchen e erreicht.

An Stelle der Federkontakte werden hin und wieder auch
Quecksilberkontakte benutzt, die näpfchenartig ausgebildet und
mit Quecksilber angefüllt sind. Die korrespondierenden Kontakte des Fadensternes passen nun genau in die Näpfchen-

kontakte, so daß nur ein einfaches Aufsetzen des Sternes notwendig ist.

In Fig. 104 b ist nun die weitere Leitung des Formierstromes
dargestellt. Dazu dienen zuerst die sogenannten Fadensterne f,
auf welchen wiederum die die Fäden g tragenden Brücken h ruhen.
Sowohl die Kontakte der Fadensterne als auch der Brücken müssen
ebenso wie die in der Rezipientengrundplatte sehr gut isoliert sein.

Fig. 105.

Einen zehnteiligen Stern, d. h. zum Formieren von zehn Fäden
nacheinander im gleichen Rezipienten ohne Brücken und Fäden,
zeigt uns Fig. 105 a, während derselbe Stern mit aufgebrachten
Brücken und Fäden in Fig. 105 b dargestellt ist. Der Stern
selbst besteht vorzugsweise aus zwei runden Hartgummi- oder
Vulkanfiberplatten i und i_1 (Fig. 104 b), welche die Kontakte und
Leitungsstäbchen zentrisch und gut isoliert tragen. Zur be-
quemen Handhabung der Sterne beim Einbringen in den Rezipienten

und beim Herausnehmen nach erfolgter Formierung sind sie
außerdem mit einem in den Figuren sichtbaren Ring r versehen.
Beim Formieren geht also der elektrische Strom durch den Mittelkontakt d nach dem Stern, durchläuft über die Brücken hinweg
die Fäden und tritt bei den Außenkontakten b wieder heraus.

Zum Leersaugen des Rezipienten und Einlassen des Formiergases ist der Mittelkontakt d gewöhnlich als Rohr ausgebildet

 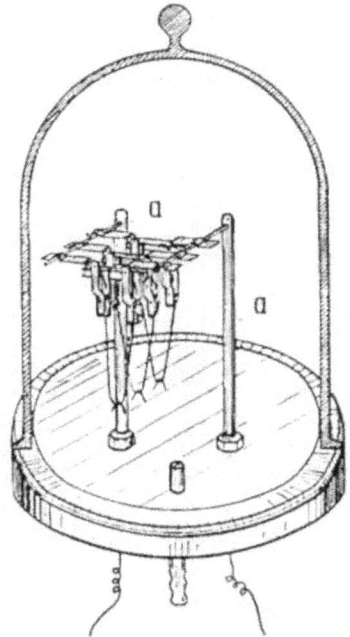

Fig. 107.   Fig. 108.

derart, daß das Gas seitlich aus den ringsum angeordneten
Löchern m einströmt. Diese seitliche Zufuhr und damit gleichmäßige Verteilung des Gases ist deshalb recht empfehlenswert,
da sonst bei direktem, rapidem Auftreffen des Gases auf die sehr
empfindlichen Rohfäden ein starker Bruch unvermeidlich wäre.

Auch andere Grundteller mit konzentrisch angeordneten
Kontakten zur Stromzuführung sind gebräuchlich, wie aus den
Fig. 106 und 107 ersichtlich. Die Grundplatte Fig. 106 dient

für einen zehnteiligen Stern mit doppelseitiger Aufhängung,
während die Grundplatte Fig. 107 mit einem zehnteiligen Stern
mit einseitiger Aufhängung der Klemmen ausgerüstet ist.

Ferner bedient man sich auch eines Formiertellers mit nur
zwei Kontakten a (Fig. 108), welche je einen seitlichen festen
Metallstab tragen zum einfachen Auflegen der Brücken. Man
ist so in der Lage, drei bis fünf Fäden zugleich sintern zu
können.

Um das Leersaugen des Rezipienten und das Füllen mit
den Formiergasen zu ermöglichen, ist jeder der beschriebenen
Rezipiententeller, wie schon erwähnt, mit einem luftdicht ein-
gesetzten Rohr ausgerüstet, welches die
Verbindung sowohl zur Vakuumpumpe als
auch zu dem Formiergasbehälter herstellt.

Als Fadenklemmen oder Brücken
kommen nun die verschiedensten Modelle
in Anwendung, von denen hier nur die gebräuchlichsten aufgeführt werden sollen.

Es sei hierzu bemerkt, daß man bei
Beginn der fabrikatorischen Herstellung der
Wolframglühfäden, als die gebrannten Fäden
noch sehr empfindlich waren, diese nicht wie
heute geklemmt, sondern ausschließlich angekittet hat. Eine derartige Brücke zum
Kitten ist in Fig. 109 dargestellt. Sie besteht aus zwei gewöhnlich aus Eisen bestehenden Elektroden a und a_1, welche zur
Aufnahme der beiden Fadenschenkel entsprechend mit Rillen
versehen worden sind. Die Schenkel werden nun angekittet mit
einer gut stromleitenden Paste. Als geeigneter Kitt wird vorzugsweise eine Gummi-Benzinlösung benutzt, der ausprobierte
Mengen von feinpulveriger amorpher Kohle und Graphit beigemengt worden sind. Die Kohle hat den Zweck, das Zusammenbacken des Kittes zu begünstigen, während der Graphitzusatz
die Leitfähigkeit erhöhen soll.

Es ist nun selbstverständlich, daß vor dem Formieren der
Fäden, die mit diesem Kitt an den Elektroden befestigt worden
sind, möglichst jede Spur der kohlenstoffhaltigen Lösungsmittel,
also des Benzins u. dgl., beseitigt werden muß, um das Nieder-

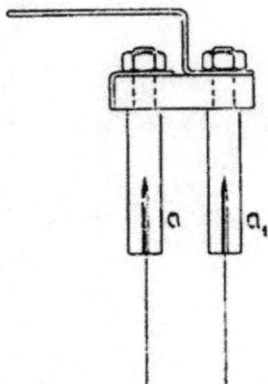

Fig. 109.

schlagen von Kohle auf den Metallfäden beim Formierprozeß auszuschalten. Zu diesem Zweck ist es rätlich, die Brücken mit den angekitteten Fäden in einem Ofen bei etwa 100—120° C eine Zeitlang zu erhitzen.

Da dieses Kittverfahren jedoch zeitraubend und der notwendige Kitt auf die Dauer immerhin kostspielig ist, abgesehen von dem unvermeidlich entstehenden Schmutz, so hat man diese Methode fast vollständig verlassen und ist zu dem Klemmverfahren übergegangen. Die zangenartigen Klemmen bestehen durchweg aus zwei starken vierkantigen Metallelektroden, die

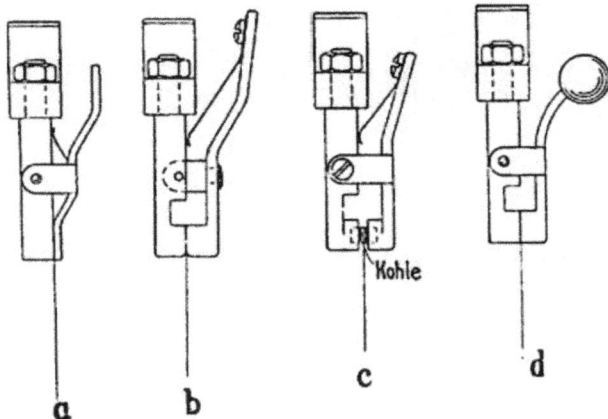

Fig. 110 a—d.

isoliert gut verbunden sind und bei denen die Klemmung der Fäden mittels Metallstücken erfolgt, die im allgemeinen mit Hilfe von Federn gegen die Auflageelektroden gedrückt werden.

Als Isoliermaterialien werden unter anderem auch Steatit, Porzellan, Glas, Glimmer und Vulkanfiber verwendet.

Einige der gebräuchlichsten Klemmen sind in den Fig. 110 a, b, c und d dargestellt. Es ist besonders darauf zu achten, daß die Backen an den Auflagestellen keine scharfen Kanten besitzen, die ein Abbrechen der Fadenschenkel hervorrufen würden. Weiter müssen alle Teile, besonders die Federn, recht kräftig ausgebildet sein, um das baldige Unbrauchbarwerden durch die starke Hitze möglichst zu umgehen. Bei c ist zwischen den

Klemmenbacken deshalb noch gutleitende Kohle eingesetzt worden, während bei *d* die Feder ganz vermieden worden ist und das Klemmen durch das Gewicht der angeordneten Kugel *A* am leicht spielenden Hebel *B* erfolgt.

Unbedingt erforderlich zum schnellen und bruchfreien Klemmen ist auch, daß diese Backen genau ausgerichtet sind, so daß das Klemmen an beiden Schenkeln gleichmäßig erfolgen kann. Ist dies nicht der Fall, so kann sehr leicht ein Schenkel aus der

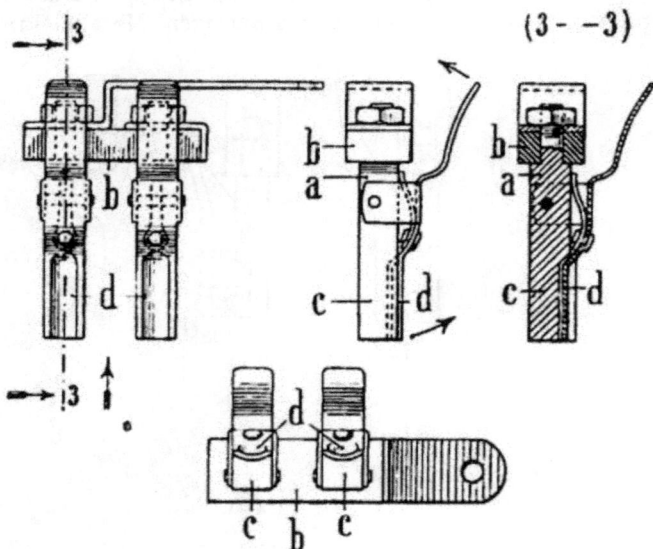

Fig. 111.

Klemmung herausgleiten, womit der Stromkontakt verloren geht. Um das Herausgleiten der Fadenschenkel zu vermeiden, hat der Verfasser[1]) die in Fig. 111 abgebildete Fadenklemme konstruiert, bei welcher sowohl die Elektrodenstücke als auch die Klemmbacken halbrund ausgearbeitet sind. Bei dieser Anordnung hat der Fadenschenkel in jeder Lage der Elektroden einen guten Kontakt und das Herausgleiten wird erschwert.

Eine weitere Anordnung, um ein immer ebenes Auflegen

---

[1]) D. R. G. M. Nr. 414670 vom 18. März 1910.

für die Fadenschenkel zu ermöglichen, stammt von der Firma
Max Köppe & W. Schulz[1]). Das Wesen der Erfindung beruht darin, daß die zur Aufnahme der Fadenschenkel dienende

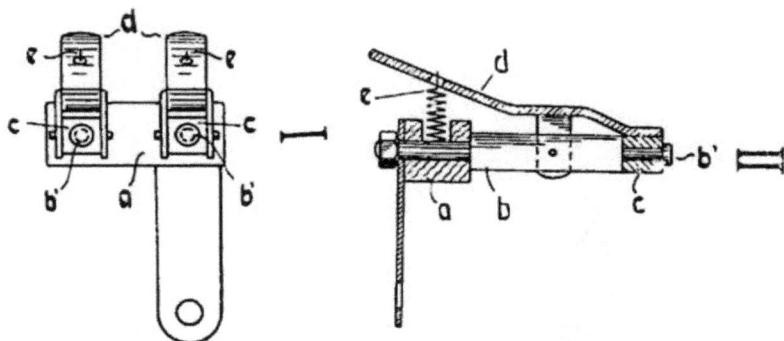

Fig. 112.

Brücke in ihrem vorderen, unter Einfluß von Klemmfedern
stehenden Teile beweglich ausgestaltet ist. Die Elektroden bestehen demnach aus zwei Teilen, wie aus Fig. 112 I
und II ersichtlich, dem Teil a und dem Metall-
würfel b, der mit Hilfe eines Zapfens leicht drehbar
mit a verbunden ist. Bei dem leisesten Druck des
Klemmstückes werden nun die Würfel in die gewünschte ebene Lage verschoben.

Umgekehrt kann auch, wie in Fig. 113 dargestellt, das Klemmstück leicht spielend drehbar
angeordnet sein.

Paul Scharf[2]) in Berlin glaubt, daß beim
Anklemmen der empfindlichen Fäden mit allen oben
beschriebenen Zangen der Bruch ein enormer ist,
der sich jedoch in einfacher Weise fast gänzlich
beseitigen lassen soll. Der Erfinder bewirkt eine
zartwirkende Fadenklemmung dadurch, daß beide
Elektroden aus magnetischem Material hergestellt sind. Die
Fäden werden nun mit den Schenkeln an den Enden der Elektroden

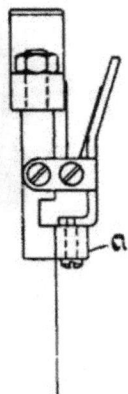

Fig. 113.

---

[1]) D.R.G.M. Nr. 378667 vom 27. Mai 1909.
[2]) D.R.P. Nr. 214491 vom 30. März 1909.

aufgelegt und dort durch je ein kleines Eisenplättchen, welches als Anker wirkt, festgehalten. S c h a r f vergißt aber augenscheinlich, daß durch die beim Formieren auftretende hohe Temperatur sehr bald die Elektroden entmagnetisiert und damit unbrauchbar gemacht werden. Jedenfalls würde das beständige Neumagnetisieren teurer sein als der geringe, bei Verwendung guter Klemmen eintretende Bruch, auch dann noch, wenn bei der S c h a r f schen Methode absolut kein Faden brechen sollte.

Fig. 114.

Die beschriebenen Rezipienten werden nun zu je zweien oder vieren entweder auf Tischen, wie es aus den Fig. 114—116 ersichtlich ist, oder auch auf eisernen Stativen (siehe Fig. 117 und 118) aufmontiert, derart, daß die Glasglocken mit Hilfe von Rollen und Gewichten leicht zu heben und zu senken sind. Die Stative tragen außerdem die Amperemeter zum Ablesen des durch die Fäden geschickten Stromes, ferner die Wahlschalter zum Kontaktgeben für die einzelnen Tische, Widerstände zur Stromregulierung, die Hähne zur Verbindung für Vakuumpumpe und Formiergasbehälter und schließlich die Manometer zum Ab-

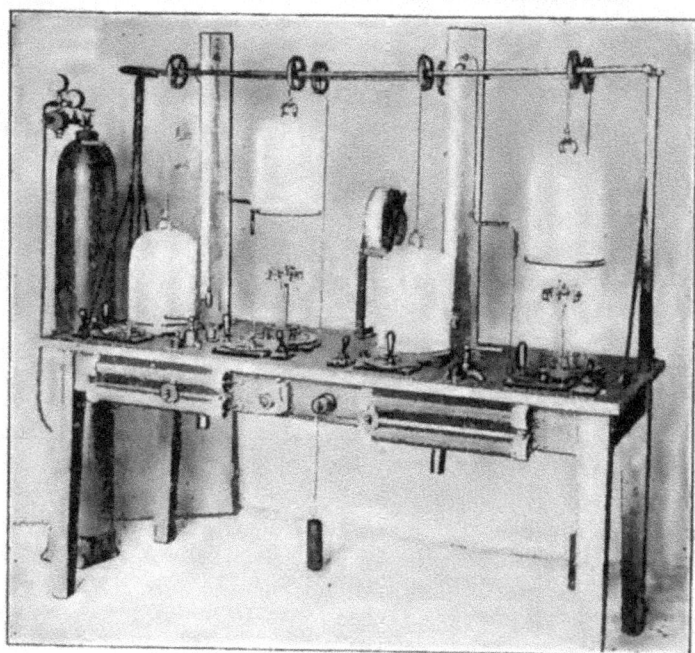

Fig. 115 und 116.

lesen des Gasdruckes. Zur Sicherheit versieht man die Tische
außerdem mit einem Hauptausschalter, um bei Reparaturen usw.
die einzelnen Tische stromfrei machen zu können.

In neuester Zeit werden die sogenannten Profilinstrumente
als Strommesser be-
vorzugt, besonders
dann, wenn der For-
miertisch zum gleich-
zeitigen Sintern von
zwei Fäden eingerich-
tet ist. Für diesen
Fall sind selbstver-
ständlich auch zwei
unabhängig voneinan-
der arbeitende Wider-
stände anzubringen.

Man trifft am
besten die Anordnung
so, daß immer zwei
Rezipienten gleichzei-
tig evakuiert und mit
Gas zum Formieren
gefüllt werden können.
Während des For-
mierens der Fäden
in diesen Rezipienten
können die schon for-
mierten Fäden in den
beiden anderen Rezi-
pienten herausgenom-
men, Sterne mit neuen
Fäden eingesetzt und
die Rezipienten eva-

Fig. 117.

kuiert und mit Gas gefüllt werden. Man kann so einen nahezu
kontinuierlichen Betrieb erzielen.

Ein Schaltschema für den durch die Rezipienten laufenden
Strom zum gleichzeitigen Sintern von zwei Fäden ist in Fig. 119
dargestellt. A_1 und A_2 sind die Strommesser, R_1, R_2, R_3 und
R_4 die Rezipienten mit den Kontakten für je zehn Fäden, S_1 und

S_2 die Wahlschalter mit je zwanzig Kontakten und W_1 und W_2 die Widerstände. Der Einfachheit halber sind die Umschalter und Hauptschalter in der Zeichnung fortgelassen worden.

Beim Einschalten des Stromes mit Hilfe des Wahlschalters S_1 in der Richtung nach R_1 und des Schalters S_2 in der Richtung nach R_3 werden gleichzeitig die Fäden 1 sowohl im Rezipienten R_1 als auch in R_3 glühen und durch Ausschalten von Widerstand in W_1 und W_2 fertig gesintert. Hierauf wird ausgeschaltet und die Wahlschalter nach den Kontakten 2 in der Richtung nach R_1 und R_3 geschoben usw. In der umgekehrten, durch einen Pfeil bezeichneten Richtung läßt sich Strom in die Fäden der Rezipienten R_2 und R_4 schicken. Man kann selbstverständlich die Anordnung auch so treffen, daß gleichzeitig Fäden formiert werden können in den nebeneinanderliegenden Rezipienten R_1 und R_2 und ferner in den Rezipienten R_3 und R_4.

Eine wesentliche Vereinfachung der elektrischen Stromzuführung stellt das Schema in Fig. 120 dar, auf

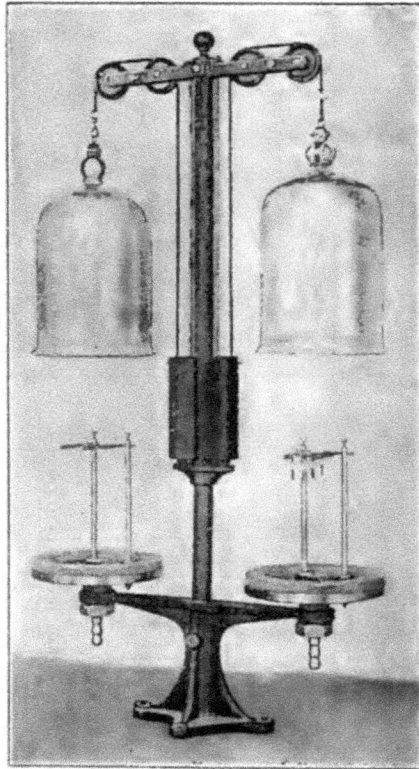

Fig. 118.

welches die Firma Friedrich & Rudolph in Berlin einen Musterschutz genommen hat.

Für die vier Rezipienten Rl_1, Rl_2, Rr_1 und Rr_2 wird nur ein Wahlschalter W benutzt, wobei die Leitungsverbindungen derart gewählt sind, daß zum Beispiel beim Drehen des Wahlschalterhebels nach dem ersten Kontaktknopf in der Richtung nach l gleichzeitig zwei korrespondierende Fäden in den Rezipienten Rl_1

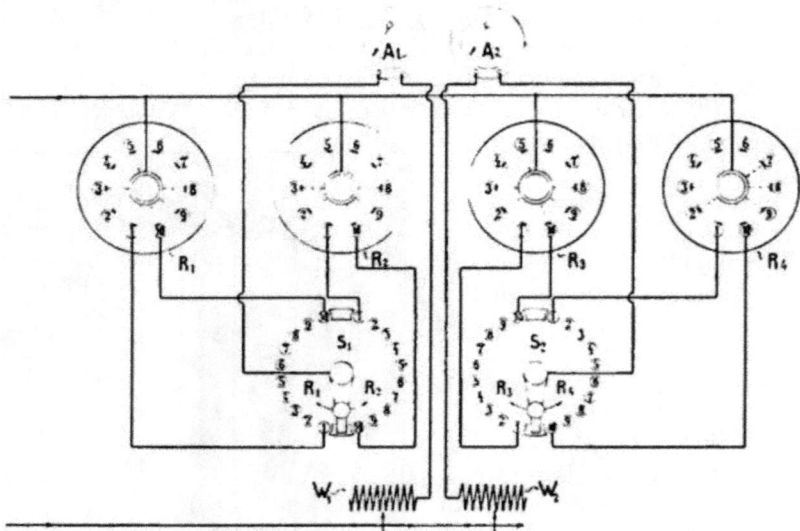

Fig. 119.

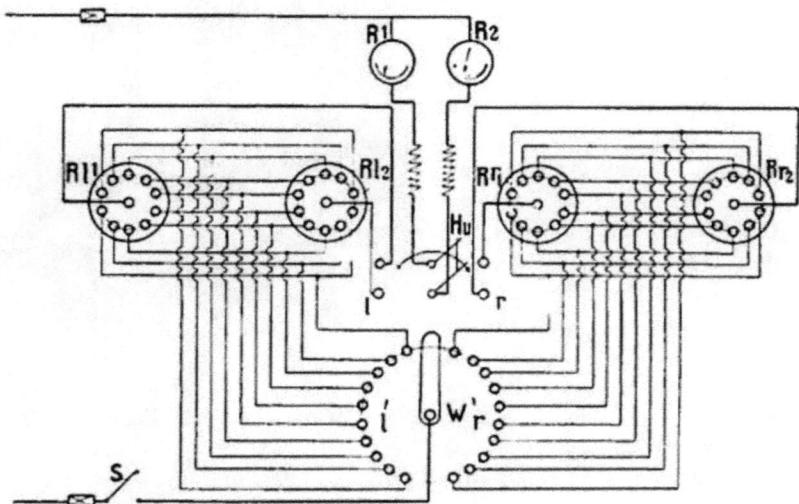

Fig. 120.

und Rl_2 glühen. Vorausgesetzt ist natürlich, daß der Hebelumschalter Hu nach links (l) geschaltet worden ist. Durch die

Anordnung der Widerstände zwischen Strommesser H_1 und H_2 und dem Hebelumschalter *Hu* wird erreicht, daß die Stromstärken in den glühenden Fäden der Rezipienten Rl_1 und Rl_2 getrennt abgelesen werden können. Durch das Schalten des Wahlschalters *W* nach rechts (*r*) wird bei nach der gleichen Seite umgelegtem Schalter *Hu* das Formieren der Fäden in den Rezipienten Rr_1 und Rr_2 veranlaßt.

Zur schnellen Erzielung des zum Evakuieren der Rezipienten
notwendigen hohen Va-
kuums werden in neuerer
Zeit außer den schon in
meinem früheren Werk:
„Die Kohlenfadenglüh-
lampen", S. 153 ff., be-
schriebenen Vakuum-
pumpen die patentierten
Pumpen von Hoddick
& Röthe, Weißenfels
a. S., mit Vorteil benutzt.
Eine der bevorzugten
Konstruktionen, eine
Verbundstufenpumpe,
ist in Fig. 121 in An-
sicht, in Fig. 122a im
Querschnitt und in Fig.
122b im Schnitt nach
A B dargestellt. Der

Fig. 121.

Antrieb erfolgt entweder durch Riemen oder direkt gekuppelt mit Elektromotor. Das erreichbare Vakuum beträgt dauernd bis etwa 0,007 mm absoluten Quecksilbersäulendruckes. Dies wird erzielt dadurch, daß die schädlichen Räume besonders abgesaugt werden. Die Steuerung erfolgt durch vollkommen entlastete Kolbenschieber *K* und masselose. reibungsfrei geführte Platten-
ventile, wodurch die höchsten Tourenzahlen bei absolut geräusch-
losem Gange gewährleistet werden. Die Schieberkolben laufen in Einsatzbüchsen aus Spezialeisen und erhalten selbstspannende,

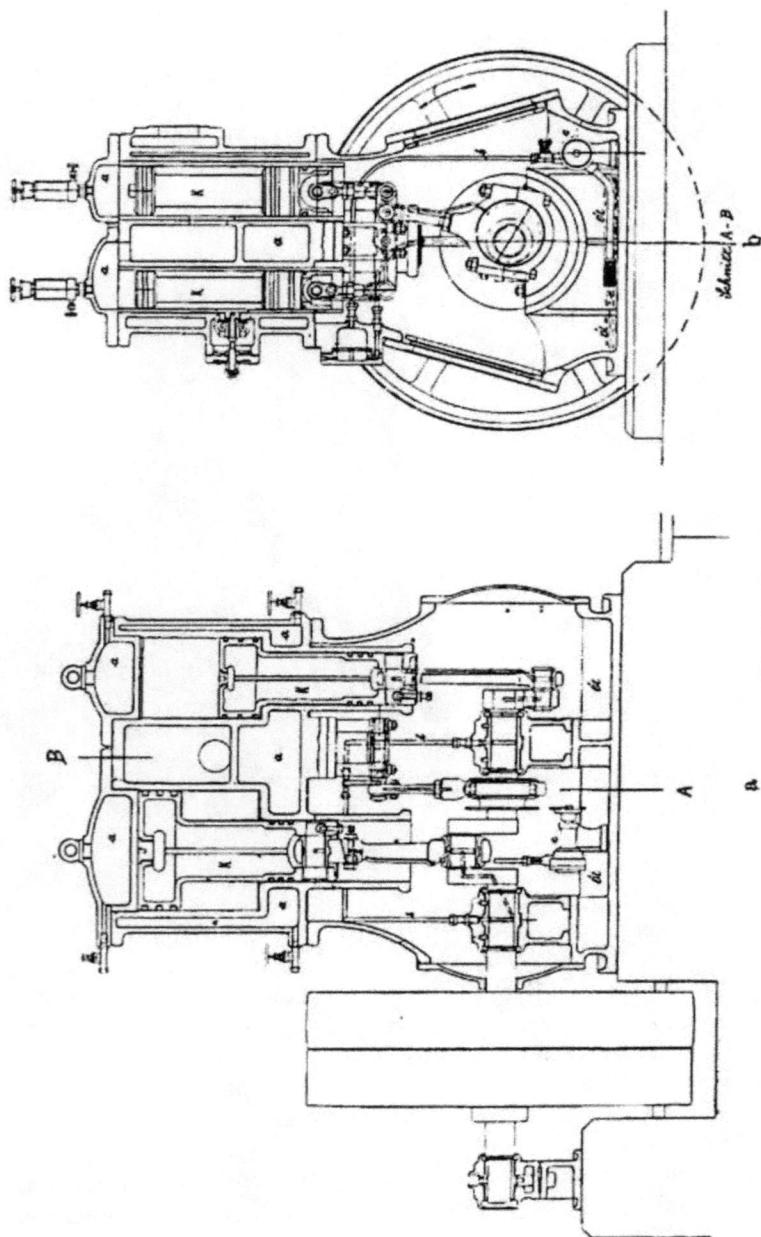

Fig. 122a und b.

eingeschliffene Kolbenringe, welche ein sehr langes Dichthalten
bei geringstem Verschleiß sichern. Die Stopfbüchsen sind überall
vollständig vermieden. Zylinder, Deckel und Schieber erhalten
eine ausreichende Wasserkühlung bei *a*. Die Maschinen sind
völlig gekapselt; alle Lager und Gleitflächen werden bei dieser
Bauart in ausgiebiger Weise durch eine Ölpumpe *c* und die
Rohrleitung *b* für die Preßölschmierung geschmiert. Bei kleineren
Maschinen erfolgt die Schmierung durch Schleuderwirkung. Da
das abfließende Öl stetig umläuft und immer wieder Verwendung

Fig. 123.

findet, so ist der Verbrauch ganz minimal. Durch Schaugläser
kann der Umlauf des Öles überwacht werden. Eine Preßöl-
pumpe *c* mit Schauglas ist in Fig. 123 dargestellt, wobei deutlich zu ersehen ist, daß die Pumpe selbst durch eine Kette angetrieben wird.

Die Ausstattung und Ausführung der Maschinen ist in jeder
Beziehung elegant, gediegen und zweckmäßig. Alle Triebwerks-
teile sind kräftig gehalten, alle Bolzen gehärtet und geschliffen
und mit Rücksicht auf geringste Auflagerdrucke breit dimensio-
niert, so daß eine Abnutzung so gut wie ausgeschlossen ist.

16*

Die Kurbelwelle läuft in breiten Ringschmierlagern. Von besonderem Vorteil ist noch, daß diese Pumpen sehr wenig Platz wegnehmen und sich sehr leicht montieren lassen.

Der Kraftbedarf ist infolge der automatischen Schmierung, der vollkommen entlasteten Steuerung und Fehlens jeglicher Stopfbüchsen ein außerordentlich geringer. So verbraucht zum Beispiel eine Pumpe für ca. 102 cbm angesaugte Luft pro Stunde bei etwa 300 Umdrehungen pro Minute beim Anlaufen nur etwa 3 P.S. und bei erreichtem Vakuum 1,7 P.S., während ein größeres Modell zum Beispiel für 650 cbm angesaugte Luft pro Stunde nur 16 resp. 8,5 P.S. benötigt.

Zur Erzielung eines gleichmäßigen und schnellen Vakuums werden nun zum Ausgleich vorteilhafterweise zwischen Pumpe und Formierungsanlage aus schmiedeeisernen Platten genietete Vakuumkessel eingeschaltet. Die Größe dieser Kessel richtet sich selbstredend nach der Anzahl der Rezipienten und wird im allgemeinen zu 2—5 cbm Inhalt gewählt. Es empfiehlt sich auch, die Pumpen und Kessel möglichst in der Nähe der Formieranlage aufzustellen, um lange, das Vakuum verschlechternde Rohrleitungen zu vermeiden, oder dort, wo die nahe Aufstellung aus irgendwelchen Gründen nicht angängig ist, mindestens aber sehr weite Leitungen zu wählen. Bevorzugt für die Vakuumleitungen werden heute weite und starkwandige Röhren aus einer harten Bleilegierung. Verwendbar sind jedoch auch Eisenrohrleitungen, sofern für eine gute Abdichtung resp. einen dichten Überzug Sorge getragen wird.

Das Sintern, Entkohlen und Formieren kann nun entweder in stehendem oder strömendem Gase vorgenommen werden und gestaltet sich für das stehende Gas für das Sintern von zehn Fäden im Rezipienten etwa folgendermaßen:

Nach dem Einsetzen der Sterne mit den Fäden, die zur Erzielung gerader Schenkel und einer Haarnadelform noch je nach dem Durchmesser der Fäden im Gewicht abgestimmte Gewichtchen tragen, wird die Rezipientenglocke dicht auf den Gummiring aufgesetzt und die Glocke durch Drehung des Hahnes so weit, als die Pumpe zieht, evakuiert. Hierauf läßt man durch eine weitere Drehung des Hahnes das Formiergas einströmen, bis zur fast völligen Füllung des Rezipienten, und evakuiert nochmals. Zum Schluß wird der Rezipient bis auf etwa die

Hälfte des Druckes mit dem Formiergas angefüllt, worauf das Sintern durch Einschalten des Stromes beginnt. Das Auswaschen des Rezipienten mit dem Formiergas ist nötig, um die größten Mengen der an den Brücken usw. klebenden Luftreste möglichst vollkommen zu beseitigen. Nach dem Einschalten des Stromes beginnt der Faden, der anfänglich einen hohen Widerstand besitzt, dunkel zu glühen. Beim Ausschalten von Widerstand steigert sich die Temperatur im Faden bis schließlich zur höchsten Weißglut, wobei gleichzeitig die Sinterung, d. h. die starke Kontraktion des Fadens stattfindet. Außerdem tritt die gewünschte Entkohlung ein nicht allein durch die Wirkung des Formiergases, sondern auch durch die wechselseitige chemische Reaktion des Kohlenstoffes des Bindemittels und dem Sauerstoff des Wolframmetalles, welche durch die hohe Fadentemperatur befördert wird. Nach vollendeter Sinterung wird der Strom ausgeschaltet, und das Formieren des nächsten Fadens beginnt. Sind in dieser Weise fünf Fäden behandelt worden, so evakuiert man wieder und läßt frisches Formiergas in den Rezipienten, wobei man den früheren Gasdruck wiederherstellt. Hiernach werden die letzten fünf Fäden nach der gleichen Methode formiert. Das Neueinfüllen des Rezipienten nach dem Formieren der ersten fünf Fäden hat den Zweck, sowohl das teilweise verbrauchte und verschlechterte Formiergas durch frisches Gas zu ersetzen, als auch eine gewisse Abkühlung der Glasglocken zum Schutze gegen Zerspringen hervorzurufen. Das Zerplatzen der Glocken wird ferner auch begünstigt durch den erhöhten Druck des Gases infolge der starken Erhitzung durch die glühenden Metallfäden.

Die Temperatur im Faden muß nun so weit gesteigert werden, daß ein nachträgliches Sintern in der Lampe fast vollkommen ausgeschlossen wird. Um dies zu erreichen, wird die Stromstärke beim Formieren gewöhnlich so hoch gewählt, daß sie etwa dem Vier- bis Fünffachen der normalen Stromstärke in der Lampe entspricht. Vorausgesetzt ist jedoch dabei, daß der Rezipient etwa zur Hälfte mit dem üblichen Formiergas, Wasserstoff, angefüllt ist. Je nach den Eigenschaften des Gases und je nach dem im Rezipienten herrschenden Druck ändert sich selbstverständlich die Stromstärke zur Erzielung der höchsten Weißglut.

Ist zum Beispiel das verwendete Gas ein guter Wärmeleiter,

und enthält der Rezipient eine größere als oben angegebene
Menge dieses Gases, so wird im allgemeinen eine höhere Stromstärke anzuwenden sein.

Die nachstehende Tabelle gibt nun die ausprobierten Stromstärken und Formierzeiten für die gebräuchlichsten Fadensorten
an bei Verwendung von mit Wasserstoff halbgefüllten Rezipienten:

Durchmesser des Rohfadens	Lampen-type	Zeit in Sekunden	Stromstärke in der Lampe zirka	Formier-stromstärke zirka
0,028	12/110	18	0,13 Amp.	0,50 Amp.
0,030	16/110	18	0,16 „	0,70 „
0,035	20/110	20	0,20 „	0,85 „
0,040	25/110	22	0,25 „	1,00 „
0,050	32/110	22	0,32 „	1,4—1,5 „
0,060	35/110	24	0,35 „	1,7—1,8 „
0,070	50/110	26	0,50 „	2,2—2,4 „
0,080	60/110	28	0,60 „	2,5—2,8 „
0,100	75/110	32	0,75 „	3,0—3,5 „

Die vorstehenden Angaben sollen natürlicherweise nur Daten
sein, wie sie im Mittel von den verschiedenen Fabriken in Anwendung kommen. Die mannigfachen Eigenschaften des verwendeten Metalles, der Bindemittel usw. bedingen Änderungen,
die nur durch eingehende Versuche festgelegt werden können.
Die Tabelle ist außerdem so zu verstehen, daß die höchste zulässige Stromstärke in einigen Sekunden erreicht wird, während
die Weißglut zum Beispiel für den 0.030 er Faden 18 Sekunden
andauert.

Bei dem Formieren im strömenden Gas ist dafür zu
sorgen, daß die Luftpumpe das gleiche Quantum Gas absaugt,
als zuströmt. Der Mehrverbrauch an Formiergas ist hierbei
größer als bei der eben beschriebenen Methode, hat aber den
Vorteil, daß die Fäden immer mit frischem, reinem Gas in Berührung kommen bei guter Kühlung der Glasrezipienten. Die
schädlichen entwickelten kohlenstoffhaltigen Gase werden schnell
von der Nähe der glühenden Fäden fortgeführt. Auch eine Zeitersparnis tritt ein, da ferner das zweimalige Evakuieren und
Anfüllen mit Gas fortfällt.

Die Deutsche Gasglühlicht-Akt.-Ges. [Auer-Ges.[1])] in Berlin hat nun auf den in Fig. 124 (1 und 2) dargestellten Apparat ein Patent erhalten, um den schon gebrauchten Wasserstoff nach Reinigung und Trocknung in den nächsten Formierrezipienten zu leiten usf. und so mehrfach ausnutzen zu können. In das erste Gefäß c (Fig. 1) wird durch ein Rohr a das Gas zugeführt, das durch die Leitung b abzieht, nach der Trockenkammer e gelangt und von hier durch eine Zuleitung a in das nächste Gefäß usw. Die Gefäße sind durch durchbohrte Stopfen d abgeschlossen.

Dieses Verfahren ist in verschiedener Hinsicht von der oben erwähnten Firma als recht praktisch befunden worden. Es zeigte sich im Betriebe, daß sich von den benutzten Fadenklemmen oder anderen aus Metall bestehenden Rezipiententeilen sehr große und dann schädliche Mengen von Wasserdampf abscheiden können. Dies beruht darauf, daß sich die heißen Klemmen usw. an der Luft oxydieren und dann wieder bei der nächsten Formierung durch den Wasserstoff unter Bildung von Wasser reduziert werden. Bei Verwendung von Metallteilen aus Kupfer tritt zum Beispiel folgende Reduktion ein:

$$CuO + H_2 = H_2O + Cn.$$

Fig. 124.

Diese Bildung von schädlichen Wasserdämpfen kann nun in verschiedener Weise verhütet werden, so zum Beispiel, daß die Klemmen usw. aus Metallen hergestellt werden, die sich nicht oxydieren resp. deren gebildete Oxydschicht nicht bei den bei der Formierung in Betracht kommenden Temperaturen reduziert wird.

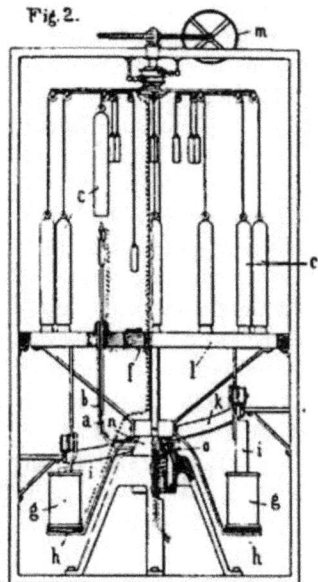

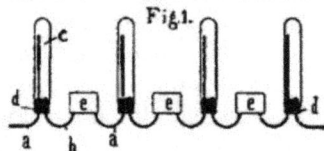

[1]) D. R. P. Nr. 184705 vom 28. März 1906.

Ferner können die oxydierbaren Klemmen in den Rezipienten so stark abgekühlt werden, daß sie beim Herausnehmen so kalt sind, daß eine nachträgliche Oxydation nicht eintritt, Auch bereits oxydierte Klemmen können vor dem neuen Gebrauch reduziert werden.

Schließlich kann auch der in den Rezipienten eintretende Gasstrom so beschleunigt werden, daß die entstehenden Wasserdämpfe bis zur Unschädlichkeit verdünnt werden. In letzterem Falle ist naturgemäß die zum Betriebe erforderliche Gasmenge erheblich.

Alle diese Übelstände werden durch das oben angeführte Verfahren behoben, für dessen Ausführung der in Fig. 2 gezeichnete Apparat dient. Die Einrichtung besteht in einer Grundplatte l. auf der die einzelnen Gefäße c angebracht sind. Dieses ganze Gestell wird durch einen Motor m in drehende Bewegung versetzt. Mit der Grundplatte verbunden ist das Hahngehäuse n, in dem sich das feststehende Küken o befindet. Durch die Drehung des Gehäuses um das Küken werden immer Kanäle für das durchströmende Gas freigegeben, das alsdann in das Gefäß c durch das Rohr a gelangt. Der Abzug erfolgt wieder durch das Rohr b. durch den Hahn in das nächste Gefäß usf., worauf durch weitere Drehung das erste Gefäß zum letzten, das zweite zum ersten wird usw.

Als Formiergas kommt in den weitaus meisten Fällen reiner Wasserstoff in Betracht, der durch Bildung von Kohlenwasserstoffen die Kohle und von Wasserdampf den Sauerstoff aus' den Fäden fast vollständig zu entfernen vermag.

Nach einem weiteren Verfahren der Deutschen Gasglühlicht-Akt.-Ges. [Auer-Ges.[1)]] in Berlin werden dem Wasserstoff, der im großen Überschuß vorhanden sein muß, noch bestimmte Mengen oxydierender Gase, in erster Linie Wasserdampf, beigemischt. Wenn dafür gesorgt wird, daß der Wasserstoff gegenüber dem Wasserdampf in mindestens zehn- bis zwanzigfachem Überschuß vorhanden ist, so gelingt es, trotz der Gegenwart des Wasserdampfes, auch die schwerst reduzierbaren Metalle als Metalle zu erhalten, während die geringsten Mengen von Wasserdampf genügen, um Kohlenstoff in Form von Kohlen-

---

[1)] D.R.P. Nr. 182683 vom 18. Jan. 1905.

oxyd und Kohlendioxyd zu entfernen. Es ist hierbei zweckmäßig, das bei der Reaktion entstehende Kohlenoxyd zu eliminieren, am einfachsten dadurch, daß man das Gefäß, in dem die Operation vorgenommen wird, mit frischem Gemisch von Wasserstoff und Wasserdampf beschickt, also im strömenden Gas arbeitet.

Die gleiche Gesellschaft[1]) hat ferner gefunden, daß man den Wasserdampf, unter Beibehaltung der reduzierenden Gase, durch solche Gase ersetzen kann, welche den Kohlenstoff nicht als Kohlenstoff-Sauerstoffverbindung entfernen durch Oxydation, sondern in anderer Weise. Zu diesem Zweck mischt sie dem Wasserstoff reichliche Mengen von Stickstoff bei oder besser noch den Stickstoff in Form von Ammoniakgas. Dieses Verfahren hat den Vorteil, daß man wesentlich leichter operieren kann, so daß selbst bei einiger Unvorsichtigkeit keine Gefahr vorhanden ist, daß der erhaltene Metallfaden durch etwa zu viel zugesetztes oxydierendes Gas angegriffen wird. Man vermutet, daß beim Formieren in dem verdünnten Gas, bei Durchleitung des Stromes durch den Faden eintretende elektrische Entladungen die Entfernung des Kohlenstoffes begünstigen.

Ebenfalls eine zum Teil oxydierende Atmosphäre im Gemisch mit inerten oder reduzierenden Gasen wendet die Wolfram - Lampen-Akt.-Ges.[2]) in Augsburg an. Als reduzierendes Gas wird Ammoniak benutzt, dem ein kleiner Prozentsatz trockener Luft oder trockenen Sauerstoffes hinzugefügt worden ist. Der Vorteil des Verfahrens soll darin beruhen, daß sehr leicht die letzten Reste der Kohle entfernt werden können, ohne daß es notwendig ist, Spuren von Luft oder Sauerstoff ziemlich genau aus den Entkohlungsapparaten auszuschalten.

Ein anderes sauerstoffhaltiges Gas benutzt die Siemens & Halske-Akt.-Ges.[3]) in Berlin. Nach dieser Erfindung soll sich sehr rasch und einfach der Kohlenstoff der Fäden beseitigen lassen, wenn diese in Essigsäuredämpfen (CH_3COOH) geglüht werden. Zweckmäßig wird dabei so verfahren, daß man den Glühfaden an Elektroden angeschlossen in den Rezipienten einer Luftpumpe bringt und gleichzeitig ein Schälchen mit Eis-

---

[1]) D. R. P. Nr. 194653 vom 12. Aug. 1905.
[2]) D. Patentanmeldung W. 31299, Kl. 21f vom 4. Okt. 1909.
[3]) D. R. P. Nr. 200886 vom 9. Juni 1907.

essig im Rezipienten anordnet. Nachdem ein genügendes Vakuum hergestellt ist, verdampft der Eisessig, dessen Dämpfe nun die Entkohlung hervorrufen.

Emil Schlünzig in Zwickau schlägt zum Entkohlen der Rohfäden beim Formieren verdünnte Formaldehyddämpfe vor, denen zweckmäßig noch reduzierende Gase, wie Wasserstoff und Stickstoff, beigemischt sein können.

Sulfurierende Gase, wie zum Beispiel reinen Schwefelwasserstoff, bevorzugt die Wolframlampen-Akt.-Ges.[1] in Augsburg, wobei der Kohlenstoff der zu formierenden Fäden als Schwefelkohlenstoff entweicht. Die Ausführung des Verfahrens geschieht vorteilhafterweise so, daß die Fäden in reinem Schwefelwasserstoff durch den elektrischen Strom zuerst auf dunkle Rotglut, hierauf allmählich bis zur Weißglut erhitzt werden. Der Schwefelwasserstoff zersetzt sich in der Nähe des glühenden Fadens. Es bildet sich Schwefel, der sich im statu nascendi mit dem Kohlenstoff des Fadens zu flüchtigem Schwefelkohlenstoff verbindet. Anderseits bewirkt der gleichzeitig frei gemachte Wasserstoff, daß das eventuell gebildete Schwefelwolfram sofort wieder zu reinem Metall reduziert wird.

Bei Durchführung des Verfahrens schlägt sich mitunter etwas fein verteilter freier Schwefel an der Innenwand des Rezipienten nieder, ohne daß hierdurch der Vorgang irgendwie beeinträchtigt wird.

Die zur Verwendung kommenden schwefelhaltigen Wasserstoffgase müssen möglichst rein, besonders frei von Luft und Feuchtigkeit sein. Es ist ferner empfehlenswert, das Verfahren unter stark vermindertem Druck auszuführen.

Mit reinem Stickstoff oder ähnlich wirkenden stickstoffhaltigen Gasen bewirkt das Zirkonglühlampenwerk Dr. Hollefreund & Co.[2] in Berlin die Entkohlung der gebrannten Rohfäden. Diese Gase werden dargestellt durch Erhitzung im Vakuum von wasserstoff-stickstoffhaltigen Phosphorverbindungen bzw. deren Oxy- und Sulfoverbindungen, wie zum Beispiel Phospham, Phosphamide und Phosphaminsäuren oder deren Sulfoverbindungen, gegebenenfalls mit einem Zusatz von

---

[1] D. R. P. Nr. 199040 vom 8. Okt. 1907.
[2] D. R. P. Nr. 210326 vom 20. Juni 1906.

Phosphor. Von den genannten Stoffen ist für den vorliegenden Zweck praktisch das Phospham (PN_2H) von größter Bedeutung. Der in diesem Körper enthaltene Stickstoff wird im Vakuum schon bei verhältnismäßig niedriger Temperatur abgeschieden und bildet dann beim Formieren der Fäden bei Weißglut mit der Kohle Cyan oder ähnliche, eventuell oxydierte Cyanverbindungen.

Der gleichzeitig frei gewordene Phosphor jedoch ist befähigt, den noch vorhandenen Sauerstoff zu binden oder seine bekannte reduzierende Wirkung auf vorhandene metalloxydische Verunreinigungen des Fadens auszuüben. Freier, dem Phospham zugesetzter Phosphor wird fraglos diese Wirkung kräftig unterstützen.

Dieses Phospham kann nun entweder direkt dem Faden einverleibt oder den zu formierenden Fäden aufgestäubt werden, so daß dann in beiden Fällen durch die hohe Temperatur beim Sintern die beschriebene Abspaltung von Stickstoff und Phosphor eintritt. Auch eine Erhitzung des Phosphams in der Nähe des zu formierenden Fadens ist angängig, wobei das Phospham zur Verdampfung gelangen muß.

Gasförmiges Phosphor- oder Arsentrichlorid zur Entkohlung der Fäden beim Formierprozeß benutzt Robert Hopfelt[1]) in Berlin. Auch die korrespondierenden Bromide und Jodide sind anwendbar, die jedoch am besten in entsprechender Weise mit inerten Gasen, wie Stickstoff und dergleichen, verdünnt angewandt werden.

Gut formierte Wolframmetallfäden, die sonst in den früheren Stadien der Erzeugung einwandfrei hergestellt worden sind, besitzen einen hohen platinähnlichen Glanz, gute Elastizität und Zerreißfestigkeit.

Der Temperaturkoeffizient kohlenstofffreier Fäden ist positiv und beträgt 0,438.

Je nach der Reinheit des Metalles und des Grades der Kohlenstoffbeseitigung erhöht sich der Widerstand des Fadens bei Glühhitze um das Zehn- bis Elffache des Anfangswiderstandes in der Kälte und beträgt bei der Temperatur in der Lampe etwa 0,000282 Ohm für 1 mm Länge bei einem Querschnitt von 1 qmm.

An dieser Stelle möchte ich noch einige Worte über den

---

[1]) Brit. Patent Nr. 8146 vom 5. April 1909.

bei der Fabrikation eintretenden Bruch sagen, der bei schlecht
geleiteten Betrieben erheblich, bei gut geleiteten recht reduziert
werden kann. Der Bruch entsteht durch Ausfall beim Pressen,
beim Zusammenziehen der Fäden zu Bündeln, Brennen der
Fäden. Auseinandernehmen der gebrannten Fadenbündel, beim
Anklemmen der Fäden mit den Formierbrücken und schließlich
beim Formieren selbst. Im allgemeinen entsteht hierbei im
Mittel, die dünneren empfindlichen und dickeren weniger empfindlichen Fäden zusammengenommen, ein Bruch von 25—30%.
Aus 100 guten gepreßten Fäden erzielt man demnach etwa 70
bis 75 gut formierte Fäden. immerhin ein Resultat, das in An-
betracht der außerordentlichen Schwierigkeit der Fabrikation und
der relativen Zerbrechlichkeit der Metallfäden als ein recht gutes
bezeichnet werden muß.

Die bisher beschriebenen Formierapparate werden von ge-
schicktem, am besten weiblichem Personal bedient. wobei dieselben ziemlich genau die ausprobierten Zeiten und die allmähliche Temperatursteigerung durch Ausschalten von Widerstand
bei gleichzeitiger Beobachtung des Vorganges einhalten müssen.
Zur genauen Zeitbestimmung hat man den Arbeitern Uhren zur
Verfügung gestellt, die deutlich sichtbar an den einzelnen
Formierapparaten oder Tischen aufgestellt sein müssen. Auch
Sanduhren, für die verschiedenen Sekundenzeiten genau abgestimmt, sind früher in Anwendung gekommen. Es ist jedoch
rätlich, die Aufmerksamkeit des Bedienungspersonals nicht auf
die Uhr, sondern lediglich auf den Faden zu lenken. Man hat
deshalb die Uhren ausgeschaltet und ein sogenanntes Sekunden-
schlagwerk, wie in Fig. 125 dargestellt, derart im Formiersaal
angeordnet, daß die Schläge an jedem Arbeitsplatz deutlich zu
hören sind.

Das Personal gewöhnt sich sehr bald daran, durch Ab-
lauschen der Schläge die Zeiten für das Ausschalten von Widerstand resp. zum Ausschalten des Stromes genau einzuhalten,
ohne daß die Aufmerksamkeit vom Formierapparat abgelenkt wird.
Diese Sekundenschlaguhr besteht in einfachster Ausführung aus
der Glocke, dessen Klöppel durch die Drehung einer Scheibe
in Tätigkeit gesetzt wird. Die Rotation der Scheibe erfolgt
durch Motorantrieb, dessen Geschwindigkeit durch einen feinen
Widerstand reguliert wird. Vor Beginn der Arbeit wird nun

mit Hilfe einer genauen Stoppuhr dieses Schlagwerk genau ein=
gestellt und kann während der Arbeitszeit in gleicher Weise
hin und wieder kontrolliert werden.

Naturgemäß lag nun das Bestreben vor, sich von der sorgfältigen, individuellen und schwer kontrollierbaren Einzelbedienung
der Formierapparate durch Schaffung einer automatischen
Formierung so viel als möglich freizumachen. Es sind maschinelle

Fig. 125.

Einrichtungen getroffen worden, die nicht allein die Erhöhung
der Temperatur der Fäden selbsttätig und das Ausschalten des
formierten und Einschalten des nächsten Fadens besorgen,
sondern sogar auch das Evakuieren der Rezipientenglocken und
das Anfüllen derselben mit dem Formiergas. Daß derartige
komplizierte Apparaturen kostspielig werden und außerdem eine
sorgfältige Beobachtung durchaus nicht fortfällt, dürfte aus dem
Nachfolgenden ersichtlich sein. Der Verfasser zieht deshalb die

Sinterung der Fäden durch tätigen Eingriff des Personals der vollkommen automatischen entschieden vor.

Wie schon beschrieben, ist der Widerstand der gebrannten Fäden anfänglich ziemlich hoch, der aber bei Erhöhung der Temperatur sehr rasch sinkt. Es kann deshalb bei Unachtsamkeit des Arbeiters vorkommen, daß der Widerstand beim Formieren so rasch sinkt, daß das Durchbrennen des Fadens infolge von Überlastung unvermeidlich wird.

Um dieses zu verhindern, schaltet die Allgemeine Elektrizitäts-Gesellschaft[1]) in Berlin Eisenwiderstände, d. h. Widerstände aus Eisendraht in einer Wasserstoffatmosphäre, wie solche für Nernstlampen verwendet werden, entweder einzeln oder in Serien vor den betreffenden Faden. Hierdurch wird erreicht, daß die durch die allmähliche Widerstandsverminderung frei werdende Energie in den Eisenwiderständen vernichtet wird, und daß der durch den Faden geschickte Strom einen bestimmbaren Wert nicht überschreiten kann. Auf diese Weise kann man die Apparate nach dem Einschalten ohne Beaufsichtigung weiter brennen lassen, die höhere Spannung wird von den Eisenwiderständen absorbiert.

Auch in der bei Fig. 124 beschriebenen Formiereinrichtung der Deutschen Gasglühlicht-Akt.-Ges. [Auer-Ges.[2])] in Berlin wird die elektrische Stromzuführung in die Fäden selbsttätig geregelt in der Weise, daß sämtliche Stromkreise f parallel geschaltet sind, während die Regelung des Stromes durch die Drehung der Vorrichtung bewirkt wird. Wird Wechselstrom benutzt, so werden die Drosselspulen g verwendet, die auf einem rotierenden Kranz g sitzen. Die zugehörigen Kerne i der Spule sind an dem sich drehenden Teil befestigt und werden durch eine fest angeordnete Führungsschiene h entsprechend gehoben und gesenkt. Bei Verwendung von Gleichstrom werden durch dieselbe Anordnung Widerstände zu- oder abgeschaltet.

Eine sehr präzis wirkende automatische Formiereinrichtung stammt von Bruno Faßmann in Berlin, dessen Schaltungsschema in Fig. 126 dargestellt ist. Der Schalthebel h_1 wird von der Welle W in der Drehrichtung des Pfeiles, von Kontakt a_1

---

[1]) D. R. P. Nr. 188908 vom 8. Sept. 1906.
[2]) D. R. P. Nr. 184705 vom 28. März 1906.

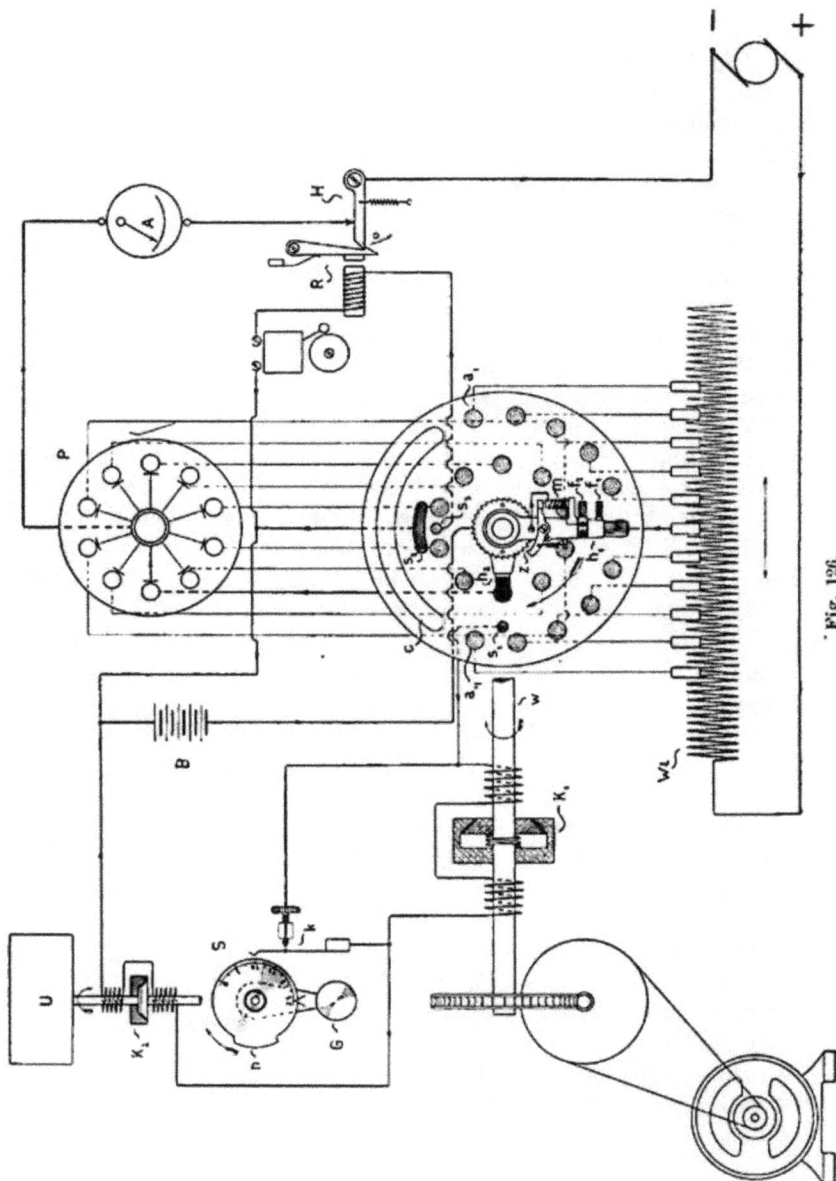

Fig. 126.

zunächst bis Kontakt a_{11} mitgenommen. Diese Kontakte stehen mit dem Widerstand Wi derart in Verbindung, daß durch die Fortbewegung des Hebels h_1 Widerstand ausgeschaltet wird. Der betreffende Faden, auf welchen der Hebel h_2 jeweilig geschaltet ist, wird somit bis zu der ausprobierten Formierstromstärke, welche vorher durch den Widerstand Wi einstellbar ist, gebracht. Sobald nun der Hebel h_1 auf dem Kontakt a_{11} angelangt ist, fließt durch die Schleiffeder f_1 ein Strom, von der Stromquelle B kommend, über den Kontakt S_1 zur elektromagnetischen Entkuppelung K_1, welche hierdurch die mechanische Verbindung mit dem Hebel h_1 löst und ihn zum Stillstand bringt. Der Faden ist in diesem Moment bis zur höchsten vorher eingestellten Formiertemperatur getrieben.

Von der Kuppelung K_1 fließt aber der Strom weiter in eine zweite Kuppelung K_2, welche nun ein Gewicht G mit der Minutenwelle eines Uhrwerkes U kuppelt. Auf der Hebelachse dieses Gewichtes ist verstellbar angebracht eine Scheibe S, die mit einem Nocken N versehen ist. Je nach der gewünschten Formierungsdauer bei der höchsten Temperatur wird nun diese Scheibe eingestellt resp. der Nocken der Scheibe dem Kontakt k genähert oder entfernt. In der Zeichnung ist zum Beispiel die Formierdauer auf zehn Sekunden eingestellt. Mit dem Uhrwerk gekuppelt bewegt sich die Scheibe S mit dem Gewicht G in der Richtung des Pfeilers, bis der Nocken n den Kontakt K berührt. Da dieser Kontakt im Nebenschluß zu der elektromagnetischen Entkuppelungsvorrichtung K_1 liegt, so wird jetzt diese kurz geschlossen resp. stromlos und stellt damit die mechanische Verbindung des Hebels h_1 mit dem Antrieb wieder her. Beim Weitergehen des Hebels h_1 wird nun die Feder f_1 den Kontakt S_1 wieder verlassen, wodurch auch Kuppelung K_2 wieder stromlos gemacht und die Verbindung der Scheibe S mit dem Uhrwerk U gelöst wird. Die Scheibe S fällt nun infolge des Gewichtes G wieder in ihre frühere Lage zurück, wodurch auch der Kontakt k wieder geöffnet wird.

Der betreffende Faden ist nun fertig formiert. Inzwischen hat sich jedoch der Hebel h_1 auf dem Leerlauf C weiterbewegt, so daß der Faden ausgeschaltet wird. Ist nun der Hebel h_1 etwa auf der Mitte von C angelangt, so daß die Feder f_2 mit dem Kontakt S_2 in Berührung kommt, so fließt über den Elektromagneten M von der Stromquelle B kommend ein Strom. Dies hat zur Folge, daß der Magnet das Gesperre Z betätigt und hierdurch den Hebel h_1 mit dem Hebel h_2 fest kuppelt. Es wird also der Hebel h_2 jetzt in der Pfeilrichtung so lange mitgenommen, bis er auf seinem nächsten Kontakt angelangt ist, d. h. also den nächsten Faden im Rezipienten P eingeschaltet hat. Das beschriebene Spiel der Formierung dieses Fadens beginnt nun von neuem.

Sind nun schließlich sämtliche Fäden in gleicher Weise formiert worden, so kommt nach dem letzten Kontakt der Hebel h_2 mit dem Kontakt S_3 in Berührung. Die Folge ist, daß Strom, auch von der Quelle B kommend, nach dem Relais R fließt, wodurch der Hauptschalter H ausgelöst wird. Gleichzeitig damit wird die Bedienung durch ein Glockensignal aufmerksam gemacht, daß die Sinterung aller Fäden im Rezipienten beendet ist, und daß neue Fäden eingesetzt werden können.

Zum rationellen Betrieb einer solchen automatischen Anlage ist es selbstverständlich Bedingung, daß jeder Faden den Rezipienten formiert verläßt, d. h. also, daß keine zerbrochenen Fäden sich im Rezipienten befinden. Da die Anordnung auch arbeitet für die Kontakte, bei denen die Fäden zerbrochen sind, so kann natürlicherweise ein beträchtlicher Zeitverlust eintreten, während bei der Formierung mit Hand der Arbeiter sofort den nächsten unlädierten Faden einschalten wird. Man könnte sich gegen diesen Zeitverlust vielleicht schützen, wenn die Anordnung für die automatische Formierung derart getroffen wird, daß durch eine Einrichtung der stromlos gemachte Kontakt bei dem zerbrochenen Faden schnell übersprungen wird.

Weiter ist selbstverständlich die größte Sorgfalt darauf zu verwenden, daß in den abgestimmten Automaten nur die Fädendurchmesser Verwendung finden dürfen, für welche die eingestellte Höchststromstärke angepaßt ist. Dünnere Fäden werden vorzeitig durchbrennen, während dickere den Rezipienten nicht genügend formiert verlassen. Das vorzeitige Durchbrennen der dünneren Fäden, die die eingestellte Stromstärke nicht vertragen, könnte man durch eine Einrichtung zum selbsttätigen Ausschalten bei einer erreichten Höchstvoltzahl verhindern, während das ungenügende Sintern der zu dicken Fäden schwerer auszuschalten ist. Das durch die Anbringung aller dieser Sicherheitsmechanismen

die schon recht komplizierte Apparatur noch verzwickter wird,
dürfte wohl kaum besonders zu erwähnen sein.

Eine andere automatische Formierung beruht darauf, daß
ein rotierender Widerstand mit gut isolierten Abstufungen gegen
einen Schleifkontakt arbeitet, der den Strom in die Fäden
schickt. Ein gleichzeitig angebrachter Hebel schaltet den Kontakt
für die einzelnen Fäden selbsttätig nach einer gewissen Zeit auf
den nächsten Faden um. Bei Anwendung dieser Anordnung ist
es jedoch zur Erzielung der notwendigen Formierzeit unerläßlich,
daß die Rotationsgeschwindigkeit des Widerstandes ebenfalls
sehr genau reguliert werden muß. Differenzen
in der Geschwindigkeit des Widerstandes, der
durch einen Motor elektrisch angetrieben wird,
können eintreten durch Spannungsschwankungen
im Netz, durch Erwärmung des Motors, durch
Verbrauch der Schleifkontakte des Motors usw.

Interessant ist schließlich noch der Formier-
automat der British Thomson Houston-
Company[1]) in London. Der in Fig. 127
angegebene Apparat besteht in der Hauptsache
aus einem langen Rohr, in welchem zwei parallele
endlose Stahlkabel 7 laufen. In gewissen Zwischenräumen sind an den Metallkabeln Metallstücke fest
angebracht, die durch das isolierende Stück 14
zu einem Ganzen vereinigt sind. In diese Metallstücke kann nun mit Hilfe der weiterhin angebrachten und entsprechend mit Aussparungen
versehenen Metallteile 16 und 17 die Fadenklemme mit dem
gebrannten Rohfaden 20 eingefügt werden. Der elektrische
Strom tritt nun in den Faden ein durch die Federn 22, die
gegen die parallel zu den Kabeln laufenden Schienen schleifen.
Zur allmählichen Erhöhung der Stromdichte bei Fortbewegung
des Fadens mit Hilfe der Kabel ist die Apparatur so eingerichtet, daß durch in Zwischenständen angeordnete abgestufte
Widerstände die Temperatursteigerung bewerkstelligt wird.
Während des Formierens fließen in geeigneter Weise fortwährend
Wasserstoff oder andere reduzierende Gase durch den Apparat.

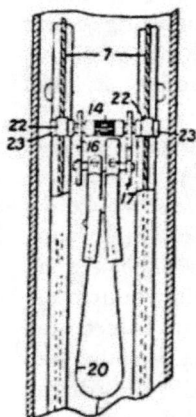

Fig. 127.

----

[1]) Brit. Patent Nr. 2389 vom 1. Febr. 1909.

Durch Einhängen unformierter Fäden auf der einen Seite und Herausnehmen der fertig gesinterten auf der anderen Seite des Rohres kann so eine ununterbrochene automatische Formierung erreicht werden.

Die Erfahrung hat nun gelehrt, daß die Fäden dann am stabilsten und am besten gesintert den Rezipienten verlassen, wenn die Temperatursteigerung allmählich von statten geht und die höchste Weißglut einige Zeit bestanden hat. Das zu lange Glühen der Fäden bei der höchst zulässigen Temperatur kann jedoch wieder ein Sprödewerden verursachen, da hierbei gewöhnlich das Wolframmetall aus dem amorphen in den kristallinischen Zustand übergeht.

Weiter tritt bei zu hoher Formiertemperatur und Verwendung von Gleichstrom öfters die merkwürdige und allen Glühlampentechnikern bekannte Erscheinung auf, daß die Fäden sich nach einer bestimmten Richtung hin verdrehen, so daß der Faden unter Umständen unbrauchbar gemacht werden kann. Der Verfasser fand, daß diese Erscheinung dann besonders auffällig auftritt, wenn der Faden stark oxydhaltig ist und besonders Oxyde fremder Metalle enthält.

Genaue Untersuchungen haben nun mit ziemlicher Wahrscheinlichkeit ergeben, daß die Verdrehungen des Fadens auf die Einwirkung des magnetischen Feldes der Erde bzw. des Arbeitsraumes auf den stromdurchflossenen Faden zurückzuführen sind. Ferner wurde gefunden, daß die Verdrehungen des Fadens vermieden werden können, sobald der Einfluß des den Arbeitsraum durchsetzenden Feldes durch geeignete Maßnahmen beseitigt wird.

Das Wirkungslosmachen der magnetischen Beeinflussung kann nun nach dem Verfahren der Deutschen Gasglühlicht-Akt.-Ges. [Auer-Ges.[1])] in Berlin in der Weise erfolgen, daß man das magnetische Feld entweder kompensiert, um es annähernd auf Null zu bringen, oder aber durch Ummantelung mit Eisen alle äußeren magnetischen Kräfte abschirmt. So können zum Beispiel aus Eisen bestehende Rezipientenglocken benutzt werden.

Eine weitere Möglichkeit der Abwendung des schädlichen magnetischen Einflusses besteht darin, daß man die Faden-

---

[1]) D. R. P. Nr. 188228 vom 29. Okt. 1905.

schleifen senkrecht oder annähernd senkrecht zur Horizontal-
komponente des in dem Arbeitsraum vorhandenen magnetischen
Feldes einstellt.

Endlich kann auch eine bereits eingetretene Verdrehung
des Fadens vermittels einer nachträglichen Lageveränderung des
Apparates, so daß der Faden in eine Lage kommt, bei welcher
der Erdmagnetismus eine Verdrehung im entgegengesetzten Sinne
wie früher ausübt, wieder rückgängig gemacht wird.

Es sei noch bemerkt, daß diese Verdrehungen der formierten
Fäden noch sehr vermindert werden können, sofern alle in der
Nähe des Fadens befindlichen Stromzuleitungen derart angeordnet
werden, daß sie selbst kein in Betracht kommendes magnetisches
Feld erzeugen. Zu diesem Zwecke können beispielsweise die
Stromzuführungen bifilar ausgestaltet sein.

Außer dieser elektrischen Sinterung, bei welcher also der
durch die Rohfäden fließende Strom die Formierung bewirkt, sind
auch andere Methoden anwendbar, bei denen die hohe notwendige
Sintertemperatur durch in der unmittelbarsten Nähe der Fäden
erzeugte Hitze bewerkstelligt wird. Hierbei ist es naturgemäß
möglich und wird zumeist auch so ausgeführt, daß durch eine
entsprechende Anordnung des Glühofens größere Mengen von
Fäden, zum Beispiel im Bündel vereinigt, gleichzeitig fertig gesintert
werden. Aus diesem Grunde werden diese Verfahren auch als
Massenformierung bezeichnet. Bei Verwendung einer dieser
zahlreichen Methoden fällt das früher erläuterte Brennen oder
Glühen der Fäden fort, so daß also die gepreßten und in Bügelform zu Bündel vereinigten Rohfäden direkt der Massenformierung
unterworfen werden.

Ein gebräuchlicher Sinterofen für die Massenformierung ist
in Fig. 128 dargestellt.

Dieser Ofen besteht aus dem doppelwandigen Rezipienten *A*,
der durch fließendes Wasser gekühlt wird. Die Abdichtung erfolgt außer am Boden *D* durch den Deckel *B* mit Hilfe von
Gummiringen. Das in den Rezipienten eingesetzte Rohr *C*, mit
einer Glimmerplatte versehen, dient als Schauglas zur Beobachtung
der erzielten Temperatur. Sämtliche Teile des Rezipienten werden
vorteilhafterweise aus einem dichten Material, wie Messing,
Aluminium oder dergleichen, gegossen. In den Boden des
Rezipienten sind ferner ein gut isoliertes Rohr *a* als Verbindung

zur Vakuumpumpe und ein weiteres Rohr *b* zum Einlassen des Formiergases dicht eingebaut. Das Vakuumrohr *a* bildet außerdem den einen Pol der elektrischen Stromzuführung, während der Boden *D* des Rezipienten den anderen Pol darstellt.

Im Innern des Rezipienten *A* ist ein kleinerer Rezipient *c*

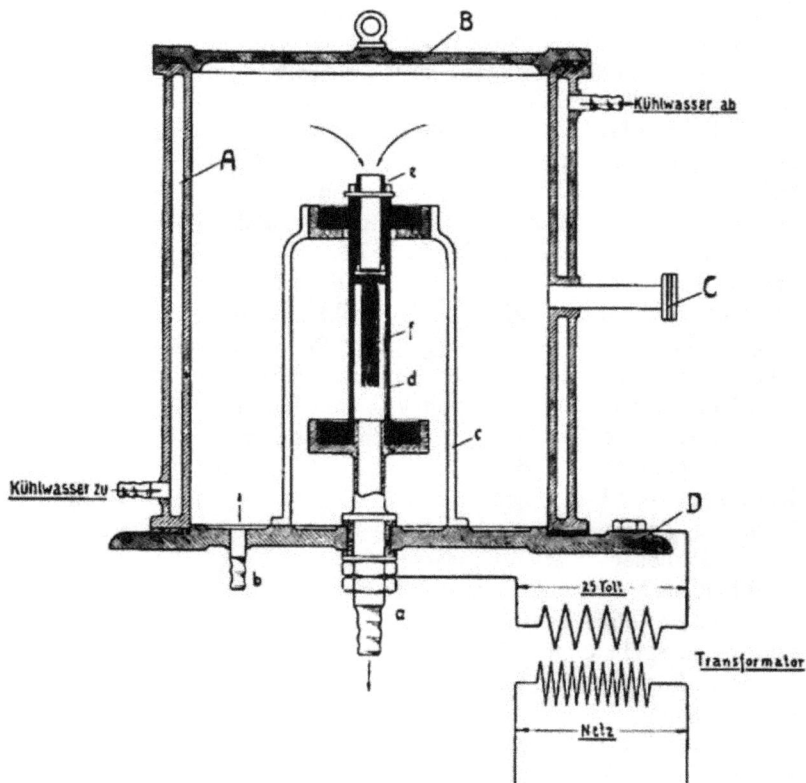

Fig. 128.

angebracht, der das zum Erhitzen des Fadenbündels *f* benötigte Heizrohr *d* trägt. Dieses Heizrohr besteht zumeist aus dichter Kohle, welches vorteilhafterweise im Innern zum Schutze gegen Abschleudern von Kohleteilchen nach den glühenden Fäden mit einer dichten Schicht von Wolframmetall überzogen worden ist. Auch Heizrohre aus Wolfram, Iridium oder anderen schwerschmelzbaren

Metallen sind anwendbar. Das Heizrohr d ist ferner derart ausgestaltet, daß ein engeres Rohr e, welches zur Aufnahme des Fadenbündels f dient, bequem eingesetzt werden kann. Dieses Rohr ist mit einem Stift aus schwerschmelzbarem Material, zum Beispiel Wolfram, ausgestattet und dient zur Aufhängung des Fadenbündels derart, daß die Schenkel, wie aus der Zeichnung ersichtlich, frei herabhängen.

Nachdem nun nach dem Einsetzen des Bündels der Rezipient A evakuiert und mit dem Formiergas, zum Beispiel Wasserstoff, angefüllt worden ist, wird der kontinuierliche Zufluß des Gases so einreguliert, daß immer ein Druck von 350—400 mm Quecksilbersäule vorhanden ist, während bei b der Überschuß des Gases abgesaugt wird. Hierauf wird der elektrische Strom eingeschaltet und allmählich bis zur höchsten Weißglut des Heizrohres d gesteigert. Hierbei erhält das Fadenbündel annähernd dieselbe Temperatur wie das Heizrohr selbst. Nach einer gewissen Zeit ist die Sinterung beendet, so daß der Strom zur Abkühlung des Apparates wieder ausgeschaltet werden kann.

Um die zu schnelle Zerstörung zum Beispiel des Kohlerohres zu vermeiden, bedient man sich am besten des Wechselstromes, dessen Spannung je nach dem Querschnitt und der Länge des Rohres 25—40 Volt beträgt. Im Mittel werden zur Erreichung der höchsten Temperaturen etwa 150—200 Ampere notwendig sein.

Bei dieser Methode macht sich nun der Übelstand bemerkbar, daß sich die Fäden willkürlich zusammenziehen, so daß sie zumeist eine gekrümmte oder wellige Form besitzen. Um dieses unregelmäßige Welligwerden zu vermeiden, wendet die Julius Pintsch-Akt.-Ges.[1]) in Berlin ein Verfahren an, bei welchem die frei herabhängenden Fadenschenkel durch Gewichte beschwert werden. Diese Belastung muß jedoch, da sie selbst in den glühend heißen Formierraum gelangt, aus schwerschmelzbarem Material bestehen. Diese Gewichte werden entweder mit einem geeigneten Kitt an den Schenkelenden befestigt, oder man bestreicht noch besser die Enden mit einem Kitt, der zum größten Teil aus Wolframmetall besteht. Je nach dem Fadendurchmesser richtet sich die Menge des Kittes, der so die gewünschte Belastung hervorruft.

---

[1]) D. R. P. Nr. 245477 vom 6. Okt. 1910.

Ein ähnlicher Ofen zum Massensintern ist von G. L ü d e c k e und I m p e r i a l L a m p W o r k s [1]) konstruiert worden, der in Fig. 129 schematisch dargestellt ist.

Der Widerstands-Heizkörper besteht aus einem Kohlerohr a, welches an der Innenseite mit Wolframmetall oder anderen schwerschmelzbaren Materialien überzogen ist. Dieses Rohr ist fest und dicht zwischen zwei starken Eisenringen c angeordnet, welche nochmals Ringe tragen, die zur Stromzuführung dienen. In die letzteren Ringe sind oben und unten dicht die aus Quarz oder Porzellan bestehenden Röhren f eingefügt, um die Einführung des Formiergases zu ermöglichen. Das obere Rohr wird mit einem Stopfen verschlossen, der ein engeres Rohr zum Zuführen des Gases, zum Beispiel Wasserstoff, trägt. Durch den Stopfen ist außerdem das Pyrometer r geführt, um die erzielte Temperatur kontrollieren zu können. Das Fadenbündel selbst wird in geeigneter Weise auf einem isolierten Stab i aufgesetzt und nun von unten nach der Hitzezone von a gebracht, wobei die Fäden gesintert werden. Um keinen zu großen Wärmeverlust zu haben, kann vorteilhafterweise noch der Schutzmantel m angeordnet werden.

Ein Iridiumrohr als Widerstandskörper zur Massensinterung von Metallfäden benutzen W. C. H e r a e u s und C. T r e n z e n [2]). Die schematische Anordnung eines Ofens zeigt die Fig. 130, während Fig. 131 den betriebsfertigen Ofen darstellt.

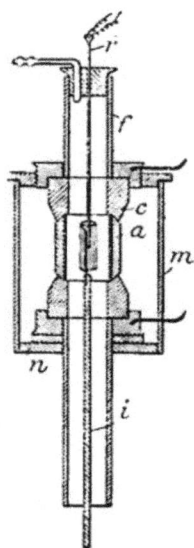

Fig. 129.

Das verwendete Iridiumrohr 5 muß, um den Schmelzpunkt dieses Metalles nicht herabzusetzen, frei von den ständigen Begleitern (Platin, Ruthenium und Rhodium) sein. Das Rohr ist, wie bei den schon beschriebenen Öfen, vertikal angeordnet und oben geschlossen und mit einer entsprechend starken Wärmeschutzmontierung versehen. Das Rohr trägt jedoch oben ein Platinrohr zur Zuführung des Formiergases, so zum Beispiel

---

[1]) Brit. Patent Nr. 132 und 8996 vom Jahre 1911.
[2]) Brit. Patent Nr. 1544 vom 20. Januar 1911.

des absolut trockenen Wasserstoffes. Um Deformationen des
Rohres zu vermeiden, wird das gleiche Gas auch gegen die
Außenwandungen des Iridiumrohres geleitet. Dieses Rohr ist
zwischen Nickelplatten *8* und *9* eingebaut derart, daß durch entsprechend angeordnete Platinfedern eine genügende Ausdehnung

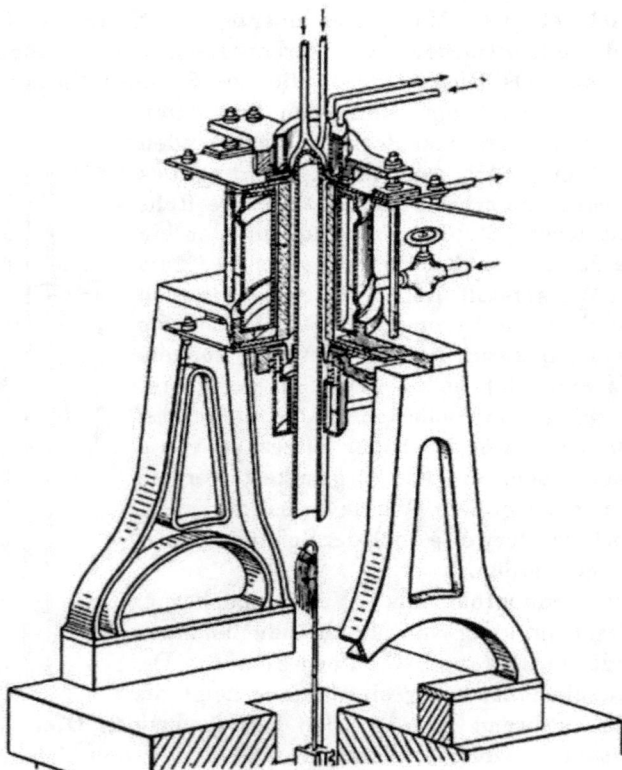

Fig. 130.

des Rohres bei der Erhitzung ohne Schaden für das Rohr ermöglicht wird. Ein Körper *11*, aus Magnesia oder dergleichen
bestehend, umgibt innen das heiße Rohr *5*. Der Körper *11* erhält
ferner eine aus Nickel bestehende Ummantelung *12*, die durch
Wasser gekühlt wird, während die Kühlung des oberen Teiles
des Glührohres bei *18*, die des unteren bei *16* in ähnlicher

Weise erfolgt. Alle leitenden Teile sind durch Asbest oder ähnliche nichtleitende hitzebeständige Körper isoliert.

Dieser Ofen wird nun auf einen entsprechend ausgesparten und mit Füßen versehenen eisernen Gestell gut isoliert montiert. Die Fäden, welche schon teilweise entkohlt sein sollen, werden zu diesem Zweck zuerst in einem ähnlich konstruierten Ofen, der mit einem Heizrohr aus Silber ausgerüstet ist, allmählich auf etwa 600° C erhitzt. Nach dieser Behandlung und entsprechender Abkühlung werden die Fäden dann in Bügelform an einer aus Iridium bestehenden Aufhängevorrichtung derart aufgebracht, daß die Schenkel frei herabhängen, und nun in die Hitzezone des Iridiumofens eingeschoben. Nachdem sie etwa eine Minute lang einer Temperatur von etwa 1600 bis 1700° C ausgesetzt gewesen sind, werden sie allmählich nach dem unteren Teil des Iridiumrohres gebracht, kühlen dort ab und können schließlich herausgenommen werden.

Fig. 131.

Eine neue Portion ungesinterter Fäden kann jetzt unmittelbar darauf in den Ofen gebracht werden.

Nach den eigenen Angaben von den Konstrukteuren dieses Apparates, C. Trenzen in Köln-Braunsfeld und W. C. Heraeus,

G. m. b. H. in Hanau, und den gesammelten praktischen Erfahrungen soll sich dieser Ofen vor ähnlichen Konstruktionen,
namentlich vor denen, bei welchen Kohlerohre als Heizkörper
benutzt werden, deshalb auszeichnen, weil der Stromverbrauch
ein wesentlich geringerer ist.

Zum Betriebe des Apparates ist niedergespannter Strom von
ungefähr 5—6 Volt Spannung und 1400—1600 Ampere Stromstärke notwendig.

Des ferneren beträgt der natürliche Verschleiß an Edel-
metall, gemäß den Aufstellungen der Firma Heraeus, nur ca. 3 %.

Die Ausbeute an formierten Fäden soll im fabrikatorischen
Betriebe bei sorgfältigster Arbeit durchschnittlich ca. 93 %
betragen.

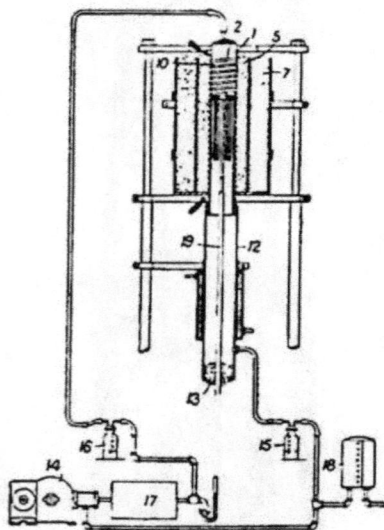

Fig. 132.

In dem elektrischen Sinterapparat von W. D. Coolidge[1]
wird der Strom zur Erzeugung
der hohen Temperatur durch
eine Platinspirale 2 geschickt
derart, daß ein aus Tonerde
oder dergleichen bestehendes
Rohr 1 (Fig. 132) indirekt zur
Weißglut gebracht wird. Das
Rohr ist zur Verhütung zu starker Wärmeableitung mit pulver-
förmigem Aluminiumoxyd 5 umhüllt, während eine weitere
Wärmeisolierung durch die Asbestpackung 7 erzielt wird. An
dieses Oxydrohr 1 ist unten ein weiteres aus Eisen bestehendes
Rohr 12 angeschlossen, welches mit Wasser gekühlt wird, und
durch welches die Fadenbündel eingeführt und herausgenommen
werden. Der zur Sinterung und Entkohlung notwendige Wasserstoff wird am oberen Teil des Heizrohres 1 durch den Stopfen 10
eingeführt, der ebenfalls mit Tonerdepulver bedeckt ist. Dieser
reduzierend wirkende eingeführte Wasserstoff reichert sich

---

[1] Brit. Patent Nr. 282 vom 23. Sept. 1908.

während der Formierung mit den aus den Fäden entwickelten Gasen an und tritt entweder durch den am Ende des eisernen Rohres *12* eingefügten porösen Asbeststopfen *13*, aus oder kann auch durch die Pumpe *14* abgesaugt werden. Die Pumpe *14* kann, gleichzeitig umgekehrt als Kompressor wirkend, den Wasserstoff, aus dem Reservoir *18* kommend, durch den Glühofen treiben. In dieser Weise wird eine beständige Zirkulation des Formiergases, welches immer durch frisches ersetzt wird. hervorgerufen. Zur Druckregulierung und Entfernung der entwickelten öldampfhaltigen Gase sind noch zwischen Pumpe und Glühofen der Windkessel *17* und Trockenflaschen *15* und *16* angeordnet. Das zu sinternde Fadenbündel selbst hängt auf dem Träger *19*, welcher aus Wolframmetall oder Aluminiumoxyd besteht.

Zu erwähnen ist noch, daß das aus Tonerde bestehende Heizrohr *1* in der Weise hergestellt werden kann, daß eine Paste von Aluminiumoxyd mit Teer oder Paraffin zu einem Rohr ausgepreßt und dieses hierauf in einem elektrischen Ofen hoch erhitzt wird.

Man hat nun auch versucht, den gepreßten Rohfaden in der Form eines langen endlosen Fadens, ohne die Fäden in die Hufeisen- oder Haarnadelform zu bringen, als reinen gesinterten Metallfaden zu erhalten, und zwar in einem ununterbrochenen Arbeitsgange. Es ist dabei selbstverständlich notwendig, daß die Rohfäden, ebenso wie die gesinterten, eine sehr hohe Stabilität besitzen müssen, um alle die Manipulationen möglichst ohne Zerreißen usw. durchmachen zu können. In der jüngsten Zeit sind in der Tat nun Wolframmetalle entstanden, die infolge gewisser unschädlicher Beimischungen derartig homogene und elastische Fäden ergeben, daß diese sich in der Kälte, besser in der Wärme zu scharfen Knicken biegen lassen und in der Biegung genau wie ein Draht stehenbleiben. Diesen Fäden oder Drähten sind fraglos duktile Eigenschaften zuzusprechen, ebenso wie die Zugfestigkeit gegenüber den reinen Wolframfäden eine bedeutend erhöhte ist.

Die Herstellung der besagten endlosen formierten Fäden erfolgt nun in der Weise, daß der aus der Presse fließende bindemittelhaltige Faden entweder zuerst in geeigneter Weise gebrannt und der leitende Faden dann elektrisch durch Hindurchfließen von Strom gesintert, oder daß der gepreßte Rohfaden ohne vorherige intensive Karbonisation sofort durch äußere Erhitzung metallisch dicht gemacht wird. Auch Kombinationen dieser zwei Arbeitsmethoden sind bekannt.

Im folgenden sollen nun kurz die bekanntesten Verfahren dieser Richtung angeführt werden.

Die Westinghouse Metal Filament Lamp Company Ltd.[1]) in London gestaltet dieses Sintern in einem ununterbrochenen Arbeitsgange derart aus, daß der durch Auspressen der Paste gebildete Rohfaden durch das mit einer geeigneten reduzierenden und entkohlenden Atmosphäre gefüllte Gefäß in jedem Punkte stufenweise verschiedenen Hitzegraden ausgesetzt wird, die durch Vermittlung des durch den Faden geleiteten Stromes erzeugt werden. An Hand der Fig. 133 soll die Ausführung des neuen Verfahrens und die hierzu verwendete Apparatur beschrieben werden.

Fig. 1 der Zeichnung ist eine zum Teil schematische Ansicht der zur Ausführung der Erfindung benutzten Vorrichtung. Die nach größerem Maßstab gezeichneten Fig. 2, 3 und 4 veranschaulichen Einzelheiten.

Die zur Herstellung der Fäden dienende plastische Masse wird aus einem am unteren Ende mit Düse 2 versehenen Zylinder 1 mittels des Kolbens 3 in Fadenform in einen umgekehrt trichterförmigen Raum 4 eingespritzt. Vermittels eines in den Trichter hereinragenden Brenners 5 oder einer anderen geeigneten Heizvorrichtung wird eine Temperatur erzeugt, die zur guten Austrocknung des Fadens hinreicht. Da der Faden frei herabhängt, kann er sich auch ohne Gefahr des Zerreißens zusammenziehen. Unmittelbar unter der trichterförmigen Trockenkammnr 4 ist eine oben offene Kanne 6 mit Bodenöffnung zum Hindurchziehen des Fadens angeordnet. Diese Kanne ist nach Art eines Trichters so geformt, daß sich der Faden darin ohne Stockung oder gegenseitige Verschlingung der einzelnen gepreßten Windungen spiralförmig aufstapeln kann.

Nach dem Austritt aus dem Trichter 6 wird der Faden in absteigender Richtung durch die das Formiergas enthaltende Kammer 8 geführt. Die Versorgung dieser Kammer 8 mit dem Gas, zum Beispiel Wasserstoff, erfolgt durch das Rohr 9. Un-

---

[1]) D. R. P. Nr. 236711 vom 27. März 1910.

mittelbar unterhalb der Eintrittsöffnung 7 für den Faden ist eine von der Stromquelle 11 aus mit Strom versorgte Heizspule 10 angeordnet, in deren Achsenlinie sich der Faden bewegt. Diese Spule wird auf so hohe Temperatur gebracht, daß der Faden karbonisiert, also stromleitend gemacht wird.

In der Kammer 8 ist ferner auf einer Stange 12 aus nichtleitendem Material eine Reihe von Kontakten 13, 14, 15, 16, 17, 18 und 19 mit entsprechendem Abstand voneinander so angeordnet, daß in ihnen vorgesehene Durchlaß-

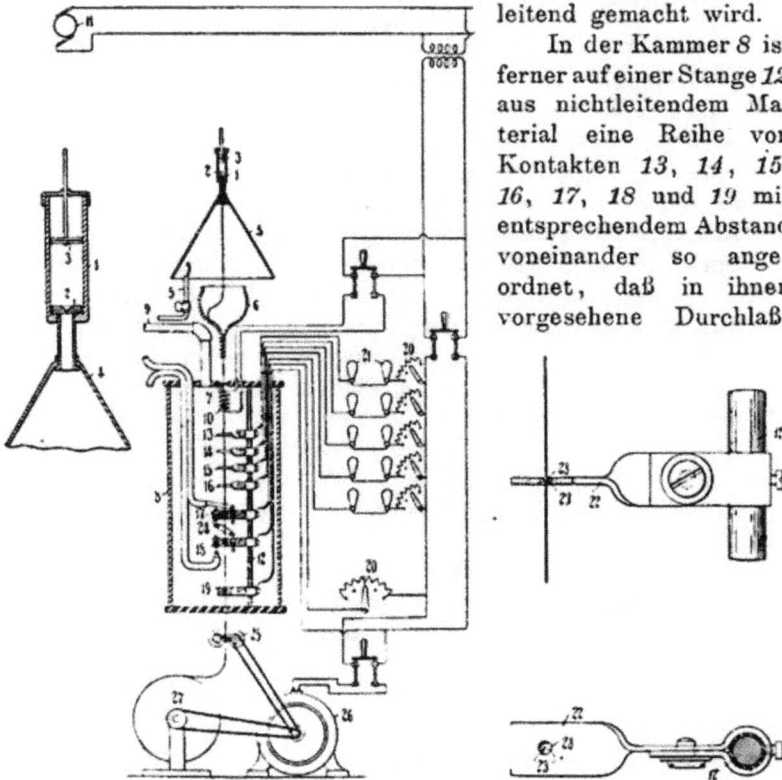

Fig. 133.

öffnungen genau in einer Linie mit der Eintritts- und Austritts-öffnung für den Faden liegen. Jeder dieser Kontakte ist für sich mit der Stromquelle 11 verbunden in der Art, daß der Kontakt 10 an den einen Pol, die übrigen Kontakte je für sich an den anderen Pol angeschlossen sind, und zwar je über einen verstellbaren Widerstand 20. Ferner sind zwischen die Kontakte *13* bis *17* einschließlich Glühlampen eingeschaltet. Die Widerstände *20* und die Glühlampen *21* gestatten die Regelung des den jeweils zwischen zwei benachbarten Kontakten sich befindenden Teilen des Fadens zuzuführenden Stromes sowie die Regelung des durch den Faden zu sendenden Gesamtstromes.

Jeder der Kontakte besteht, wie die Fig. 3 und 4 zeigen, aus einem zweckmäßig aus Kupfer hergestellten Stück *22* mit Öffnung *28*. Das Kupfer ist um letztere herum amalgamiert, um die Kapillarwirkung zwischen dem Stück *22* und einer Quecksilbermasse *23*, welche die Öffnung *28* ausfüllt, zu verstärken. Diese Quecksilbermenge ist durch Fortnahme von Quecksilber vermittels sorgfältigen Abwischens oder in anderer geeigneter Weise auf beiden Außenseiten konkav gestaltet, um mit Hilfe der Oberflächenspannung der Quecksilbermasse *23* den Faden in die Mitte der Öffnung *28* zu bringen und außer Berührung mit dem Stück *22* zu halten. Die hervorgerufene Oberflächenspannung genügt vollkommen, um den Faden während seiner Fortbewegung in dieser Lage zu erhalten. Zur Fortbewegung selbst bedarf es nur einer sehr geringen Kraft, weil die durch das Quecksilber verursachte Reibung fast völlig vernachlässigt werden kann. Das Quecksilber stellt ferner einen so vorzüglichen Stromkontakt her, daß Fadenbruch infolge von Lichtbogenbildung zwischen Faden und Metallstück *22* ausgeschlossen wird.

An Stelle des Quecksilbers können auch andere geeignete Metalle, wie zum Beispiel geschmolzenes Zinn, angewendet werden, in welch letzterem Falle die Kanten der Öffnung *28* zweckmäßig verzinnt sind.

Beim Durchgang des Fadens nun durch die Kammer *8* wird ihm in verschiedenen Teilen Strom zugeführt, und da die Kontakte *13* bis *18* einschließlich sämtlich an den gleichen Pol der Stromquelle *11* gelegt sind, werden die aufeinanderfolgenden Teile des Fadens zwischen benachbarten Kontakten von allmählich größeren Strommengen durchflossen, die vermittels der Widerstände *20* reguliert werden können. In dieser Weise wird jeder Fadenteil fortschreitend stufenweise bis zur höchsten Weißglut gebracht und die Sinterung erreicht. Zur Kühlung der sehr heiß werdenden Kontakte kann eine Kühlschlange *24* angeordnet werden.

Der Faden wird bei dieser Sinterung mit passender Geschwindigkeit durch die Kammer 8 hindurch vermittels eines Paares von Rollen 25 gezogen, die durch eine elektrische Kraftmaschine oder in anderer Weise in Drehung versetzt werden. Der fertig formierte stabile Faden wird am besten auf einer in Drehung versetzten Haspel 27 aufgespult.

Um das Entweichen von Formiergas aus der Kammer 8 zu verhüten, wird die Eintrittsöffnung 7 des Fadens in ähnlicher Weise wie die Öffnungen der Kontakte 13 bis 19 mit einer Quecksilbermasse verschlossen.

Eine weitere sehr geschickte endlose Formierung mit Hilfe des elektrischen Stromes ist dargestellt in den Fig. 134a und 134b, wobei a einen Schnitt und b die Ansicht der benutzten Apparatur darstellt. Der Apparat besteht aus der Grundplatte B, auf welcher mit Hilfe des Gummiringes C der Glasrezipient A gut abgedichtet steht. Durch die Grundplatte b, vermittels der isolierenden Buchsen c und c_1,

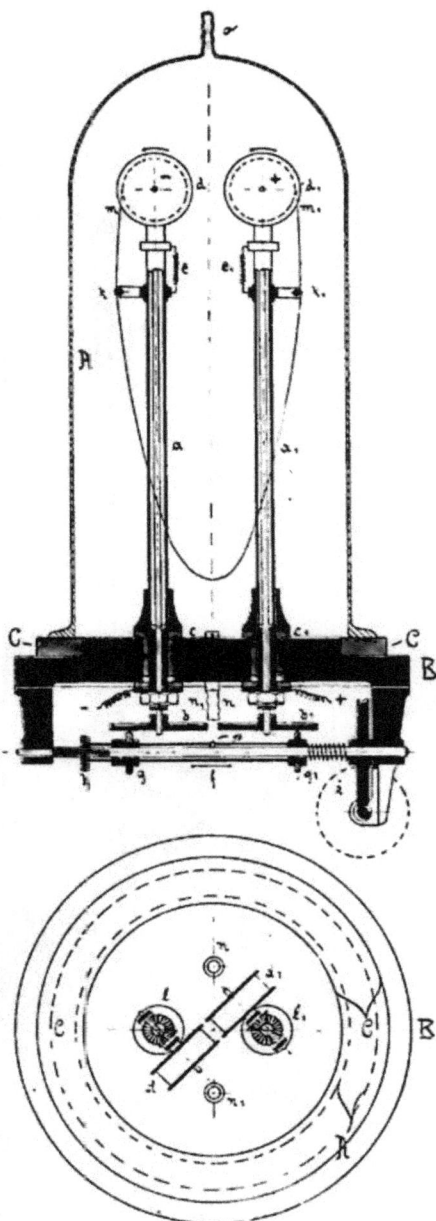

Fig. 134a.

sind die hohlen Stangen a und a_1 geführt, welche an ihren oberen
Enden die leicht beweglichen, aus Aluminium bestehenden Rollen

Fig. 134 b.

d und d_1 tragen, die gleichzeitig auch die beiden Pole des elektrischen Stromes bilden. Die Stangen tragen ferner die Schleif-

kontakte k und k_1, am besten aus Iridium oder Wolfram bestehend, und die auswechselbaren Drahtwiderstände l und l_1, die je nach dem Durchmesser der Fäden und der benötigten Stromstärke abgestimmt sind. Am weiteren Ende der Stangen, außerhalb des Rezipienten, sind die Friktionsscheiben b und b_1 befestigt, die in rotierende Bewegung durch die Friktionsräder g und g_1 versetzt werden. Diese Rotation in der Pfeilrichtung wird nun ebenfalls auf die Rollen d und d_1 übertragen. Durch die auf der Welle f angebrachte Schraube h kann nun durch Verschiebung der Friktionsräder g und g_1 die Geschwindigkeit der Scheiben b und b_1 derart verstellt und reguliert werden, daß ungleiche Geschwindigkeiten der Rollen d und d_1 resultieren. Dies ist deshalb notwendig, da beim Formieren des endlosen Rohfadens, der sich zum Beispiel auf der Rolle d befindet, stark kontrahiert, so daß also auf der Rolle d_1, der Schwindung entsprechend, weniger Fadenlänge aufgespult werden muß. Diese Umdrehungsgeschwindigkeit der Rolle d_1 muß demnach entsprechend langsamer sein, um ein Zerreißen der Fäden beim Sintern und Aufspulen zu vermeiden.

Der Antrieb der Welle f und damit auch zwangläufig die Umdrehung der Rollen d und d_1 erfolgt durch den Seilantrieb i, während das Formiergas bei o in den Rezipienten strömt und bei n und n_1 abgesaugt wird.

Der Arbeitsgang ist nun folgender: Der Rohfaden wird zu einem kleinen, etwa dem Durchmesser der Rolle d entsprechenden endlosen Fadenring ausgepreßt, der nun behufs Beseitigung des Bindemittels nach einer der früher beschriebenen Brennmethoden behandelt wird. Dieser stromleitende Ring wird hierauf auf die Rolle d aufgebracht, das Fadenende über die Kontakte k und k_1 nach der Rolle d_1 geführt und dort befestigt. Jetzt wird Strom eingeschaltet derart, daß das Fadenstück $m k$ schwach rotglühend wird, der frei herabhängende Fadenbügel $k k_1$ hellste Weißglut erhält und zur Abkühlung das Stück $k_1 m_1$ wiederum dunkelrot glüht. Diese Abstufungen in der Temperatur werden durch Einschalten der Widerstände e und e_1 reguliert. Infolge der langsamen Rotation der Rollen wird nun der Rohfaden in der beschriebenen Weise von d abgewickelt, zwischen m und k vorgesintert, zwischen k und k_1 fertig formiert und der zwischen k_1 und m_1 teilweise abgekühlte Faden auf der Rolle d_1 aufgespult.

Während des ganzen Vorganges wird ein langsamer Strom von Wasserstoff oder dergleichen durch den Apparat geleitet. Eine Beschwerung des Fadens mit einem Gewichtchen ist nicht nötig zur Erzielung gerader Schenkel, da die eigene Schwere des Fadens das Durchhängen selbst veranlaßt. Es können jedoch rollenartig ausgebildete, aus schwerschmelzbaren Materialien bestehende Gewichte in Anwendung kommen.

Nach H. Hoge und der Z. Electric Lamp Company[1]) werden lange zickzackförmige Wolframfäden nach der in der Fig. 135 veranschaulichten Weise hergestellt.

Aus der Fadenpresse *A* fließend (Fig. 1), wird der Rohfaden

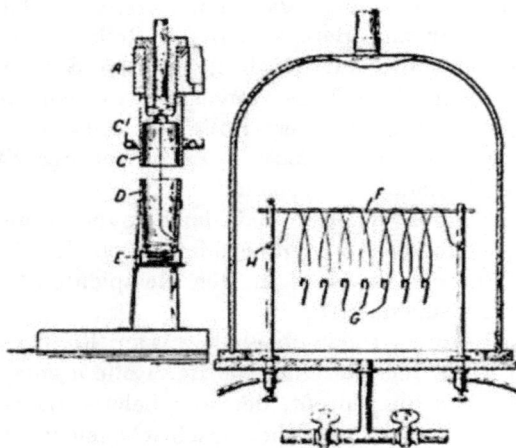

Fig. 135.

in dem mit Gas geheizten Rohr *C* karbonisiert und dann in einem abnehmbaren Gefäß *E* aufgefangen. Um Oxydationen zu vermeiden, wird durch den ganzen Apparat während des Arbeitsganges Wasserstoff oder dergleichen geleitet. Der abgekühlte leitende Faden wird hierauf in Spiralform (Fig. 2) auf ein aus Steatit oder ähnlichem Material bestehendes feuerfestes Stäbchen aufgewunden und die einzelnen Windungen zur Erzeugung der Zickzackform mit den Gewichtchen *G* beschwert. Der Stromanschluß erfolgt bei *H*. Nachdem der Rezipient ausgewaschen

[1]) Brit. Patent Nr. 18392 vom 14. August 1911.

und in bekannter Weise mit reduzierendem Gas gefüllt worden ist, wird die Sinterung vorgenommen.

Es existiert ferner noch eine Reihe von Verfahren zur Erzeugung endloser formierter Metallfäden, bei denen die Sinterung nicht mit Hilfe des durch den Faden fließenden Stromes erfolgt, sondern durch die Übertragung der hohen Temperatur benachbarter Heizkörper. Eine der älteren Methoden ist die von Ernst Ruhstrat[1]) in Göttingen. In der Fig. 136 ist das Verfahren schematisch dargestellt. Der aus der Presse P kommende,

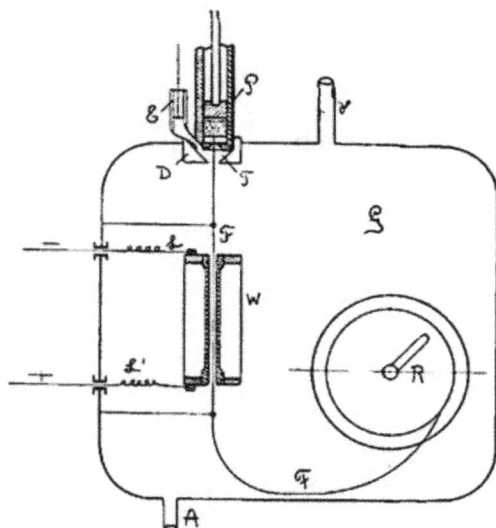

Fig. 136.

zum Beispiel aus Wolframoxyd bestehende Faden F wird durch einen etwa 2000—2700° C heißen Widerstandsofen W geleitet, darin vor- und fertiggesintert und hinter dem Ofen, solange er noch glühend und biegsam ist, auf der Haspel R aufgewickelt. Die Bewegung des Fadens soll pro Sekunde etwa 2 mm betragen. Die Stromzuführung zum Widerstandsofen erfolgt durch L und L_1, während der ganze Apparat, um Oxydation des Metallfadens zu verhüten, in ein luftdichtes Gefäß G eingebaut ist, in welches bei H Wasserstoff eingeführt wird, der das Gefäß bei A wieder verläßt.

---

[1]) D. R. P. Nr. 196377 vom 22. Mai 19

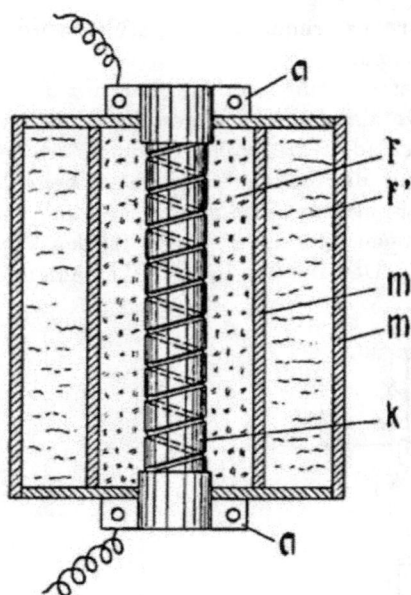

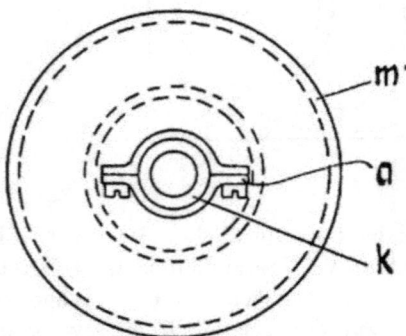

Sollen sehr dünne Fäden direkt aus einem Wolframoxyd dargestellt werden, so wird der angeordnete Nebenzylinder E der Presse mit einem geeigneten Bindemittel gefüllt, welches durch ein Rohr D in den Raum T geleitet wird und da den gepreßten Oxydfaden überzieht. Es soll so dem Faden vor dem Sintern eine größere Haltbarkeit verliehen werden.

Eine Ausführungsform des von Ruhstrat[1]) zum Sintern benutzten Widerstandsofens zeigt die Fig. 137a und b. Der Heizkörper K besteht hierbei aus einem Kohlerohr, welches seiner Länge nach gewindeartig aufgeschnitten ist. Die Steigung der so gewonnenen Spirale beträgt 10 mm und die Gangbreite der schraubenartigen Aussparung 1,2 mm. Der Raum r ist mit einem gegen die hohe Hitze widerstandsfähigen Isoliermaterial ausgefüllt, welches aus 100 Teilen Koks, 80 Teilen Sand und 26 Teilen Kochsalz besteht. Der Schutzmantel m schließt diese Masse ein. Eine weitere Wärmeschutzhülle bietet der zweite angeordnete Raum r_1, der mit einem Gemisch von Magnesia und Kohle gefüllt ist. Ein zweiter Mantel m_1 umgibt

Fig. 137a und b.

¹) D. R. P. Nr. 152818.

schließlich den ganzen Ofen. *m* und *m*₁ bestehen am besten aus
Asbest oder Schamotte. Die Stromzuführung zur Erzeugung der
hohen Temperatur erfolgt durch die Metallschellen *a a*, an welchen
die elektrischen Kabel befestigt sind.

Einen endlosen metallischen Wolframfaden, der, direkt aus
der Presse fließend, ununterbrochen bis zur völligen Sinterung
behandelt wird, stellt auch E. R. Grote[1] dar. In Fig. 138
ist das Schema des Arbeits-
vorganges gezeichnet. *a* ist
die Presse, die das kalanderte
Gemisch von Wolframpulver
und organischem Bindemittel
enthält. Mit angepaßter Geschwindigkeit passiert nun
der gepreßte Faden den Lichtbogen, der zwischen den aus
Wolframmetall bestehenden
Elektroden *d d* gebildet worden ist. Zur Vermeidung
von Oxydationen wird durch
den Lichtbogenapparat entweder ein inertes Gas ge-
leitet oder durch das Rohr *f*
ein hohes Vakuum hergestellt.

Interessant ist endlich
noch ein Verfahren der Allgemeinen Elektrizitäts-
Gesellschaft in Berlin,
bei welchem die Sinterung

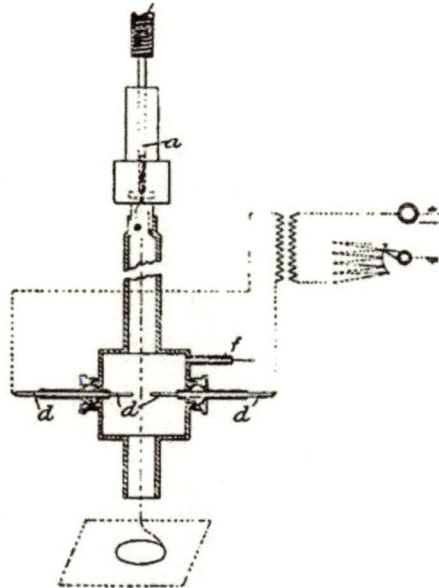

Fig. 138.

und Formierung der gepreßten Rohfäden erst nach dem Montieren
auf dem Glühlampenfuß vollzogen wird. Die Fig. 139 zeigt einige
Ausführungsformen dieser Methode. Wolframmetall wird im Gemisch mit Wolframoxyden vermittels der entsprechenden Menge
von Glukose zu einer Paste verarbeitet und hierauf der Rohfaden gepreßt. Der aus der Düse austretende Faden ist genügend
fest, um sein Eigengewicht auf einer beträchtlichen Länge zu

---

[1] Brit. Patent Nr. 18351 vom 14. August 1911.
[2] D. R. P. Nr. 203886 vom 3. Mai 1907.

tragen. Während er noch weich ist, wird er in Schleifenform
auf einem Traggestell aufgehängt, wie es beispielsweise Fig. 1

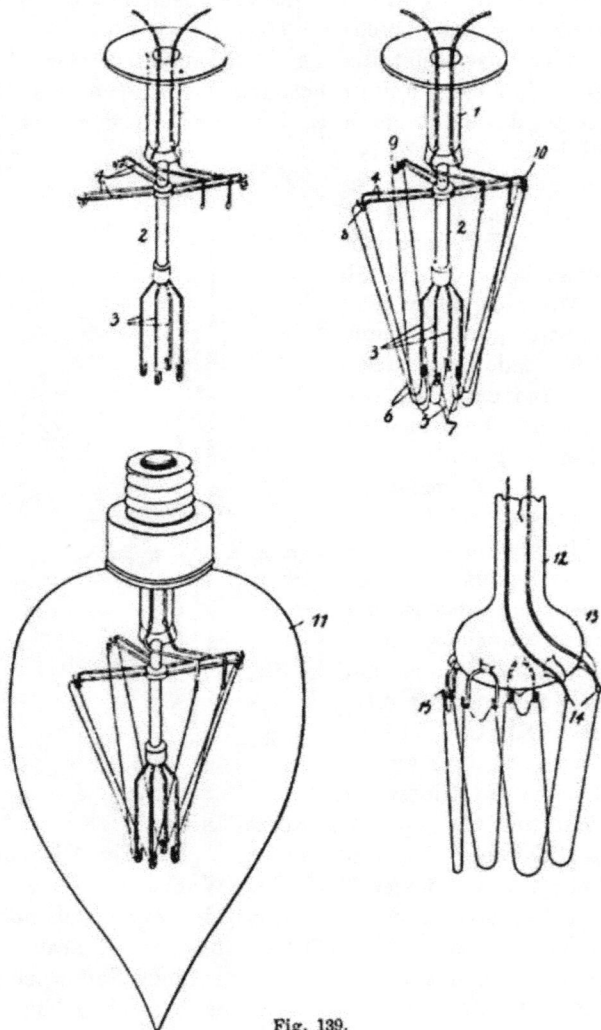

Fig. 139.

zeigt. Dieses besteht aus einem Glasfuß *1* mit einem Glasstab *2*,
welcher an seinem unteren Ende eine Reihe Nickeldrähte *3* trägt.

Vom oberen Ende des Glasstabes geht ebenfalls eine Reihe von Nickeldrähten *4* radial aus, auf welchen der Faden aufgehängt wird (Fig. 2). Die Drähte *4* sind paarweise angeordnet, und der Faden über je zwei solcher Drähte gemeinschaftlich gelegt, um scharfe Biegungen zu vermeiden. Der ganze Faden bildet mehrere Schleifen *5*, *6*, *7*, welche durch kurze Strecken *8*, *9*, *10* zwischen Haken getrennt sind.

Beim Aufhängen gibt man dem Faden ausprobierten Durchhang, so daß er bei der späteren Kontraktion nicht reißen kann. Die Schleifen werden oben durch auswärts und unten durch einwärts gerichtete Haken gestützt resp. aufgenommen, so daß sie bei zu starker Kontraktion unten aus den Haken eventuell herausgleiten können. An den Stromzuführungsdrähten wird der Faden mit einer Paste, aus Wolframoxyd und Glukose bestehend, befestigt.

Hierauf wird der Faden in bekannter Weise behandelt, also zunächst getrocknet und karbonisiert. Man bringt zu diesem Zweck das Traggestell mit dem Faden zum Beispiel in einen Widerstandsofen, der allmählich auf etwa 250°C erhitzt wird. Hierauf erfolgt nach einigen Minuten die Erhitzung auf 350°C, um die Glukose zu verkohlen. Schließlich wird das Traggestell mit dem nunmehr leitenden Faden in einem geeigneten Glasrezipienten untergebracht, ein hohes Vakuum hergestellt und Strom durch den Faden geschickt. Geringe, bei der erfolgenden Sinterung zurückbleibende Kohlenstoffmengen können beseitigt werden durch vorsichtiges Erhitzen des Fadens zuerst in einer oxydierenden und folgendes Glühen in einer stark reduzierenden Atmosphäre.

Während der beschriebenen Behandlung zieht sich der Faden merklich zusammen und verliert an den Bügeln den ursprünglich gegebenen Durchhang. Der fertige Faden besitzt dann im allgemeinen die in Fig. 3 gezeichnete Gestalt. Fig. 4 zeigt eine andere Ausführungsform, bei welcher der Lampenfuß *12* eine kugelförmige Erweiterung *13* besitzt, in welche die Stromzuführungsdrähte *14* und die Stützhaken *15* eingeschmolzen sind. Diese Ausführungsform eignet sich in erster Linie für senkrecht herabhängende Lampen.

Ein dem vorstehenden sehr ähnliches Verfahren stammt von der Société Française d'Incandescence par le Gas

[System Auer[1])] in Paris. Auch hier wird der gepreßte
Rohfaden in geeigneter Weise in einer Länge auf dem Fadengestell untergebracht. Der zur Sinterung benötigte Ofen besteht
aus einem Rohr von schwerschmelzbaren Materialien, in das
von oben das reduzierende Gas, zum Beispiel Wasserstoff, eingeleitet wird. Das Gestell mit dem Faden wird von unten eingeführt und vermittels einer Stange, die gleichzeitig die Stromzuleitungen für den Faden bildet, in den heißen Teil des Rohres
gebracht. Sobald der Faden in dieser reduzierenden Atmosphäre
elektrisch leitend geworden ist, leitet man den Strom ein und
beendigt durch Sinterung die Bildung des Fadens.

Wenn der Faden fertig formiert ist, bringt man ihn in den
kälteren Teil des Rohres und läßt die Stange und den Träger

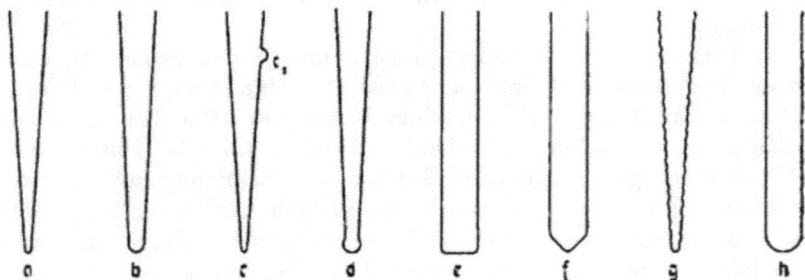

Fig. 140.

des Fadens abkühlen. Hiernach kann das Fadengestell gefahrlos
entfernt werden.

Es erübrigt sich nur noch, etwas über die Gestalt der
formierten Metallfäden zu sagen.

Die bekannteste und fast ausschließlich angewandte Form
ist die einfache Haarnadelgestalt, wie sie in Fig. 140 a und b
angegeben ist. Je schwerer die Belastung durch das angehängte
Gewicht beim Formieren gewählt wurde, um so spitzer in der
Biegung gestaltet sich der Faden, wie zum Beispiel bei a angegeben. Die sanftere Biegung bei b ist jedoch vorzuziehen,
um einen geringen Ausgleich bei eventueller Nachsinterung des
Fadens in der Lampe zu gestatten.

---

[1]) D. R. P. Nr. 209657 vom 11. Juli 1907 und Nr. 209968 vom
15. Nov. 1907.

Die von Emil Schlünzig in Zwickau i. Sa. angewendete Kröpfung c_1 des Fadens c ist ebenfalls bei starker Nachsinterung gegen das sonst unvermeidliche Zerreißen des Fadens recht zweckdienlich. Eine ähnliche Wirkung besitzt die Kröpfung des Fadens d an der Biegung.

Die Formen e und f werden beim Sintern der Fäden durch besondere Ausgestaltung der angehängten Gewichtchen erzielt, während die Wellung des Fadens g im warmen Zustand zumeist erst nach erfolgter Formierung mit Hilfe eigens konstruierter Apparate erzeugt wird.

h zeigt endlich die Hufeisenform der Metallfäden, die nach dem sogenannten später noch zu beschreibenden Umsetzungsverfahren aus gleichgestalteten Kohlefäden hergestellt worden sind.

g) Das Messen und Sortieren der Fäden.

Zur Erzielung möglichst gleichmäßiger Lampen ist es selbstverständlich notwendig, Fäden in die Lampe zu bringen, die bei gleicher Spannung und gleichem Stromverbrauch dieselbe Lichtmenge auszustrahlen vermögen. Der spezifische Leitungswiderstand der einzelnen Fäden in der Lampe muß demnach annähernd derselbe sein, da größere Unterschiede im Widerstand Lampen mit ungleich hellglühenden Fäden ergeben würden.

Wenn nun auch in einer sorgsam geleiteten Fabrik alle möglichen Kontrollmaßregeln ergriffen werden, um ein Vertauschen der einzelnen Fädensorten und ein fehlerhaftes Formieren fast zur Unmöglichkeit zu machen, so ist doch eine gewissenhafte Nachkontrolle nicht zu umgehen. Man wird in den meisten Fällen sich allerdings mit einer größeren Stichprobe zufrieden geben können, so zum Beispiel, wenn von 100 aus der Formierstation abgelieferten Fäden etwa 50 genau nachgemessen werden.

In der modernen Glühfädenfabrikation verwendet man nun besonders zwei ganz verschiedene Kontrollmethoden, nämlich

1. das Abwiegen der gleich langen Fäden auf einer empfindlichen Wage und

2. die Bestimmung des elektrischen Leitungswiderstandes vermittels des Ohmmeters.

Das erstere Verfahren beruht auf der Erwägung, daß gleich gut gesinterte kohlenstoff- und oxydfreie Wolframfäden das gleiche spezifische Gewicht besitzen müssen. Kommen nun Metallfäden mit demselben Durchmesser und der genau gleichen Länge zur Wägung, so müssen sich dann immer genau gleiche Gewichte ergeben. Umgekehrt also haben Fäden, die unter sich genau gleich lang sind und auf der Wage dasselbe Gewicht anzeigen, denselben

Fig. 141.

Durchmesser und damit elektrischen Leitungswiderstand. Auf diesem einfachen Prinzip beruht nun das Kontrollieren mit Hilfe der sogenannten Fadenwage, vorausgesetzt natürlich, und das muß nochmals hervorgehoben werden, daß die Fäden denselben Sinterungsgrad aufweisen und aus reinem nicht oberflächlich oxydiertem Metall bestehen.

Um die Gewichtskontrolle vornehmen zu können, werden die zu wägenden Fäden zuerst auf eine genaue Länge, zum Beispiel auf 80 mm Schenkellänge abgeschnitten. Das Abschneiden erfolgt unter anderem auf den in den Fig. 141 und 142 abgebildeten Fadenabschneidern. Der Fadenschneideapparat (Fig. 141) besteht aus der mit Skala versehenen schräg gestellten Platte *a*, die zur Aufnahme der Nadeln mit den angehängten Fäden mit fünf Schlitzen versehen ist. Der Schieber *b*

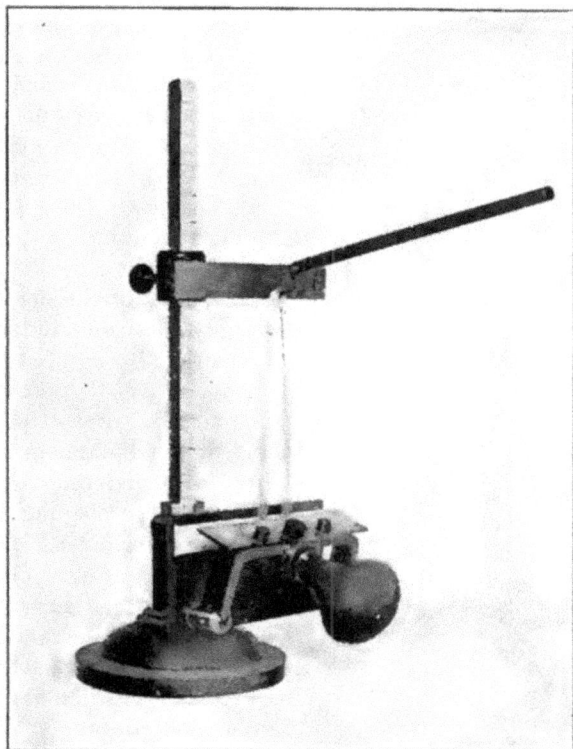

Fig. 142.

bewerkstelligt die Einstellung auf eine genaue Schenkellänge und dient gleichzeitig mit Hilfe von kleinen Löchern, die in der hinter den Schlitzen liegenden Schieberplatte genau in der Höhe der Kontrollstriche des Schiebers angebracht sind, zur Aufnahme der Fadennadeln. Das scharfe Messer *c* bewerkstelligt nun das Abschneiden der Schenkelenden dadurch, daß es mit Hilfe der an beiden Seiten des Messers angebrachten Federn *d* gegen die

auf der Tafel *a* liegenden Fäden schnellt. Die zu schnelle Ab-
nützung der Messerschärfe wird dadurch verhütet, daß an der
Schneidestelle in die Platte *a* ein Knochenplättchen eingelegt
ist. Man kann nun, je nach der Fadenstärke 5—50 Fäden mit
diesem Apparat auf einmal auf genaue Schenkellänge abschneiden.

Dieselbe Schneidemethode
gestattet der Apparat Fig. 142,
bei dem, wie ersichtlich, der
Metallfaden oder das Fadenbündel
nur oben an der Aufhängung und
unten am Messer aufliegt, während sie sonst frei ohne Unterlage hängen. Die gleich lang geschnittenen Fäden kommen nun
zur Wägung.

Fig. 143.

Das Prinzip der in Fig. 143
dargestellten empfindlichsten Tor-
sionswage, von Hartmann &
Braun, Akt.-Ges., Frank-
furt a. M. konstruiert, beruht
auf der vollkommenen Elastizität
der verwendeten Spiralfedern,
die bei der Wägung keine Veränderung erleidet. Die Federn
müssen angesichts der ganz geringen Kräfte sehr schwach und
die übrigen Teile sehr leicht sein.
Die Ausführung des beweglichen
Systems stellt demnach die höchsten Anforderungen an mechanische Präzision.

In einem Messinggehäuse von 190 mm Durchmesser und
75 mm Tiefe, das auf einer Säule mit Metalldreifuß ruht, befindet sich eine wagerechte, in Edelsteinen gelagerte Stahlachse,
an welche der Wagebalken *a* mit Zeiger *b* befestigt ist. Die
Achse trägt noch eine magnetisch gedämpfte Aluminiumscheibe
behufs aperiodischer Einstellung des Wagebalkens *a*. Der Wagebalken *a* selbst kann durch eine am Gehäuse befindliche Schutz-
kappe gegen Verbiegen usw. geschützt werden.

Das Einstellen des Skalazeigers c geschieht durch Drehen des Einstellhebels d, der mit dem Skalenzeiger durch die Rändelmutter e verstellbar verbunden ist, damit er bei jeder Lage des Skalenzeigers in diejenige Stellung gebracht werden kann, welche für die linke Hand des Arbeitenden am bequemsten liegt. Die Achse des Skalenzeigers ist mit der Stahlachse des Wagebalkens durch Torsionsfedern gekuppelt, die derart reguliert sind, daß der Zeiger b auf den mittleren Strich der kleinen Teilung einspielt, sobald der Skalenzeiger auf dem Teilstrich o steht.

Die auf der Rückseite des Gehäuses angebrachte, bei derartigen Präzisionsinstrumenten sehr nützliche Indexkorrektion ermöglicht durch entsprechendes Drehen des herausragenden Knopfes ein Nachstellen des Zeigers b, falls eine Abweichung vorhanden sein sollte.

Die Wirkungsweise der Wage ist nun folgende: Sobald sie lotrecht eingestellt ist, wird der zu wiegende Faden vorsichtig in den Haken des Wagebalkens a eingehängt. Wenn so der Wagenbalken belastet wird, sinkt der Zeiger b unter den mittleren Strich der kleinen Teilung; er muß deshalb durch Spannen der Torsionsfedern wieder auf diesen Strich gebracht werden. Dies geschieht durch Linksdrehen des Einstellhebels d, wobei der Skalenzeiger c eine Bewegung macht. Da das Skalenblatt mit Teilstrichen versehen ist, deren Intervalle einem bestimmten Gewichtswert entsprechen, kann nun das Gewicht des Fadens in Milligramm direkt an der Skala abgelesen werden.

Der Hebel f dient dazu, um bei Nichtbenutzung der Wage den Zeiger und den Wagebalken zu arretieren.

Bei den Massenwägungen der Glühfäden, die fast immer am gleichen Apparat für eine bestimmte Fadensorte vorgenommen werden, wird der Skalenzeiger c am besten auf einen runden mittleren Wert eines Fadens eingestellt. Die sich nun ergebenden Abweichungen von diesem Werte werden dann an der kleinen Teilung abgelesen. Zur Festsetzung des absoluten Gewichtes ist es hier indes notwendig, die Ablesungswerte bei b oberhalb des mittleren Teilstriches von der Angabe des Skalenzeigers c abzuziehen, während die Werte unterhalb des mittleren Teilstriches hinzuzuzählen sind. In dieser Weise kann bei geschultem Personal eine Stundenleistung von 400—600 Wägungen mit einer Wage erreicht werden.

Eine andere ebenfalls sehr praktische Fadenwage ist in Fig. 144 dargestellt. An der rechts herausragenden Wagebalkennadel wird der zu wägende Metallfaden aufgehängt. Die gesamte Konstruktion der Wägeeinrichtung ist in einem mit dem sichtbaren Griff drehbaren Gehäuse eingebaut. Nach Einhängung des

Fig. 144.

Fadens wird nun in der Pfeilrichtung so weit gedreht, daß die Nadel wagerecht schwingt. An der Skala, die noch mit einem Spiegel ausgerüstet ist, kann nun das Gewicht genau abgelesen werden. Auch diese Wage ist mit einer Arretierung versehen, um zu lange Schwingungen zu vermeiden.

Dieselbe Konstruktion besitzt die in Fig. 145 abgebildete

Wage, die jedoch zur genauen wagerechten Einstellung des Wagebalkens noch mit dem fest angeordneten Zeiger *a* ausgerüstet ist.

Die Einteilung dieser Wagen, deren für die verschiedenen
Fädendurchmesser mehrere zur Verfügung stehen müssen, richtet
sich nun nach den zu kon-
trollierenden Gewichten und
werden, um zur genauen Messung möglichst große Skalen
zu erzielen, etwa folgendermaßen eingeteilt:

Meßbereich bis Milligramm	Wert eines Intervalles
0—6 mg	0,05 mg
0—10 „	0,10 „
5—20 „	0,10 „
10—30 „	0,20 „
20—50 „	0,20 „
40—100 „	0,20 „

Die zweite angeführte
Kontrollmethode ist die Bestimmung des elektri-
schen Leitungswider-
standes. Dieses Verfahren
beruht auf der Kenntnis, daß
Drähte aus Metall mit
gleichem spezifischen
Widerstand, von glei-
chem Querschnitt und
gleicher Länge denselben
elektrischen Leitungs-
widerstand in Ohm be-
sitzen. Der Verfasser verweist auf die in seinem früheren
Buch: „Die Kohleglühfäden"

Fig. 145.

angegebenen Meßmethoden, die jedoch heute fast allgemein mit
geschickt konstruierten, direkt anzeigenden Instrumenten ausgeführt werden. Einer der bekanntesten und häufig verwendeten
Apparate ist der in Fig. 146 dargestellte, welcher gleichzeitig

das zur Erzielung eines guten Kontaktes lästige und zeitraubende
Anklemmen ausschaltet. Der Meßapparat stammt von der Firma
Paul Braun[1]) in Berlin. Die Messung geht in folgender
Weise vor sich:

Der Faden wird mit einer Nadel aufgenommen und diese
in ein dafür vorgesehenes kleines Loch an dem Fadenhalter ein-
gesteckt. Der herabhängende Faden berührt dabei zwei Kontakt-

Fig. 146.

schneiden, jedoch vorläufig so unsicher, daß häufig überhaupt
kein Stromübergang bemerkbar ist. Wird jedoch nur einen
Augenblick die Einrichtung in den Sekundärkreis eines kleinen
Funkeninduktors geschaltet, so ist sofort der Übergangswiderstand vollständig verschwunden. Der Zeiger des Instrumentes
stellt sich nun auf den Widerstandswert des Fadens ein, worauf
der gemessene Faden entfernt werden kann. Eine Beschädigung
der Fäden an den Kontaktstellen findet kaum statt.

[1]) D. R. P. angemeldet.

Die links auf der Figur sichtbare Kurbel dient zur Einschaltung des Fadens in den Induktor- respektive Meßstromkreis. Eine kurze Bewegung nach vorn schaltet den Induktor ein, dessen Unterbrecher links oben auf dem Apparat sichtbar ist. Die Gegenbewegung öffnet den Induktorkreis und schließt den Meßkreis. Durch Loslassen der Kurbel nimmt diese selbsttätig die Mittelstellung ein, in der beide Kreise geöffnet sind.

Mit der rechts sichtbaren Kurbel kann der Meßbereich des Instrumentes vierfach geändert werden. Die Skala umfaßt dann entweder die Widerstände 0—10 Ohm oder 10—20, 20—30, 30—40 Ohm in Zehntelteilung. Der Fadenhalter ist verstellbar, da das Aufhängeloch in einen Schlitz beweglich angeordnet ist. Es können so Fäden von 55—100 mm Schenkellänge gemessen werden, wobei die Länge an einer Millimeterskala ablesbar ist. Der ganze Halter ist um seine Vertikalachse drehbar, so daß ihn die Arbeiterin nach Belieben in die bequemste Stellung bringen kann.

Zum Betriebe dienen zwei kleine Akkumulatoren zu je 2 Volt Spannung, die eventuell auch für den Betrieb mehrerer Apparate ausreichen. Der Stromverbrauch ist minimal. Von Zeit zu Zeit muß jedoch die Spannung, von deren Konstanz die Genauigkeit der Messung abhängt, nachkontolliert, respektive justiert werden. Zu diesem Zweck wird die rechts sichtbare Kurbel auf den letzten Kontakt P (Prüfung) gestellt. Bei richtigem Funktionieren wird sich dann der Zeiger auf den letzten Skalenstrich 10 einstellen oder muß, wenn dies nicht eintritt, durch Verschiebung des oben auf dem Apparat sichtbaren Regulierwiderstandes dahin gebracht werden.

Damit der Zeiger nicht nach jeder Messung ganz auf Null zurückfällt, kann er durch einen verstellbaren Anschlag in der für die jeweilige Fadensorte in Betracht kommenden Gegend der Skala gehalten werden, so daß die Bewegung des Zeigers vom Nullpunkt aufwärts nicht jedesmal abgewartet zu werden braucht. Hierdurch tritt eine erhebliche Zeitersparnis ein.

Aus eigener langjähriger Erfahrung kann der Verfasser konstatieren, daß dieser Meßapparat sehr genaue Resultate gibt bei außerordentlich großer Geschwindigkeitsmöglichkeit für die aufeinanderfolgenden Messungen. Die Handhabung erfordert keine besondere Geschicklichkeit. Der Apparat, der gleichzeitig

auch zur Messung des Widerstandes anderer Gegenstände, wie
zum Beispiel ganzer Glühlampen, dienen kann, ist derart gebaut,
daß kaum etwas in Unordnung geraten kann.

Beide beschriebenen Kontrollmethoden führen bei Anwendung gut formierter Fäden und exakt arbeitender Instrumente
zum Ziel. Der Verfasser bevorzugt jedoch eine Kombination
beider Verfahren, und zwar derart, daß zum Beispiel von 100
zu messenden Fäden eine Stichprobe von 50 auf der Wage ge-
wogen und davon wieder 15 bis 20 nach der Widerstands-
methode gemessen werden. Um einen sofortigen Überblick zu
haben, ob die beiden Gegenkontrollen aufeinanderstimmende
Werte für einen normalen guten Faden ergeben, hat der Verfasser folgende Tabelle für einige Durchmesser aufgestellt.
Diese Tabelle besitzt annähernde Gültigkeit für Wolframfäden,
welche nach der Preßmethode mit Zelloidinkitt hergestellt und sehr
heiß längere Zeit in reinem Wasserstoffgas formiert worden sind.

Durchmesser der Düse zirka	Gewicht in Milligramm bei 80 mm Schenkel-länge zirka	Widerstand in Ohm zirka
0,028	0,90—1,00	28,0—30,5
0,030	1,10—1,30	24,0—27,0
0,033	1,35—1,55	22,0—23,5
0,035	1,60—1,85	20,0—21,5
0,038	1,90—2,15	18,0—19,5
0,040	2,20—2,40	17,0—18,0
0,043	2,45—2,60	15,5—16,5
0,045	2,70—2,85	13,5—15,0
0,048	2,90—3,10	11,5—13,0
0,050	3,15—3,30	10,0—11,0
0,052	3,40—3,60	9,0—10,0
0,055	3,70—4,10	7,0—8,5
0,058	4,20—4,50	6,0—6,5
0,060	4,60—5,10	5,0—5,5
0,065	5,30—5,70	4,7—4,9
0,070	6,00—6,50	4,3—4,5
0,075	6,80—7,30	3,9—4,1
0,080	7,50—8,30	3,4—3,7

Es braucht wohl kaum besonders hervorgehoben zu werden,
daß die Fäden, aus der gleichen Preßdüse stammend, immerhin
geringe Differenzen in diesen Meßwerten aufweisen können. Es

ist aber zur Erzielung im Mittel gleichwertiger Lampen nicht
notwendig, peinlich scharf die Fäden mit den geringsten Differenzen für sich getrennt zu verarbeiten. So kann man nach
meinen Erfahrungen, um ein Beispiel anzuführen, ruhig Fäden
aus der 0,030 er Düse gemischt verwenden, die zum Beispiel
1,10 und 1,20 mg wiegen, ohne daß eine augenfällige Differenz
in der Lichtausstrahlung der einzelnen Fäden bemerkbar sein
wird. Im übrigen ist es meiner Ansicht nach als vollkommen
erlaubt anzusehen, eine 24- oder 26 kerzige Lampe als die normale 25 kerzige zu verkaufen. Selbst die Reichsregierung als
peinlicher Konsument von Metallfadenlampen gestattet ja bekanntlich ziemliche Abweichungen, was sowohl die Spannung,
den Stromverbrauch als auch die Kerzenstärke anbelangt.

Nach dem erfolgten Messen und Kontrollieren empfiehlt es
sich, die Fäden, welche nicht sofort zur weiteren Verarbeitung
gelangen können, in geeigneter Weise nach den in der Fabrik
üblichen Meßunterschieden getrennt aufzubewahren. Vorteilhaft
ist es, die Fäden je nach der Stärke zu 25 bis 100 sortiert in
auf beiden Seiten offenen Glasröhrchen unterzubringen, die dann
mit Watte oder dergleichen dicht verschlossen und etiquettiert
werden. Abgesehen davon, daß bei dieser Methode die schnellste
Aufnahme des Bestandes ermöglicht wird, so werden auch die
Fäden in bester Weise gegen Verschmutzen und oberflächliche,
besonders an feuchter Luft eintretende Oxydationen geschützt.

An dieser Stelle möchte ich noch darauf hinweisen, daß es
sich empfiehlt, um Qualitätsveränderungen des vorhandenen
Fadenmaterials schnell feststellen zu können, fortlaufend Lampen-
versuche anzustellen, die der normalen Fabrikation vorgezogen
werden und als beschleunigte Eilversuche sämtliche Stationen
durchlaufen. Erst nach Erhalt der photometrischen Messungen
sollten die anderen Fädenpartien dieser Sorte der normalen Fabrikation übergeben werden.

In gleicher Weise werden auch ununterbrochen die Rohmaterialien, wie das Metall und der Fadenkitt, einer schnellen
Prüfung unterzogen, ehe die Verarbeitung dieser Materialien in
der Fabrik im großen gestattet wird.

Es ist bekannt, daß das feine Metall sehr pyrophorisch ist,
das heißt begierig Sauerstoff aufnimmt und sich dann unter
Umständen beträchtlich oxydiert. Ein derartiges Material wird

nun fraglos andere Fadenresultate als ein frisches Metall mit
weniger Sauerstoffgehalt ergeben. Durch die angeführten Eilversuche kann man nun leicht die Verschiedenheit der erzielten
Fäden feststellen und sich vor großem Schaden dadurch bewahren,
daß das vorliegende Metall usw. in diesem Zustand nicht zur Verarbeitung gelangt. Durch eine nochmalige Nachreduktion des
Metalles zum Beispiel wird sich zumeist der festgestellte Fehler
in zufriedenstellender Weise beseitigen lassen.

h) Die Berechnung der Fäden[1].

Für die Berechnung der Gesamtfadenlänge und des Querschnittes des Fadens für eine gesuchte Lampe von bestimmten
elektrischen Konstanten bedient man sich fast ausschließlich der
bekannten H. F. Weberschen Formeln. Um diese benutzen
zu können, werden durch reichliche sorgfältig angestellte Versuche die genaue Gesamtlänge und der Durchmesser des Fadens
einer Lampensorte bei genau gleicher ausgestrahlter Lichtmenge
in Hefnerkerzen empirisch ermittelt. Dies ist durchaus notwendig, da, wie schon mehrmals erwähnt, die spezifischen Widerstände von nach verschiedenen Methoden hergestellten Fäden
merkbare Differenzen aufweisen können. Auch der Sinterungsgrad und der Gehalt an Kohlenstoff und anderen fremden Beimischungen spielen dabei natürlich eine mehr oder weniger große
Rolle.

Für die empirische Ermittelung der für die Weberschen
Formeln notwendigen Grundzahlen verfährt man etwa in folgender
Weise:

Eine Reihe von Rohfäden, aus derselben Düse und der
gleichen Preßpaste erzeugt, werden in normaler Weise gesintert,
entkohlt und sorgfältig gemessen in der Weise, daß der Reihe
nach alle bekannten Kontrollmethoden, wie die Bestimmung des
Durchmessers mit dem Mikrometer, das Wägen mit Hilfe einer
der beschriebenen Fadenwagen und schließlich die Bestimmung
des elektrischen Leitungswiderstandes vermittels des Ohmmeters,
angewendet werden. Auf diese Weise erhält man eine Reihe
von Metallfäden, die in allen ihren Eigenschaften genau über-

---

[1] Siehe Ausführliches auch Weber, Kohleglühfäden. S. 133 ff.

einstimmen. Man stellt nun aus diesen Fäden eine Anzahl von
Lampen her, die genau die gleiche Gesamtfadenlänge als Leuchtkörper enthalten und vorzüglich evakuiert worden sind. Die
Lampen kommen zur Messung auf einem Präzisionsphotometer
und ergeben nun zum Beispiel bei einer Beanspruchung von
1,10 Watt pro Hefnerkerze einen bestimmten Mittelwert an ausgestrahlter Lichtmenge in Hefnerkerzen. Aus diesen Resultaten
lassen sich die mittlere Gesamtfadenlänge, der Durchmesser des
Fadens und die Kerzenstärke für eine bestimmte Lampe von
gewünschtem Wattverbrauch genau festlegen, Zahlen, die nun
weiter für die Berechnung anderer Lampen nach den H. F. Weberschen Formeln benutzt werden.

Es bezeichne nun:

d den Durchmesser des Metallfadens einer bekannten Lampe,

l die Gesamtfadenlänge einer bekannten Lampe,

k die Lichtstärke in Hefnerkerzen einer bekannten Lampe,

v die Spannung in Volt einer bekannten Lampe,

i die Stromstärke in Ampere einer bekannten Lampe und

d_1, l_1, k_1, r_1 und i_1 die entsprechenden Werte für die ge-
    suchte Lampe,

so ist nach H. F. Weber:

$$d_1 = d \sqrt[3]{\left(\frac{v \cdot k_1}{v_1 \cdot k}\right)^2}$$

$$l_1 = l \sqrt[3]{\left(\frac{v_1^2 \cdot k_1}{v^2 \cdot k}\right)}$$

und

$$i_1 = i \cdot \frac{v \cdot k_1}{v_1 \cdot k}.$$

Angenommen, es seien nun empirisch für eine Beanspruchung
von ca. 1,10 Watt pro Hefnerkerzen folgende Zahlen bei den
Versuchslampen festgestellt worden:

$$d = 0,030 \text{ mm},$$
$$l = 480 \text{ mm},$$
$$k = 25 \text{ Hefnerkerzen},$$
$$v = 110 \text{ Volt},$$
$$i = 0,24 \text{ Ampere},$$

und es sollen die Fädendimensionen für eine Lampe von 50 Kerzen

110 Volt gesucht werden, so würde nach der Formel der gesuchte Durchmesser gefunden werden zu:

$$d_1 = d \sqrt[3]{\left(\frac{v \cdot k_1}{v_1 \cdot k}\right)^2}$$

$$= 0{,}030 \sqrt[3]{\left(\frac{110 \cdot 50}{110 \cdot 25}\right)^2}$$

$$= 0{,}030 \sqrt[3]{2^2} = 0{,}030 \sqrt[3]{4}$$

$$= 0{,}030 \cdot 1{\cdot}587 = 0{,}048 \text{ mm.}$$

Die gesuchte Länge beträgt:

$$l_1 = l \sqrt[3]{\left(\frac{v_1{}^2 \cdot k_1}{v^2 \cdot k}\right)} = 480 \sqrt[3]{\frac{110^2 \cdot 50}{110^2 \cdot 25}}$$

$$= 480 \sqrt[3]{2} = 480 \cdot 1{,}26 = 605 \text{ mm}$$

und die Stromstärke

$$i_1 = i \cdot \frac{v \cdot k_1}{v_1 \cdot k} = 0{,}24 \cdot \frac{110 \cdot 50}{110 \cdot 25}$$

$$= 0{,}24 \cdot 2 = 0{,}48 \text{ Ampere.}$$

Als weiteres Beispiel sei folgendes angeführt:

Es soll eine Lampe konstruiert werden für 16 Hefnerkerzen und 65 Volt bei etwa 1,10 Watt Anfangsenergieverbrauch. Wie groß ist die Gesamtfadenlänge, der Durchmesser des Fadens und die Stromstärke? Nach den angeführten Formeln findet man:

$$d_1 = 0{,}030 \sqrt[3]{\left(\frac{110 \cdot 16}{65 \cdot 25}\right)^2} = 0{,}030 \sqrt[3]{(1{\cdot}083)^2}$$

$$= 0{,}030 \sqrt[3]{1 \cdot 1729} = 0{,}030 \cdot 1{,}055 = 0{,}0316 \text{ mm}$$

$$l_1 = 480 \sqrt[3]{\frac{65^2 \cdot 16}{110^2 \cdot 25}} = 480 \sqrt[3]{\frac{676}{3025}}$$

$$= 480 \cdot \sqrt[3]{0{,}223} = 480 \cdot 0{.}607 = 291{,}3 \text{ mm}$$

$$i_1 = 0{,}24 \frac{110 \cdot 16}{65 \cdot 25} = 0{,}24 \cdot 1{,}083 = 0{,}26 \text{ Ampere.}$$

Um nun dem Glühlampentechniker eine schnelle Berechnung der vielfachen Lampentypen zu ermöglichen ohne die Formeln anwenden zu müssen, habe ich die nachstehende Tabelle berechnet, welche in den meisten Fällen die annähernde Bestimmung des Fadendurchmessers resp. der Preßdüse der Gesamtfadenlänge und des Stromverbrauches usw. für die gesuchte Lampe gestattet. Die Tabelle gilt für einen ungefähren Energieverbrauch von 1,05—1,10 Watt pro Hefnerkerze.

Durchmesser der Düse in Millimetern zirka	Durchmesser des formierten Fadens in Millimet. zirka	Gesamtfadenlänge für 110 Volt Spannung in Millimetern zirka	Anzahl der Hefnerkerzen zirka	Stromstärke in Ampere	Länge des Fadens für 1 Volt Spannung in Millimetern
0,028	0,019	415	12	0,11—0,13	3,77
0,030	0,021	430	15—16	0,15—0,17	3,91
0,035	0,025	440	20—22	0,19—0,21	4,00
0.040	0,029	460	25	0,24—0,27	4,18
0,050	0,036	490	32	0,31—0,33	4,45
0,060	0,042	525	40	0,38—0,41	4,78
0,070	0,051	580	50	0,49—0,51	5,23
0,075	0,055	620	60	0,59—0,61	5,64
0,080	0,062	660	70	0,68—0,71	6,00
0,090	0,066	745	80	0,78—0,81	6,77
0,100	0,070	840	90	0,87—0,92	7,64
0,110	0,076	940	100	0,98—1,03	8,54
0,120	0,083	1060	125	1,22—1,27	9,64

Wie oben angeführt, sollen diese Zahlen für die Berechnung nur annähernde sein, da eben der Wert des spezifischen und des elektrischen Leitungswiderstandes des Fadenmaterials von sehr vielen Umständen, wie zum Beispiel den Eigenschaften des Metalles und der Formiermethode usw., abhängt. Ferner sei unter anderem angeführt, daß die Fadenlängen bei verschiedener Wattigkeit der Lampe bei Verwendung von Fäden mit gleichen elektrischen Qualitäten immerhin beträchtliche Differenzen aufweisen können. So verwendet man beispielsweise zum Bau einer Lampe für 25 Kerzen bei 110 Volt Spannung einen Faden, dessen Durchmesser, wie aus der Tabelle hervorgeht, etwa 0,029 mm beträgt. Während nun eine Gesamtfadenlänge bei 1,02 Watt von 450 mm angewendet wird, so beträgt sie bei 1,06 Watt etwa 460 mm und bei 1,11 Watt ca. 480 mm.

Auch andere Umstände können mehr oder weniger große Abweichungen der berechneten Gesamtfadenlänge zur Folge haben. Ganz besonders sei darauf hingewiesen, daß die Abkühlung der glühenden Fäden sowohl an den Stromzuführungsdrähten als auch

an den Halter- oder Stützhaken hierbei eine Rolle spielen kann.
Je dicker die Drähte angewendet werden, um so größer ist
naturgemäß an den Berührungsstellen mit dem Faden die Abkühlung, die einen gewissen Lichtverlust hervorruft. Man hilft
sich dann gewöhnlich so, vorausgesetzt, daß der gleiche Faden,
also mit demselben elektrischen Leitungswiderstand und demselben Querschnitt benutzt werden soll, daß die Gesamtlänge
um einige Millimeter verkürzt wird. Bei gleicher Spannung
tritt dabei eine geringe Erhöhung der Stromstärke und damit
auch der Temperatur des Fadens ein. Der Lichtverlust an
den gekühlten Stellen wird in dieser Weise somit wieder ausgeglichen.

Die Anordnung der Fäden selbst in der Lampe ist im allgemeinen infolge der bekannten Bügel- oder Haarnadelform und
der für die einzelnen Lampentypen feststehenden Gesamtfaden-
längen gegeben. Hierzu sei bemerkt, daß der Fabrikant, um eine
Verbilligung der Produktionskosten zu erzielen, bis zu einem gewissen Grad natürlich, so wenig wie möglich einzelne Fäden in der
Lampe verwenden möchte. Jeder Faden in der Lampe weniger
erspart nicht nur die Gestehungskosten des Fadens selbst, sondern
auch das für den Faden sonst notwendige Haltermaterial und den
Arbeitslohn, um sowohl das Haltermaterial als auch den Faden
in und auf dem sogenannten Fadenstern unterzubringen. So sah
man besonders in der Entstehungszeit der Wolframlampe groß-
kolbige Lampen mit wenigen sehr langen Fäden, da damals die
Fabrikationskosten für den Faden relativ sehr hohe waren. Immerhin muß auch dem Verwendungszweck der Lampe und nicht
zuletzt den Wünschen des Konsumenten Rechnung getragen
werden, der heute ausnahmslos recht kleine Birnen verlangt.
So kommt es, daß für eine an und für sich gleiche Type häufig
Lampen mit vier, fünf, sechs oder mehr Fäden konstruiert werden
müssen. Ein entsprechender Preisaufschlag für diese der normalen Fabriktype nicht entsprechenden vielfädigen Lampen ist
dann meines Erachtens nach durchaus gerechtfertigt.

2. Das Kuželsche Kolloidverfahren.

Sowohl in chemischer als auch in physikalischer Hinsicht
hochinteressant ist das Verfahren zur Herstellung reiner Metall-

fäden, z. B. aus kolloidalem Wolfram von Dr. Hans Kuzel[1]) in Baden bei Wien. Dieses Verfahren weicht in verschiedener Hinsicht von dem bisher beschriebenen Pasteverfahren ab und bedingt deshalb nach mancher Richtung hin andere Herstellungsmethoden.

Kuzel geht von der an und für sich wohl berechtigten Annahme aus, daß ein reiner Wolframfaden, welcher nicht erst durch die aus dem organischen Bindemittel abgeschiedene Kohle verunreinigt ist, in welchem sich mithin keine Karbide oder ähnliche Verbindungen gebildet haben, ungleich bessere Eigenschaften aufweisen müssen. Möglicherweise haben auch bei Ausarbeitung des Kolloidverfahrens patentrechtliche Motive mitgespielt, da in dieser Zeit gerade die Patentlage für die Herstellungsmethoden eine recht schwierige war. Sicher ist, daß die Ausführung der Methode nicht nur möglich war, sondern auch im großen Maßstab tatsächlich fabrikatorisch ausgenutzt worden ist. Immerhin muß festgestellt werden, daß das Kuzelsche Verfahren außerordentliche Schwierigkeit in sich barg und nur bei vorsichtigster Einhaltung bestimmter Vorsichtsmaßregeln ein relativ befriedigendes Ergebnis zeitigte. Besonders die enormen Verluste beim Pressen der Fäden der an und für sich schwierig herzustellenden kolloidalen plastischen Masse haben schließlich dazu geführt, daß dieses Verfahren heute völlig aufgegeben worden ist.

Kuzel verwendete zuerst ein kolloidales Wolframmetall, wie es nach der von Billitzer modifizierten Bredigschen[2]) Methode gewonnen wird. Dieses Verfahren besteht darin, das Wolframhydrosol dadurch zu gewinnen, daß das reine Metall im elektrischen Lichtbogen unter Wasser zerstäubt wird. Am besten wird bei dem elektrischen Zerstäubungsprozeß das sogenannte Leitfähigkeitswasser benutzt, welches luft- und kohlensäurefrei ist und durch Destillieren von reinem Wasser unter Beobachtung gewisser Vorsichtsmaßregeln dargestellt wird. Bei Verwendung dieses Wassers erhält man das reinste Metallkolloid.

Auch das abwechselnde Kochen feinsten und reinsten

---

[1]) D. R. P. Nr. 194348 vom 25. Juli 1905 (Stammpatent).
[2]) Zeitschr. angew. Chem., 1898, S. 951.

Wolframmetallpulvers in Säuren und Alkalien ruft einen gewissen kolloidalen Zustand des Metalles hervor. Je länger und je öfter man zum Beispiel mit Salzsäure und Ammoniak abwechselnd kocht, um so schwerer wird sich das Metall wieder absetzen, und um so länger bleibt es in Suspension. Dieses Verfahren, welches die Zerkleinerung der Molekülkomplexe bezweckt, führt jedoch schließlich im günstigsten Fall dazu, daß eine dem weichen Glaserkitt ähnliche Masse resultiert. Diese kann nun durch beständiges Drücken und Kneten in ähnlicher Weise, wie der Modelleur seinen Ton vor der Weiterverarbeitung knetet, plastisch gemacht werden. Ferner kann diese Bearbeitung durch Kneten durch Übung so weit vervollkommnet werden, daß immer die notwendige gewünschte Menge von Wasser, vielleicht 20—25%, in der Masse verbleibt.

Ferner führt das Schmelzen und Reduzieren von reiner Wolframsäure mit Zyankalium nach dem Verfahren von Hans Schulz[1]) zu kolloidalem Wolframmetall. Nach dem Auswaschen des Reduktionsmittels erhält man ein schwarzes Hydrosol, das durch das Filter läuft.

Aus der Veröffentlichung von Dèsi[2]) ergibt sich aber, daß die Reaktion je nach der eingehaltenen Temperatur verschieden verläuft. Bei höchster Weißglut kann das kristallinische, unter Umständen sogar das geschmolzene Metall erhalten werden, während andererseits bei niedriger Temperatur ein Oxynitrid in Form eines schwarzen Körpers resultiert. Dieses Oxynitrid, dessen Zusammensetzung bisher nicht genau ermittelt werden konnte, enthält variable Mengen von Stickstoff und Sauerstoff. Einen ähnlichen Körper erhielt Dèsi durch Erhitzen von Wolframtrioxyd mit Salmiak, welcher gleichfalls nicht scharf definiert werden konnte. Je nach der Arbeitstemperatur zeigten die erhaltenen schwarzen Körper bei der Analyse einen wechselnden Gehalt an Wolfram bis 83% herab.

Die verschiedenen Analysenbefunde kann man sich vielleicht damit erklären, daß beim Arbeiten bei niedrigen Temperaturen neben dem Oxynitrid von bestimmter Zusammensetzung stets

---

[1]) Journ. praktischer Chem., 1885, XXXII, S. 399 und Leiser. Wolfram, S. 134.
[2]) Journ. Ann. Chem. Soz., Bd. XIX, 1897, S. 239 ff.

gleichzeitig eine größere oder geringere Menge kolloidales Wolfram mit entsteht und so die Analysenzahlen beeinflußt werden.

Nach den Versuchen von Hans Kužel[1]) in Baden bei Wien hat es sich nun gezeigt, daß sich diese schwarzen Oxynitride des Wolframs zum Teil schon im kolloidalen Zustand befinden. Durch Anätzen mit verschiedenen Lösungen analog dem Verfahren der österreichischen Patentschrift Nr. 28 662 können sie leicht vollständig kolloidal erhalten werden. Über die Herstellung von Glühfäden aus diesen Nitridmassen wird später berichtet werden.

Ob man es bei diesem so behandelten Metall mit einem wirklichen Kolloid oder nur mit einer unendlich feinen kolloidalen Suspension zu tun hat, möchte ich dahingestellt sein lassen. Jedenfalls ist ein kolloidaler Zustand oder Aufquellung wie beim Leim, der Stärkelösung usw. nicht vorhanden, da sich, wie bekannt, das Wasser der plastischen Masse bei zu hohem angewendeten Preßdruck abpressen läßt, wobei das harte Metall zurückbleibt. Der Fachmann bezeichnet diese Erscheinung dann als das „Totpressen" der Masse.

Kužel selbst führt in dem Stammpatent[2]) über den kolloidalen Zustand des Wolframmetalles etwa folgendes aus: In dem erzielten feinsten Zustand besitzen die Metallteilchen wichtige veränderte Eigenschaften, die sich wesentlich in bezug auf Oberflächenenergie und Aggregierung gegenüber dem gewöhnlichen Zustand bemerkbar machen. Solche feinsten Teilchen existieren in den Solen, Gelen und kolloidalen Suspensionen.

Aus den Forschungen ergibt sich nun, daß sich die Moleküle bei in Flüssigkeiten so fein verteilter Materie in einer Art Aufquellung befinden müssen (imbibierte Moleküle). Die herrschende Anschauung faßt die Rückverwandlung solcher gallertartig amorpher Massenteilchen in Teilchen von kristallinischer Struktur als einen graduellen Übergang flüssiger Molekülkomplexe in den gewöhnlichen festen Zustand auf (Mizellentheorie). Hierbei wird angenommen, daß das anfänglich durch eine spezifische Anziehung mit dem Metall sehr energisch, aber durchaus nicht chemisch gebundene Solvens bei den festen kol-

---

[1]) D. R. P. Nr. 199 962 vom 29. März 1907.
[2]) D. R. P. Nr. 194 348 vom 25. Juli 1905.

loidalen Formen bloß mehr in den Interstitien absorbiert ist,
ähnlich, wie sich etwa der flüssige Anteil in einem unregelmäßigen
Gewebe von zelliger oder wabiger Struktur um die Wand-
membranen und innerhalb derselben verteilt befindet (Niederschlag-
membranen, Myalinformen der kolloidalen Niederschläge).

Die beobachteten physikalischen Eigenschaften, welche dieser
Anschauung zugrunde liegen, ließen die Möglichkeit als nicht
ausgeschlossen erscheinen, daß sich die oben charakterisierten
Gewebe aus amorpher gequollener Substanz ohne Mithilfe eines
besonderen Bindemittels durch bloße mechanische Aggregierung,
sozusagen durch eine Art mikrostruktueller Verfilzung in plastische,
auch nach dem vollständigen Austrocknen fest zusammenhängende
Massen verwandeln lassen würden, die in jede gewünschte Form,
zum Beispiel dünne Fäden, gebracht und durch eine weitere Behandlung in dichte kristallinische Metalle zurückverwandelt werden
können. Diese Vermutung ist durch das Experiment bestätigt
worden.

Entfernt man nämlich das mechanisch anhaftende Wasser
durch vorsichtiges Auspressen, Absaugen, langsames Verdunsten
oder eine Kombination dieser Vorgänge, so bilden die zurück-
bleibenden amorphen kolloidalen Metalle äußerst homogene
plastische Massen, die ohne jegliches Bindemittel fest zusammen-
hängend bleiben. Beim darauffolgenden langsamen Trocknen er-
härten sie dann ohne wesentliches Schwinden und ohne rissig
zu werden, zu alabaster- bis steinharten Massen von dunkler
Farbe, unmetallischem Aussehen, mit homogenem dichten Gefüge
und dementsprechend glattem muscheligen Bruch.

Nach den vorgenommenen Untersuchungen kann nun die
Festigkeit dieser Rohfäden ganz bedeutend erhöht werden, wenn
das kolloidale Metall nach der Bredigschen Methode gewonnen
wird, sofern dabei in dem angewandten Wasser geringe Mengen
von Elektrolyten vorhanden sind. Nach Hans Kuzel und der
Julius-Pintsch-Akt.-Ges.[1]) in Berlin bilden sich dann
Gemische von Metall und Oxyden oder Hydroxyden in verschiedenen Oxydationsstufen, oft im Verhältnis von 80% Metall
und 20% der Oxyde. Es ergab sich ferner, daß diese Oxyde
gleichfalls kolloidale Eigenschaften besitzen, und daß die Plasti-

---

[1]) D. R. P. Nr. 205581 vom 4. August 1905.

zität der Preßmassen sowie die Festigkeit der erzeugten Fäden sowohl vor als auch nach dem Trocknen gerade durch diesen Oxydgehalt merkbar erhöht wird.

Mischt man zum Beispiel 5—20 Teile braunes Wolframdioxyd (siehe S. 108), das auf bekannte Weise etwa durch Anätzen mit verdünnter Zyankalilösung in den kolloidalen Zustand übergeführt worden ist, mit 95—80 Teilen einer der schon beschriebenen plastischen Massen, so bleiben die sonstigen physikalischen Eigenschaften derselben unverändert, während die Kohäsion vergrößert wird.

Nach K u ž e l entstehen ebenfalls plastische preßbare Massen. wenn man trockene Hydro- oder Organosole, Gele oder gallertartige amorphe Pulver der eingangs erwähnten Metalle mit geringen Mengen Wasser oder anderen solchen Flüssigkeiten, die das Imbibitionswasser vertreten können, wie zum Beispiel Alkohole, Glyzerin, Chloroform, Xylol usw., unter Verrühren, Kneten oder Drücken langsam und innig vermengt, bis durch die fortschreitende Aufquellung der amorphen trockenen Massen die gewünschte Kohäranz und teigige Konsistenz erreicht ist.

Der in Rede stehenden plastischen Wolframmasse kann nun ungefähr bis zur Hälfte ihres Gewichtes feinstes Wolfram in Staubform beigemischt werden, ohne daß ihre Plastizität und weitere Verwendbarkeit erheblich beeinflußt wird. Auch Zusätze von kolloidalem Arsen und Antimon[1]) und ferner von Bor und Silizium[2]) sind in Anwendung gekommen.

Die nach der im Hauptpatent beschriebenen Methode erhaltene plastische Masse wird nun in einen Preßzylinder gebracht und bei geringem Druck vorsichtig zu Fäden ausgepreßt. Sie werden in der Haarnadelform auf Pappen aufgelegt, zerschnitten, in Bündel zusammengezogen und dann allmählich bei 60—80° C vorgetrocknet, um das überschüssige, die elektrische Leitfähigkeit verhindernde Wasser zu entfernen. Es folgt hierauf ein gelindes Erhitzen bei etwa 100° C, am besten im Vakuum oder einem inerten Gase, um chemische Veränderungen zu vermeiden, worauf die Fäden dauernd stromleitend bleiben. Das

[1]) D. R. P. Nr. 194 893 vom 20. Januar 1908.
[2]) D. R. P. Nr. 194 890 vom 25. Juli 1905.

scharfe Brennen oder Glühen der Fäden, wie bei dem Pasteverfahren, fällt demnach fort.

Enthält die Preßmasse jedoch größere Mengen der die
Festigkeit erhöhenden kolloidalen Oxyde oder Hydroxyde, so
läßt sich das Brennen bei höherer Temperatur, um die Leitfähigkeit zu erzielen, nicht umgehen.

Eine andere Methode zur Erzeugung von Wolframfäden nach
der Kolloidmethode stammt von Dr. Aladár Pacz[1]) in
Schenectady, Vereinigte Staaten von Amerika. Pacz geht von
einer organischen kolloidalen Wolframverbindung aus, die sich
leicht in das reine Metall zersetzen läßt.

Bei diesem Verfahren wird von einer löslichen Metallverbindung, zum Beispiel Ammoniumwolframat ausgegangen, die
in eine geeignete Lösung gebracht wird. Mit der gelösten Verbindung wird Gallusgerbsäure oder ein anderes Benzolderivat
zusammengebracht. Es wurde gefunden, daß die Trioxyderivate,
wie Pyrogallol und seine Isomeren (zum Beispiel Phloroglucin
oder Oxyhydrochinon), und die Trioxymonokarboxylderivate, wie
Gallussäure, ihre Isomeren und die Gallusgerbsäuren, am besten
für diesen Zweck geeignet sind.

Durch das Verfahren können insbesondere Hydrogele metall-
organischer Verbindungen, des Wolframs, hergestellt werden.
Hierbei ist es vorzuziehen, diese Gele durch Hinzufügung von
Chlorwasserstoffsäure oder einer anderen verdünnten Säure in
Gegenwart eines der obenerwähnten Benzolderivate auszufällen.

Aus bisher unbekannten Gründen scheint Gallusgerbsäure
das beste Ergebnis zu liefern. Wenn diese Benzolderivate mit
dem gelösten Metallsalz, zum Beispiel Ammoniumwolframat, zusammengebracht werden, bildet sich eine organische Verbindung,
welche die charakteristischen Eigenschaften einer kolloidalen
Verbindung und deren Reaktionen aufweist. Diese Verbindung
fällt man dann durch ein geeignetes Mittel, zum Beispiel verdünnte Salzsäure, welches gleichzeitig mit der Gallusgerbsäure
oder Pyrogallol hinzugefügt werden kann. Pacz[2]) fand später,
daß verdünnte Schwefelsäure zweckmäßigere Ausfällungen ergibt
als die Salzsäure. Es dürfte dies wahrscheinlich darauf zurück-

[1]) D. R. P. Nr. 245190 vom 12. Juni 1909.
[2]) D. R. P. Nr. 249733 vom 27. Januar 1910.

zuführen sein, daß bei der Anwendung anderer Säuren eine schwache Oxydation der gefällten Paste zu bemerken ist. Bei der mit Schwefelsäure ausgefällten Paste dagegen scheinen geringe Mengen aus der Schwefelsäure entwickelte schweflige Säure die Oxydation zu verhindern, so daß die aus der Paste gepreßten Fäden zähe und geschmeidig bleiben, während die mit Salzsäure gefällte Paste unter Umständen brüchige Rohfäden ergeben kann.

Die gefällte Masse ist pastenartig und sehr plastisch. Wie durch eine große Anzahl von Versuchen festgestellt worden ist, besteht das erhaltene Gel bzw. die plastische Masse aus einer organischen Metallverbindung und dürfte die Zusammensetzung $H_6W_2C_9O_3$ besitzen. Diese Verbindung kann von dem Wasser leicht durch Filtrieren, Absaugen, Druck oder Verdampfung getrennt werden.

Um nun aus dieser Masse Fäden darzustellen, wird durch Kneten usw. die notwendige Dichte hergestellt; hierauf werden in bekannter Weise die Fäden durch eine Düse ausgepreßt. Die so erhaltenen Fäden werden getrocknet und sind bereits dann schon Leiter für den elektrischen Strom, wenn der kolloidalen plastischen Masse ein metallischer Leiter, wie Wolframmetallpulver im gewöhnlichen Zustande, beigemischt worden war. Im anderen Falle leiten sie erst, nachdem sie in einer geeigneten, das Metall nicht angreifenden Atmosphäre erhitzt worden sind. Bei dem nun folgenden Formierprozeß, bei welchem die Fäden in bekannter und beschriebener Weise allmählich auf Weißglut gebracht werden, wird die organische Verbindung zerlegt nach der folgenden Gleichung:

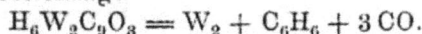

$$H_6W_2C_9O_3 = W_2 + C_6H_6 + 3\,CO.$$

Diese Gleichung der Zersetzung ist vielleicht chemisch nicht ganz exakt, deutet aber den Charakter der Verbindung richtig an.

Auch die Formierung der Rohfäden, die nach dem Kuzelschen Verfahren erzeugt worden sind, erfolgt im allgemeinen nach der bekannten Formiermethode, wobei jedoch gefunden wurde, daß unter Umständen schädliche Hohlräume im Innern des Fadens auftreten können. Wie schon oben ausgeführt, besitzt die Gele, aus welchen die kolloidalen Fäden zum größten Teil bestehen, an und für sich schon meist eine zellige, wabenartige oder flechtwerkartige Struktur. Diese feinen Häutchen,

welche kleine Zwischenräume (kolloidale Interstitien) begrenzen,
bedingen ja die bekannte ungemein große Oberflächenentwicklung
der Materie im kolloidalen Zustand. Der Übergang der struk-
turierten kolloidalen Materie in den teilweise kristallinischen
Zustand (Sinterung der Fäden) stellt in erster Linie nichts
anderes als eine rasche, demnach spontane und ausgiebige Kontraktion dieser feinen Häutchen zu Teilchen von dichtem homogenen Gefüge der normalen Materie dar. Das Experiment zeigt,
daß sich dieser Vorgang mit großer Heftigkeit und Schnelligkeit
abspielt. Es erscheint deshalb im höchsten Grade wahrscheinlich, daß sich dabei eine größere Anzahl kolloidaler Interstitien
infolge Reißens der zarten Zwischenwände vorübergehend zu
Zwischenräumen höherer Ordnung vereinigen, welche mit den
Gasen angefüllt bleiben, in welchen die Fäden formiert werden.
Diese Gase üben nun beim fortschreitenden höheren Erhitzen
auf die sie umschließenden Wände einen kontinuierlich ge-
steigerten Druck aus, welcher der Vereinigung der Teilchen zu
einem homogenen Querschnitt energisch entgegenwirkt. Tritt
hierbei gleichzeitig die Beendigung der Umwandlung des in der
Formierung begriffenen Fadens in den kristallinischen Zustand
schon ein, bevor diese Gase entweichen können, so sind damit
alle Bedingungen zur Entstehung von mikroskopischen und
makroskopischen Hohlräumen im fertigen Faden in ausreichendem
Maße gegeben.

Eingehende Versuche, die zur Prüfung dieser Verhältnisse
von Hans Kuzel[1]) angestellt wurden, haben auch tatsächlich
ergeben, daß die Bildung von Hohlräumen vollständig ausbleibt,
wenn man die Gase bei dem Sinterprozeß der kolloidalen Fäden
fortläßt, d. h. die Kontraktion der kolloidalen Materie in hohem
Vakuum vornimmt. Diese Bedingung läßt sich aber technisch
für die Massenfabrikation nur äußerst schwer und nur mit aller-
größtem Kostenaufwand an Apparaten und Arbeit erfüllen. Indessen hat sich gezeigt, daß man ein praktisch brauchbares
Resultat erzielen kann, wenn man das Glühen der Fäden in
einer Atmosphäre von inerten oder reduzierenden Gasen oder in
einem Gemenge derselben vornimmt, welches unter einem möglichst geringen Druck steht. Derselbe soll 100—150 mm Queck-

---

[1]) D. R. P. Nr. 208599 vom 16. Oktober 1908.

silbersäule nicht übersteigen und beträgt am besten nicht mehr als 40 mm.

Bei der Ausübung des Verfahrens in einer allseits geschlossenen Glasglocke hat sich aber herausgestellt, daß der Druck, insbesondere wenn mehrere Fäden gleichzeitig formiert werden, beträchtlich steigt und die äußerste zulässige Grenze leicht überschreitet. Diesem Nachteil, der unter anderem von der Erhitzung des Gases durch die glühenden Fäden herrührt, kann man, wie sich weiter gezeigt hat, dadurch abhelfen, daß man nicht in einer ruhenden Atmosphäre arbeitet, sondern in einem unter geringem Druck befindlichen und gleichzeitig strömenden Gase. Diesen Bedingungen kann jedoch technisch nur durch gleichzeitiges Absaugen des erhitzten Gases und entsprechendes Zuströmenlassen von neuem, möglichst kaltem Gas entsprochen werden. Hierbei kann auch noch die Mitwirkung von Druckregulatoren in Anspruch genommen werden. Auf diese Weise gelingt es dann, selbst bei der Massenfabrikation, sehr leicht, die Temperatursteigerung und die damit zusammenhängende Drucksteigerung technisch vollkommen ausreichend zu vermeiden und die kolloidalen Fäden in Gasen zu formieren, deren Druck so niedrig und gleichmäßig als möglich gehalten wird.

Um hierbei die nachteiligen Wirkungen kleiner Undichtigkeiten in den Apparaten auszugleichen, durch welche bei so niedrigem Druck unter Umständen etwas Luft angesaugt werden könnte, genügt es, den Gasen, falls sie nicht selbst schon reduzierender Natur sind, einen geringen Prozentsatz reduzierende Gase beizumischen. So kann man zum Beispiel mit einem Gemisch von 20 % Wasserstoff und 80 % Stickstoff arbeiten, wodurch sich dem Gase bis zu 5 % Luft beimischen können, ohne daß der in der Luft vorhandene Sauerstoff auf die weißglühenden Fäden nachteilig einwirkt. Nachstehend sei ein Beispiel für die Ausübung des Verfahrens angegeben:

In einer allseits verschlossenen Glasglocke von passendem Inhalt wird ein kolloidaler Wolframfaden in der üblichen Weise an Elektroden oder Brücken stromleitend befestigt. Hierauf setzt man den Rezipienten mit einer gut wirkenden Vakuumpumpe in Verbindung und evakuiert bis auf einen Druck von 8—10 mm Quecksilbersäule. Dann läßt man unter fortwährendem gleichzeitigen Absaugen mit Hilfe eines fein einstellbaren Hahnes oder

Ventiles ein Gemisch von 80% Stickstoff und 20 % Wasserstoff in die Formierglocke einströmen und regelt den Gaszutritt so, daß der Druck ungefähr auf 30 mm Quecksilbersäule steht.

Wird hierauf der kolloidale Faden behufs Überführung in den kristallinischen Zustand durch den elektrischen Strom langsam und allmählich auf Weißglut erhitzt, so steigt auch der Druck auf etwa 40 mm und bleibt dann, falls die Einstellung des Hahnes für den gewünschten Druck richtig erfolgt war, konstant. Die so erhaltenen Fäden erweisen sich als wenig porös und zeigen weitaus seltener größere Hohlräume, Blasen usw. als diejenigen Fäden, welche unter gewöhnlichem Atmosphärendruck gesintert wurden.

Von besonderem Wert wird dieses Verfahren, wenn man Kolloide nach dem D.R.P. 197379 dargestellt verarbeitet, welchen absichtlich oder zufällig von der Fabrikation her Elektrolyte beigemengt sind. Diese Elektrolyte verdampfen beim Erhitzen der kolloidalen Fäden allmählich, manche sogar erst bei sehr hoher Temperatur, und können dann noch nachträglich zu Auftreibungen, Kanal- oder Blasenbildungen Veranlassung geben. Durch allmähliches Erhitzen der Fäden im strömenden Gase, welches unter niederem Drucke steht, auf Weißglut kann auch diesem Übelstand abgeholfen werden, so daß dieses Verfahren auch in diesem Falle einen bedeutenden wirtschaftlichen Fortschritt darstellt.

Durch das Formieren der Fäden in strömender Atmosphäre bei geringem Druck wird einerseits die Druckregulierung außerordentlich erleichtert, weil sowohl der Zu- als auch der Abfluß der Gase gegebenenfalls selbsttätig geregelt werden kann und diese doppelte Regelung der genauen Einhaltung des Druckes sehr förderlich ist. Anderseits ist die Möglichkeit geboten, die Atmosphäre, in welcher der Faden formiert wird, ausgiebig zu kühlen und so bei gleichmäßiger Temperatur zu erhalten, indem die abziehenden heißen Gase durch nachströmende gekühlte Gase vermischt oder ersetzt werden. Auch dieser Umstand kommt mittelbar der Konstanz des Druckes zugute. Dazu kommt noch der weitere Vorteil, daß die sich bei der Formierung entwickelten Dämpfe, die besonders bei Verarbeitung elektrolythaltiger kolloidaler Fäden sehr lästig werden können, gleichfalls rasch abgekühlt und in kondensiertem Zustand fortgeführt werden, was die nachteiligen chemischen Wirkungen dieser Dämpfe auf das Fadenmaterial praktisch beseitigt und überdies die Entwicklung dieser Dämpfe aus den kolloidalen Fäden gemäß den Gesetzen der Lehre von den Partialdrucken ansehnlich fördert.

In der geschilderten Weise wird die Entstehung von Blasen und Hohlräumen im Faden zwar in hohem Grade vermindert, jedoch können derartige Bläschen trotzdem noch auftreten.

Überraschenderweise hat sich aber gezeigt, daß man die Resultate noch merklich verbessern kann, wenn man den kolloidalen Faden während der geschilderten Umwandlung in den kristallinischen Zustand auch noch gleichzeitig einer Streckung unterwirft. Der Zug strebt nämlich bei dem Verfahren offenbar eine Querschnittsverminderung des Fadens an, wodurch die notwendige rasche Entleerung der gasgefüllten Hohlräume, welche sonst sehr schwer erfolgt, außerordentlich begünstigt wird. Somit wird auch die Annäherung und Vereinigung der Wandungen der Hohlräume zu dichtem Gefüge erheblich erleichtert. Diese Streckung des Fadens während des Sinterprozesses erfolgt nun in ähnlicher Weise, wie es vorher bei dem Pasteverfahren geschildert worden ist, durch Belastung mit abgestimmten Gewichten oder vermittels entsprechend konstruierter Federn. Die Formierung selbst, d. h. die Erzielung nicht mehr nachsinternder Fäden mit dem geringsten spezifischen Widerstand erfolgt je nach dem Querschnitt der Rohfäden in einer Zeit von 1—1 1/2 Minute.

Nach dem Verfahren von Aladàr Pacz[1]) in Schenectady, Vereinigte Staaten von Amerika, tritt nun bei der Sinterung der kolloidalen Fäden aus den metallorganischen Verbindungen eine enorme Schrumpfung in der Längsrichtung und im Querschnitt ein, die unter Umständen bis zu 75 % der benutzten Düsengröße beträgt, so daß die Herstellung dünnster Fäden keine besonderen Schwierigkeiten bieten müßte. Durch Hinzufügung von mehr oder weniger Metall oder hitzebeständiger Metallverbindungen im gewöhnlichen Zustand zur kolloidalen Masse kann natürlich das Schwindungsverhältnis geregelt werden. Trotz dieser starken Schwindung soll diese sehr regelmäßig eintreten, und die gebildeten Fäden sollen sehr glatt und fest sein.

---

[1]) D. R. P. Nr. 245 190 vom 12. Juni 1909.

Es ist schon erwähnt worden, daß den kolloidalen Fäden,
um sie gut stromleitend für die Formierung zu machen, vorzugsweise bestimmte Quantitäten des gut leitenden gewöhnlichen
Wolframmetalles hinzugefügt werden. Kolloidale Fäden ohne
diesen Zusatz leiten im kalten Zustand so gut wie gar nicht,
so daß eine Spannung von 110—220 Volt zur Sinterung nicht
ausreicht. Eingehende Versuche haben nun das überraschende
Resultat ergeben, daß diese Fäden unter bestimmten Umständen
doch den elektrischen Strom, und zwar ohne besondere Vorwärmung, leiten. Es gelingt nämlich nach dem Verfahren von H a n s
K u ž e l i n B a d e n b e i W i e n und der J u l i u s P i n t s c h -
A k t . - G e s.[1]) i n B e r l i n , den Strom auch durch ganz dünne
und ausschließlich aus Kolloiden bestehende Fäden zu schicken,
wenn man ihm eine Spannung gibt, welche zum Beispiel 400 bis
1000 Volt je nach der Dicke des Fadens beträgt. So gelingt
es beispielsweise nicht, einen trockenen kolloidalen Wolframfaden, der einen Durchmesser von 0,03—0,04 mm und eine
Länge von 250—350 mm besitzt, bei gewöhnlicher Temperatur
durch Gleichstrom von 110—220 Volt ins Glühen zu bringen,
selbst wenn dem Faden gar kein Widerstand vorgeschaltet ist
und man diese Klemmspannung stundenlang einwirken läßt. Erhöht man aber die Spannung auf 440 Volt und höher, so wird
derselbe Faden fast augenblicklich weißglühend. Hierbei wird
auf bekannte Weise, zum Beispiel durch Vorschaltung von Wider-
ständen, Vorsorge getroffen, daß der Faden nicht durchbrennt,
d. h. daß die Spannung nach Maßgabe der Zunahme der Leitfähigkeit der Fäden entsprechend verringert werden kann.

Bei dieser Ausgestaltung des Verfahrens wird sowohl ein
scharfes Trocknen wie auch das Anwärmen der getrockneten
Fäden entbehrlich und damit die Erzeugung der Fäden ganz
wesentlich vereinfacht und verbilligt.

Ferner soll nicht unerwähnt bleiben, daß Zusätze, wie
kolloidale Oxyde und Hydroxyde, zu der kolloidalen Metallmasse
die Festigkeit der Rohfäden wesentlich erhöhen sollen. Diese
so erzielte Erhöhung der Festigkeit genügt aber bei weitem nicht,
um den im Verhältnis zum Pasteverfahren relativ sehr hohen
Verlust beim Pressen der Fäden usw. sehr herabzumindern.

[1]) D. R. P. Nr. 206911 vom 25. Juli 1905.

Diesem empfindlichen Mangel des Verfahrens wird nach der Erfindung von Hans Kuzel in Baden bei Wien und der Julius-Pintsch-Akt.-Ges.[1]) in Berlin dadurch begegnet, daß man den als Bindemittel zu verwendenden Kolloiden der Metalle, Metalloide usw. organische, sogenannte Schutzkolloide zusetzt, beispielsweise Gelatine, Tragant, Gummiarabikum, Lysalbinsäure und dergleichen. Diese organischen Schutzkolloide (und bei der Lysalbinsäure auch deren Zersetzungsprodukte) haben bekanntlich die Eigenschaft, die Beständigkeit der in Frage kommenden anorganischen Kolloide zu erhöhen und zu gestatten, sie in höherer Konzentration zu verwenden. Auch die Bindekraft der verwendeten plastischen Massen wird erheblich gesteigert, so daß sich feste und sehr feine Glühfäden herstellen lassen.

Durch den Zusatz solcher organischer Schutzkolloide zu den anorganischen Kolloiden wird naturgemäß in die Fäden Kohlenstoff eingeführt, so daß es sich empfiehlt, den Zusatz an Schutzkolloiden möglichst niedrig zu halten. Es ist deshalb auch erforderlich, derartige Fäden in stark reduzierenden und kohlenstoffentziehenden Gasen zu sintern.

In gewisser Beziehung sowohl dem Kuzelschen als auch dem Paczschen Verfahren ähnlich sind die Fädenerzeugungsmethoden, bei welchen Wolframverbindungen anderer Art in kolloidähnliche Massen umgewandelt werden.

Nach dem Verfahren von François Jean Planchon[2]) in Paris werden Kohlenstoffhydrate benutzt, welche die Eigenschaft besitzen, sich mit den Sauerstoffverbindungen des Wolframs kolloidal chemisch zu binden. Um derartige kolloidale Verbindungen zu erhalten, kann man in folgender Weise verfahren:

Handelt es sich zum Beispiel um ein Kohlehydrat, das in Wasser löslich ist wie Gummiarabikum, so kann man davon eine wässerige Lösung herstellen. Im anderen Falle, wie zum Beispiel bei Verwendung von Stärke, erzeugt man eine alkalische Lösung. Diese wässerige oder alkalische Kohlenstoffhydratlösung wird nun zum Beispiel mit einer alkalischen Wolframsäurelösung oder einer Lösung von alkalischem, wolframsaurem

---

[1]) D. R. P. Nr. 216785 vom 3. Juni 1906.
[2]) D. R. P. Nr. 220981 vom 1. März 1908.

Salz vermischt. Das Ganze wird hierauf in eine verdünnte Säure, beispielsweise Salzsäure, gebracht. Es entsteht dann ein Niederschlag, der eine Verbindung der Wolframsäure und des Kohlehydrates ist.

Der auf diese Weise enthaltene Niederschlag kann so enthalten:

68 % Wolframsäure bei Anwendung von Gummiarabikum,
65 %   -   -   „   - Stärke,
72 %   „   „   „   „ Zellulose aus einer Kupferammoniaklösung,
76 % Wolframsäure bei Anwendung von Zellulose aus Viskose.

Die Niederschläge werden gewaschen und können dann der weiteren Behandlung unterworfen werden.

Mit einer dieser neuen Verbindungen wird nun unter entsprechendem Wasserzusatz eine plastische Masse hergestellt, die sich zu Fäden auspressen läßt. Die Fäden werden in bekannter Weise getrocknet, vorgeglüht und schließlich elektrisch bei Weißglut gesintert.

Auch das Schwefelwolfram kann mit eiweißhaltigen Stoffen nach einem weiteren Verfahren von François Jean Planchon[1] in Paris für die Darstellung einer kolloidal chemischen Verbindung benutzt werden. Man nimmt zunächst einen Eiweißstoff, der entweder in Wasser oder in Alkali löslich ist, und stellt eine geeignete Lösung her. Die erhaltene Lösung wird mit einer alkalischen Lösung von Schwefelwolfram oder noch besser mit einer alkalischen Lösung eines schwefelwolframsauren Salzes vermischt. Das Gemisch wird hierauf mit einer verdünnten Säure niedergeschlagen und der entstandene Niederschlag gewaschen.

Er besteht aus einer Verbindung von Schwefelwolfram mit Eiweißstoff und kann nun durch Wasserzusatz zu einer plastischen preßbaren Masse verarbeitet werden.

Schließlich werden auch nach dem Verfahren der Siemens & Halske-Akt. Ges.[2] in Berlin dargestellte reversible

---

[1] D. R. P. Nr. 220982 vom 11. März 1908.
[2] D. R. P. Nr. 194468 vom 20. Juli 1906 und Nr. 201462 vom 4. August 1907.

Hydrosole mit kolloidalen Eigenschaften für die Erzeugung von Wolframfäden angewendet. Eine Lösung von Wolframsäure-hydrat in Ammoniak wird eingedampft, wobei sich saures Ammoniumwolframat (vorzugsweise Penta- und Heptawolframat) als weißes Kristallpulver abscheidet. Dieses wird auf dem Saug-filter gesammelt, mit kaltem Wasser gewaschen und getrocknet bei 120—150° C. Das Produkt wird hierauf in geeigneten Ge-fäßen im Vakuum (etwa 20 mm Quecksilbersäule) unter be-ständigem Schütteln oder Rühren ganz allmählich bis auf höchstens 270° C erhitzt, wobei Ammoniak und etwas Wasser entweichen und die Masse eine graugrünliche Färbung annimmt, die jedoch beim Erkalten wieder verschwindet. Das Pulver wird sodann in kleinen Portionen in schwach siedendes Wasser eingetragen, wobei zuweilen eine vollkommen klare, meist aber trübe, farb-lose oder schwach violette Lösung resultiert. Man trennt die Lösung durch Absetzenlassen von dem etwa entstandenen Nieder-schlag und verdampft sie im Vakuum bis zur Sirupkonsistenz und schließlich in offener Schale auf dem Wasserbad zum Trocknen. Dabei muß man die Masse möglichst verteilen, weil sie sonst beim Trocknen die Gefässe zersprengt. Die so er-haltene Substanz bildet eine glasartige, durchsichtige und meist farblose Masse. In heißem Wasser unveränderlich löslich, wird sie durch viel kaltes Wasser hydrolytisch gespalten.

Die chemische Analyse ergab, daß man es nicht mit Deri-vaten einer der benannten Polywolframsäuren zu tun hat. Die Zusammensetzung ist nicht konstant, sondern die einzelnen Be-standteile (WO_3, H_3N, H_2O und Spuren von CO_2) variieren innerhalb gewisser, allerdings enger Grenzen. Nach van Bem-melen lassen sich derartige Körper, eben weil sie in ihrer Zu-sammensetzung variieren, nicht anders definieren als durch ihren Entstehungsgang. Die Substanz, um die es sich hier handelt, stellt also ihrem chemischen Charakter nach ein Ammoniak-Wolframsäurehydrogel dar.

Um zu Wolframglühfäden zu gelangen, kann dieses Hydrogel in heißem Wasser gelöst und bis zur preßfähigen Paste ein-gedickt werden. Es kann aber auch mit einem Oxyd des Wolframs in verschiedenen Verhältnissen gemischt werden, wo-bei bei besonderer Bearbeitung eine leicht preßbare Masse ent-steht. Am besten eignet sich hierzu das blaue Oxyd (W_2O_5

oder W_3O_8; siehe auch S. 108). Dasselbe ist leicht in äußerst feiner Verteilung (Suspension) oder gelöst (als Kolloid) zu erhalten und in beiden Formen zu benutzen. Oxydhaltige Fäden hängen sich bei der Reduktion etwas besser aus als solche aus reinem Hydrogel und sintern weniger zusammen. Es gelingt, die Dicke der Metallfäden zu variieren bei gleichem Querschnitt der Rohfäden, indem man der Masse mehr oder weniger Oxyd zusetzt.

Die erhaltenen Fäden sollen eine beträchtliche Zugfestigkeit und Elastizität besitzen und sofern sie in einer reduzierenden Atmosphäre behandelt worden sind,. eine dichte und glänzende Oberfläche aufweisen.

Das im obigen Patent beschriebene Produkt, welches eine plastische, aus Wolframverbindungen bestehende Masse darstellt, läßt sich durch Erhitzen in sauerstofffreier Atmosphäre unterhalb Rotglut derartig verändern, daß es in Wasser unlöslich und elektrisch leitend wird. Diese Eigenschaft benutzt die Siemens & Halske-Akt.-Ges.[1]) in Berlin in vorteilhafter Weise für die Fabrikation der Metallfäden. So können insbesondere Fäden in der Art hergestellt werden, daß die plastische Masse, sei es für sich allein oder in Verbindung mit metallischem Wolfram oder Wolframverbindungen, für welche die plastische Masse ein vorzügliches Bindemittel abgibt, in die Form der gewünschten Glühfäden gebracht und hierauf auf etwa 300—500° C unter Ausschluß schädlicher Gase erhitzt wird. Die plastische Masse wird hierbei leitend, so daß ohne weiteres ein elektrischer Strom hindurchgeleitet und die weitere Behandlung des Fadens, beispielsweise die Sinterung bei Gegenwart von Wasserstoff, rasch und sicher ausgeführt werden kann.

Die Erhitzung kann unter anderem in einem Glasrohr erfolgen, durch das zur Verdrängung der Luft Wasserstoff geleitet, und welches von außen mittels eines Bunsenbrenners kurze Zeit erhitzt wird. Sowie eine gewisse Temperatur erreicht ist, tritt eine teilweise Zersetzung des Fadens ein, bei der die vorherige Plastizität verloren geht und der Faden stromleitend wird. Der Faden bleibt trotzdem noch verhältnismäßig so fest und elastisch, daß die weitere Behandlung, wie das Sintern oder Formieren, gefahrlos vorgenommen werden kann.

[1]) D. R. P. Nr. 200939 vom 9. Juni 1907.

3. Das Umsetzungsverfahren.

Eine interessante Erscheinung auf dem Wolframfaden-fabrikationsgebiet ist zweifellos auch das Umsetzungs- oder Substitutionsverfahren, welches in der längere Zeit ausgeübten technischen Vollkommenheit zuerst von Dr. Alexander Just und Franz Hanaman[1]) in Wien und der Wolfram-lampen-Akt.-Ges. in Augsburg angewendet worden ist.

Bekanntlich werden die Oxyhalogenverbindungen, zum Beispiel die Oxychloride von Wolfram, durch Wasserstoff bei Rotglut und Wasser reduziert. Bringt man demnach einen glühenden Metall- oder Kohlefaden in eine Atmosphäre von Wolframoxy-chloriddampf und überschüssigem Wasserstoff, so schlägt sich das reduzierte Wolfram metallisch auf den Kohle- oder Metallfaden nieder. Es ergibt sich so ein Glühkörper, der aus einer Seele von Metall oder Kohle und aus einer Hülle von Wolfram besteht.

Sorgfältig angestellte Versuche haben nun ergeben, daß die Reaktion unter gewissen Umständen ganz anders verlaufen kann. Setzt man nämlich einen Kohlefaden in dem Dampfe von Wolframoxychloriden bei Gegenwart von nur sehr wenig Wasserstoff mittels hindurchgeschickten Stromes einer hohen Temperatur aus, so findet ein höchst merkwürdiger Vorgang statt. Der Kohlefaden wird nach und nach vollkommen in einen Faden von reinem Wolfram verwandelt, ein Prozeß, der in analoger Weise bereits zur Herstellung von Osmiumfäden durch Glühen von Kohlefäden in einer Atmosphäre von Osmiumtetroxyd benutzt worden ist. Der Kohlenstoff verbindet sich im vorliegenden Falle mit dem Sauerstoff des Oxychlorides zu Kohlenoxyd oder Kohlensäure, das Chlor dagegen mit dem Wasserstoff zu Chlorwasserstoffsäure, während das Wolfram sich an Stelle der Kohle niederschlägt im Sinne der folgenden Gleichungen:

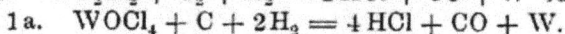

$$1. \quad WO_2Cl_2 + C_2 + H_2 = 2\,HCl + CO + W \text{ oder}$$
$$1a. \quad WOCl_4 + C + 2\,H_2 = 4\,HCl + CO + W.$$

Ist einmal die Kohle vollkommen durch Wolfram ersetzt, so verstärkt man zweckmäßig den Wasserstoffstrom, und das Wolfram schlägt sich jetzt auf den gebildeten Wolframfaden, denselben

---

[1]) D. R. P. Nr. 154262 vom 15. April 1903 (Stammpatent).

verstärkend und ausgleichend, nieder. Die für diesen Prozeß
geltenden Gleichungen sind folgende:

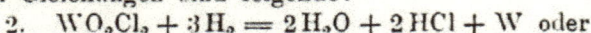

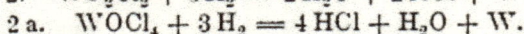

$$2. \quad WO_2Cl_2 + 3\,H_2 = 2\,H_2O + 2\,HCl + W \quad \text{oder}$$
$$2\,a. \quad WOCl_4 + 3\,H_2 = 4\,HCl + H_2O + W.$$

Bedingung zum Zustandekommen jener Reaktionsvorgänge unter
1., bei welchen die Kohle durch Wolfram ersetzt wird, ist ein
Überschuß von Oxychlorid, das Vorhandensein von sehr wenig
freiem Wasserstoff und eine hohe Formiertemperatur des Kohlefadens. Bei genügend großem Überschuß von Wasserstoff und
geringerer Temperatur des Fadens verläuft die andere Reaktion
unter 2., bei welcher das Oxychlorid nur von Wasserstoff allein
reduziert wird. ohne daß der Kohlenstoff des Fadens in Reaktion tritt.

Um nun Wolframfäden nach der geschilderten Erfindung zu
erzeugen, verdampft man in einem geeigneten Gefäß, in welches
der Kohlefaden eingesetzt wird, Wolframoxychloride. während
Wasserstoff in sehr langsamem Strome durch das Gefäß geleitet
wird. Der Kohlefaden wird hierauf vermittels des elektrischen
Stromes in helle Rotglut versetzt, wobei der oben angeführte
Vorgang der Substitution der Kohle durch das Wolfram vor sich
geht. Ist die Kohle völlig aufgezehrt und durch metallisches
Wolfram ersetzt, so schlägt sich nun das Wolfram, vom Wasserstoff allein reduziert. auf den Faden nieder, was an dem plötzlich eintretenden und stetigen Fallen des Widerstandes erkannt
werden kann. Jetzt ist es an der Zeit, den Wasserstoffstrom zu
verstärken, um einen gleichmäßigen Niederschlag des Metalles
und eine Ausgleichung des elektrischen Widerstandes, den man
hier also nach Art der Präparierung der Kohlefäden beliebig
regulieren kann, zu erzielen.

Sorgfältige Untersuchungen haben nun ferner ergeben, daß
sich die Kohle von der darüberliegenden Metallhülle vollkommen
löst, wenn Kohlefäden, die mit einem entsprechend starken
Wolframüberzug versehen sind, der Einwirkung des elektrischen
Stromes bei hoher Temperatur ausgesetzt werden. Der Faden
erscheint dann als durch und durch homogen, so daß man an
der Bruchstelle auch unter dem Mikroskop keinerlei Kohleseele
erkennen kann. Dieser Prozeß kann jedoch nur dann vollkommen
verlaufen, wenn ein entsprechender Überschuß von Metall gegenüber der Kohle vorhanden ist. Bei den auf diese Art her-

gestellten Glühfäden, welche natürlich noch immer Kohlenstoff, wenn auch nicht in freier Form, enthalten, läßt sich nun die Kohle nach verschiedenen, zum Teil bekannten Verfahren austreiben, so daß ein Glühfaden resultiert, der praktisch aus reinem Wolfram besteht.

Zur Herstellung solcher Glühfäden verfährt man nach der Wolframlampen-Aktiengesellschaft[1]) in Augsburg am besten in folgender Weise:

Äusserst dünne Kohlefäden von einem Durchmesser von 0,02—0,06 mm werden in bekannter Weise in einer Atmosphäre von Chloriden von Wolfram, zum Beispiel Wolframhexachlorid (WCl_6), bei gleichzeitiger Anwesenheit von Wasserstoff oder anderen reduzierend wirkenden Gasen unter Strom gesetzt, wobei sich das Wolfram auf der Oberfläche der Kohle metallisch niederschlägt. Ist der Metallüberzug genügend dick geworden, was man an der durch ein Amperemeter angezeigten Stromstärke (bei Verwendung von Fäden von 0,04 mm Durchmesser etwa 1 Ampere) erkennt, so wird der Prozeß unterbrochen und der so erhaltene Faden am besten in folgender Weise weiter behandelt:

Man setzt den Faden in einer Atmosphäre von höchst verdünnten inerten Gasen, wie zum Beispiel Wasserstoff, unter dem Druck von 20 mm Quecksilbersäule unter Strom, und zwar so, daß der Faden in die hellste Weißglut kommt. In kurzer Zeit vollzieht sich dann der obenerwähnte Lösungsprozeß, wobei der innere Kohlekern vollständig verschwindet. Die so erhaltenen Fäden, welche den Kohlenstoff in gebundener Form (größtenteils als Karbidkohlenstoff) enthalten, haben ein glänzend weißes, metallisches Aussehen und sind durch und durch homogen. Aus diesen Fäden wird nun die Kohle auf eine der bekannten Arten eliminiert, zum Beispiel dadurch, daß der Kohlenstoff herausoxydiert wird von Wasserdämpfen, analog dem Wassergasprozeß. Die völlige Entfernung des Kohlenstoffes soll aber auch nach folgender Methode leicht gelingen:

Die karbidkohlenstoffhaltigen Metallfäden werden in einem feuerfesten Tiegel eingebettet, der die feinstpulverigen niederen Oxyde des Wolframs, zum Beispiel WO_2, enthält. Nach dem

---

[1]) D. R. P. 184379 vom 9. Juni 1905.

sorgfältigen Verkitten wird der Tiegel etwa 10—12 Stunden lang einer Temperatur von etwa 1600° C ausgesetzt. Bei diesem Glühprozeß wird der Kohlenstoff im Sinne folgender Gleichung herausoxydiert:

$$WO_2 + 2C = 2CO + W.$$

Nach dem Abkühlen können die vollständig entkohlten Wolframfäden ohne weiteres zu fertigen Glühlampen verarbeitet werden.

Bei der fabrikmäßigen Ausführung des Überziehens der Kohlefäden mit der Wolframschicht ist es jedoch nicht nur notwendig, einzelne homogene elastische Fäden erzeugen zu können, sondern man muß auch imstande sein, mehrere unter sich besonders hinsichtlich des elektrischen Widerstandes gleiche Fäden herzustellen. Es ist dies besonders wichtig, wenn es sich darum handelt, diese Fäden nach weiterer Verarbeitung zu reinen Metallfäden zur Konstruktion mehrfädiger Glühlampen zu verwenden.

Für diesen Fall hat es sich als vorteilhaft erwiesen, das zur Egalisierung reiner Kohlefäden bekannte Präparierverfahren in der Weise anzuwenden, daß so viel Kohlefäden nacheinander in Serienschaltung dem beschriebenen Überzugsprozeß unterworfen werden, als man später in der Lampe verwenden will. Da sich hierbei dünnere Fäden stärker erhitzen, bildet sich der Überzug auf ihnen schneller als an den gleichzeitig in Reihe geschalteten dickeren Fäden, und es entstehen daher Fäden von gleichem elektrischen Widerstand.

Bei Anwendung dieser Serienschaltung zeigt es sich also, daß das Überziehen der einzelnen in Serie geschalteten Fäden nicht mit der gleichen Geschwindigkeit vor sich geht, und daß dann jene Fäden, bei welchen das Überziehen mit der Wolframschicht zu langsam erfolgt, durch den Strom überlastet und unter Umständen zerstört werden können. Diese Erscheinung dürfte darauf zurückzuführen sein, daß der Wolframmetallüberzug, selbst wenn er noch schwach ist, den Kohlefaden vor dem Durchbrennen schützt, während unüberzogene Fäden der Gefahr des Durchbrennens ausgesetzt bleiben. Sollen nun unter Ausschaltung dieser Gefahr in einem Rezipienten drei oder mehr Kohlefäden gleichmäßig mit Wolframmetall überzogen werden, so wendet die Wolframlampen-Akt.-Ges.[1]) in Augsburg folgendes

---

[1]) D. R. P. Nr. 185906 vom 13. Februar 1906.

Verfahren an: Es wird jeder Faden für sich allein zuerst mit einer schwachen Wolframschicht versehen, worauf dann erst sämtliche Fäden in Serie geschaltet werden, um sie dem weiteren Überzugsprozeß im erwünschten Maße zu unterwerfen.

Eine andere Arbeitsmethode, mit welcher dasselbe Resultat erreicht wird, ist die nachstehende:

Man versieht zuerst einen Kohlefaden mit einem schwachen Überzug, schaltet sodann den zweiten Fall in Serie dazu und überzieht ihn auf diese Weise gleichfalls mit einem Überzug. Hierauf wird in gleicher Weise der dritte Faden usf. in Serie hinzugeschaltet, bis sämtliche im Rezipienten befindlichen Fäden mit einer leichten Wolframschicht bedeckt sind. Dann erst wird der notwendige Niederschlagsprozeß zu Ende geführt.

Ein zur Ausführung dieser Methode notwendiger Apparat, auch Sublimierapparat genannt, ist in Fig. 147 schematisch und in Fig. 148 in Ansicht und betriebsfertig für zwei Rezipienten dargestellt. Der Apparat wurde von der Firma Johannes Prigge in München gebaut und diente zur Präparierung von drei Fäden im selben Rezipienten.

5 bedeutet den Glasrezipienten von ca. $^3/_4$ Liter Inhalt, in dem sich eine genügend große Menge Wolframhexachlorid befindet, das mit Hilfe des Bunsenbrenners 13 zur Verdampfung gebracht wird. Der Rezipient wird durch den Rezipiententeller 1 unter Zwischenschaltung der Gummidichtung 2 gut abgedichtet. Der Teller 1 selbst trägt außer den Elektroden 6, 7, 8 und 9 mit den Fadenklemmen auch die Saugleitung 3, durch welche mittels einer guten Vakuumpumpe und des Dreiweghahnes 4 eine hohe Luftleere hergestellt werden kann. Nach Beendigung der Prozedur wird durch einen zweiten Stutzen des Hahnes 4 Luft in die Glocke 5 gelassen, so daß sich der Rezipiententeller leicht abnehmen läßt.

Die Fadenklemmen sind hintereinander geschaltet und tragen die zu behandelnden Kohlefäden 10, 11 und 12. Für sehr dünne Fäden wird eine Spannung von 500 Volt gewählt, die durch den Regulierwiderstand 14 verändert werden kann. 15 ist der Schalter zum Nacheinanderschalten der einzelnen Fäden, während 16 und 17 Volt- und Amperemeter sind, um den Vorgang genau beobachten und schließlich unterbrechen zu können. Der Apparat kann auch so eingerichtet sein, daß während der Sublimierung ein geeigneter Strom Wasserstoff unter starker Druckverminderung durch ihn strömt.

Ist nun die Luft vollkommen aus dem Rezipienten entfernt worden, so wird durch Erhitzen auf etwa 250° C das Hexachlorid zur Verdampfung gebracht. Mit Hilfe des Stufenschalters *15* wird nun, da der Anfangswiderstand der dünnen Kohlefäden ein

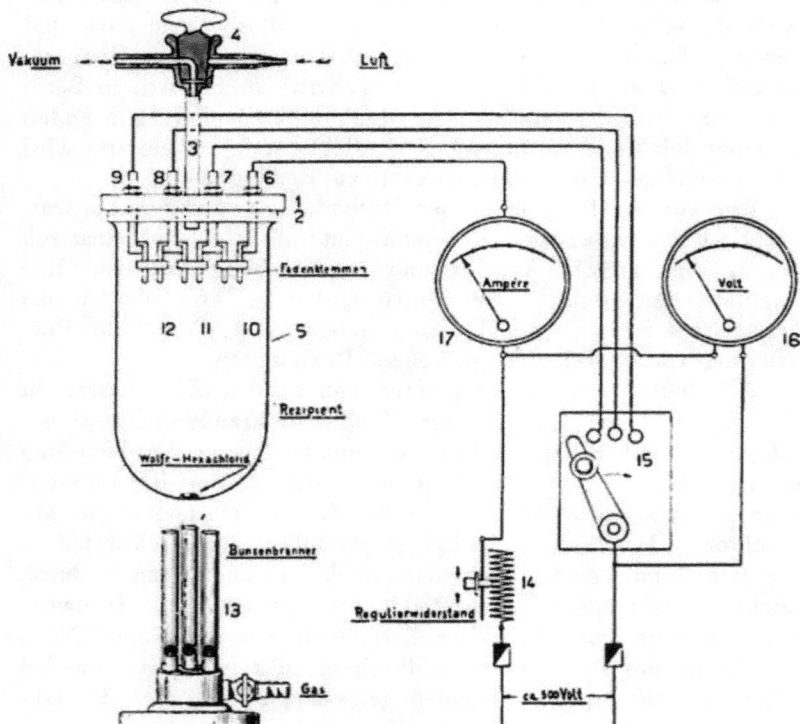

Fig. 147.

sehr hoher ist und die Zerstörung der anderen Fäden vermieden werden soll, zunächst der Faden *10* zum Glühen gebracht. Das Niederschlagen des abgesonderten Wolframmetalles auf der Oberfläche des Kohlefadens beginnt nun. Sobald eine empirisch ermittelte geeignete Stromstärke bei einer gewissen Spannung an den Instrumenten ablesbar ist, wird der Faden *11* mit Faden *10* in Serie geschaltet.

Der Faden *10*, welcher bereits mit einer Schicht Wolfram überzogen ist, besitzt einen geringeren Widerstand als der Faden *11*, so daß demnach letzterer heller glüht als ersterer und sich deshalb schneller mit Wolfram bedeckt. Nach einer gewissen Zeit ist ein Ausgleich des Widerstandes eingetreten, worauf jetzt Faden *12* in Serie zugeschaltet wird. Der Niederschlagvorgang wiederholt sich nun nochmals und wird so weit getrieben, bis alle drei Fäden den gewünschten und annähernd gleichen Wolframüberzug besitzen. Während des ganzen Vorganges saugt die Vakuumpumpe ununterbrochen die verbrauchten Gase ab.

Die erhaltenen Fäden bestehen nun aus einem Kohlekern und dem dichten Überzug von Wolfram. Der Kohlekern wird nun mit einer der beschriebenen Formier- und Glühmethoden entfernt, bis die Fäden praktisch kohlenstofffrei sind.

Es hat sich nun nach dem Verfahren der Wolframlampen-Akt.-Ges.[1]) in Augsburg als vorteilhaft erwiesen, anstatt Fäden aus reiner Kohle diesem Umwandlungsprozeß zu unterwerfen, solche zu verwenden, die bereits Wolfram enthalten, die also aus einem Gemisch von Wolfram und Kohlenstoff bestehen. Werden solche Fäden dem beschriebenen Substitutionsverfahren unterworfen, so geht die Umwandlung der Kohle in Wolfram naturgemäß in viel kürzerer Zeit und

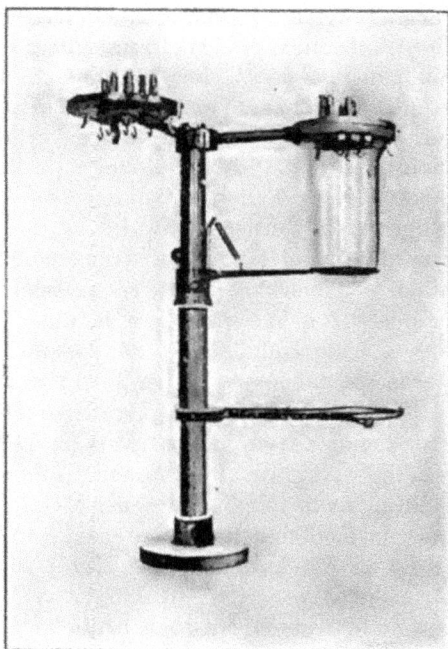

Fig. 148.

---

[1]) D. R. P. Nr. 182766 vom 1. November 1904.

glatter vonstatten als bei Anwendung reiner Kohlefäden. Der
Grund liegt vor allem darin, daß sich die kompakte feste Kohle
der reinen Kohlefäden viel schwerer durch Wolfram ersetzen
läßt als die feinen von Wolfram umhüllten Kohlepartikelchen
der angedeuteten Mischfäden.

Zwecks Herstellung solcher wolframhaltiger Kohlefäden mengt
man fein verteiltes Wolframmetall oder irgendeine Wolframverbindung, die durch Kohle leicht zu Metall reduziert wird, wie
die Wolframoxyde, Wolframsulfide usw., mit einem organischen
Bindemittel, wie Chlorzinkzellulose, Kollodium usw., preßt dann
in gewöhnlicher Weise die Fäden, die darauf, eventuell nach
vorangegangener Denitrierung, verkohlt werden (siehe darüber
auch Weber, Kohleglühfäden, S. 30 ff.). Was den Wolfram-
gehalt dieser Fäden anbelangt, so soll das Mischungsverhältnis
so gewählt werden, daß im fertigen Faden stets noch genug
Kohle vorhanden ist, um demselben die nötige Festigkeit zu verleihen. So erhält man beispielsweise brauchbare Fäden, wenn
man 2—10 g Wolframsäure in eine Lösung von 10 g Zellulose in
260 g Chlorzinklösung von spezifischem Gewicht 1,83 einträgt,
dieses Gemenge zu Fäden formt und bei Luftabschluß glüht.

Ferner hat es sich herausgestellt, daß man in den Fällen,
wo es sich darum handelt, äußert dünne Metallfäden herzustellen,
genötigt ist, nicht nur sehr dünne Kohlefäden anzuwenden,
sondern auch möglichst wenig Metall auf die reinen oder wolframhaltigen Kohlefäden niederzuschlagen. Unter diesen Bedingungen
geht nun die Aufnahme der Kohle in dem sie umgebenden Metall
nur schwer vor sich, so daß es vorkommen kann, daß im Innern
des Fadens noch Reste schädlicher Kohle verbleiben.

In solchen Fällen hat es sich als vorteilhaft erwiesen, das
Verfahren derart auszugestalten, daß der Aufnahme- und Ent-
kohlungsprozeß gewissermaßen vereinigt wird. Zu diesem Zweck
verwendet die Wolframlampen-Akt.-Ges. [1] in Augsburg
als inertes Gas Wasserstoff, das weder auf Wolframmetall noch
auf Kohlenstoff chemisch einwirken kann. Dem Wasserstoff
setzt man geringe Mengen oxydierender Gase, zum Beispiel
Wasserdampf, hinzu, damit sich die Entkohlung in bekannter
Weise nach Analogie des Wassergasprozesses vollziehen kann.

[1] D. R. P. Nr. 193221 vom 9. Februar 1906.

In diesem Gasgemisch werden nun die mit Wolfram über- zogenen Fäden durch den elektrischen Strom zum Glühen ge- bracht, wobei sich folgende Vorgänge abspielen dürften: Gleich nach dem Einschalten des Stromes wird ein Teil der Kohlen- seele von dem sie umgebenden Metall bis zum Sättigungsgrad aufgenommen, während der Rest des Kohlenstoffes noch teilweise im freien Zustand im Kern verbleibt. Im nächsten Augenblick schon tritt aber an der Oberfläche des Fadens die vom Metall aufgenommene Kohle mit dem oxydierenden Bestandteil des Gas- gemisches in Reaktion und wird als Kohlenoxyd in gasförmigen Zustand übergeführt.

Die auf diese Art von Kohlenstoff befreite Oberfläche des Metalles nimmt nun sofort aus dem Innern wieder Kohlenstoff auf, der nun in der angedeuteten Weise ebenfalls entfernt wird. Diese Vorgänge spielen sich rasch aufeinander folgend so lange ab, bis der letzte Rest von Kohlenstoff auf diese Art eliminiert worden ist.

So elegant und einfach dieses Verfahren aussieht, so gibt es hierbei doch eine Anzahl von Schwierigkeiten zu überwinden, so daß das Verfahren unter Umständen sehr kostspielig werden kann. Die auftretenden Säure- und Chlordämpfe zerstören sehr leicht und rasch die gesamte Apparatur, speziell die teuren Vakuumpumpen. Besondere Schwierigkeiten bietet auch die Aufrechterhaltung der Isolation des elektrischen Teiles der An- lage, ebenso die notwendige Ventilation und die Instandhaltung der Arbeitsräume.

Bei dem heutigen Verkaufspreis der Metallfadenlampen ist dieses Verfahren nicht mehr imstande, mit den anderen Ver- fahren konkurrieren zu können, so daß es wohl kaum mehr in Anwendung sein dürfte.

4. Andere Herstellungsverfahren, Zusätze zum Wolframmetall.

Es ist nun eine große Reihe von Verfahren zur Herstellung von Wolframglühkörpern patentiert worden, die zum Teil den bisher beschriebenen in mancher Hinsicht ähneln, zum Teil jedoch andere Arbeitsweisen erfordern. Aus der Fülle der bestehenden Verfahren und Patente, die teilweise auch aus patentrechtlichen Gründen ausgearbeitet worden sind, kann hier nur eine kleine

Auslese geboten werden, welche die hauptsächlichsten Gedanken charakterisieren soll.

So hat zum Beispiel das Bestreben, jede Spur von Kohlenstoff im Faden zu vermeiden, Verfahren gezeitigt, bei denen die bekannten organischen Bindemittel durch zweckmäßige anorganische ersetzt worden sind. Ferner sind eine Anzahl von Methoden bekannt geworden, die als Grundkörper nicht das reine Wolframmetall, sondern bestimmte Wolframverbindungen bevorzugen. Eine große Rolle spielen auch Zusätze zum Wolframmetall, die nicht allein den geringen Widerstand der fertigen Fäden bedeutend erhöhen sollen, um so die Fadenlänge in der Lampe verringern zu können, sondern vor allen Dingen auch die Festigkeit und Elastizität der sehr empfindlichen Fäden.

Ganz ohne Bindemittel auszukommen glaubt die Westinghouse Metal Filament Lamp Company Ltd.[1]) in London, indem sie feinstes Wolframpulver, zum Beispiel nach dem Délépineschen Verfahren hergestellt, zuerst mit Salz- und Salpetersäure auskocht, hierauf auswäscht und bis zur teigartigen Konsistenz einengt. Die erhaltene schwarze Paste soll sich ohne weiteres zu Fäden auspressen lassen. Jedenfalls muß bei der Preßarbeit mit großer Vorsicht vorgegangen werden, da sich sonst, ähnlich wie bei dem Kuzelschen Kolloidverfahren, das Wasser vorher abpreßt und das Metall als komprimierte steinharte Masse im Preßzylinder verbleibt.

Nach dem Patent der Wolframlampen-Akt.-Ges.[2]) in Augsburg wird Wolframmetallpulver mit feinst pulverisiertem Schwefel vermengt. Diese Masse wird hierauf nach Zusatz von etwas Schwefelkohlenstoff oder eines anderen geeigneten Lösungsmittels verrieben, bis sie genügende Plastizität besitzt und sich zu Fäden auspressen läßt. Diese werden nun in einem Wasserstoffstrom hoch erhitzt, wobei einerseits intermediär die Überführung des Metalles in das Sulfid stattfindet, welches jedoch sofort wieder von dem Wasserstoff zu reinem Metall reduziert wird.

In dem Schwefelammon hat Johannes Schilling[3]) in

---

[1]) D. R. P.-Anmeldung Kl. 21 f, W. 27972 vom 7. Mai 1908.
[2]) D. R. P. Nr. 185585 vom 9. Juni 1905.
[3]) D. R. P. Nr 223498 vom 14. Juli 1906.

Berlin-Grunewald ein geeignetes anorganisches Bindemittel gefunden. Das feine Metallpulver wird mit einer Lösung von Schwefelammon zu einer plastischen Masse verarbeitet, bis die Paste sich pressen läßt. Die Fäden sind ohne weiteres stromleitend. Bei der nachfolgenden Formierung verdampft das Schwefelammon, wobei nur ganz geringe unschädliche Mengen von Sulfiden gebildet werden.

Johannes Schilling in Berlin-Grunewald fand nun, daß bei der Pastierung mit Schwefelammon das Ammoniak das wirksame Agens ist, und daß es bei Anwendung von Ammoniakflüssigkeit allein ebenfalls gelingt, das fein verteilte Wolframmetall in eine plastische, spritzbare Masse umzuwandeln. Das Verfahren wird derart ausgeführt, daß das Metallpulver mit geringen Quantitäten einer Ammoniaklösung gemischt und in geeigneter Weise durchgeknetet wird. Dieses Verfahren kann auch in der Weise ausgeübt werden, daß das mehr oder weniger trockene Metall in geschlossenen Gefäßen dem Dampf von Ammoniak ausgesetzt wird. Derartig behandelte Metalle befördern die Plastizität der gekneteten Massen.

Das Verfahren von Wilhelm Heinrich[2]) in Charlottenburg ist schon früher (S. 145) teilweise geschildert worden. 15 g reines amorphes Metallpulver werden mit 3 g der beschriebenen Phosphorschwefelpaste in inniger Weise verrieben. Es entsteht dann ein elastischer gummiartiger Körper, der sich leicht zu den dünnsten Fäden auspressen läßt. Die erhaltenen Fäden werden vorsichtig im Vakuum erhitzt, wobei bei einer Temperatur von 400—500 °C die größte Menge des angewendeten Bindemittels abdestilliert. Ein geringer Teil bleibt im Faden zurück und bildet dort eine Metallphosphid- und Metallsulfidverbindung, die bei höherer Erhitzung zerlegt werden, wobei eine energische Verkittung der einzelnen Metallteilchen eintritt. Die resultierenden Fäden enthalten dann nur noch Spuren von Phosphor und Schwefel.

Eine gut preßbare Masse kann man auch nach den Versuchen des Verfassers erzielen, wenn frisch reduziertes Wolframmetall in feinster Pulverform, nach dem Auskochen mit Salzsäure

---

[1]) D. R. P. Nr. 236554 vom 30. Dez. 1909.
[2]) D. R. P. Nr. 214493 vom 21. Januar 1909.

und Auswaschen mit destilliertem Wasser, mit Alkohol angefeuchtet und auf dem Wasserbad eingeengt wird. Zusätze von gewissen leicht ohne Rückstand verdampfbaren Ölen und Harzen begünstigen die Bildung der teigartigen Paste.

Auch geeignete Lösungen von Wolframverbindungen, die sich bei der Reduktion zu Metall zu verwandeln vermögen, sind als Bindemittel mehrfach in Anwendung gekommen. So beruht die Methode von Johann Lux[1]) in Wien auf der Verwendung der Metawolframsäure oder kolloidaler Wolframsäure als Bindemittel. Die kolloidale Wolframsäure ($H_2W_3O_{10}$), die zuerst von Graham mittels Dialyse aus Natriumwolframat und Salzsäure dargestellt worden ist, eignet sich ganz besonders, da sie bekanntlich mit wenig Wasser eine zähe, klebrige Flüssigkeit bildet.

Weitere Versuche haben dann ergeben, daß in gleicher Weise auch konzentrierte Lösungen der Metawolframsäure ($H_2W_4O_{13}$), die am besten nach der Scheibler schen oder Sabanejeff schen Methode dargestellt wird, eine genügende Bindekraft besitzen und so unter Umständen die Lösung der kolloidalen Wolframsäure ersetzen können.

Auch die Wolframlampen-Akt.-Ges.[2]) in Augsburg benutzt die Metawolframsäure als Bindemittel. Eine Lösung von normalem Ammoniumwolframat wird sehr lange, unter fortwährendem Ersatz des verdampften Wassers, gekocht, wobei es in das Metawolframat übergeht. Man kann auch das trockene Salz längere Zeit bei 250—300° C erhitzen, wobei Ammoniak entweicht. Der verbleibende Rückstand liefert mit Wasser eine Lösung von Ammonmetawolframat, welche sich bis zur Sirupdicke eindampfen läßt. Eine geeignete Menge des Wolframpulvers wird nun mit diesem Klebestoff zur Paste verarbeitet.

Die gleiche Gesellschaft[3]) wendet auch zur Erzielung preßfähiger Wolframpasten Verbindungen dieses Metalles an, die mit Wasser oder anderen ohne Rückstand verdampfbaren Flüssigkeiten direkt plastische Massen ergeben. So sollen sich hierzu besonders die Halogenverbindungen und bestimmte Wolframsulfide eignen.

---

[1]) D. R. P. Nr. 200938 vom 16. Juni 1905.
[2]) D. R. P. Nr. 231492 vom 20. Mai 1906.
[3]) D. R. P. Nr. 185585 vom 9. Juni 1905.

Ein absolut kohlenstofffreier Glühfaden aus Wolfram soll nach Wilhelm Majert[1]) in Charlottenburg in folgender Weise erzeugt werden können. Das Verfahren beruht darauf, daß man das fein verteilte Metall mit dickem, fadenziehendem Wolframsäureglyzerinester zu einer Paste verarbeitet, aus ihr Fäden preßt und diese dann in bekannter Weise weiterverarbeitet.

Der dicke zähe Sirup, den die Glyzerinwolframsäure (1 Molekül Wolframsäure und $1^1/_2$—2 Moleküle Glyzerin) bildet, zieht an der Luft kein Wasser an. Die aus ihr gebildete Wolframpaste läßt sich nach Angabe des Erfinders selbst durch feinste Steinbohrungen von 0,04 mm Durchmesser pressen. Durch Erhitzen der Fäden im Glühofen wird zunächst $^1/_2$—1 Molekül Glyzerin abgespalten, wobei sich keine Spur Akrolein bildet. Bei Steigerung der Temperatur auf helle Rotglut resultieren kohlenstofffreie feste und dichte, den Strom gut leitende Fäden aus reinem Wolframmetall.

Statt die fertiggebildeten Ester zur Pastebildung zu verwenden, kann man auch deren Bildung in der Paste selbst bewirken. Zu diesem Zweck erhitzt man den dicken Brei, erhalten aus 100 Teilen Wolframpulver, 15—20 Teilen fein gepulverter Wolframsäure und 15—30 Teilen Glyzerin D_{15} 1,26, verdünnt mit 15—30 Teilen Wasser, so lange im Ölbad auf etwa 200° C, bis eine entnommene Probe nach dem Erkalten die gewünschten plastischen Eigenschaften besitzt. Der Wasserzusatz hat den Zweck, eine innige und gleichmäßige Durchtränkung zu erzielen, kann jedoch auch unterbleiben.

Auch rein metallische Bindemittel, die nach Erzielung einer preßfähigen Paste durch Verdampfung entfernt werden können, sind zur Herstellung kohlenstofffreier Wolframfäden nutzbar zu machen versucht worden. So wendet unter anderem W. D. Coolidge[2]) ein Amalgam von Kadmium und Blei, eventuell unter Zusatz von Wismut, als Bindeagens an. Die brauchbarste Legierung entspricht etwa folgender Zusammensetzung: 42 Teile Kadmium, 53 Teile Quecksilber, $2^1/_2$ Teile Blei und $2^1/_2$ Teile Wismut. In dieses Amalgam werden 30—50 Teile feines

---

[1]) D. R. P. Nr. 223102 vom 10. Nov. 1908.
[2]) Brit. Patent Nr. 16534 vom 7. August 1907.

Wolframmetallpulver eingearbeitet, bei 100—150° C zu Fäden
gepreßt und bei der nachfolgenden elektrischen Erhitzung das
metallische Amalgam restlos entfernt.

Ein ähnliches Verfahren ist auch Johann Lux[1]) in Wien
patentiert worden, der bei Anwendung eines Kadmiumamalgams
nicht nur das reine Wolframmetall, sondern auch bestimmte
Wolframoxyde und Sulfide zur preßfähigen Paste verarbeitet.

Einen ziemlich identischen Weg beschreitet die British
Thomson Houston Company[2]). Feines Wolframmetallpulver wird mit einer geeigneten Menge von Kupferoxyd gemischt
und hierauf mit Hilfe des vorerwähnten Kadmiumamalgams zu
einer preßfähigen Paste verarbeitet. Bei 300° C im Vakuum
wird dann aus den gepreßten Fäden zuerst sämtliches Quecksilber und ein Teil des Kadmiums abdestilliert. Der verbleibende
Teil des Kadmiums wird durch Reaktion mit dem Kupferoxyd
in Kadmiumoxyd übergeführt, welches dann bei Steigerung der
Formiertemperatur zuerst die verbleibenden Metalle aufsaugt
und schließlich zur völligen Verdampfung gelangen läßt. Als
letzter Körper bei höchster Temperatur verdampft dann endlich
das Kupfer, so daß ein reiner Metallfaden resultiert.

Außer diesen Methoden, die aus den reinen Wolframmetallen
zu kohlenstofffreien Glühfäden gelangen sollen, gibt es ferner
eine große Anzahl von Verfahren, welche die Verwendung geeigneter Wolframverbindungen bevorzugen. Ganz besonders sind
hierzu die Oxyde des Wolframs in Vorschlag gekommen, die
entweder durch abgestimmte Mengen des bei höchster Temperatur
abgeschiedenen Kohlenstoffes bei Anwendung organischer Bindemittel völlig zu Metall reduziert werden oder auch ohne Anwendung organischer Bindemittel mit Hilfe von reduzierenden
Gasen zu reinen Metallfäden führen sollen.

So seien zum Beispiel hier die Johann Luxschen[3]) Patente
erwähnt, nach welchen man die Trioxyde oder Säurehydrate des
Wolframs mit überschüssiger Ammoniakflüssigkeit bis zur Bildung

---

[1]) D. R. P. Nr. 193920 vom 12. Sept. 1905 und Nr. 194894 vom
13. April 1906.

[2]) Brit. Patent Nr. 25557 vom 26. Nov. 1908.

[3]) D. R. P. Nr. 210325 vom 12. Sept. 1905 und Nr. 212104 vom
11. Februar 1906.

einer zähen preßfähigen Masse verreibt und die erzeugten Fäden im Vakuum oder unter Luftabschluß glüht.

Eine auch bemerkenswerte Methode stammt von E. Goossens Pope & Co.[1]) in Venloo (Holland). Eine Lösung von Natrium-wolframat wird mit 8% Gallussäure versetzt und mit Salzsäure gefällt. Der Niederschlag, der aus einem Gemisch von niederen Oxyden des Wolframs und geringen Mengen von Pyrogallol besteht, wird zunächst ausgewaschen, zum Schluß mit einem Gemisch von gleichen Teilen Wasser. und 96%igem Alkohol, bis die letzten Spuren der Natriumsalze entfernt sind. Die erhaltene schwarze, glänzende Paste läßt sich nun zu Fäden pressen, welche unter Luftabschluß im Kohlensäurestrom auf etwa 600° C erhitzt und schließlich bei hoher Temperatur formiert werden. Die resultierenden Fäden sollen höchstens 0,06% Kohle enthalten.

Eine Paste aus Wolframsäure und Buthylamin oder Methyl-äthylamin soll sich nach Johann Lux[2]) in Wien ebenfalls zur Herstellung brauchbarer Metallfäden eignen, während ein bestimmtes Gemisch von Benzidinwolframat mit Wolframoxyd und organischen Bindemitteln nach Ermittelung des gleichen Erfinders[3]) unter gewissen Bedingungen zu kohlenstoffarmen Wolframfäden führt.

Das Wolframdioxyd (WO$_2$), welches auf S. 108 näher beschrieben wurde, ist verschiedentlich auch als Ausgangs-produkt für Glühfäden vorgeschlagen worden. Unter anderem stellt Johann Lux[4]) in Wien aus dem braunen Dioxyd mit Hilfe einer ammoniakalischen Kaseinlösung, Hausenblaselösung, Lävulose usw., deren Maximalkohlenstoffgehalt durch den Sauer-stoff des Oxydes vollständig in Kohlenoxyd oder Kohlensäure übergeführt werden kann, eine plastische Masse her, die zu Fäden ausgepreßt werden kann. Die Weiterverarbeitung der Fäden geschieht dann in bekannter Weise.

Einen analogen Weg der Verwendung des braunen Wolfram-dioxydes schlägt die British Thomson Houston Company[5]) (General Electric Company) in London ein.

[1]) D. R. P. Nr. 207163 vom 19. Mai 1907.
[2]) D. R. P. Nr. 212962 vom 12. Dez. 1905.
[3]) D. R. P. Nr. 196329 vom 16. Juni 1905.
[4]) D. R. P. Nr. 216903 vom 16. Juni 1905.
[5]) Brit. Patent Nr. 5821 vom 10. März 1909.

Eine Beschleunigung der Reduktion des Wolframoxydes durch den Kohlenstoff des organischen Bindemittels kann nach Johann Lux[1]) in Wien erreicht werden, wenn der Paste kleine Mengen von Aluminium oder Magnesium zugesetzt werden.

Auch die Wolframate bestimmter Metalle sind zur direkten Erzeugung reiner Wolframglühfäden nutzbar gemacht worden. Besonders eignen sich nach dem Verfahren der Siemens- & Halske-Akt.-Ges.[2]) in Berlin diejenigen Wolframate, deren Metallbestandteile schon bei niedriger Temperatur im Wasserstoffstrom reduziert werden und elektrisch zu leiten beginnen, wie zum Beispiel das Kupfer-, Silber- und Aluminiumwolframat.

Zu erwähnen ist ferner noch, daß außer dem reinen Wolfram oder dessen Oxyden auch andere Wolframverbindungen als Ausgangsprodukte zur Darstellung von Glühfäden dienen. So sind unter anderem Wolframwasserstoff und Wolframstickstoff für diesen Zweck besonders benutzt worden. Ich erwähne hier nur das bekannte Hollefreundsche Verfahren und die Methode der British Thomson Houston Company[3]).

Ebenso hat der Verfasser[4]) gefunden, daß genau abgestimmte Mengen von Wolframnitriden im Wolfram die Festigkeit der Fäden ganz bedeutend erhöhen kann, während zu große Mengen von Nitriden hingegen die umgekehrte Wirkung zeitigen. Besondere andere Zusätze können außerdem den gewollten Effekt bedeutend erhöhen.

Besondere Vorteile als Fädenmaterial soll nach dem Verfahren von Isidor Kitsée[5]) in Philadelphia das Wolframphosphid bieten, da bei geeigneter Verarbeitungsmethode ein sehr poröser Metallfaden resultiert, der einen im Verhältnis zum gewöhnlichen Wolframfaden erheblich vergrößerten spezifischen Widerstand besitzen soll. Eine erhebliche Verkürzung der Fadenlänge für eine bestimmte Spannung bei gleichem Querschnitt des Fadens soll so eintreten.

Auch das Schwefelwolfram ist in ähnlicher Weise benutzt

---

[1]) D. R. P. Nr. 188509 vom 12. Sept. 1905.
[2]) D. R. P. Nr. 201283 vom 20. Mai 1906.
[3]) Brit. Patent Nr. 11409 vom 16. Mai 1906.
[4]) D. R. P.-Anmeldung Kl. 40a, W. 39184 VI vom 27. Febr. 1912.
[5]) D. R. P. Nr. 236710 vom 12. Mai 1910.

worden, ferner organische Wolframverbindungen, wie das Wolframpyridin und das Wolframchinolin.

Mannigfaltig sind endlich die Verfahren, bei denen durch Zusätze anderer Metalle und Metalloide oder chemischer Verbindungen zu dem Wolframmetall gewisse Effekte, ganz besonders die Erhöhung der Festigkeit und des spezifischen Widerstandes, erzielt werden sollen.

Erwähnenswert ist, daß auch hier das Bor und Silizium als Zusatz in Betracht kommen, so zum Beispiel das erstere nach Rudolf Pörschke & Arnold Rahtjen[1]) in Hamburg in Gestalt von Borstickstoff.

Silizium oder Kieselsäure als Zusatz benutzt ferner R. Jahoda, S. von Löti & R. Latzko[2]), um eine erhöhte Elastizität der formierten Fäden hervorzurufen.

Eine innige Verbindung oder Verkittung der einzelnen Wolframmetallpartikel beim Formieren wird unter Umständen dann hervorgerufen, wenn den Fäden Körper zugesetzt werden, die leichter als Wolfram schmelzen, und die bei einer bestimmten Formiertemperatur intermediäre Legierungen bilden. So wirken nach C. Heinrich Weber[3]) in Berlin kleine Mengen von Tellur und Selen in der angegebenen Weise.

In hervorragender Weise sind ferner die hochschmelzenden Metalle, wie Titan, Uran, Thorium, Zirkon oder deren Oxyde als Beimengungen verwendet worden, von denen man sich ganz besondere Vorteile versprach, die zum Teil auch tatsächlich eingetreten sind. Nach den früheren Ausführungen des Verfassers ist reines kohlenstofffreies Wolfram bei den höchsten erreichbaren Formiertemperaturen unschmelzbar. Dieser Annahme liegen auch die Versuche von Schuchardt & Stavenhagen zugrunde. Da nun das Sintern im allgemeinen als der Zustand bezeichnet werden muß, bei dem die Wolframteilchen zwar nicht geschmolzen, jedoch so weit erweicht sind, daß ein gewisses Ineinanderschieben und Zusammenbacken der Moleküle eintritt, der also die Vorstufe des Schmelzens bildet, so ist es von großem Vorteil, dem Wolfram Körper beizumengen, die dieses Sintern begünstigen.

---

[1]) D. R. P. Nr. 235216.
[2]) Brit. Patent Nr. 18053 vom 3. August 1907.
[3]) Brit. Patent Nr. 18808 vom 16. August 1909.

Zu diesem Zweck sollen sich nach der Erfindung der Wolframlampen-Akt.-Ges.[1]) in Augsburg besonders die schwerschmelzbaren Metalle, wie Chrom, Vanadin, Niob, Tantal. Osmium.
Ruthenium, Zirkon und Thorium oder deren Oxyde eignen.

Die seltenen Erdoxyde, als Beimischungen zum Wolframmetall zur Erhöhung der Festigkeit der erzeugten Fäden sind
weiter auch von dem Konsortium für elektrochemische
Industrie G. m. b. H.[2]) in Nürnberg vorgeschlagen worden.
Besonders geeignet sollen Zirkonoxyd, Thoroxyd und die Itter-
erden sein. Es hat sich gezeigt, daß derartige Glühfäden besonders bei Lampen, die mit Wechselstrom gespeist werden,
große Widerstandsfähigkeit gegen vorzeitige Zerstörung aufweisen.

Nach dem Patent der Allgemeinen Elektrizitäts-
Ges.[3]) in Berlin zeigen Wolframfäden, die einen Gehalt von
5—40 % der Oxyde von Itterbium, Ittrium, Erbium oder Gado-
linium aufweisen, gute Eigenschaften für den Gebrauch in
Vakuumlampen, während ein Zusatz von Zirkon, Thor- oder Ceroxyd nicht brauchbar sein soll. Diese Erscheinung soll auf der
Beobachtung beruhen, daß die zuerst genannten Oxyde sich auch
bei höchster Weißglut nicht zersetzen und deshalb keine Dampftension aufweisen.

Einem begrenzten Zusatz von Thoroxyd werden mit Recht
besondere, die Festigkeit der Wolframfäden erhöhende Eigenschaften zugeschrieben. Nach dem Verfahren der Wolframlampen-Akt.-Ges.[4]) in Augsburg darf jedoch der Gehalt
an reinem Thoroxyd nicht mehr als 10 % des angewendeten
Wolframs betragen.

Das Thoroxyd dient auch in neuerer Zeit zur Darstellung
einer der bekannten Arten der sogenannten „knickbaren"
Wolframfäden. Um die gleichmäßigsten Resultate zu erzielen,
empfiehlt es sich, dieses Oxyd vor der Reduktion zum Metall
der Wolframsäure in Gestalt von Salzlösungen zuzugeben, deren
Salze bei der Reduktionstemperatur in das Thoroxyd umgewandelt
werden. Besonders gern angewendet werden das Thornitrat und

---

[1]) D. R. P. Nr. 200300 vom 6. August 1905.
[2]) D. R. P. Nr. 187083 vom 21. Juni 1905.
[3]) Brit. Patent Nr. 8841 vom 17. April 1906.
[4]) Brit. Patent Nr. 8421 vom 13. Mai 1907.

das Thoroxalat. Gewisse geringe Beimischungen der entsprechenden Cersalze erhöhen unter Umständen die Knickbarkeit und Zugfestigkeit der resultierenden Fäden.

Neuere Untersuchungen haben ergeben, daß das im Faden fein verteilte Thoroxyd bei der höchsten Weißglut während der Formierung, zum größten Teil wenigstens, zum Thormetall reduziert wird, daß demnach im formierten Faden eine Wolfram-Thorlegierung vorliegt. Besonders haben hierbei sorgfältige chemische Analysen und Mikroschliffe von formierten Fäden Aufschluß darüber gegeben.

Interessant auf dem Gebiete dieser knickbaren und duktilen gepreßten Drähte sind die Untersuchungen, die Arthur Müller[1]) in Charlottenburg veröffentlicht hat. Müller hat außer anderen[2]) gefunden, daß die seit einiger Zeit auf dem Markt befindlichen, mit den gezogenen Wolframdrähten ausgerüsteten Lampen nur sehr kurze Zeit ihre anfängliche Festigkeit behalten, daß die gezogenen Wolframdrähte demnach nur vorübergehend den ursprünglichen dehnbaren Zustand besitzen.

Ein ganz anderes Verhalten zeigen dagegen die duktilen gepreßten Drähte, die in der Weise hergestellt worden sind, daß das reine Wolframmetall in geeigneter Weise mit 1—5 Gewichtsprozenten von Oxyden der seltenen Erden, der Erdalkalien, des Magnesiums, Zirkoniums in innigster Vermischung verwendet wurde. Es genügt nicht etwa eine bloße innige Vermischung der Komponenten im trockenen Zustand, sondern die feinste Verteilung der amorphen Substanzen ist Bedingung. Der Verfasser fand, daß besonders glänzende Resultate sich zeigen, wenn entweder reines Thoroxyd oder ein Gemisch von Thor- und wenig Ceroxyd zur Verwendung gelangt. Außerdem konnte festgestellt werden, daß bei gewissen Mischungsverhältnissen die Formierung mit Ammoniakgas an Stelle von Wasserstoff unter Umständen erheblich duktilere Drähte resultieren.

Tatsächlich können Drähte erzielt werden, die sich bei gewöhnlicher Temperatur scharf über eine Nadel zu einem spitzen Winkel biegen lassen, ohne daß sie zerbrechen. Die Drähte

---

[1]) Helios, Zeitschrift für Elektrotechnik, Nr. 40, XIX. Jahrgang. und Sonderabdruck aus Helios, Nr. 377, März 1913.

[2]) A. Bainville, L'Electricien, Nr. 1123, S. 6, 1912.

federn nicht in ihre alte Lage zurück, sondern behalten die
Form der Biegung. Bei besonders guten Drähten gelingt es
sogar, diese zu einer kleinen Schlinge zusammenzuziehen, ohne
daß ein Bruch eintritt. Bringt man einen derartigen duktilen
Draht unter die Walzen eines Kalanders und walzt ihn zum Blech
aus, so läßt sich der dargestellte Blechstreifen biegen, ohne daß
er zerbricht. Walzt man dagegen einen gewöhnlichen reinen
Wolframfaden aus, so erhält man eine wenig zusammenhängende
breitgedrückte Masse, die bei der geringsten Biegung in kleine
Stückchen zerfällt.

Die Zugfestigkeit dieser duktilen Drähte ist gegenüber den
gewöhnlichen Wolframfäden und selbst bekannten gezogenen
Drähten eine erheblich höhere. Versuche in dieser Richtung,
die Arthur Müller[1] veröffentlichte, haben ganz überraschende
Ergebnisse gezeitigt.

Drahtstücke[2] von etwa 200 mm Länge und 0,048 mm
Durchmesser wurden an einem Haken aufgehängt und mittels
eines am unteren Ende befestigten Hohlzylinders aus Eisen gestreckt. Durch sehr vorsichtiges Einfließenlassen von Quecksilber in den Hohlzylinder wurde die Belastung so lange erhöht,
bis ein Zerreißen der Drahtstücke eintrat.

Aus der folgenden Tabelle sind die Belastungen sowie die sich
hieraus ergebenden Einzelwerte für die Zugfestigkeit zu ersehen.

Versuch	Belastung in Gramm	Zugfestigkeit in Kilogramm pro Quadratmillimeter
I	201	111.0
II	178	98.4
III	193	109.4
IV	161	99.9

Die Zerreißfestigkeit der duktilen Drähte beträgt demnach
im Mittel etwa 100 kg pro Quadratmillimeter, übersteigt also
diejenige des Tantaldrahtes (ca. 93 kg; siehe S. 54) und des
Nickelstahles (ca. 69 kg) wesentlich.

Ein weiterer Versuch, um die Festigkeit der duktilen Wolframdrähte darzulegen, war folgender, dessen Versuchsanordnung in

---

[1] Helios, Nr. 40. XIX. Jahrgang, S. 505, 1913.
[2] Hergestellt von der Julius Pintsch-Akt.-Ges. in Berlin.

Fig. 149 dargestellt ist. Ein Leuchtdraht von 510 mm Länge und einem Durchmesser von 0,048 mm wurde über zwei Rollen gelegt, die 250 mm voneinander entfernt waren. An den Enden des Drahtes wurden, wie vorher beschrieben und aus der Figur ersichtlich ist, kleine Hohlmaße befestigt, welche durch Schrotfüllung entsprechend belastet werden konnten. In der Mitte wurde ein drittes Gefäß eingehängt. Man war nun in der Lage, auf diese Weise den Draht durch seitliche Gewichte von je 30 g und ein Mittelgewicht von 60 g zu beanspruchen, ohne daß er durchriß. Er hielt vielmehr die runden Abbiegungen an den Rollen sowie die scharfe Abknickung, welche das mittlere Gewicht hervorrief, ohne jede Schädigung aus und konnte nachher unversehrt von dieser Prüfvorrichtung abgenommen werden.

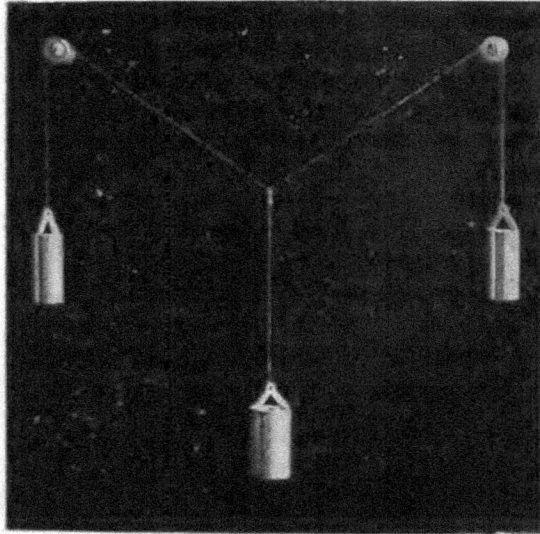

Fig. 149.

Einen ganz bedeutenden Vorteil gegenüber den gezogenen Wolframdrähten besitzen diese duktilen Wolframglühkörper insofern, als diese beim Brennen in der Lampe nicht sehr bald spröde und brüchig werden, sondern die ihnen eigentümliche mechanische Widerstandsfähigkeit in hohem Maße beibehalten. Nach den Versuchen von Arthur Müller, die sich mit denen des Verfassers vollkommen decken, konnte sogar eine gewisse Erhöhung der Duktilität festgestellt werden.

Es bieten deshalb die Ergebnisse von Versuchen, welche vom Königlichen Materialprüfungsamt mit einer Anzahl von Siriusglühlampen der Firma Julius Pintsch, Akt.-

Ges., in Berlin durchgeführt worden sind, das größte Interesse. Diese Untersuchungen hatten den Zweck, festzustellen, ob die Glühkörper dieser Lampen nach verschieden langer Brenndauer an Biegbarkeit verlieren.

Für die Dauerbrennversuche stand Gleichstrom von 220 Volt zur Verfügung, so daß je zwei der benutzten 110 Voltlampen in Serie geschaltet brannten. Zur Ermittlung der Veränderungen der Biegbarkeit der Glühkörper wurden die Lampen nach den vorgeschriebenen Brennzeiten vorsichtig geöffnet und die Drähte herausgenommen. Zur Vornahme der Biegeproben diente ein Apparat, in dem die Glühdrähte zwischen zwei im Abstand von 0,03 cm angebrachten Stiften von 0,1 cm Durchmesser hindurchgezogen und abwechselnd nach rechts und nach links um 90° gebogen wurden. Durch ein angehängtes Gewicht von 0,0047 kg wurden die Drähte gestreckt erhalten. Als eine Biegung galt das Umlegen der Drähte um 90° und das Zurückbiegen in die Senkrechte. Festgestellt wurde die Zahl der Biegungen bis zum Bruch der Drähte.

Die folgende Tabelle ergibt die Zahlen, die vom Amt als Mittelwerte der einzelnen Prüfungen ermittelt wurden.

Der Prüfung unterworfen	Zahl der geprüften		Anzahl der Hin- und Her- biegungen bis zum Bruch im Mittel
	Lampen	Glühkörper	
a) Glühkörper, ehe sie auf Glüh- lampen verarbeitet wurden .	—	10	71
b) Glühkörper aus neuen Glüh- lampen	3	12	113
c) Glühkörper nach 300 stündiger Brenndauer	2	9	112
d) Glühkörper nach 600 stündiger Brenndauer	4	12	73
e) Glühkörper nach 800 stündiger Brenndauer	2	9	57
f) Glühkörper nach 1000 stündiger Brenndauer	4	12	2

Bemerkt sei noch, daß die Biegungsprüfung jedesmal an jedem der beiden Schenkel des Glühkörperbügels durchgeführt wurde.

Die Tabelle zeigt deutlich, daß bis zu etwa 360 Brennstunden eine erhebliche Erhöhung der Widerstandsfähigkeit der
Drähte eintritt. Hier-
auf bemerkt man eine
allmähliche Verringe-
rung der Festigkeit,
so daß nach etwa
600 Stunden der An-
fangswert für den
neuen, noch nicht in
der Lampe gebrauch-
ten Draht erreicht
wird. Diese Resul-
tate müssen demnach
als außerordentlich
günstige bezeichnet
werden.

Aber selbst nach
1000 ständiger Brenn-
zeit behalten diese
duktilen Drähte noch
eine recht bedeutende
Zugfestigkeit, worüber
die von Arthur Mül-
ler[1]) veröffentlichten
Ergebnisse, die auch
vom Königlichen
Materialprüfungs-
amt stammen, Auf-
schluß geben.

Eine Lampe mit
duktilem Draht für
16 Kerzen bei 220 Volt
mit einem Anfangs-
energieverbrauch von
etwa 1,4 Watt pro

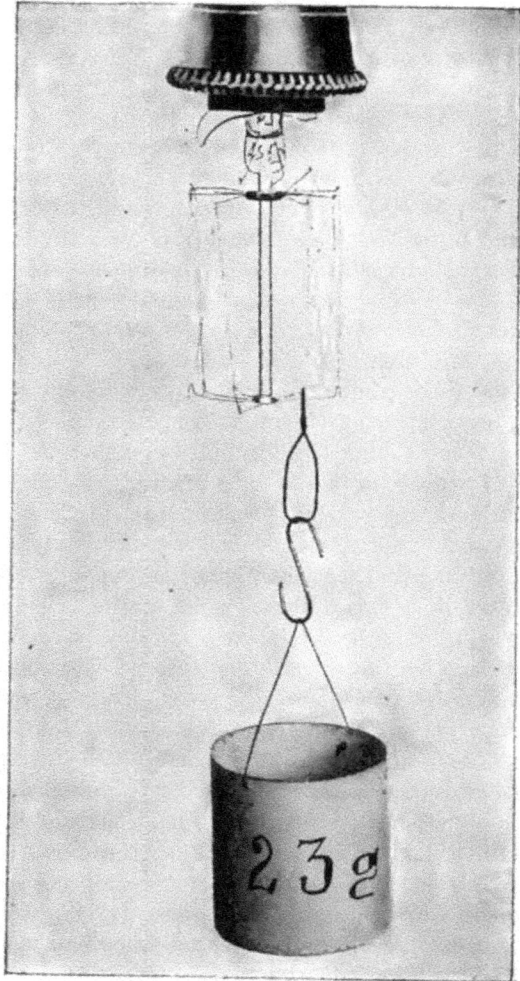

Fig. 150.

Hefnerkerze wurde mit Wechselstrom von 220 Volt (angeschlossen
an ein Straßennetz) durch 1000 Brennstunden in Gebrauch ge-

[1]) Helios, XIX. Jahrgang, Nr. 49, S. 505.

nommen. Nach Ablauf dieser Zeit wurde behufs Prüfung der
Glühkörper die Glasbirne der Lampe vorsichtig entfernt (Fig. 150).
Die Drähte erwiesen sich als vollkommen duktil und wurden
nun einer Prüfung auf Zugfestigkeit unterworfen. Zu diesem
Zweck wurde der Lampensockel in eine nach abwärts hängende,
durch ein Stativ festgehaltene Fassung eingeschraubt. Die
Drahtbügel waren im Lötknoten an den Zuführungsdrähten be-
festigt und wurden an ihrem unteren Ende mittels einer kleinen
Klemmvorrichtung mit einem Hängegewicht versehen.

Nun wurde durch allmähliche Steigerung der Belastung, bis
zum Zerreißen der Drähte, das im Mittel bei einer Belastung
von 23 g eintrat, die Zugfestigkeit ermittelt. Sie entspricht,
da der Faden einen Durchmesser von 0,016 mm hatte, einer
Zerreißfestigkeit von etwa 90 kg pro Quadratmillimeter.

An dieser Stelle möchte ich auch einige Bemerkungen
über die in der Glühlampentechnik gebräuchlichen Ausdrücke
„Leuchtfaden" und „Leuchtdraht" machen.

Einige der Großfirmen belieben die Ansicht zu vertreten,
daß dem gepreßten Wolframfaden unter keiner Bedingung die
Bezeichnung „Draht" zukomme, sondern lediglich dem „gezogenen" Metalldraht. Dieser Ansicht kann ich mit anderen
nicht beipflichten, da meiner Meinung nach der Begriff „Draht"
nicht allein davon abhängig ist, daß eine mechanische Bearbeitung,
wie sie das Drahtziehen mit sich bringt, vorausgegangen ist,
sondern vor allem davon, welche Qualität in bezug auf Festigkeit, Elastizität und Biegsamkeit das Produkt hat. Zweifellos
steht fest, daß die obenerwähnten duktilen Drähte unter Umständen viel bessere drahtähnliche Eigenschaften besitzen können
als gezogene Wolframdrähte, von denen manche bekannte Sorten
die angeführten Biegeproben nach mehrhundertstündigem Brennen
in der Lampe kaum aushalten werden.

Ferner sei darauf hingewiesen, daß unter Beobachtung gewisser Vorsichtsmaßregeln diese duktilen Drähte sich ohne weitere
mechanische Bearbeitung zu dünneren Drähten ausziehen lassen.
Der Verfasser benutzte schon Mitte 1912 den in Fig. 151 angegebenen Sinterapparat zur Erzielung stärkerer duktiler zieh-
barer Drähte von etwa 1 mm Durchmesser. Der gepreßte
Faden a wurde bei etwa 800° C bei höchstem Vakuum geglüht
und nun bei b und c in die stromführenden Elektroden eingeführt.

b ist klemmenartig ausgestaltet, während c ein Metall-
näpfchen bildet, welches mit
Quecksilber angefüllt ist. In
das Quecksilber taucht der
leitende Glühfaden. Das Kon-
taktnäpfchen c ist ferner mit
der beweglichen Stange d
verbunden, um bei der eintretenden Schwindung des
Fadens während der For-
mierung ein entsprechendes
Höherschieben des Queck-
silberkontaktes zu ermög-
lichen. Das Ganze ist luftdicht und gut isoliert auf den
Rezipiententeller e aufmontiert, welcher zum guten Abschluß der Glasglocke den
Gummiring f trägt. Formiert
wurde im strömenden Am-
moniakgas, bis zur höchsten
Weißglut. Die einzelnen
dicken Drähte ließen sich,
sofern die Formiertemperatur
nur sehr allmählich gesteigert
wurde, ohne weiteres bis zu
einem gewissen Grad dünner
ausziehen, während schnell
formierte sich nur stellen-
weise als ziehbar erwiesen.

Dieses ganze Verhalten
der duktilen Wolframglüh-
körper dürfte die Bezeichnung „Draht" in jeder Hinsicht rechtfertigen.

Kurz sei nur noch be-
merkt, daß auch andere gepreßte Körper, zum Beispiel

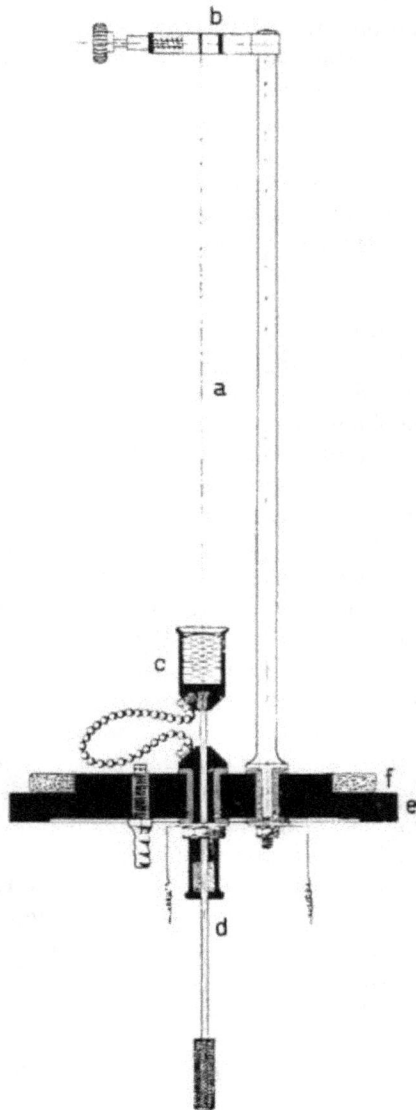

Fig. 151.

die aus weichen Metallen, wie Blei usw., als „Draht" bezeichnet
werden. In der Literatur ist sogar für den bekannten Kohleglüh-
faden öfters der Ausdruck „Kohledraht" in Anwendung gekommen.
Ebenfalls verweise ich auf die Patentschrift von André Blondel[1])
S. 81 dieses Buches, in welchem die gepreßten Glühkörper aus Bor
und Silizium ausdrücklich als „Drähte" bezeichnet worden sind.

Es ist wohl selbstverständlich, daß derartige stabile und
wenig zerbrechliche Drähte nicht nur bei der Fabrikation der
Glühlampen selbst, infolge starker Reduzierung des Bruches,
besondere Vorteile aufweisen, sondern auch den Verlust auf
dem Transport auf ein Minimum reduzieren. Ferner vertragen
die meisten Arten der duktilen Drähte eine erheblich höhere
elektrische Belastung für eine normale Nutzbrenndauer von etwa
1000 Stunden als die gewöhnlichen Wolframfäden, die im allgemeinen für einen Anfangsenergieverbrauch von ca. 1,1 Watt
pro Hefnerkerze hergestellt werden. Der nebenstehend aufgeführte Auszug aus einem Prüfschein der Physikalisch-
Technischen Reichsanstalt[2]) in Charlottenburg
bezieht sich zum Beispiel auf duktile Drähte, die nach einer
besonderen Methode hergestellt wurden.

Aus dieser Tabelle geht die Überlegenheit gegenüber den
gewöhnlichen Wolframlampen zur Evidenz hervor. Bemerkenswert ist die große Konstanz der Stromstärke bis zu einer Brennzeit von etwa 800 Stunden, ferner die Tatsache, daß, trotz eines
anfänglichen Energieverbrauches von etwa 0,9 Watt pro Hefnerkerze, nach 600 Stunden erst der Anfangswattverbrauch anderer
Wolframlampen erreicht worden ist. Alle sechs untersuchten
Lampen brannten weit über 1200 Stunden mit einem Durch-
schnittswattverbrauch von etwa 1,1 Watt pro Hefnerkerze, und
bedeuten demnach auch in dieser Hinsicht für den Konsumenten
einen wirtschaftlich großen Vorteil.

Bemerkt sei schließlich noch, daß auch Zusätze von Oxyden
der Erden, wie Kalzium, Barium, Beryllium und dergleichen, eine
ähnliche, die Festigkeit und Biegsamkeit der Wolframfäden erhöhende Wirkung zeitigen können. So stellte der Verfasser bei
den Versuchen, den Widerstand der Fäden durch Beimengungen

---

[1]) D. R. P. Nr. 115708 vom Jahre 1899.
[2]) Prüfschein P. T. R. 3659 F 1912 vom 7. Sept. 1912. gez. Hagen.

Bezeichnung der Lampe	Span- nung in Volt	Strom- stärke in Ampere	Mittlere Licht- stärke in Hefner- kerzen	Energie- verbrauch in Watt pro Hef- nerkerze	Brenn- stunden
P. T. R. 3659 a 1912	} 138	0,261	39,0	0,92	0,2
		0,262	38,2	0,95	100
		0,261	36,3	0,99	200
		0,260	34,3	1,05	400
		0,258	31,8	1,12	600
		0,255	28,5	1,23	800
		0,251	26,4	1,31	1000
P. T. R. 3659 b 1912	} 138	0,258	37,8	0,94	0,2
		0,259	37,8	0,95	100
		0,258	36,2	0,98	200
		0,257	34,7	1,02	400
		0,256	32,9	1,07	600
		0,254	30,8	1,14	800
		0,252	28,8	1,21	1000
P. T. R. 3659 c 1912	} 138	0,259	39,4	0,91	0,2
		0,259	39,0	0,92	100
		0,258	37,3	0,95	200
		0,257	34,4	1,03	400
		0,255	32,4	1,09	600
		0,252	29,6	1,17	800
		0,249	27,5	1,25	1000
P. T. R. 3659 d 1912	} 138	0,260	39,5	0,91	0,2
		0,260	38,9	0,92	100
		0,260	37,2	0,96	200
		0,258	34,7	1,03	400
		0,256	32,6	1,08	600
		0,253	29,8	1,17	800
		0,250	27,8	1,24	1000
P. T. R. 3659 e 1912	} 138	0,260	39,0	0,92	0,2
		0,259	38,3	0,93	100
		0,259	36,8	0,97	200
		0,258	34,4	1,03	400
		0,256	32,1	1,10	600
		0,253	29,4	1,19	800
		0,250	27,1	1,27	1000
P. T. R. 3659 f 1912	} 138	0,259	38,9	0,92	0,2
		0,259	38,5	0,93	100
		0,258	37,1	0,96	200
		0,257	34,5	1,03	400
		0,255	32,4	1,09	600
		0,252	29,2	1,19	800
		0,248	26,7	1,28	1000

dieser Art zu erhöhen, diese Tatsache fest. Eine neuere Patentanmeldung in dieser Hinsicht stammt von Ehrich & Graetz[1])
in Berlin, nach welcher dem pulverförmigen Wolframmetall
einige Prozente dieser Oxyde, die durch Wasserstoff bei der
Reduktionstemperatur des Wolframs nicht reduziert werden, zugesetzt werden. Der aus den Oxyden abgespaltene Sauerstoff
hilft wesentlich den anwesenden Kohlenstoff des Bindemittels
entfernen, während das Metall des Oxydes bei einer Temperatur
verdampfbar ist, bei der eine übermäßige Belastung des Wolfram-
fadens noch nicht eintritt.

B. Die Halterung der Glühfäden in der Lampe.

Bei der Unterbringung der Fäden selbst in der Lampe muß
selbstverständlich das größte Gewicht auf eine zweckentsprechende
Befestigung oder Halterung gelegt werden, die nicht
allein das Brennen der Lampe in jeder beliebigen Lage gestattet,
sondern vor allen Dingen bei eintretenden Erschütterungen das
Zerreißen oder Zerbrechen der feinen Fäden verhindern soll.
Ferner soll die Halterung in ausreichender Weise eine leicht
federnde Bewegung und Nachgiebigkeit aufweisen, um der eintretenden Ausdehnung und Zusammenziehung der Fäden genügend
Rechnung tragen zu können. Endlich müssen als Haltermaterialien
selbst Körper in Anwendung kommen, die bei der hohen Fadentemperatur unter der Mitwirkung des Vakuums nicht zu schmelzen
oder zu verdampfen vermögen, damit kein die Glocken vorzeitig
bräunender oder schwärzender Beschlag entstehen kann. Die
Bildung leichter schmelzbarer Legierungen zwischen dem Wolframfaden und dem Haltermaterial an der Berührungsstelle darf ohne
Schädigung der Widerstandsfähigkeit der Lampe nicht eintreten.

Es gibt nun eine so große Anzahl von einfachen und mehr
oder weniger komplizierten Halterungssystemen, daß es
unmöglich ist, im Rahmen dieses Buches eine größere Auslese
zu bieten. Der Verfasser muß sich deshalb im allgemeinen nur
auf die Darstellung der Systeme beschränken, die in Wirklichkeit von den verschiedenen Fabriken in größerem Umfang in
Anwendung gekommen sind, und verweist im übrigen auf die
reichhaltige deutsche und ausländische Patentliteratur.

[1]) D. R. P.-Anmeldung E. 18398, Kl. 21 f vom 29. Sept. 1913.

Zur Erklärung der nachstehenden Halterungssysteme sei zuerst die einfachste und doch zumeist verwendete Art in der Zeichnung Fig. 152 dargestellt, um die technischen Ausdrücke für das Folgende anzuführen. *a* bedeutet den sogenannten Glüh- lampenfuß, in den in bekannter Weise die Stromzuführungs- drähte oder Elektroden *b* ein- gequetscht sind. An den Fuß *a* ist der aus Glas bestehende Träger *c* angeschmolzen, der eine untere und obere Linse trägt. Die untere Linse ist zur Aufnahme der weiteren Elek- troden *c* bestimmt, während die obere Linse die entsprechende Anzahl Hal- terdrähte oder Häkchen *d* auf- nimmt. Das ganze Werkstück wird als Traggestell oder Fadenstern bezeichnet.

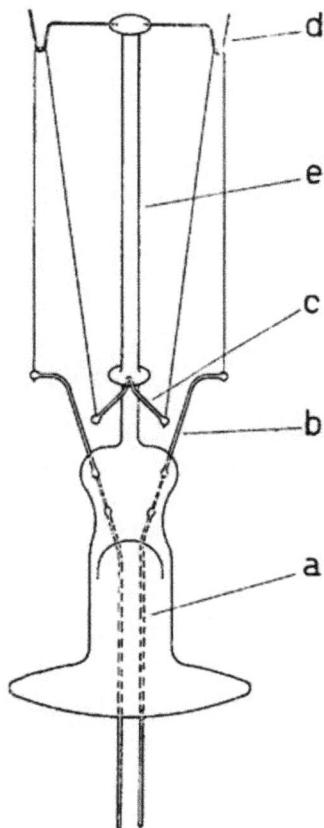

Als Material für die Strom- zuführungsdrähte, Elektroden und Stromverteilungsdrähte wird in den meisten Fällen ein Draht aus Rein- nickel verwendet, hin und wieder auch bestimmte Nickellegierungen, wie Konstantan, Nickelin und der- gleichen. Dieser Draht soll möglichst gasfrei und nicht zu hart sein, um sich leicht verarbeiten zu lassen. Die Stärke des Drahtes richtet sich selbst- verständlich nach dem Querschnitt der benutzten Metallfäden, und wird gewöhnlich, um eine Überhitzung der Elektroden zu vermeiden, 10—15 mal so dick gewählt, als der Durchmesser des Fadens beträgt.

Fig. 152.

Zur Halterung oder Stützung der Metallfäden bei *d* werden recht verschiedenartige Materialien benutzt, von denen die haupt- sächlichsten hier aufgeführt werden sollen.

In erster Linie kommen hierzu mehr oder weniger schwerschmelzbare Metalle in Betracht, die eine gewisse eigene Elastizität besitzen. So wurde in der früheren Zeit sehr gern Nickeldraht verwendet, der zum Schutze gegen Verdampfung mit Graphit oder Kohle überzogen wurde. Auch Überzüge von schwerschmelzbaren Oxyden sind mehrfach benutzt worden, so zum Beispiel Thoriumoxyd oder niedere Oxyde von Tantal und Niob [1]). Ebenso sind Nickelhalter mit Wolfram- oder Molybdänüberzügen bekannt. Auch eine besondere Art einer Chromnickellegierung, ferner einen Nickeldraht mit einer dünnen Chromschicht, ebenfalls einen Stahldraht (vactite steel) hat man als Haltermaterial nutzbar zu machen versucht.

In ähnlicher Weise kam besonders in den Jahren 1909 und 1910 das Platin oder besser die Platiniridiumlegierung, eventuell mit schützenden Überzügen, in Anwendung.

Ganz besonders ausgedehnte Anwendung als Haltermaterial haben das reine Molybdän [2]) und die Molybdänwolframlegierungen [3]) gefunden. Ein Zusatz von 10—20 % Wolfram zum reinen Molybdän erhöht nicht nur den Schmelzpunkt des Materials, sondern beeinflußt auch in günstigster Weise die Elastizität der erzeugten Legierungsdrähte.

Auch Häkchen aus reiner Kohle [4]), die analog den Kohleglühfäden hergestellt werden, wurden als Halter benutzt, obgleich nach Meinung des Verfassers fraglos an den Berührungsstellen die heißen Wolframfäden eine Schädigung infolge von Karbidbildung erfahren. Diese Erfahrung machte sich die Société Lacarrière in Paris zunutze und bedeckte deshalb die Kohlefäden mit einer Schicht von Wolfram. Auch Kohlefäden mit Niederschlägen von Chrom, Tantal, Molybdän dienten als Stützhäkchen für die Metallglühfäden.

Ferner sei noch angeführt, daß schon in der ersten Periode der Metallfadenindustrie die schwerschmelzbaren Oxyde in ausgedehntem Maße als Haltermaterial in Anwendung kamen. Erinnert sei hier zum Beispiel an die Halter aus reinem Thoroxyd oder aus einem Gemisch von Thoroxyd und Magnesia. Da hierbei jedoch, besonders bei Lampen, die einen Energieverbrauch von

[1]) Glühlampenwerk Anker Brit. Patent Nr. 19118 vom Jahre 1908.
[2]) D. R. P. Nr. 212895 vom 14. Febr. 1908.
[3]) Brit. Patent Nr. 27710 vom 27. Nov 1909.
[4]) Brit. Patent Nr 6803 vom Jahre 1906.

1 Watt pro Hefnerkerze und darunter aufweisen, sehr häufig das lästige Anfritten eintritt, so umhüllte beispielsweise die Wolfram-lampen-Akt.-Ges.[1]) in Augsburg diese Halter mit einer Schicht von Graphit. Auch metallische Überzüge auf diesen Oxyd-häkchen sollten das Anfritten der Glühfäden gänzlich ausschalten.

Es bleibt nur noch übrig, zu erwähnen, daß fast ausschließlich die Halterdrähte mit einem runden Querschnitt angewendet werden. Auch flache Halterdrähte, die eine bessere Abkühlung der heißen Glühfäden an den Auflagestellen hervorrufen sollen, sind vereinzelt benutzt worden. Patentiert ist auch Walter Schäffer[2]) eine Kombination von flachen und runden Quer-schnitten, wobei die flache Stelle des sonst runden Halterdrahtes eine gewisse erhöhte Federung hervorrufen soll.

Im folgenden sollen nun kurz einige der praktisch in größerem Umfang ausgeführten Halterungssysteme angeführt werden unter Weglassung aller der Methoden, seien sie patentiert oder nicht, welche infolge ihrer Kompliziertheit und Kostspieligkeit vielleicht nur versuchsweise ausprobiert worden.

In der Fig. 153, 1—18 sind einige der Halterungen in ein-fachster Weise skizziert worden.

Fig. 1 bedeutet einen Halter aus Nickeldraht, der zum Schutze gegen Verdampfung mit einem dichten Kohle- oder Graphit-überzug versehen ist. Der Glühfaden liegt nicht fest auf dem Halter auf, sondern zwischen beiden ist ein Spielraum von 1—2 mm.

Fig. 2 stellt einen feinen federnden Draht aus reinem Molybdän, einer Molybdänwolframlegierung, Platiniridium oder Platin dar, wobei letzterer an der Auflagestelle des glühenden Metallfadens mit Thoroxyd überzogen worden ist.

Fig. 3. Um das Herausgleiten der Fäden aus den Häkchen zu verhindern, ist der federnde Halterdraht zu einer halb-geschlossenen Öse gebogen. Dieser Halter kann aus den unter Fig. 2 genannten Metallen bestehen, ebenso aus reiner Kohle, die noch mit einem Wolframmetallüberzug versehen ist.

Fig. 4. Der Halter besteht aus Platiniridium, von dem ein größeres Stück a der Ersparnis halber durch ein Unedelmetall ersetzt worden ist.

[1]) D. R. P. Nr. 204973 vom 31. Juli 1906.
[2]) Brit. Patent Nr. 9479 vom Jahre 1908.

Fig. 5. Um eine elastische Federung zu erzielen, ist der Halterdraht mit einer ein- oder mehrfachen Spirale versehen worden.

Fig. 6. Eine erhöhte Federung soll durch flachen Draht aus

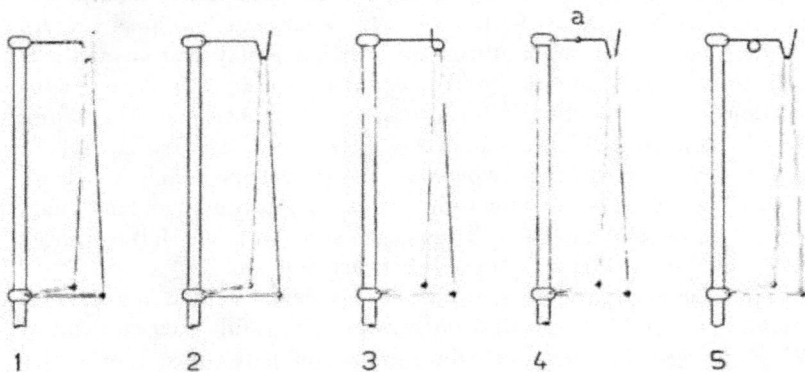

Fig. 153a.

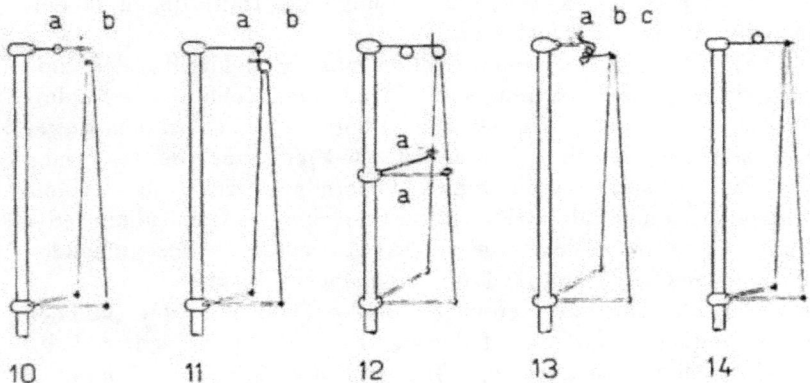

Fig. 153a.

Chromnickel infolge der ersichtlichen Doppelbiegungen erreicht werden.

Fig. 7. Während der gleiche Zweck bei Fig. 7 durch die dargestellten spiralartig ausgestalteten Halter verfolgt wird (nach dem Britischen Patent Nr. 26 294 vom Jahre 1907), werden diese Spiralfedern auch an den unteren Elektroden angewendet.

Fig. 8. Der Halter besteht aus einem Draht *a* aus Unedelmetall, an dessen Ende mit Hilfe einer Glasperle eine große,
leicht federnde Schleife *b* aus Kohle befestigt ist.

Fig. 9. Die Federung soll bedeutend erhöht werden dadurch,

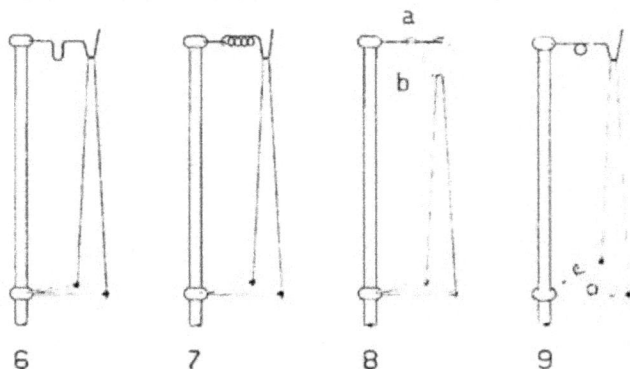

Fig. 13b.

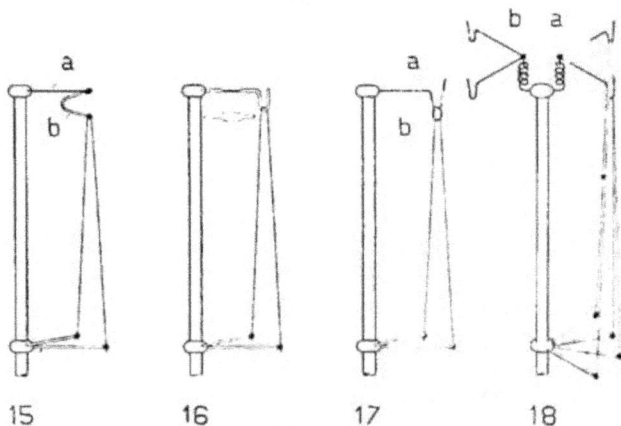

Fig. 13b.

daß nicht nur der obere Halter mit der Spirale versehen ist,
sondern auch die untere Elektrode.

Fig. 10. Die federnde Halterung wird bewerkstelligt durch
einen dünnen Draht *a* aus Unedelmetall, an dessen Ende vermittels einer Glasperle der aus Thoroxyd bestehende Halter *b*
befestigt ist. Zum Schutze gegen das Anfritten des Fadens

kann der Halter noch mit Graphit oder schwerschmelzbaren Metallen überzogen sein.

Fig. *11* zeigt einen ähnlichen Halter, während

Fig. *12* eine doppelte Halterung bei *a* darstellt, um das Durchbiegen zu langer Fäden bis zur gegenseitigen Berührung zu verhindern. Diese Halterung ist speziell für hochvoltige Lampen in Anwendung gekommen, bei welchen bei Wahl sehr langer Fäden die Durchbiegegefahr besonders groß ist.

Fig. *13* stellt eine von der Allgemeinen Elektrizitäts-Gesellschaft Berlin vorzugsweise benutzte Halterung dar, die sich besonders auch für hochkerzige Lampen bewährt hat. Der Halter besteht aus dem dicken Metalldraht *a*, der mit der beweglichen Spiralfeder *b* aus Unedelmetall versehen ist. Der Glühfaden selbst wird an dem Ausläufer der Spirale *c* mit Hilfe eines Wolframmetallkittes befestigt.

Fig. *14*. Eine ähnliche Befestigung des Glühfadens am Halter vermittels eines nicht verdampfbaren Kittes zeigt Fig. *14*, wobei der Halter aus einem mit Spirale versehenen Unedelmetalldraht besteht.

Fig. *15* zeigt eine gutfedernde Halterung nach dem Britischen Patent Nr. 23222 vom Jahre 1910, die aus einem Draht *a* aus Kupfer und dergleichen besteht, an den mit Hilfe einer Glasperle ein U-förmiger federnder Bügel *b* aus schwerschmelzbarem Material befestigt ist. Der Glühfaden selbst ist am Halter mit einer Wolframpaste angekittet.

Fig. *16*. Der Halter besteht nach dem Britischen Patent Nr. 9479 vom Jahre 1908 aus einem schwerschmelzbaren Draht, der zur Erhöhung der federnden Wirkung in der Mitte abgeflacht ist.

Fig. *17*. Bei dieser Halterung ist, um den Glühfaden gegen Berührung mit dem runden oder flachen, aus Unedelmetall bestehenden Drahthaken *a* zu schützen, ein ringförmiges Zwischenglied *b* aus schwerschmelzbarem Material angeordnet. Die Ausdehnung des glühenden Fadens erfolgt dann unabhängig von der zurückfedernden Wirkung des Häkchens *a*.

Fig. *18* zeigt endlich eine Anwendung der British Thomson Houston Company[1]), bei welcher die Halter *b* paarweise an den auf der Linse sitzenden Federn *a* befestigt sind.

---

[1]) Brit. Patent Nr. 10071 vom 30. April 1907.

Außer diesen Haltersystemen, bei denen die Federung im Material oder in der Form der einzelnen Halterungshäkchen liegt, sind ferner Haltermethoden bekannt, bei welchen die Halterdrähte, die an und für sich nicht selbst zu federn brauchen, mit der oberen Linse zu einem stark federnden Ganzen vereinigt sind.

So ist zum Beispiel die Ausführungsform der Metallfaden-Glühlampenfabrik Schwenningen. G. m. b. H., bekannt, die in Fig. 154 dargestellt ist. Die obere Glaslinse a ist mit dem Halterdraht c versehen und ferner mit dem Träger b durch die blechbandförmige Feder d fest verbunden. In den Glasträger b ist weiter ein Metalldraht c eingeschmolzen, der am oberen Ende eine Führung trägt, welche die Feder d derart umschließt, daß sie sich frei darin bewegen kann. Die Linse a, dessen Halter c die Glühfäden tragen, kann demnach in der Richtung des Drahtes c eine leichte, durch die Feder d hervorgerufene Bewegung nach oben und unten machen.

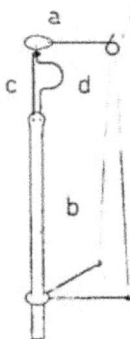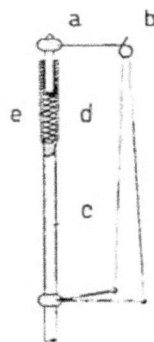

Fig. 154.   Fig. 155.

Eine weitere Halterung dieser Art, in Fig. 155 dargestellt, ist von Charles Pauli[1]) in Goldau (Schweiz) in der dortigen Glühlampenfabrik ausgeführt worden. Die Federung der oberen Glaslinse a mit den Haltern b wird hier dadurch erzielt, daß die Linse in dem als Rohr d ausgebildeten Glasstab c auf der feinen Spiralfeder e ruht. Da die auch aus Glas bestehende Verlängerung der Linse a mit wenig Spielraum im Rohr d gleitet, so ist die nach oben oder unten gerichtete Bewegung genau bestimmt. Je nach der Stärke der in der Lampe befindlichen Glühfäden richtet sich auch der Drahtdurchmesser der Spiralfeder e, so daß auch beim Brennen der Lampe die glühenden Fäden immer gespannt werden.

Die empfindliche Wirkung einer geeigneten Spiralfeder ist in ähnlicher Weise auch von der Société Lacarrière in Paris ausgenutzt worden. In Fig. 156 ist dieses Haltersystem

[1]) D. R P. Nr. 211122.

dargestellt. Der runde Glasträger *a* ist bei *b* mit einer Wulst versehen derart, daß die über *a* geschobene Spiralfeder *e* bei *b* den Stützpunkt findet. Die Feder *e* ist fest mit der Glaslinse *c* verbunden, welche die Halter *d* trägt. Um eine starke seitliche Bewegung zu vermeiden, ist noch die mit *c* verbundene U-förmige Drahtfeder *f* angeordnet, die wiederum das dünne Glasstäbchen *g* trägt. *g* ragt in die Spitze der Lampe so weit hinein, daß nur eine mäßige seitliche Bewegung stattfinden kann.

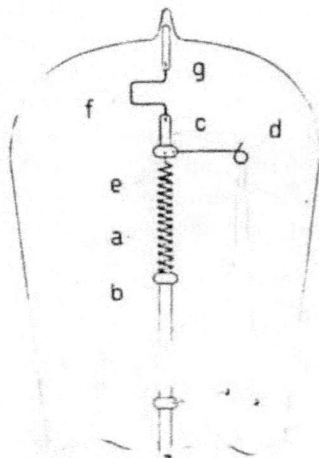

Eine der letzten sehr ähnliche Anordnung zeigt auch Fig. 157, die eine Methode der British Thomson Houston Company[1]) zeigt.

Vielfach ist übrigens für notwendig erachtet worden, diese seitliche Bewegung des ganzen Fadensternes gänzlich zu verhindern oder starke seitliche Stöße in anderer Weise unschädlich zu machen. So seien nur kurz folgende in Fig. 158 *1*, *2*, *3*, *4* und *5* dargestellte Methoden angeführt.

Nach der Methode der Wolframlampen-Akt.-Ges.[2]) in Augsburg wird der Fuß mit dem Glasstab nicht fest durch Zusammenschmelzen, sondern federnd mit einem Draht *a* verbunden (Fig. 158 *1*). Um zu starke seitliche Schwankungen zu vermeiden, kann noch der Draht *b* an der oberen Linse derart angebracht werden, daß er, in die Spitze der Lampe ragend, nur geringe Bewegungen gestattet.

Nach der in Fig. 158 *2* dargestellten Methode werden starke seitliche Stöße durch die an der oberen Linse angebrachte U-förmige Feder *a* gefahrlos verringert. Die Feder *a* ist mit Hilfe des Glasstäbchens *b* fest mit der Spitze der Lampe verbunden.

Fig. 156.

Fig. 157.

[1]) Brit. Patent Nr. 16531 vom 18. Juli 1907.
[2]) D. R. P. Nr. 209658 vom Jahre 1908.

Die Spiralfeder *a* (Fig. 1583), welche ebenfalls in geeigneter
Weise fest sowohl mit der Linse als auch mit der Lampenspitze
verbunden ist, soll eine erhöhte Pufferwirkung hervorrufen,
während, wie in Fig. 1584 dargestellt ist, durch die zwischen Fuß

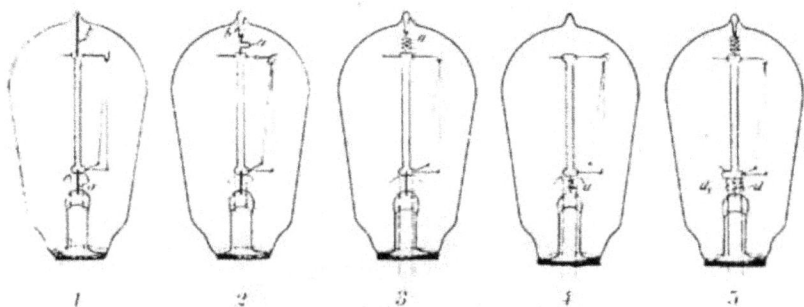

Fig. 158.

und Federgestell angeordnete starke Feder *a* allein starke Stöße
in unschädliche Schwingungen des Fadengestells übertragen werden.

Eine Kombination dieser beiden letzteren Halterungssysteme
zeigt Fig. 1585, die Paul Druseidt[1]) in Remscheid

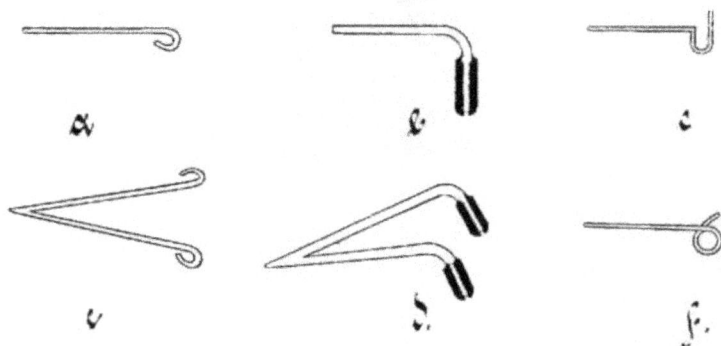

Fig. 159.

patentiert worden ist. Bei der Druseidtschen Anordnung
werden, um eine größere Stabilität des Fadensternes zu erzielen,
auch die stromführenden Elektroden $a\,a_1$ in Spiralform ausgestaltet
und hierauf außerdem durch die untere Linse geführt.

[1]) D. R. P. Nr. 197593 vom Jahre 1908.

Als Elektroden werden gewöhnlich die in Fig. 159 *a* und *b* dargestellten ösen- oder hülsenförmigen Drähte benutzt, während als Stromverteilungsdrähte für die untere Linse die in Fig. 159 *c* und *d* gezeichneten Doppelösen oder Doppelhülsen aus Unedelmetall, vorzugsweise Nickel, in Anwendung kommen. Die hauptsächlichsten Formen für die oberen federnden Halter sind in Fig. 159 *e* und *f* dargestellt, die, wie schon vorher bemerkt, jetzt

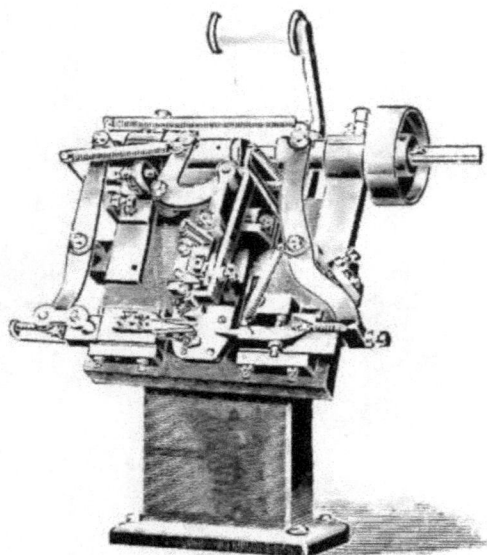

Fig. 160.

fast ausschließlich aus schwerschmelzbaren Metalldrähten hergestellt werden.

Alle diese Arten Ösen-, Hülsen-, Doppelösen-, Hülsen- und Halterhäkchen werden nun vielfach vollständig automatisch auf bewährten Spezialmaschinen hergestellt. So baut zum Beispiel Kurt Altmann & Max Altmann, Maschinenfabrik in Berlin, eine Reihe der Maschinen für die verschiedensten Formen, die sich in der Praxis bewährt haben.

Fig. 160 stellt zum Beispiel eine Maschine dar zur Fabrikation der Doppelösen (Fig. 159 *c*) und Fig. 161 eine solche zur Herstellung von Haltern nach der Form Fig. 159 f. Der notwendige Draht wird, wie aus den Abbildungen ersichtlich, direkt von der Rolle verarbeitet, gelangt zuerst nach einem unter Federdruck stehenden und mit Zähnen versehenen Richtapparat, wird dann durch eine Messerplatte geführt, an der das Messer entlang gleitet, und gelangt endlich in die Biege- oder Hülsenschlagwerkzeuge welche das Produkt fertigstellen.

Fig. 161.

Diese Art von Maschinen sind schräg gebaut, damit das fertige Fabrikat leicht herunterfallen und sich nicht verbiegen kann. Der Kraftbedarf einer Maschine beträgt etwa $\frac{1}{5}$ P. S., während die Leistungsfähigkeit zu etwa 50 Stück Produkte pro Minute im Mittel angenommen werden kann.

Die in Fig. 159 c dargestellten Halterungshäkchen mit dem U-förmigen Ende können auch mit dem bewährten, von der Firma Friedrich & Rudolph in Berlin gebauten Handbiegeapparat (Fig. 162) erzeugt werden. Dieser kleine Apparat ist so konstruiert, daß sich diese Häkchen aus verschiedenen dicken

Drähten und in den gebräuchlichsten Längen durch schnell zu bewerkstelligende Verstellung des Biege- und Abschneidemessers ohne weiteres erzeugen lassen. Der angeordnete kleine Brenner *a* soll die zum Biegen der Häkchen notwendigen Teile, ebenfalls die zu biegenden Drähte anwärmen, um diese Arbeit ohne Verlust besser vonstatten gehen zu lassen. Man kann nun je nach der Stärke der Drähte 25—100 zu einem Bündel vereinigt auf einmal biegen und schneiden, so daß der Apparat eine außerordentlich große Produktionsfähigkeit aufweist.

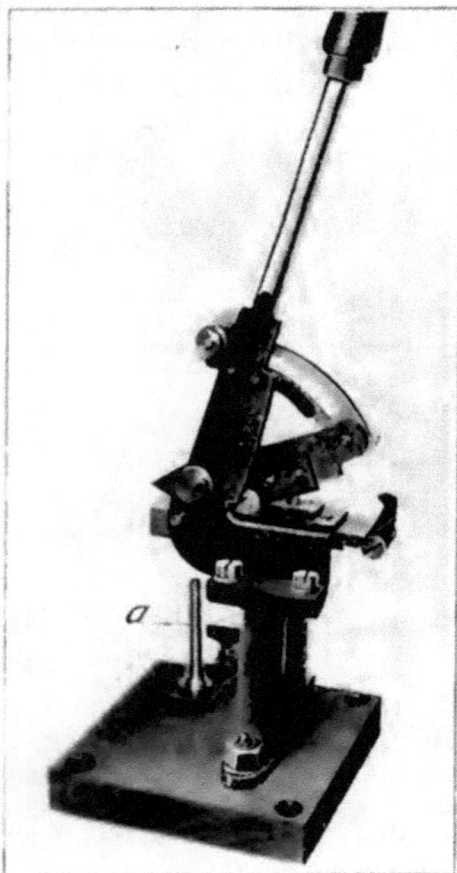

Fig. 162.

C. Das Ankitten der Fäden an die Elektroden.

Neben einer geschickten Halterung der Glühfäden muß außerdem bei Erzeugung erstklassiger Glühlampen besonderes Gewicht auf die gute stromleitende Befestigung der Glühfäden an die Elektroden oder Stromverteilungsdrähte gelegt werden. Bei Anwendung des Kittverfahrens ist es von außerordentlicher Wichtigkeit, einen Kitt zu verwenden, der selbst gut stromleitend ist und nach Vornahme der notwendigen Manipulationen, wie Austrocknen und Ausglühen, einen festen, dichten und schwerzerbrechlichen Kittknoten hinterläßt. Ein je dichteres Gefüge der Kittknoten aufweist, um so geringer wird auch der sogenannte Übergangswiderstand sein. Der resultierende Kittknoten soll außerdem die Eigenschaft besitzen, bei der beim Brennen der Lampe eintretenden Erwärmung keine oder nur unschädliche geringste Mengen von Gasen abzugeben, damit das Vakuum der Lampe nicht nachträglich verschlechtert wird.

Im folgenden sollen nun einige der bekanntesten Kittmethoden unter Angabe der hierzu verwendeten Materialien angeführt werden.

Einer der am meisten benutzten Kitte zur Verbindung zwischen Faden und Elektrode wird folgendermaßen hergestellt: Gereinigter und vollkommen entwässerter Teer wird mit einem Gemisch verschiedener Wolframmetalle versetzt und gut durchgerieben, bis eine dicke, plastische, aber noch verarbeitbare Paste entsteht. Als Wolframmetallzusatz benutzt man ein Gemisch von gleichen Teilen grauem, schwerem und schwarzem, leichtem Metall. Das letztere wird besonders deshalb zugefügt, um die feste Verbindung der einzelnen Teile des Kittknotens zu erhöhen. Nach dem Einsetzen des Fadenendes in die Öse oder Hülse wird eine genügende Menge dieses Kittes in der Weise aufgetragen, daß der Raum zwischen Hülse oder Öse und Faden vollkommen ausgefüllt ist und ein perlenförmiger, nicht zu großer Knoten entstanden ist. Das Auftragen des Knotens geschieht am besten vermittels einer geeigneten Nadel oder eines feinen Pinsels. Der Stern mit den angekitteten Fäden wird nun auf den geschlitzten Metallfuß a, der mit dem beweglichen Kranz c fest verbunden ist (Fig. 163), gebracht und durchläuft nun mit derselben ruckweisen Geschwindigkeit, als ein neuer gekitteter Stern fertig geworden und auf den nächsten Metallfuß aufgesetzt worden ist, den mit kleinen Gasflämmchen geheizten Tunnel b des rotierenden Kittapparates. Sobald der Stern den Tunnel durchlaufen hat, sind die Kittknoten schon so weit ausgetrocknet und fest geworden, daß sie jetzt gefahrlos zur Entfernung der im Knoten befindlichen Gase mit Hilfe einer kleinen Stichflamme ausgeglüht werden können. Dieses Ausglühen hat selbstverständlich so vorsichtig zu erfolgen, daß eine Beschädigung oder Oxydation der dem Knoten nahe liegenden Teile des Fadens unter keinen Umständen eintritt. Nach dem Ausglühen, das beendet ist, wenn keine Dämpfe mehr aus dem

Kittknoten sich entwickeln, ist dieser so fest und hart geworden, daß er beim Zerdrücken erst bei Anwendung einer gewissen Gewalt unter hörbarem Geräusch zerspringt.

Der Apparat ist infolge der Möglichkeit, den Heiztunnel *b* in der Höhe verstellen zu können, auch für die höchsten Sterne, zum Beispiel für hochkerzige Lampen, anwendbar.

Hans Kuzel[1]) in Baden bei Wien benutzt als Kitt eine kolloidale Metallpaste von Wolfram Molybdän. Uran und dergleichen ohne irgendwelche weiteren Zusätze. Die Paste

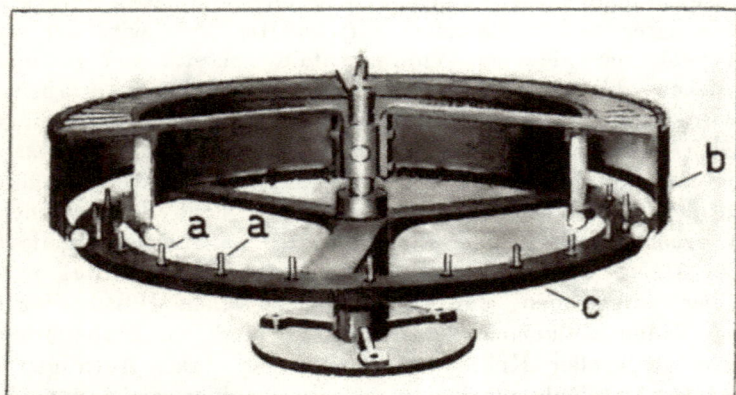

Fig. 163.

wird, wie oben beschrieben, in Anwendung gebracht, getrocknet und schließlich bei starker Glut erhitzt, zum Beispiel mit Hilfe des elektrischen Lichtbogens. Dieses Erhitzen wird vorzugsweise im Vakuum oder in strömenden inerten Gasen vorgenommen, wobei ein Kittknoten aus stark gesintertem Metall resultiert.

Später fand Hans Kuzel[2]), daß auch die in den kolloidalen Zustand gebrachten Oxyde, zum Beispiel das braune Wolframdioxyd, sich gut als Verbindungskitte eignen. Die damit erzeugten Kittknoten müssen selbstverständlich, um eine gute

---

[1]) Brit. Patent Nr. 28154 vom Jahre 1904 und Nr. 15462 vom 27. Juli 1905.

[2]) Brit. Patent Nr. 8057 vom 3. August 1906.

stromleitende Verbindung herzustellen, nach dem Trocknen bei
hoher Temperatur in einem reduzierenden Gase geglüht werden.

Nach dem weiteren Verfahren desselben Erfinders[1]) lassen
sich auch die pulverförmigen Karbide der schwerschmelzbaren
Metalle, welche mit einer Lösung von Gummiarabikum, Zucker,
kolloidalen Metallen oder Metalloxyden in eine streichfähige
Paste übergeführt worden sind, als gute Kittmaterialien verwenden. Die erzeugten Kittknoten werden zur Leitendmachung
und Sinterung bis zur Weißglut erhitzt, vorteilhafterweise in
einem inerten oder, wenn nötig, reduzierenden Gase.

Ferner sei erwähnt, daß nach der Ansicht von Hans Kužel[2])
ein Zusatz von Aluminium- oder Silberkarbid zu der kolloidalen
Paste den Kittknoten erhärtende Eigenschaften besitzen soll.

Eine gut stromleitende Verbindung vermittels eines geeigneten
Kittes stellen A. Just & F. Hanamann[3]) in folgender Weise
her: Die benutzte Paste besteht aus einem Gemisch von Kohle
und Steinkohlenteer, dem eine ausprobierte Menge von Wolframmetall, besser Wolframkarbid zugefügt worden ist. Die bewirkten
Kittknoten werden zuerst getrocknet, dann stärker erhitzt und
schließlich mit Hilfe des elektrischen Stromes in einem trockenen,
inerten Gas ausgeglüht.

Ebenfalls fein verteiltes Wolframpulver, als Hauptbestandteil
eines guten Kittes, benutzt F. P. Driver[4]). Das Pulver wird
mit einer Kali- oder Natronsilikatlösung zur dicken Paste verarbeitet und die erzeugten Kittknoten in einem nicht oxydierenden
Gase durch Stromdurchlauf ausgeglüht.

Popes Electric Lamp Company [Carl Trenzen[5])]
stellt sich einen guten Kitt in der Weise her, daß eine 29 %ige
Ammoniaklösung tropfenweise auf feinstes Wolframmetall gegeben
wird. Eine kleine Menge gelatinöser Kieselsäure, welche Wolfram-
silizide zu bilden vermag, erhöht die Festigkeit des resultierenden
Knotens, der zur Erzielung einer gewissen Sinterung im Lichtbogen ausgeglüht wird.

[1]) Brit. Patent Nr. 12153 vom 4. August 1906.
[2]) Brit. Patent Nr. 25994 vom 20. Januar 1906.
[3]) Brit. Patent Nr. 9349 vom 20. April 1906.
[4]) Brit. Patent Nr. 13354 vom 8. Juni 1907.
[5]) Brit. Patent Nr. 16076 vom 9. Juli 1909.

Einen ähnlichen Kittknoten stellt Johannes Schilling[1] in der Weise her, daß er eine Paste anwendet, welche aus Wolframmetall besteht. Das Metall wird mit Ammoniak- oder Schwefelammonlösung plastisch gemacht und in bekannter Weise benutzt.

Es sei noch angeführt, daß auch niedriger schmelzbare Metalle in feiner Pulverform, wie Kupfer, Silber und dergleichen, mit einer geeignet klebenden Lösung zur Paste verarbeitet zur Herstellung von Kittverbindungen benutzt worden sind. Um einer eventuellen Verdampfung dieser Metalle zu begegnen, ist es selbstverständlich notwendig, die Kittknoten so groß zu dimensionieren, daß eine starke Abkühlung des glühenden Fadens eintritt.

D. Das Anschweißen und Anlöten der Glühfäden.

Eine ungleich bessere Verbindung zwischen Metallfaden und Elektrode ergeben fraglos die als Schweiß- und Lötverfahren bekannten Methoden. Der Vorteil ist nicht allein nur darin zu erblicken, daß hierbei der Übergangswiderstand ganz oder bis auf ein Minimum ausgeschaltet wird, sondern auch darin, daß die erzeugte Verbindung naturgemäß eine erheblich festere ist. Ferner kann die Produktionsgeschwindigkeit der erzeugten Schweiß- oder Lötknoten gegenüber den Kittknoten bedeutend erhöht werden, so daß die Gestehungskosten sich erheblich ermäßigen. Wesentlich ist endlich, daß bei sorgfältiger Arbeit Knoten entstehen, die keine Veranlassung zu dem lästigen Nachgasen in der Lampe geben können.

Ein älteres Schweißverfahren wurde von C. Kellner[2] angewendet, und zwar für Metallfäden aus Thorium, Chrom oder Wolfram. Die Elektroden werden zur Aufnahme der Glühkörper in geeigneter Weise ausgearbeitet und hierauf beide mittels des elektrischen Lichtbogens verschmolzen oder verschweißt.

Bekannt ist das Schweißverfahren der Deutschen Gasglühlicht-Akt.-Ges. [Auer-Ges.[3]] in Berlin, das mit Hilfe des in Fig. 164 dargestellten Apparates ausgeführt wird. Das Prinzip des Verfahrens besteht darin, die Elektrode elektrisch

---

[1] Brit. Patent Nr. 23640 vom 6. April 1910.
[2] Brit. Patent Nr. 19785 vom 17. September 1898.
[3] D. R. P. Nr. 162417 vom 27. Juli 1904.

Fig. 1
Fig. 3

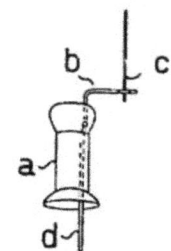
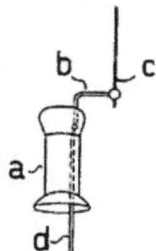

Fig. 2
Fig. 4

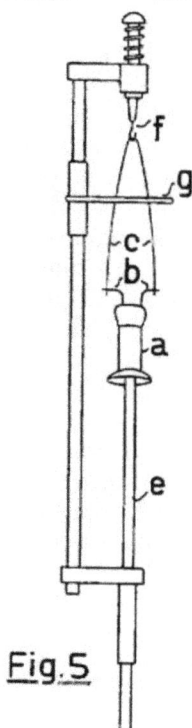
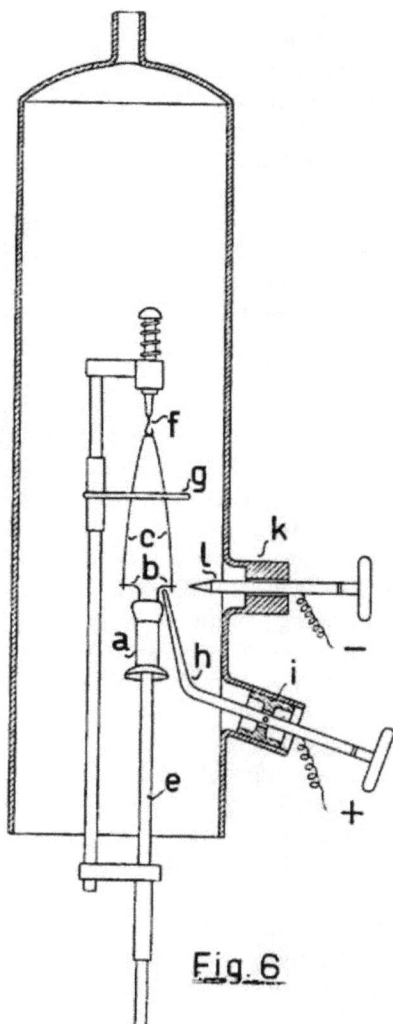

Fig. 5
Fig. 6

Fig. 161.

zum Schmelzen zu bringen, so daß bei dem rasch folgenden Wiedererstarren der Metallfaden in der Schmelzperle eingebettet wird. Die ganze Operation wird in einem die Fäden nicht angreifenden Gase vorgenommen. Die Fig. *1* und *2* der Zeichnung veranschaulichen das vorläufige Anlegen des Leuchtkörpers an den Zuführungsdraht in Ansicht und Grundriß, die Fig. *3* und *4* die fertige Verbindung. Fig. *5* zeigt ein zu dem Verfahren benutztes Gestell und Fig. *6* ein unten offenes, das Gestell enthaltendes Gefäß, welchem von oben das den Leuchtkörper bei der Einwirkung des Lichtbogens nicht angreifende Gas zugeführt wird.

Das Ende des gezeichneten Leuchtkörpers *c* wird zweckmäßig in eine Ausbiegung des Drahtes *b* eingelegt (Fig. *2*). Es genügt aber auch schon, Leuchtkörper und Draht *b* einfach aneinander zu legen. Man verbindet nun den Draht *b* zwischen Fuß und Leuchtkörper mit dem einen Pol einer Stromquelle, am besten Gleichstrom von etwa 20 Volt Spannung, was durch bloßes Aufsetzen auf einen an den betreffenden Pol angeschlossenen Metallkontakt geschehen kann. Hierauf nähert man den anderen Pol der Stromquelle zweckmäßig mittels eines dünnen Kohlestiftes oder eines Metallstiftes dem Ende des Zuleitungsdrahtes *b*, um ihn fast augenblicklich wieder zu entfernen. Der beim Öffnen des Stromkreises auftretende Lichtbogen veranlaßt ein Schmelzen des Zuleitungsdrahtes, wobei sich an der Befestigungsstelle eine kugelartige Verdickung bildet, welche das Ende des Leuchtfadens fest umschließt. Bei einiger Übung gelingt die Verschmelzung, ohne daß der Leuchtkörper selbst zum Schmelzen kommt, da er verhältnismäßig kalt bleibt und außerdem einen bedeutend höheren Schmelzpunkt als das Metall des Zuleitungsdrahtes besitzt.

. In der Fig. *5* ist der Glühlampenfuß *a* auf einen federnden Halter *e* aufgeschoben und der bügelförmige Leuchtkörper *c* an einem Haken *f* aufgehängt. Quer vor dem Faden *c* ist eine Stütze *g* vorgesehen, welche genügt, um den Faden *c* an die Stromzuführungsdrähte *b* heranzudrücken. Nach dem Verschmelzen kann man den unter Federwirkung stehenden Haken *f* niederdrücken, so daß der Faden frei wird und der Fuß *a* leicht vom Halter *e* abzunehmen ist. Um mehrere Glühfäden nebeneinander anzubringen, braucht man nur noch weitere Häkchen *f* und Stützen *g* anzubringen.

Um die Verschweißung in einem inerten Gase vornehmen zu können, wird der in Fig. 6 gezeichnete Rezipient angewendet. Es ist dann erforderlich, die zur Bildung des Lichtbogens notwendige Bewegung der Elektroden von außen vorzunehmen. Die Luft wird aus dem Rezipienten verdrängt durch fortwährendes Einströmen des betreffenden Gases. Wie in der Zeichnung dargestellt, wird die eine Schweißelektrode h durch einen Ansatz i, wobei der Elektrode etwas Spiel gestattet ist, und die andere Elektrode l durch einen Ansatz k, der ein Hin- und Herschieben der Elektrode erlaubt, eingeführt. Bei Verwendung mehrerer Glühfäden auf demselben Lampenfuß kann man die Verschmelzung der verschiedenen Enden ausführen, ohne das Fuß und Leuchtkörper tragende Gestell aus dem Rezipienten herausnehmen zu müssen.

Fig. 165.

Nach den Ausführungen im Auerschen Patent kann man auch in einem zugfreien Raum ganz ohne Anwendung eines Rezipienten arbeiten, wenn man das schützende Gas, zum Beispiel Stickstoff, aus einer etwa 1 cm weiten Öffnung auf die Stelle des Lichtbogens ausströmen läßt, so daß die heiß werdenden Teile des Glühfadens sich innerhalb des Gasstromes befinden.

Ein recht brauchbarer Apparat zur Vornahme dieser Schweißarbeit wird von der Firma Beling & Lübke, Berlin, in den Handel gebracht und besteht, wie aus der Fig. 165 ersichtlich, aus dem rohrförmigen Rezipienten, dem von dem oberen Rohr Wasserstoff oder dergleichen zugeführt werden kann, welcher an dem seitlichen offenen Rohr wieder ausströmt. Der Rezipient trägt außerdem seitlich ein weiteres Rohr zur Aufnahme der beweglichen Elektrode, während die zweite Elektrode von der unteren Öffnung des Rezipienten bedient wird. Der Fadenstern mit den zu schweißenden Fäden ruht drehbar auf einer Führung, die von unten in den Rezipienten eingeführt werden kann.

Fig. 166a.

Eine etwas andere Anordnung zeigt ein neuer Schweißapparat der Firma Friedrich & Rudolph, Berlin, der in den Fig. 166a und b dargestellt ist. Bei diesem Apparat bestehen die Neuerungen darin, daß das Annähern und Abziehen der den Lichtbogen erzeugenden Elektrode 1 durch eine präzis drehende Bewegung erfolgt. Wie Fig. 166a zeigt, besteht der Träger für die beiden Schweißelektroden aus einer Hartgummiplatte 2, die außerdem die Kontakte 3 für die Stromzuführung trägt. Der Gummiteller ist ferner mit einem Loch versehen, um nach dem Schließen des Rezipienten (Fig. 166b) dem inerten Gas einen Weg zur Fortleitung zu schaffen. Nach dem Aufsetzen des Fadensternes wird das Trägergestell nach oben gebracht, bis der dichte Abschluß des Tellers mit dem Boden des Rezipienten bewerkstelligt ist. Gleichzeitig gelangen die Stromkontakte 3 in den fest angebrachten Steckkontakt 4, so daß jetzt erst Strom in die Schweißelektroden geschickt wird. Bei dem Herunter-

lassen des Tellers mit dem geschweißten Fadenstern wird der
Apparat wieder stromlos.

Ein weiterer Schweißapparat derselben Firma ist in Fig. 167
dargestellt. Der Apparat macht die Anwendung eines Rezipienten
überflüssig, da aus der essen-
förmig ausgestalteten Metall-
röhre e das inerte Gas derart ausströmt, daß es die
zu schweißenden Teile des
Fadensternes vollkommen
schützend einhüllt. Das Gas
tritt durch a in das Manometer f, damit ein ausprobierter Druck immer eingehalten und genau eingestellt
werden kann. Von dort ge-
langt es in das Drehventil i
und durch den Schlauch h
nach der Esse. Zur Auf-
nahme des Sternes mit den
provisorisch angekitteten
Fäden wird er auf dem drehbaren Halter d aufgesetzt und
durch die Blechfedern c festgehalten. Dieser drehbare
Halter bildet die eine Schweißelektrode, während die andere
Elektrode g, im Scharnier beweglich, mit Hilfe von Druckluft an die zu schweißende
Stelle zur Bildung des Lichtbogens gedrückt wird. Beim
Öffnen des Stromkreises erfolgt die gewünschte Schweis-
sung. Ist jeder Faden des

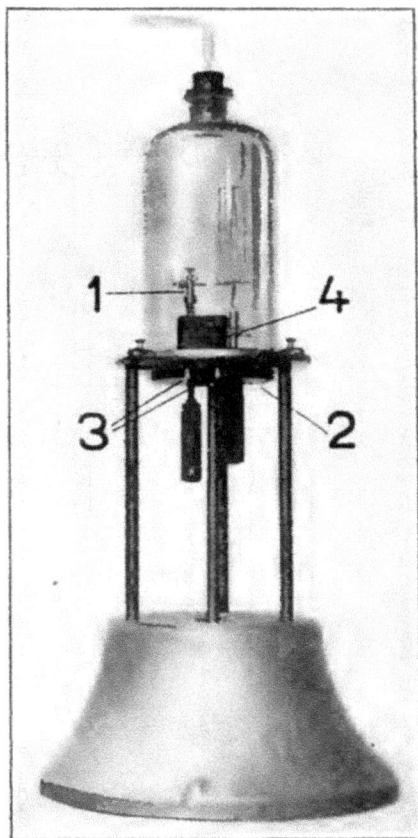

Fig. 166b.

Sternes geschweißt, so wird durch Drehung des Sternhalters d
in der Pfeilrichtung nach unten mit Hilfe des Drehventils i der
Zufluß von Wasserstoff nach der Esse e abgeschnitten, und der
Stern kann abgenommen werden.

Eine brauchbare Anordnung der Schweißelektroden zeigt der in Fig. 168 dargestellte Apparat von E. Majert & W. Gladitz[1]). In den seitlichen Tubus des Glasrezipienten a ist das Rohr c eingekittet, welches, gut isoliert, die Elektroden b und c leicht drehbar und verschiebbar führt. Das vordere Ende der Elektrode b

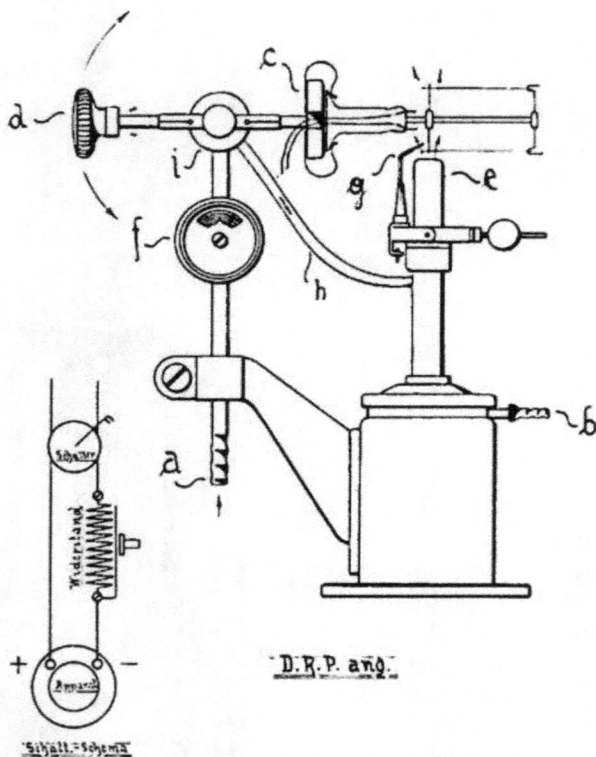

D.R.P. ang.

Fig. 167.

dient zum Anlegen an die Stromverteilungsdrähte und besteht aus Kupfer oder dergleichen, während die Elektrode c, am vorderen Ende mit einem Stäbchen schwerschmelzbaren Metalles oder Kohle ausgerüstet, die Erzeugung des Lichtbogens bewirkt. Beide Elektroden sind vermittels des Isolierstückes d verbunden, so

[1]) Brit. Patent Nr. 12404 vom 19. Mai 1911.

daß eine gleichzeitige, sowohl das Anlegen der Elektrode b als
auch die schweißende Bewegung der Elektrode c bewirkende
Bewegung ausgeführt werden kann.

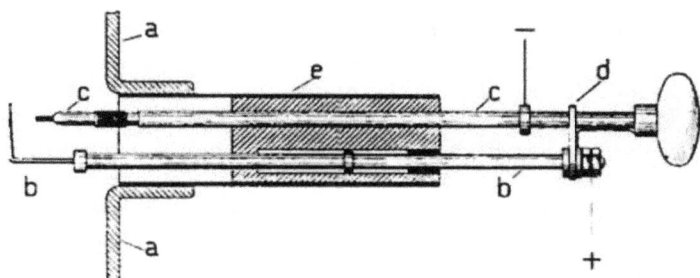

Fig. 168.

Bei den bisher aufgeführten Methoden wird allgemein zur
Verhütung von Oxydationen die Schweißung in einer Atmosphäre
reduzierender oder inerter Gase vor-
genommen. Um diese verhältnismäßig
teuren Gase auszuschalten und trotzdem Oxydationen des Fadens beim
Schweißen zu vermeiden, wendet S i l -
v i o M a r i e t t i i n M a i l a n d[1]) folgendes Verfahren an, wie es aus Fig. 169
ersichtlich ist. Es hat sich gezeigt,
daß bei Bildung des Lichtbogens dieser
gern ein kurzes Stück am Faden in
die Höhe klettert, und daß dann dort,
sofern diese Manipulation an freier
Luft vorgenommen wird, der Faden
teilweise verbrennen kann. Bläst man
aber auf den gebildeten Lichtbogen
entgegen der Fadenrichtung mit Hilfe
des kleinen Rohres s einen starken
Luftstrom, so wird die schädliche Wirkung des Lichtbogens zum größten
Teil aufgehoben.

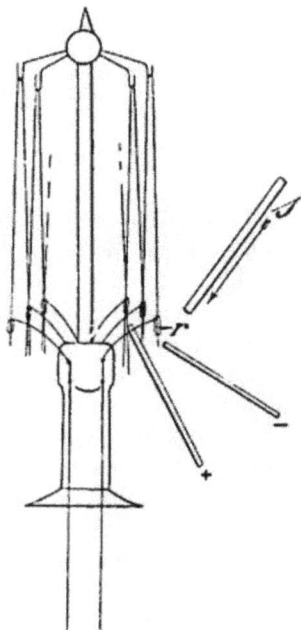

Fig. 169.

[1]) D. R. P. Nr. 233205 v. 16. Febr. 1908.

Eine andere Methode. um die Gase entbehrlich zu machen. stammt von der British Thomson-Houston Company [General Electric Company[1])] in London, bei welcher die Verschweißung des Leuchtfadens mit der Elektrode unter einer schützenden Flüssigkeit vorgenommen wird. In Fig. 170 ist die Anordnung des notwendigen Apparates dargestellt. Als schützende Flüssigkeit sind unter anderem auch Alkohol und Wasser brauchbar. Die Anordnung ist derart getroffen, daß die zu schweißenden Elektroden als Kathoden benutzt werden. um eine Oxydation des Metallfadens vermittels der Zersetzungsprodukte der angewandten Flüssigkeit auszuschließen.

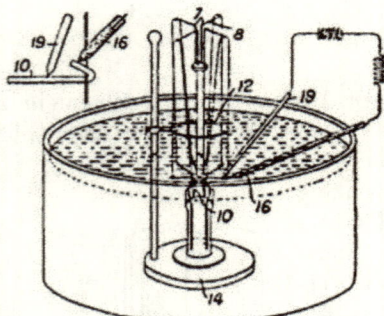
Fig. 170.

Die elektrische Verschweißung geht bei allen erwähnten Methoden derart vor sich, daß die eine Elektrode an den Zuleitungsdraht angelegt und die andere jetzt der zu schweißenden Stelle bis zur Berührung genähert wird. Beim Wiederentfernen dieser zweiten Elektrode bildet sich nun der notwendige Lichtbogen.

Nach den Ausführungen von Augustus Charles Hyde[2]) in London jedoch soll diese Berührung der Schweißstellen sehr oft zum Bruch der feinen Metallfäden führen, und er schlägt deshalb vor. eine sehr hohe Spannung des Stromes, etwa 1000 Volt. zu benutzen. damit der schweißende Funke schon überspringt, ehe die Berührung der Elektroden stattgefunden hat. Um ein Abspringen des Fadens vom Stromverteilungsdraht hierbei möglichst zu vermeiden. wird zuerst eine geringe Menge eines Kittes in Anwendung gebracht, der aus einer Kollodiumlösung besteht. welcher bestimmte ausprobierte Mengen von fein verteiltem Nickel oder Eisen mit einem bestimmten Zusatz der Oxyde dieser Metalle zugefügt worden ist.

Interessant ist noch die Schweißmethode der Compagnie

[1]) Brit. Patent Nr. 8642 vom 13. April 1907.
[2]) Brit. Patent Nr. 17817 vom 6. August 1907.

Générale d'Électricité[1]) in Paris, bei welcher die
Schmelzung der Elektrodendrähte vermittels strahlender Wärme
hervorgerufen wird. Der hierzu benutzte Apparat ist in Fig. 171
abgebildet. *14* bedeuten Widerstände, die etwa 1 mm von den
zu schweißenden Stellen entfernt sind, und die durch Strom im
Moment auf höchste Weißglut gebracht werden können. Der
Apparat ist ferner mit einem Rezipienten ausgerüstet, so daß
die Schweißung zum Beispiel in
Wasserstoffgas vor sich gehen
kann. Das gut die Wärme leitende
Gas zwischen Widerstand und
Schweißstelle wird ebenfalls
glühend, so daß die Schweißung
schnell vonstatten geht.

Endlich sind noch die Verfahren kurz anzuführen, bei denen
eine Verschweißung ohne Hilfe
des elektrichen Stromes zustande
kommt. So kann zum Beispiel
eine Schweißung vorgenommen
werden vermittels einer kleinen
und heißen Knallgasstichflamme,
wobei selbstverständlich besonders
achtgegeben werden muß, daß eine
Verbrennung des Glühfadens nicht
eintritt.

Eine andere Methode beruht
auf der Erzeugung der zur auto-

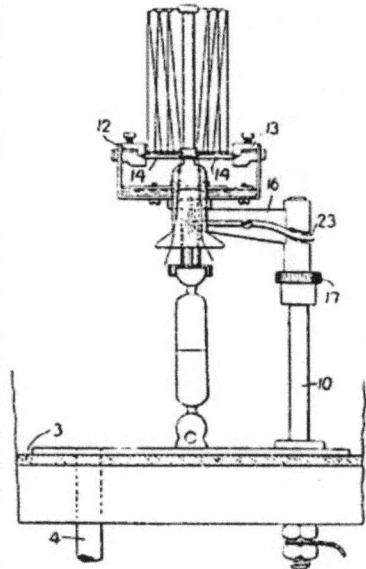

Fig. 171.

genen Schweißung erforderlichen Wärme durch Entzündung
eines Reaktionsgemisches, welches zwischen Elektrode und Glühfaden in geeigneter Weise untergebracht worden ist (analog dem
Goldschmidtschen aluminothermischen Verfahren).

Nach dem Verfahren von Arnold Rathjen[2]) in Hamburg werden hierbei die der Schweißstelle nächstliegenden
Teile der Metallglühfäden zur Verhütung von Oxydationen mit
einer möglichst unverbrennlichen Schutzschicht überzogen.

[1]) Brit. Patent Nr. 25383 vom 3. November 1909.
[2]) D.R.P. Nr. 204617.

Ein Gemisch geeigneter Metalloxyde mit den äquimolekularen Mengen von Aluminium, Magnesium, Kalzium oder Cer wird ebenfalls von der Westinghouse Metal Filament Lamp. Company Ltd.[1]) in London zur Erzeugung einer gewissen Verschweißung vorgeschlagen. Die Metallfäden werden in Hülsen, Ösen oder dergleichen eingeführt, mit der Schweiß-mischung bestrichen und dort dann eine genügend hohe Temperatur erzeugt, welche die Reaktion einleitet.

Die Deutsche Gasglühlicht - Akt. - Ges. [Auer-Ges.[2])] in Berlin hat nun die Beobachtung gemacht, daß sich bei Vornahme der Schweißarbeit und bei Verwendung der ver-schiedenen Metalle als Elektrodenmaterial auch recht verschieden-

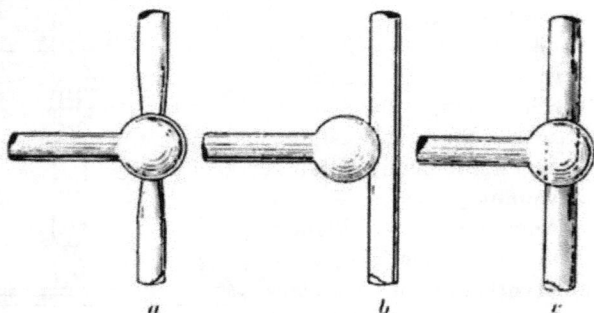

Fig. 172.

artige Erscheinungen ergeben, die in Fig. 172 dargestellt sind. Verwendet man zum Beispiel als Elektroden oder Verteilungs-drähte solche aus reinem Nickel, so entsteht bei der Schweißung eine gewisse Menge einer Wolframnickellegierung, welche leichter schmelzbar als das Metall des Glühfadens ist. Bei der hohen Temperatur des Lichtbogens wird diese Legierung leicht flüssig und schmilzt infolgedessen ab, so daß sich die in Fig. 172 a dar-gestellte Verdünnung des Fadens in der Nähe der Schweiß-stelle ergibt. Die Verminderung des Fadenquerschnittes wird selbstverständlich zu einer Erhöhung der Bruchgefahr führen.

[1]) D. R. P.-Anmeldung vom 23. Novbr. 1906. Brit. Patent Nr. 1823 vom Jahre 1907.
[2]) D. R. P. Nr. 206094.

Benutzt man dagegen an Stelle des Nickels Drähte aus Kupfer, so tritt gewöhnlich der in Fig. 172 b angedeutete Übelstand ein. Man beobachtet die eigentümliche Erscheinung, daß der Wolframfaden vor dem Erstarren die flüssige, geschmolzene Kupferperle durchbricht und nach außen gelangt. Die Verbindung zwischen Elektrode und Glühfaden ist, wie ersichtlich, demnach nur eine recht lose und ungeeignete.

Nach den Feststellungen der oben genannten Firma werden diese Übelstände nun sicher vermieden, wenn man Drähte in Anwendung bringt, die aus einer Legierung von zwei sich verschieden verhaltenden Metallen bestehen. Das eine Metall soll sich leicht mit Wolfram legieren, während das andere das entgegengesetzte Verhalten aufweisen muß. So sind zum Beispiel Legierungen brauchbar, die einerseits aus Kupfer oder Silber, andererseits aus Nickel, Chrom oder Eisen bestehen. Aber auch Drähte, bei denen die zwei Metalle nur mechanisch vereinigt sind, führen zum Ziel. So kann beispielsweise ein Kupferdraht, der mit Nickel überzogen ist, oder ein Nickeldraht, welcher eine Hülle von Kupfer besitzt, verwendet werden. Die gebildete Schweißstelle zeigt dann die in Fig. 172 c dargestellte Form.

Auch andere Wege zur Verhütung ungenügender Schweißverbindungen sind bekannt und angewendet worden. So versehen zum Beispiel die Bergmann-Elektr.-Werke, Akt.-Ges.[1]), in Berlin die Enden der zu verschweißenden Glühfäden mit Überzügen aus Platin, Silber, Kupfer und anderen Metallen, die gleichzeitig beim Verschmelzen in der Gebläseflamme einen gewissen Schutz gegen Oxydationen der Fäden verursachen.

Will man reine Nickeldrähte als Elektroden benutzen und doch eine gleichmäßige Umhüllung der Fäden mit der Schmelzperle herstellen, so empfiehlt es sich, die Elektroden in Form von Oesen oder Hülsen anzuwenden, durch die der Glühfaden geführt wird.

Ferner benutzt Francis Harrison[2]) in London die in Fig. 173 a ersichtlich gespaltene Elektrode, in deren Schenkel der Metallfaden vor dem Schweißen eingeführt wird, während

---

[1]) D. R. P. Nr. 204945.
[2]) Brit. Patent Nr. 10874 vom Jahre 1910.

bei der häkchenförmig gebogenen Elektrode in Fig. 173 *b* die
Lichtbogenbildung bei *1* vorgenommen wird. In beiden Fällen
wird bei richtiger Vornahme der Schweißarbeit der Faden vollkommen im geschmolzenen Metall der Elektrode eingebettet.

Erwähnenswert ist noch, daß besonders bei hochvoltigen
Lampen, bei welchen eine große Anzahl einzelner Fäden in der
Lampe untergebracht werden müssen, sehr häufig zwei Metall-
fäden in einem Schweißknoten vereinigt werden, wie es aus
Fig. 174 *a* ersichtlich ist. Dies geschieht hauptsächlich aus dem

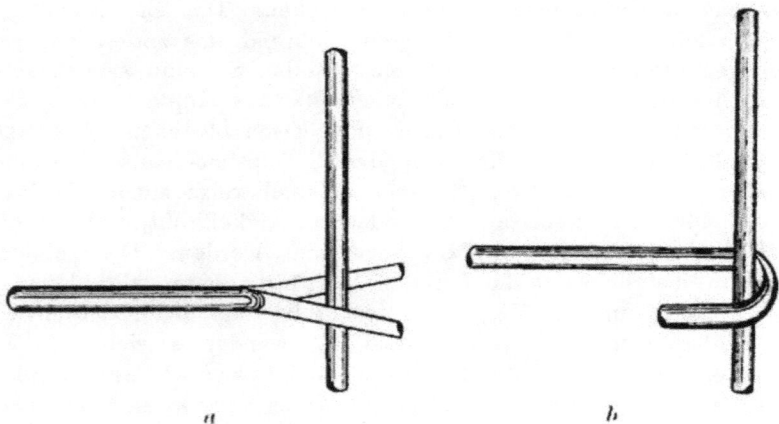

a   *b*

Fig. 173.

Grunde, um sowohl an Stromverteilungs- als auch an Halter-
drähten zu sparen.

Endlich sei noch die Methode der Wolframlampen-
Akt.-Ges. in Augsburg angedeutet, die noch heute in
größerem Umfange angewendet und in Fig. 174 *b* dargestellt ist.
Die Elektroden und Stromverteilungsdrähte *1* sind am vorderen
Ende *2* ringförmig geschlossen. Durch den Ring werden die
Schenkelenden zweier Metallfäden geführt und dort unterhalb
des Ringes zur Kugel verschweißt. Die Schweißkugel muß nun
so groß sein, daß sie nicht durch den Ring schlüpfen kann. Man
erhält also in dieser Weise gewissermaßen einen fortlaufend in
der ganzen Länge für sich verbundenen Metallfaden, für den
die Stromverteilungsdrähte nur als Stützen dienen.

Eine weitere bekannte Art der stromleitenden Verbindung zwischen Metallfaden und Elektrode besteht in dem sogenannten Löten. Bei diesem Verfahren werden die mannigfachsten Lote in Anwendung gebracht derart, daß durch eine den Eigenschaften des Lotes angepaßte Temperatur dieses zur Schmelzung gelangt und beim Erstarren die Verbindung herstellt. Bedingung ist selbstverständlich, daß die durch den glühenden Metallfaden auf die Lötstelle übertragene Temperatur nicht ausreicht, um eine Verdampfung des Lotes im Vakuum der Lampe hervorzurufen. Das Lot muß weiter die Eigenschaft besitzen, sowohl Metallfaden als auch Elektrode untrennbar verkitten zu können.

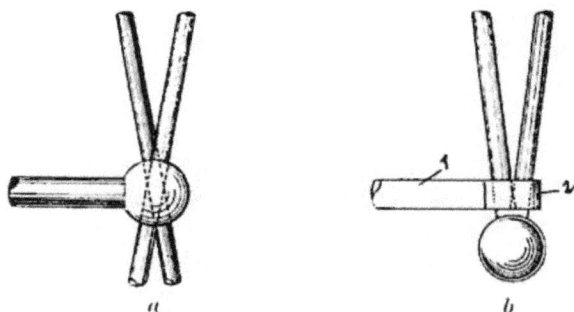

Fig. 174.

Als Lote kommen hauptsächlich solche schwerschmelzbaren Metalle oder stromleitenden Metallverbindungen in Betracht, die einen niedrigeren Schmelzpunkt besitzen als das Wolfram- und Elektrodenmaterial.

So verwendet zum Beispiel die Wolframlampen-Akt.-Ges.[1]) in Augsburg ein Lot, welches aus gesintertem Nickel, Kobalt oder Eisen besteht.

In späteren Patenten der gleichen Gesellschaft[2]) werden die Phosphide von Mangan, Nickel, Chrom, Molybdän und Wolfram als geeigneter zum Löten bezeichnet. Diese Körper werden mit Wasser, Xylol oder dergleichen zu einer dicken Paste verarbeitet und diese dann derart benutzt, daß Elektrode und

---

[1]) D. R. P. Nr. 206333.
[2]) D. R. P. Nr. 209349, Nr. 214489 und Brit. Patent Nr. 142 vom Jahre 1909.

Glühfaden knotenartig umhüllt werden. Der Knoten wird dann in einer nicht oxydierenden Atmosphäre zum Schmelzen gebracht.

Ähnliche Körper und zwar die Sulfide von Wolfram und Molybdän als Lötmittel wendet C. Heinrich Weber[1] in Berlin an. Diese chemischen Verbindungen, welche einen relativ niedrigen Schmelzpunkt besitzen, zersetzen sich bei der Schmelztemperatur in das korrespondierende Metall, während die größte Menge des Schwefels abdestilliert.

Feines Silbermetallpulver, welches mit einer flüchtigen Flüssigkeit zur Paste angerührt wird, benutzt die Elektrische Glühlampenfabrik „Watt"[2] in Wien, ebenso J. Canello[3], der die Silberpaste am Lötknoten mit einem Knallgasgebläse zum Schmelzen bringt.

Ebenfalls Silberoxyd ist von Siemens & Halske, Akt.-Ges.[4], in Berlin als Lot in Anwendung gebracht worden, wobei selbstverständlich für eine Reduktion des Oxydes zum leitenden Metall Sorge getragen werden muß. Um dies zu erreichen, wird das feinpulverige Oxyd mit etwas verharztem Terpentinöl oder Lavendelöl zu einer plastischen Masse verarbeitet und auf die Verbindungsstelle aufgetragen.

Erhitzt man den entstandenen Knoten nach dem Trocknen auf Rotglut, so bildet sich durch Reduktion reines Silber in schwammiger Form, welches nun die feste Verbindung herstellt. Es empfiehlt sich, bei Anwendung dieser Methode die zu lötenden Fadenenden in geeigneter Weise zu verstärken, um eine Beschädigung möglichst zu vermeiden.

Francis Harrison[5] in London benutzt als Lot geeignete Metallpulver, deren Schmelzpunkt durch Phosphor stark erniedrigt wird, so zum Beispiel Platin und Nickel. Fünf Teile roter Phosphor, neunzig Teile Platinmetallpulver und fünf Teile amorphe Kohle werden mit etwas Wasser oder Alkohol zur Paste ver-

---

[1] D. R. P. Nr. 231330 vom 27. März 1910 und Brit. Patent Nr. 1210 vom Jahre 1911.
[2] Brit. Patent Nr. 4760 vom Jahre 1908.
[3] Brit. Patent Nr. 15210 vom Jahre 1909.
[4] D. R. P. Nr. 204296.
[5] Brit. Patent Nr. 10869 vom Jahre 1910.

arbeitet, die nach dem Auftragen und Trocknen elektrisch oder mit Hilfe eines geeigneten Gebläses zum Schmelzen gebracht wird.

Erwähnt sei ferner, daß auch die Karbide der schwerschmelzbaren Metalle, teilweise im Gemisch mit leichter schmelzbaren Metallen oder Metallverbindungen, als Lote benutzt werden.

Speziell in der allerneuesten Zeit, in welcher der früher beschriebene duktile Wolframdraht ein ausgedehntes Anwendungsgebiet gefunden hat, hat sich auch das Anklemmen der Drähte an die Elektroden zum Teil eingebürgert. Die duktilen Drähte sind so biegsam und widerstandsfähig, daß sie diese Arbeitsmethode, bei Anwendung geeigneter Zangen oder dergleichen, ohne zu zerreißen, aushalten. Man verfährt in einfachster Weise so, daß der Draht mit dem Schenkelende in eine Öse, Hülse oder das gebogene abgeflachte Ende der Elektrode eingelegt wird. Hierauf wird beides mit einer Zange vorsichtig zusammengequetscht, wobei man eine genügend feste stromleitende Verbindung erzielt. Es ist endlich auch vorgeschlagen worden, feinpulverige Metalle von hohem Schmelzpunkt in geeigneter Weise zwischen Metallfaden und Elektrode einzuführen, damit diese als Puffer gegen das Zerdrücken der Fäden wirken. Man kann praktischerweise das Zusammendrücken von Leuchtkörper und Elektrode auch bei höherer Temperatur, zum Beispiel mit stark angewärmten Zangen, vornehmen.

E. Die Fabrikation der Teller, Füße, Sterne und Einschmelzen der montierten Füße in die Lampe.

Wie schon in der Einleitung hervorgehoben worden ist, werden heute noch zur Fabrikation der Metallfadenlampen sehr viele der Apparate angewendet, wie sie schon in meinem früheren Buche „Die Kohlefadenglühlampen", Verlag Dr. Max Jänecke, 1908, beschrieben worden sind. Selbstverständlich waren häufig Abänderungen notwendig, um manche der Apparate und Maschinen auch für die empfindlichere Metallfadenlampe brauchbar zu machen; ferner sind eine Anzahl von geschickten Neukonstruktionen geschaffen worden, um die Produktionsfähigkeit zu erhöhen und ein gleichmäßigeres Fabrikat zu erzielen. Besonders sind auch die Heizquellen für die verschiedenen glastechnischen Arbeiten ganz erheblich vervollkommnet worden.

Das Folgende soll nun eine kurze Darstellung der Erzeugung der Metallfadenlampe bieten, wobei nur die bekanntesten und beliebtesten Methoden und Apparate beschrieben worden sind.

Es sei vorausgeschickt, daß auch heute noch fast ausschließlich die Fabrikation der Lampen nach der sogenannten „amerikanischen" Methode erfolgt, besonders für die Herstellung der Füße und beim Einschmelzen der mit Fäden versehenen fertigen Sterne in die Birne.

Um den Arbeitsgang des einfachsten Fadensternes darzustellen, diene die folgende Zeichnung (Fig. 175).

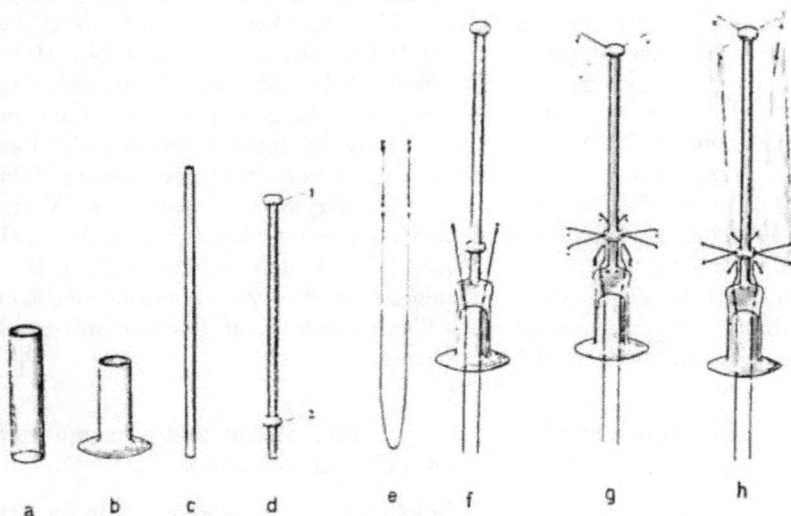

Fig. 175.

a ist das geschnittene und b das aufgetriebene Tellerrohr. c stellt den als Mittelstütze dienenden Glasstab dar, der bei 1 und 2 mittels eines Gebläses erhitzt und dort die sogenannten Linsen erzeugt werden (d). e stellt die bekannten, gewöhnlichen, aus Kupfer, Platin und Nickel geschweißten Stromzuführungsdrähte dar, die nun gleichzeitig mit dem mit Linsen versehenen Nickelstab in den Fuß eingeführt werden. Hierauf erfolgt das Quetschen des Fußes (f), so daß, wie ersichtlich, Mittelstütze, Teller und Einführungsdrähte zu einem Ganzen vereinigt werden. Endlich werden noch in die Linsen die Stromverteilungsdrähte als auch die Halterdrähte eingeschmolzen (*g*), womit der Stern fertig zur Aufnahme der Fäden ist, die entweder angekittet, angelötet oder angeschweißt werden (*h*).

Es sei hierbei bemerkt, daß man früher' auch erst den gequetschten Fuß fertiggestellt und dann erst den Linsenträger vorsichtig an die gequetschte Stelle des Fußes angeschmolzen hat. Dieses Verfahren ist fast vollständig in Fortfall gekommen, da auch bei geschicktester Vornahme dieser Arbeit sehr häufig die lästigen Fußsprünge auftraten.

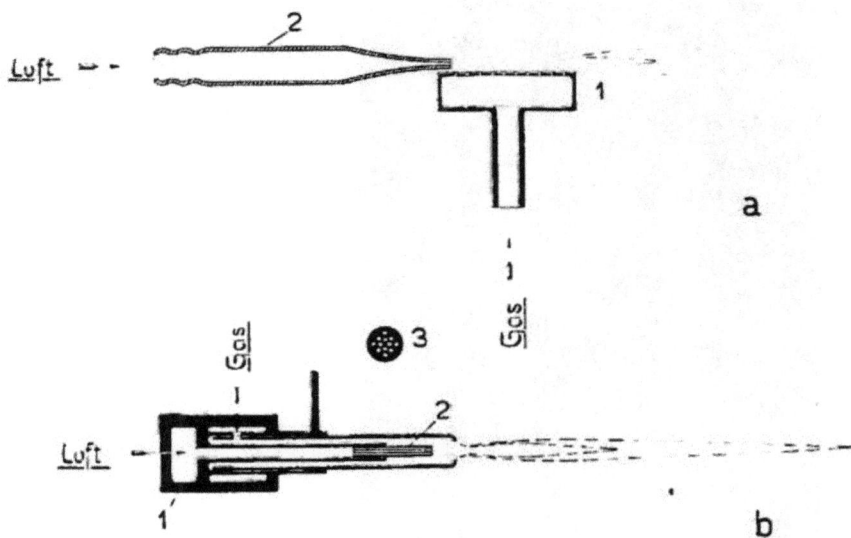

Fig. 176.

Bevor nun zur Beschreibung der neueren Maschinen und Methoden geschritten werden soll, möchte ich erst die Wirkungsweise der obenerwähnten ergiebigeren Gebläse und Brenner, auf die **Paul Bornkessel**[1]) in **Berlin** Patente erlangt hat, anführen. In Fig. 176 *a* ist die ältere Art, in *b* die **Bornkessel**sche Anordnung der Gebläse und Düsen für die Kreuzfeuer usw. schematisch dargestellt. Die ältere Anordnung besteht bekannt-

---

[1]) D. R. P. Nr. 199 497 vom 14. Dezbr. 1907 und Nr. 239 186 vom 11. April 1910.

lich aus dem Muldenbrenner[1]), aus dem durch feine Kanäle
das Leuchtgas ausströmt. Gegen das ausströmende Leuchtgas
bläst nun ein Luftstrom, aus der Düse kommend, und bildet so
die Stichflamme. Die Flamme besitzt infolge der wenig intensiven
Vermischung von Preßluft und Leuchtgas einen großen nicht
heizenden Luftkegel und
kann nur schwer zur
heißen Spitzflamme ein-
reguliert werden. Ein
weiterer Übelstand be-
steht darin, daß die ein-
gestellten Flammen bei
geringsten Schwankun-
gen des Druckes der Luft
oder bei Verschiebungen
der Luftdüse flackern
und dann die Schmelz-
arbeit erschweren.

Diese unangenehmen
Begleiterscheinungen
werden nun in vollkom-
menster Weise durch
die Düsen und Brenner
nach den Bornkessel-
schen Patenten vermie-
den. Das Prinzip zur Er-
zielung der feinspitzigen
heißen Flammen liegt
nicht allein in einer
geschickten zweckdien-
lichen Reguliervorrich-

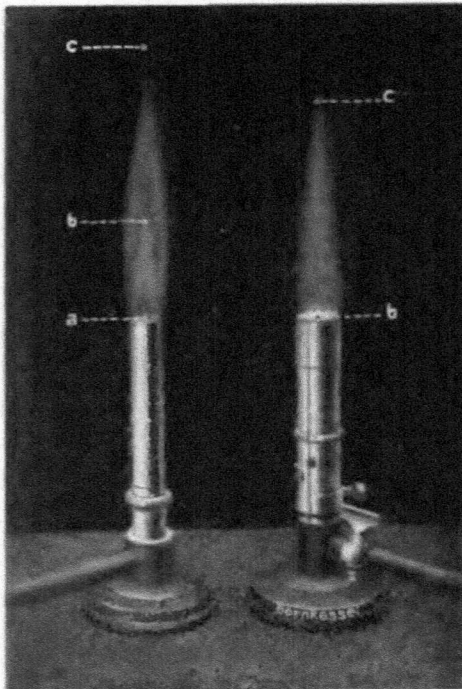

Fig. 177.

tung, sondern ganz besonders in der Konstruktion der Düsen.
Diese Düsen, in Fig. 176b 2 und 3 dargestellt, bestehen aus einem
Glasrohr aus Hartglas, welches viele feine Kanäle zum Durchlaß
der Preßluft besitzt. Durch diese Anordnung wird eine intensive
Mischung der feinen Luftströme mit dem Leuchtgas erzielt derart,
daß fast kein kalter Luftkegel entstehen kann.

[1]) Ausführliches darüber siehe Weber. Kohlefadenlampen.
S. 95—97.

Die Herstellung der Düsen erfolgt gewöhnlich in der Weise, daß eine genügende Anzahl von Kapillaren aus Hartglas konzentrisch zusammengeschmolzen und das Ganze dann weichflüssig gemacht und ausgezogen wird.

Die Wirkungsweise der Bornkessel-Düsen wird auch durch die Zeichnung Fig. 177 demonstriert. Offensichtlich ist bei dem Bornkessel-Brenner die Verbrennung eine wesenstlich günstigere als bei dem gewöhnlichen Bunsenbrenner, da die Nutzflamme bc im ersteren Falle eine erheblich größere als im letzteren ist.

Die mit den Bornkessel-Brennern erzielten Erfolge haben

Fig. 17 .

dazu geführt, daß sie in neuester Zeit vorzugsweise für alle zu Löt- und Schmelzarbeiten dienenden Glühlampenapparate benutzt werden.

So werden zum Beispiel die Kreuzfeuer für die Tellerdrehmaschine, die Füßchenquetsch- und Einschmelzapparate heute vorzugsweise mit den Bornkessel-Düsen ausgerüstet. Ein Teil eines Bornkessel-Kreuzfeuers für eine Einschmelzmaschine ist zum Beispiel in Fig. 178 dargestellt.

Um nun ein Verstopfen der feinen Düsenkanäle durch den Staub sowohl des Leuchtgases als auch der Preßluft zu vermeiden, empfiehlt es sich, zwischen Feuer und Gas- respektive Luftleitung kleine Glaskugeln, die mit Watte ausgefüllt sind, einzuschalten, um alle festen Fremdkörper abzufangen.

Die Herstellung der sogenannten T e l l e r (Fig. 175 *b*) erfolgt
nicht mehr, wie noch vor einigen Jahren, mit der bekannten Hand-
maschine, sondern mit der T e l l e r d r e h m a s c h i n e.   Benutzt
wird sowohl die zweiteilige Maschine, wie in Fig. 179 dargestellt

Fig. 179.

ist, als auch die dreiteilige (Fig. 180). Der letzteren wird jedoch
der Vorzug gegeben, da die Leistungsfähigkeit derselben eine
größere als die der ersteren ist, und da eventuell außerdem eine
besondere Vorwärmung der Tellerröhren angeordnet werden kann.

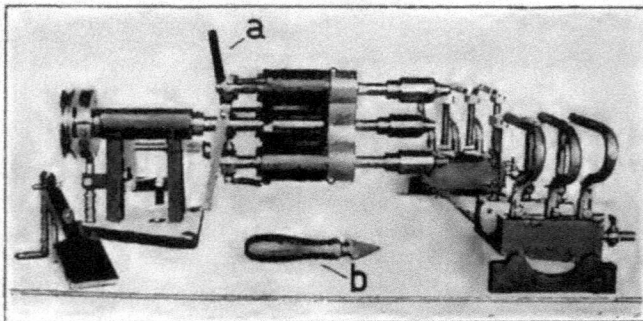

Fig. 180.

Dieses Vorwärmen ist ganz besonders wichtig zur Erzielung
einer geringsten Bruchziffer, da ohne Vorwärmung das kalte
Tellerrohr sofort in die heiße Flamme des Kreuzfeuers gelangt
und dann sehr oft springt. Die Maschine besteht aus Futtern,

die zur Aufnahme der Tellerröhren dienen. Die Futter selbst
(Fig. 181 *a* und *b*) sind derart konstruiert, daß durch einen Druck
in der Pfeilrichtung die innen angeordnete Feder entspannt wird,
wodurch die Öffnung der dreiteiligen Klemmbacken *c* erfolgt.
In dieser Stellung ist das Futter zur Aufnahme der Tellerröhre
bereit. Nach dem Einführen der Röhre wird durch Aufheben
des Druckes das Futter wieder gespannt und das Rohr von den
Backen genau zentrisch festgehalten (Fig. 181 *b*).

Diese drei Futter laufen nun in einem Kasten in der Weise,
daß immer zwei davon vermittels Friktion sich in Rotation befinden,
und zwar sowohl das Futter, bei welchem die Vorwärmung, als

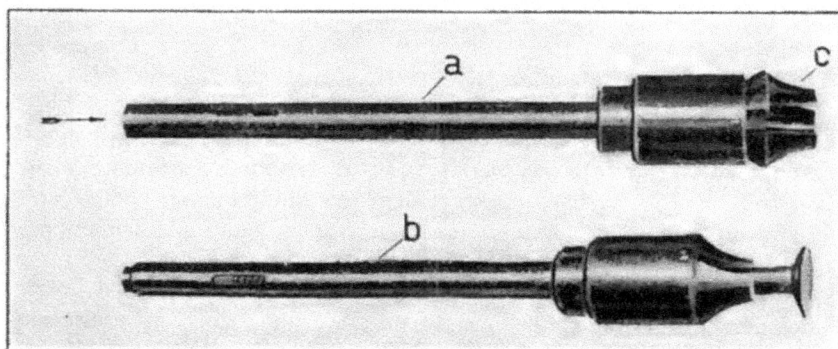

Fig. 181.

auch dasjenige, bei dem das Drehen des Tellers erfolgt. Das
dritte Futter ist in Stillstand, so daß der gedrehte Teller ausgeworfen und ein neues Rohr eingeführt werden kann.

Zum Vorwärmen der Tellerröhren ist seitlich ein Vorwärmegebläse mit breiter, nicht zu heißer Flamme angeordnet, während
die höhere Temperatur bis zur genügenden Erweichung des Glases
durch ein zumeist dreifaches Kreuzfeuergebläse erzielt wird.

Der Arbeitsgang ist kurz folgender: In das in Ruhe befindliche Futter wird das Tellerrohr eingeführt und dann nach
einer Drehung in Rotation versetzt. Es gelangt dann in die
Heizzone des Vorwärmegebläses. Hierauf erfolgt eine weitere
Drehung bis zum Kreuzfeuer, wo nach genügender Erweichung
des Glases das Auftreiben des Tellers vorgenommen wird. Schließ-

lich wird durch die dritte Drehung der aufgetriebene Teller
aus der Flamme des Gebläses genommen, kühlt bis zum gewissen
Grade ab und wird ausgeworfen. Das Auswerfen erfolgt mit
dem Hebel *a* (Fig. 180). Auf diese Weise gelangt man zu einem
schnellfördernden kontinuierlichen Betrieb. Während an einem
rotierenden Futter das Auftreiben des Tellers vorgenommen wird,
erfolgt am zweiten rotierenden Futter das Anwärmen und am
dritten zu gleicher Zeit das Auswerfen des gekühlten fertigen
Tellers und das Einführen eines neuen Tellerrohres.

Zum Auftreiben des Tellers wird der in Fig. 180 als *b* bezeichnete, aus Metall bestehende Auftreiber oder auch eine entsprechend konisch angespitzte Bogenlampenkohle benutzt. Die
dreiteilige Tellerdrehmaschine liefert mit geschultem Personal
bei achtstündiger Arbeitszeit etwa 3000 gute Teller. Der Ausfall sollte nicht höher als $2\,^0/_0$ der Gesamtzahl gedrehter Teller
betragen.

Um ein nachträgliches Springen des gedrehten Tellers möglichst zu verhindern, empfiehlt es sich, die ausgeworfenen Teller
in einem mit Asbest ausgeschlagenen und entsprechend angewärmten Kasten aufzufangen, um eine allmähliche Abkühlung
hervorzurufen.

Um die nächste Arbeit, das Quetschen der Füße, vornehmen zu können, ist es notwendig, daß die vorbereiteten
Stromzuführungsdrähte in den Teller eingeführt werden.

Wie bekannt, bestehen die Elektroden aus gelöteten Drähten,
die aus Kupfer, Platin und Nickel bestehen, in gleicher Weise
wie sie auch schon zur Fabrikation der Kohlefadenlampen
benutzt worden sind. Diese Arbeit erfolgt auch heute noch
zum großen Teil mit der Hand derart, daß zuerst die kleinen,
$3^1/_2$—4 mm langen Platindrähte an die Kupferdrähte und hierauf
die Nickelhülsen, Ösen oder dergleichen mit dem Platin verschweißt werden. Es sind auch besondere Maschinen konstruiert
worden, die automatisch die Arbeit erledigen.

Die Platindrähtchen für die Einschmelzung der normalen
Lampen werden allgemein zu etwa $3^1/_2$—4 mm Länge gewählt.
Bei der Kostspieligkeit dieses Materials empfiehlt es sich, eine
scharfe Kontrolle für den Verbrauch einzuführen. Um diese zu
erleichtern, hat die Firma Friedrich & Rudolph in Berlin
die bekannten Platinschneideapparate, die im allgemeinen aus

dem Lager a zur Aufnahme der Rolle mit dem Draht, der Draht-
transportvorrichtung d und der Schneidevorrichtung b bestehen
(siehe Fig. 182), mit einem Kontrollapparat c verbunden, der
zum Beispiel nach dem Schneiden von 1000 Drähten selbsttätig
die Maschine ausschaltet.

An einem separat angebrachten, zwangsläufig arbeitenden
Zählapparat kann außerdem die Stückzahl der Drähte kontrolliert
werden.

Der Apparat c, der als Momentausschalter konstruiert ist,
kann jedoch auf Wunsch auch für das automatische Ausschalten
nach jeder beliebigen anderen
Anzahl von geschnittenen Drähten eingerichtet werden.

An dieser Stelle möchte
ich auch einige Worte sagen
über die meiner Ansicht nach
durchaus notwendigen Bestre-
bungen, das teure Platinmetall
durch brauchbare Surrogate
zu ersetzen. Der Platinpreis
ist in den letzten Jahren so
immens gestiegen, daß sich

Fig. 182.

die Herstellung eines ebenbürtigen Ersatzdrahtes verlohnen mußte.
In der Tat sind auch speziell in den letzten Jahren Drähte entstanden, die berufen erscheinen, das reine Platin für Glühlampenzwecke mehr und mehr zu verdrängen.

Um die enormen Preissteigerungen des Platins zu veranschaulichen, sei hier eine interessante Kurve in Fig. 183 dargestellt, die mir von einer der bedeutendsten Platinfirmen der
Welt in liebenswürdigster Weise zur Verfügung gestellt worden
ist. In der Tabelle bezeichnen die seitlichen Zahlen die Preise
in Mark, die unteren die Jahresangabe. Abgesehen von einer
verhältnismäßig rapiden Erhöhung des Preises in den Jahren
1889/90, deren Ursprung vielleicht in dem spontanen Mehrverbrauch der chemischen Industrie zu suchen sein wird, bemerkt man nach stetiger Preiserhöhung in den folgenden 14 Jahren
eine plötzliche ganz enorme Steigerung zwischen 1905 und 1906.
Wenngleich auch nicht behauptet werden soll, daß allein der
Aufschwung der Metallfadenlampenfabrikation der alleinige Urheber

dieser Preissteigerungen sein soll [seit 1885 (etwa 900 Mk. das
Kilogramm) bis 1906 (5000 Mk.)], so dürfte doch der starke Verbrauch in der Glühlampenindustrie eine Rolle gespielt haben.
Merkwürdigerweise erfolgt dann in den nächsten zwei Jahren,
trotzdem die Produktion der Lampen etwa verzehnfacht worden
ist und in dieser Periode fast ausschließlich nur reines Platin
in der Glühlampenindustrie verwendet wurde, ein Abfall des

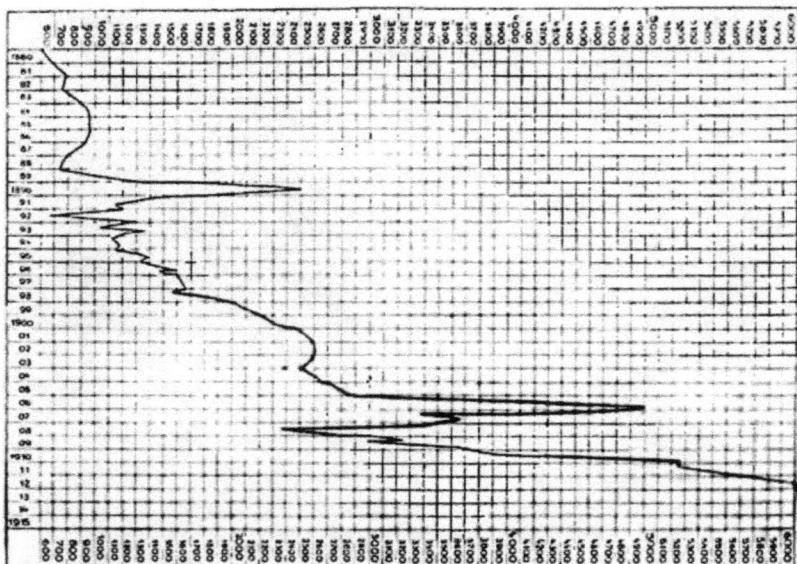

Fig. 183.

Preises auf weniger als die Hälfte (zirka 2400 Mk.). Hierauf
ist wieder ein rapides Anziehen des Preises bis auf über 6000 Mk.
pro Kilogramm zu konstatieren, ein Preis, der sich seit etwa zwei
Jahren auf der annähernd gleichen Höhe hält.

Man hat mir nun aus eingeweihten Kreisen der Platinfirmen versichert, daß diese Preiserhöhung in den letzten Jahren
nicht nur allein auf Angebot und Nachfrage zurückzuführen ist.
Vielmehr soll die Produktion an Platin den Verbrauch reichlich
decken, so daß als Grund der Preiserhöhung auch Spekulationen
der Minen, speziell der russischen, die bekanntlich von einem

Konzern gelenkt werden, anzusehen sind. Dieses unkontrollierbare Verhalten der Platinproduzenten hat deshalb dazu geführt, Versuche anzustellen, das teuere Material durch billigeres und ebenso brauchbares zu ersetzen. Es kann behauptet werden, daß dies heute für Einschmelzzwecke der Glühlampenindustrie vollkommen gelungen ist.

Es sei vorausgeschickt, daß schon zu den Zeiten, als nur die Kohlefadenlampe im Gebrauch war, mannigfache Anstrengungen gemacht wurden, das Platin zu verdrängen. Man darf nicht vergessen, daß früher viel dickere und längere Drähte als heute benutzt wurden, daß also das Platin pro Lampe früher relativ mehr kostete als heute.

Schon im Jahre 1891 empfahl Rudolf Langhans[1]) in Berlin, einen Kerndraht aus Eisen, Nickel oder einer Legierung beider mit Antimon mit einem Platinrohr zu umgeben, beides zu verschweißen und dann dünner auszuziehen.

Augustus Charles Hyde[2]) in London bedeckt einen Draht aus einer Nickeleisenlegierung, der annähernd denselben Ausdehnungskoeffizienten als Glas besitzt, mit einer Schicht einer Silberplatinkomposition. Diese Operation muß in einer Wasserstoffatmosphäre vorgenommen werden.

Nach S. O. Cowper-Coles[3]) werden Eisendrähte durch flüssiges Aluminium gezogen, wobei sie sich mit dem geschmolzenen Metall bedecken. Um Unebenheiten auszumerzen, werden diese Drähte nachträglich dünner gezogen.

Bei diesen Einschmelzdrähten handelt es sich darum, einen Draht zu erzeugen, der sich in der Hitze der Einschmelzflamme nicht oberflächlich oxydieren kann, um ein luftfreies dichtes Verschmelzen des Drahtes mit dem Glas zu erzielen. Ferner ist Bedingung, daß der Ausdehnungskoeffizient des Drahtes, um ein späteres Undichtwerden der Einschmelzstellen zu umgehen, annähernd der gleiche als der des angewendeten Füßchenglases sein muß.

Diese beiden Voraussetzungen scheinen von den vorher erwähnten Ersatzdrähten nicht ganz erfüllt worden zu sein, während der neuerdings auf dem Markt erschienene Eldred-Platin-

---

[1]) D. R. P. Nr. 71361 vom 6. Oktbr. 1891.
[2]) Brit. Patent Nr. 10472 vom 4. Mai 1906.
[3]) Brit. Patent Nr. 10622 vom 7. Mai 1906.

ersatzdraht[1]) recht brauchbar ist. Byron E. Eldred in Bronxville stellt diesen Draht in folgender Weise her: der Kerndraht besteht aus Nickelstahl, einer Zwischenschicht eines Metalles aus der Kupfergruppe und einer äußeren Platinschicht. Da nämlich die Wärmeausdehnung des Nickelstahles durch richtige Wahl der Mengenverhältnisse zwischen Eisen und Nickel wesentlich niedriger gemacht werden kann als der des Glases und die Wärmeausdehnung des Kupfers wesentlich höher ist, während die Wärmeausdehnung des Platins nur sehr wenig höher ist als die des Glases, so gelingt es leicht, Abmessungen zu finden, die eine Gesamtausdehnung ergeben, die nur um wenig niedriger ist als die des Glases. Beim Erkalten der eingeschmolzenen Drähte entstehen alsdann an der Einschmelzstelle geringe Druckspannungen, während reines Platin Zugspannungen erzeugt. Auch in dieser Hinsicht ist der Eldred-Draht reinem Platin überlegen.

Der Draht wird fast ausschließlich heute mit einer 35%igen Auflage von Platin verwendet. Abgesehen davon, daß hierdurch eine starke Reduktion des Preises bedingt wird, erzielt man auch infolge des geringeren spezifischen Gewichtes pro Grammgewicht eine erheblich größere nutzbare Länge. In der folgenden Tabelle sind nun zum Vergleich die Zahlen für die Längen reinen Platindrahtes und des Eldred-Drahtes angegeben.

Vergleichstabelle der Längen von reinem Platin- und Eldred-Draht.

Durchmesser in engl. Zoll	Durchmesser in Millimetern	1 g Platindraht = Zentimeter zirka	1 g Eldred-Draht 35% Platin = Zentimeter zirka
0.06	0,15	270	600
0,07	0,18	182	390
0,08	0,20	140	307
0,09	0,22	118	252
0,10	0,25	96	204
0,12	0,30	64	138
0,16	0,40	36	82
0,20	0,50	25	54
0,24	0,60	17	33
0,32	0,80	9,5	21

Spezifisches Gewicht des Platins = 21,5.
Spezifisches Gewicht des Eldred-Drahtes 35% Platin = 10,4.

---

[1]) D. R. P. Nr. 263868 vom 1. März 1910.

Die Anwendung des Eldred-Drahtes stellt demnach eine ganz erhebliche, nicht außer acht zu lassende Ersparnis in der Fabrikation der Lampen dar.

Des Interesses halber führe ich auch die folgende Tabelle, welche die kubischen Ausdehnungskoeffizienten der gebräuchlichen Drähte und Gläser, bei 250—300 °C ermittelt, enthält, an:

Reiner Platindraht	0,000 009 1
Eldred-Draht	0,000 007 0
Englisches Füßchenglas . .	0,000 007 5
Deutsches „ . .	0,000 008 2
Amerikanisches „ . .	0,000 008 7

Außer diesen Ersatzeinschmelzdrähten, bei welchen als Überzug reines Platinmetall verwendet wurde, sind auch Drähte entstanden, die, ohne irgendeine Spur von Platin aufzuweisen, aus Legierungen anderer Metalle bestehen. Bekannt ist zum Beispiel das sogenannte Platinid oder Platinoid, welches eine Legierung bildet von etwa 2 % Wolfram, 14 % Nickel, 24 % Zink und 60 % Kupfer. Diesem ähnliche Drähte, wie der Titaldraht, befinden sich außerdem in Handel.

Neuerdings stellt die Allgemeine Elektrizitäts-Ges.[1]) in Berlin Stromzuführungsdrähte aus einer Legierung her, die im wesentlichen aus 80—70 % Eisen und 20—30 % Chrom besteht.

Die nächste notwendige Arbeit ist das Quetschen der Füße, bei welchem also die Stromzuführungsdrähte dicht in den Fuß eingebettet werden. Die hierfür zumeist benutzten Maschinen zeigen eine ähnliche Konstruktion wie die, welche in meinem früheren Buch, „Kohlefadenlampen", Seite 58—60, beschrieben wurde. Änderungen jedoch sind insofern getroffen worden, als an Stelle der älteren Kreuzfeuer die neueren mit Bornkesselgebläsen angewendet werden, und daß ferner die Zangen praktischerweise derart ausgestaltet wurden, daß der mit Linsen versehene Stab zur Montage der Metallfäden gleichzeitig mit eingequetscht wird. An Stelle der rotierenden Maschinen mit vier Zangen werden neuerdings auch solche mit sechs Quetschzangen ausgerüstet angewendet, die jedoch meiner An-

---

[1]) D. R. P.-Anmeldung A. 24102, Kl. 21 f vom 8. Juni 1912.

sicht nach außer einer gewissen Schonung der Zangen keinen
weiteren Vorteil aufweisen.

Zwei recht branchbare Füßchenzangen stellen die Fig. 184a

 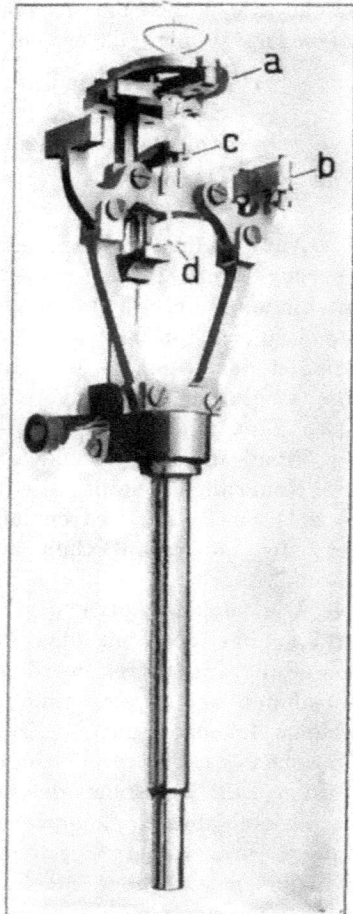

Fig. 184a.   Fig. 184b.

und 184b dar. Die Führung zum Halten des Tellerrohres erfolgt
mit der entsprechend ausgesparten Zange *a* (Fig. 184a), welche
mit Hilfe der Federbewegung *b* geöffnet und geschlossen werden

kann. Der in der Mitte angeordnete Metallstab mit dem Kopf *c* ist zur Aufnahme des Linsenträgers genügend tief ausgespart und enthält außerdem Löcher zur genauen Einführung der gelöteten Stromzuführungsdrähte.

Die zweite Füßchenzange (Fig. 184 b), welche von der Firma **F r i e d r i c h & R u d o l p h**[1]) in **B e r l i n** konstruiert worden ist, besteht aus dem Tellerhalter *a*, welcher in der Hauptsache aus drei am vorderen Ende abgeschrägten Greifern besteht. Diese Greifer bewegen sich im Ring irisblendenartig und ermöglichen so ein absolut zentrisches Fassen der Tellerröhre. Ferner ist die Zange mit einer Führung *c* ausgerüstet, welche eine Vertiefung zur Aufnahme der unteren Linse besitzt. Das Einführen des Linsenstäbchens geschieht durch einen seitlichen Schlitz, während die fernere Befestigung in genau vertikaler Richtung durch die Drahtklammern *d* erfolgt. Einer der Quetschhämmer *b* ist verstellbar, um die Dicke der Quetschstelle regulieren zu können. Bemerkt sei noch, daß jeder Teil der Zange verstellbar ist, um alle Größen von Sternen mit derselben Zange anfertigen zu können.

Die Arbeitsweise zur Herstellung der Füßchen mit angeschmolzenem Fadenträger ist nun folgende:

Die Maschine wird von zwei Arbeiterinnen bedient derart, daß die eine sowohl Tellerrohr, Elektroden und Linsenträger in die Zange in richtiger Lage einführt. Von dort gelangt die Zange in das Vorwärmegebläse, wobei sie durch Friktion in rotierende Bewegung versetzt wird. Hierauf erfolgt bei weiterer Drehung des Zangenkranzes das Schmelzen mit Hilfe des Kreuzfeuergebläses und das darauf folgende Quetschen des Fußes, welches von dem zweiten Mädchen ausgeführt wird. Die Zange mit dem fertigen Stern gelangt schließlich außerhalb des Gebläses, kann dort abkühlen, so daß der teilweise gekühlte Fuß aus der Zange entfernt werden kann.

Es empfiehlt sich nun, an der Quetschmaschine eine heizbare Rinne anzubringen, um eine weitere allmähliche Abkühlung der Füßchen durch eine schubartige Beförderung bewerkstelligen zu können.

Wie schon kurz vorher angedeutet, ist es vorteilhaft, das

---

[1]) D. R. P.-Anmeldung.

gleichzeitige Einquetschen des Trägergestelles in den Teller vorzunehmem, nachdem die untere Linse schon mit den Stromzuführungsdrähten ausgerüstet worden ist (siehe Fig. 175 *f* und *g*). Nach dem Verfahren der **Bergmann-Elektrizitäts-Werke. Akt.-Ges.** [1]) in **Berlin** erfolgt nun das Verquetschen der Fadenstützen *a* (Fig. 185, 8) gleichzeitig mit den Elektroden *m* und dem Tellerrohr *n* maschinell in der Weise, daß auch bei dieser Operation die Stromverteilungsdrähte *c* in die untere Linse eingeschmolzen werden. Um dies ermöglichen zu können,

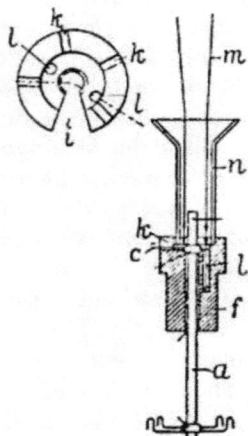

Fig. 185.

ist ein Metallstück *f* konstruiert werden, welches außer den Löchern *l* zur Aufnahme der Elektroden noch eine genügende Anzahl von Schlitzen *k* enthält, in welche die Stromverteilungsdrähte *c* eingelegt werden. Der untere Teil des Tellers wird nun, wie oben beschrieben, zum Schmelzen gebracht und nun sämtliche Teile zusammen verquetscht.

Die Erzeugung der Linsen der Mittelstützen (Fig. 175 *c* und *d*) erfolgt noch sehr häufig mit der Hand, ebenso das Einschmelzen der Drähte sowohl in die untere als auch in die obere Linse. Teilweise wird dieses Drücken der Knöpfe oder Linsen auch maschinell vorgenommen.

So existiert zum Beispiel eine Maschine von **Robert Neuß** [2]) in **Aachen** zur Herstellung der Linsen für die Mittelstützen, die sich aber nicht besonders bewährt haben soll. Ebenso kann auch das Einschmelzen der Halter und Stromverteilungsdrähte in die Linsen maschinell erfolgen.

Es sei hier nur an das Patent der **Allgemeinen Elektr.- Ges.** [3]) in **Berlin** erinnert. Bei dieser Maschine liegen im Kreise radial um die Einschmelzvorrichtung ebenso viele Greifer, als Halter eingeschmolzen werden sollen. Diese besonderen Greifer erfassen je einen Halterdraht und führen ihn genügend

---

[1]) Brit. Patent Nr. 21326 vom 18. Dezember 1909.
[2]) D. R. P.-Anmeldung vom 11. März 1911.
[3]) D. R. P. Nr. 262929 vom 22. Juni 1912.

tief in den Einschmelzraum ein. Das obere Ende des Faden-
trägers wird nun zur Kugel geschmolzen und hierauf in bekannter Weise schnell auf die sternförmig liegenden Halter aufgesetzt und flach gepreßt. Hierbei drücken sich die Halterdrähte in das halbflüssige Glas fest ein.

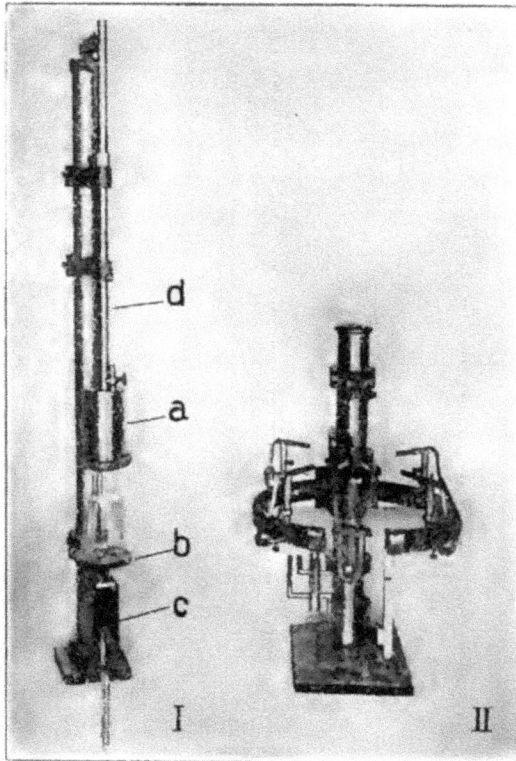

Fig. 186.

Ist nun der Stern nach irgendeiner der angeführten Methoden
fertiggestellt worden, so erfolgt noch das sogenannte Aus-
richten der Halter- und Stromverteilungsdrähte, damit die
Metallfäden in möglichst gleichen Abständen symmetrisch auf
dem Stern untergebracht werden können. Hierauf wird das
Ankitten, Anlöten oder Anschweißen der Fäden an die Elektroden

25*

vorgenommen, wie es schon in den Kapiteln II, C und D ausführlich erläutert worden ist.   Nach einer nachmaligen sorgfältigen Prüfung, ob kein Faden zerbrochen und die Verbindungsstellen ausgefallen sind, ist der montierte Stern fertig zum Einschmelzen in die Lampe.

Bevor nun das endgültige Einschmelzen des Sternes

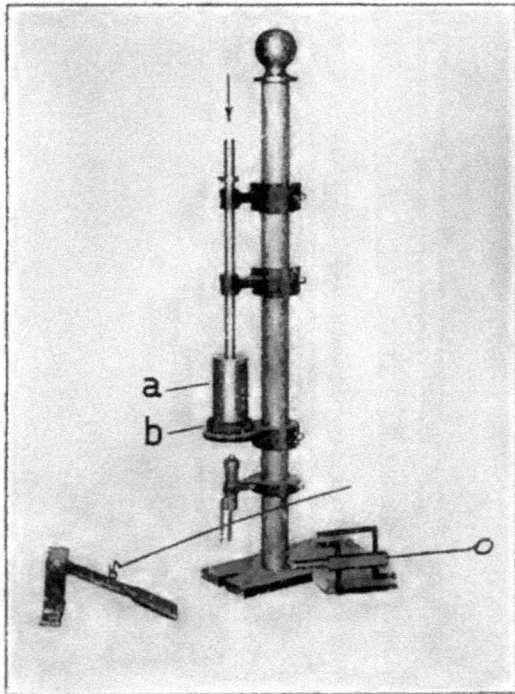

Fig. 187.

mit den Fäden in die Glasbirnen erfolgen kann, sind noch einige
vorbereitende Arbeiten vorzunehmen.

Nach dem Waschen der Hüttenglocken mit geeigneten verdünnten Säuren und folgendem Trocknen erfolgt zuerst das
Ansetzen des Pumprohres oder Stengels, um dann
an dieser Stelle das Evakuieren der Lampen vornehmen zu
können.

Das Ansetzen des Pumpstengels zerfällt in zwei Teile, nämlich die Herstellung der Löcher, das sogenannte Lochen der Birnen, und das eigentliche Ansetzen der Stengel.

In kleineren Fabriken werden diese Manipulationen hin und wieder noch mit der Hand ausgeführt, während sie in größeren, rationell arbeitenden Betrieben jedoch vorzugsweise maschinell erfolgen.

Die Apparate zum Lochen der Ballons sind in den Fig. 186 I, 187 und 188 dargestellt, ein geeignetes Lochgebläse mit Bornkessel-Brenner ausgerüstet in Fig. 189. Das Prinzip dieser Maschinen ist folgendes: Der Kolben wird mit Hilfe einer geeigneten Abdichtung in den Figuren mit a bezeichnet, luftdicht am Hals verschlossen. Dies erfolgt am besten dadurch, daß der Glockenhals in eine wulstartige Gummidichtung eingeführt wird. Das Stativ des Apparates trägt nun einen Teller b zur Einstellung der notwendigen genau zentrischen Lage der Glühlampenballons. Unterhalb dieses Tellers ist dann das Gebläse c angeordnet derart, daß die heiße Spitze der Brennerflamme den unteren Rand der Ballons berührt und das Glas dort zur genügenden Erweichung bringt. Ist dieses erfolgt, so wird nun durch Preßluft, welche durch das Rohr d in den Ballon gelangt, selbsttätig das Loch geblasen.

Der gelochte Ballon wird entfernt und durch einen neuen ersetzt. Bei richtiger Anordnung der Brennerflammen und Einstellung der Preßluft läßt sich eine Produktion an gelochten Ballons bei achtstündiger Arbeitszeit von etwa 4000 Stück pro Apparat erzielen.

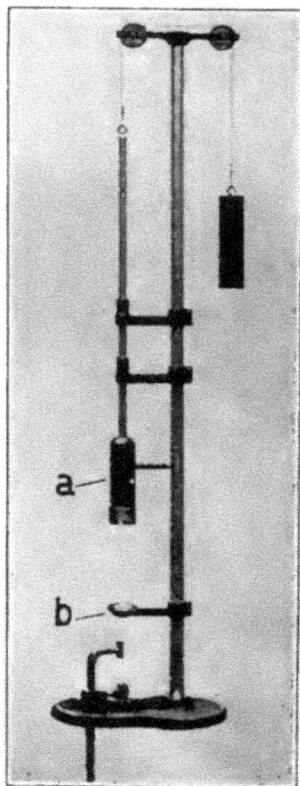

Fig. 188.

An die so erhaltene Öffnung des Ballons wird hierauf der Pumpstengel angesetzt, und zwar fast durchweg auch mit einer

besonderen Spezialmaschine. Eine der bekanntesten Typen ist
in Fig. 186 II dargestellt. Der Apparat ist mit einem Kranz

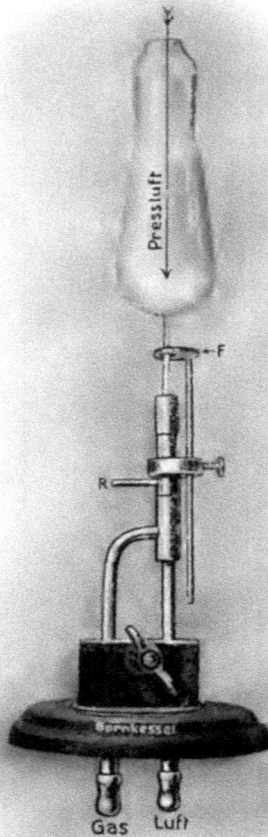

Fig. 189.

ausgerüstet, der symmetrisch vier Brenner zur Vornahme der
Schmelzarbeit trägt. Das Pumprohr wird senkrecht zum ge-

lochten Kolben in der Nähe des Loches eingespannt und nun
sowohl der Rand des Ballonloches als auch der untere Teil des
Stengels nahezu zum Schmelzen gebracht. In diesem Moment
wird mit Hilfe einer Hebelbewegung *a* der weiche glühende
Teil des Pumprohres auf das Loch des Ballons aufgesetzt und
dort mit diesem verschmolzen. Durch eine geringe Bewegung
des Pumprohres nach oben, auch vermittels des Hebels *a* ausgeführt, wird dann die gewünschte Einschnürung erzielt. Die
Produktion der Maschine an tadellos angesetzten Pumpstengeln
in der oben erwähnten Arbeitszeit beträgt 1500—1800.

In der Fig. 190 *a* bis *g* ist nun der Arbeitsgang zur Her-

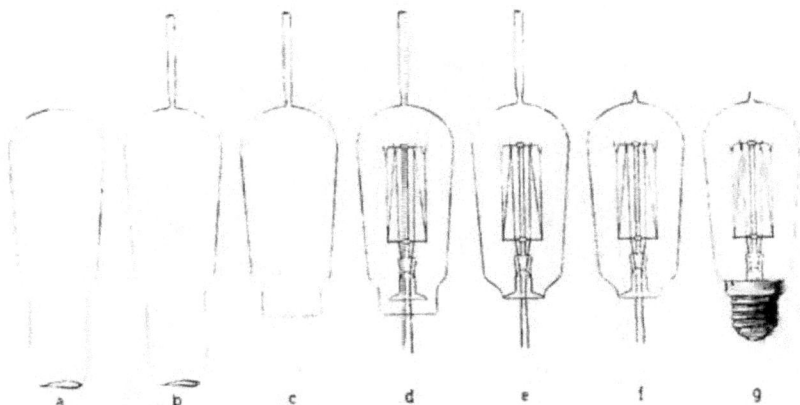

Fig. 190.

stellung der kompletten Glühlampe, ausgehend von dem Hütten-
kolben, schematisch dargestellt worden, und zwar bezeichnet *a*
den Kolben, wie er von der Hütte kommt und *b* den gleichen
Kolben mit angesetztem Pumpstengel.

Ferner handelt es sich darum, den überflüssigen Teil des
Glockenhalses (Fig. 190 *c*) so weit zu entfernen, daß der Stern
mit den aufmontierten Fäden gefahrlos in den Glockenhals eingeführt werden kann. Dieses Abziehen der Glocken erfolgt in
den sogenannten Abziehmaschinen, wie sie schon in meinem
Buch „Kohlefadenlampen“, Seite 87 ff., beschrieben wurden. Die
Ballons werden im Kreuzfeuer in rotierende Bewegung versetzt,
bis der überflüssige Teil des Halses abschmilzt. Hierauf wird

durch den vorher angesetzten Pumpstengel der zugeschmolzene
weichflüssige Teil des Halses aufgeblasen, so daß hierdurch der
Hals in der gewollten Weise wieder geöffnet wird.

In neuerer Zeit haben jedoch die Absprengmaschinen

Fig. 191.

der Firma Paul Bornkessel[1]) in Berlin großen Anklang
und eine ausgedehnte Anwendung in der Glühlampenfabrikation
gefunden. Die Maschine ist in Fig. 191 dargestellt. Das Absprengen beruht darauf, daß der Kolben von einer Klemm-

---

[1]) D. R. P. Nr. 263727 vom 15. Juli 1911.

vorrichtung, deren die Maschine fünf besitzt, kräftig festgehalten und genau zentrisch eingestellt wird. Dies ist von großer Wichtigkeit, damit die Birnen bei dem kräftigen Anritzen der Ritzvorrichtung genügend Widerstand entgegensetzen können.

In rotierender Bewegung gelangt nun der Kolbenhals an einen im beweglichen Arm befindlichen Diamanten und wird an der gewünschten Stelle ringsum genügend tief eingeritzt. Hierauf wandert, immer noch rotierend, der geritzte Kolbenhals an einen Absprengbrenner, wie Fig. 192 zeigt, vorbei, wodurch das völlige Absprengen bewirkt wird. Bedingung zum Gelingen ist, daß die feinen Spitzen des Brenners genau auf die geritzte Stelle auftreffen. Durch die Rotation wird der abgesprengte Hals abgeschleudert. Hierauf gibt ein Schaltorgan, welches auf die Klemmvorrichtung wirkt, die abgesprengte Glühbirne frei, welche nun herausgenommen und durch eine neue noch nicht abgesprengte ersetzt werden kann. Durch die Anordnung von fünf oder mehr Klemmvorrichtungen auf einer sich drehenden Tischplatte wird so ein völlig automatischer Betrieb erzielt.

Die Produktion des Appa-

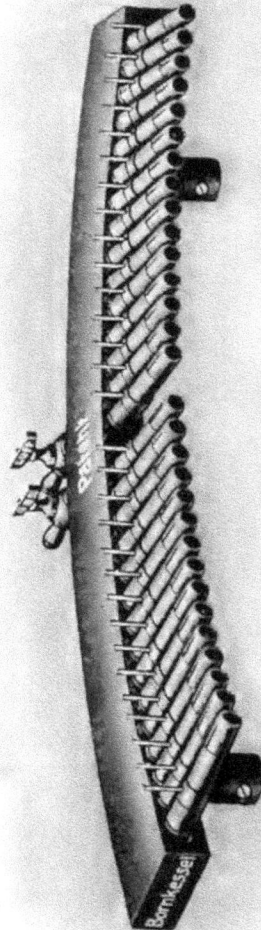

Fig. 192.

rates beträgt pro Stunde etwa 800—1000 Kolben, während mit
den bisherigen Abziehmaschinen nur etwa 150—250 bearbeitet
werden konnten. Das Absprengen kann von einer billigen, völlig
ungelernten Person ausgeführt werden. Daß außerdem durch die
Anwendung des Bornkessel-Brenners eine bedeutende Ersparnis an
Leuchtgas eintritt, braucht kaum noch hervorgehoben zu werden.

Bevor das eigentliche Einschmelzen der Sterne in die
Lampen beginnt, wird im allgemeinen zur Beschleunigung der
späteren Evakuierarbeit an irgendeine Stelle des Fußes oder der

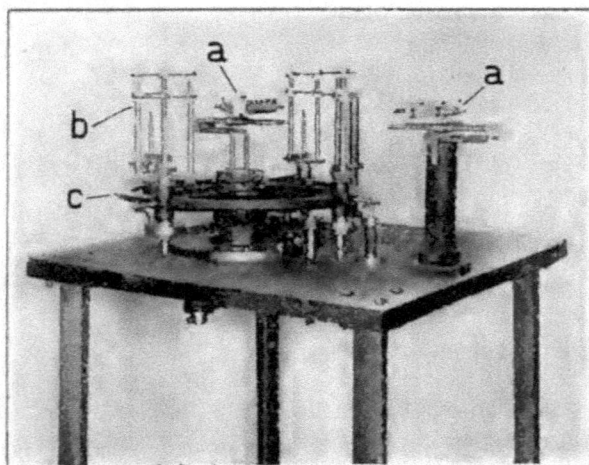

Fig. 193.

Mittelstütze noch eine ausreichende Menge von rotem Phosphor
aufgetragen. Der Phosphor gelangt bei einer bestimmten Temperatur zur Verdampfung und beseitigt im Sinne des Malignaniver-
fahrens die letzten Reste von Luft und anderen Gasen.

Man verwendet am besten eine Paste aus amorphem roten
Phosphor oder dem hellroten Schenkschen Phosphor mit
Alkohol, welche entweder an die Mittelstütze, die obere Linse
oder einer sonst geeigneten Stelle des Sternes untergebracht
wird. Auch andere Körper, die das Entlüften wesentlich unterstützen sollen, werden als Anstriche benutzt und sollen im
Kapitel II, F näher bezeichnet werden.

Für die Einschmelzung selbst dienen die horizontal rotierenden
Einschmelzmaschinen, wie sie schon im Buch „Kohlefaden-
glühlampen" auf Seite 102 ff. beschrieben wurden. Auch diese
Maschinen, von denen einige neuere Anwendungen in den
Fig. 193 und 194 dargestellt sind, werden heute zumeist nur
mit dem Bornkesselkreuzfeuer ausgerüstet (zum Beispiel in
Fig. 193 a). *c* ist der rotierende Kranz, der gewöhnlich vier

Fig. 194.

Einschmelzzangen trägt, und *b* die Zangen zur Aufnahme des
Sternes und des abgesprengten Ballons. Die Maschinen werden
von zwei Arbeiterinnen bedient, und zwar so, daß die eine den
Fuß mit den Fäden auf den Dorn der Zange aufsetzt und den
Kolben über den Fuß bis zur richtigen Stellung einführt (Fig. 190 d).
Hierauf erfolgt die Drehung des Kranzes, wobei zuerst der Ballon
mit dem Fuß ein Vorwärmegebläse passiert und dann in die
Schmelzhitze des Kreuzfeuers gelangt. Hier wird schließlich die
Einschmelzung, das heißt die absolut luftdichte Verschmelzung

des Tellers mit dem Boden des Ballons erzielt (Fig. 190 e).
Durch eine entsprechende Auf- und Abwärtsbewegung des Dornes,
welcher den Teller trägt, wird die für das Sockeln der Lampe
notwendige Einschnürung erhalten. Das zweite Mädchen nimmt
nun die eingeschmolzene Birne von der Zange und richtet so lange,
als die Einschmelzstelle noch weich und biegbar ist, den Fuß so

Fig. 195.

aus, daß er genau sym-
metrisch in der Glocke
steht. Hierauf wird die
Lampe mit dem Pump-
stengel auf den Aus-
bläser gebracht, um das
bei der Einschmelzarbeit
als Verbrennungsprodukt
angesammelte Wasser
möglichst restlos zu ent-
fernen. Schließlich bringt
man, damit ein nachträg-
liches Springen der Ein-
schmelzung vermieden
wird, die Glocken vor-
teilhafterweise nach einer
rotierenden Abkühlvor-
richtung, die ein allmäh-
liches unschädliches Ab-
kühlen der Glocken be-
wirkt.

Selbstverständlich
müssen die Zangen zur
Aufnahme der Ballons
für die einzelnen Größen
und Formen entsprechend ausgearbeitet sein. Es werden jedoch
die auswechselbaren Zangen zumeist derart gebaut, daß sie
durch Verstellung der Zangenteile auch für Birnen eingerichtet
werden können, die nicht zu große Abweichungen von der
normalen Type aufweisen, für welche die Zangen konstruiert
waren.

Für größere Formveränderungen sind auch entsprechend abgeänderte Zangen anzuwenden. So zeigt zum Beispiel die Fig. 195

eine Einschmelzmaschine, die mit Zangen für große Kugelballons
ausgerüstet ist.

Außer diesen erwähnten Einschmelzmaschinen sind noch
eine Reihe anderer brauchbarer Konstruktionen entstanden, die
zum Teil derart eingerichtet sind, daß sie automatisch verschiedene aufeinander folgende Arbeiten verrichten. So sei hierbei nur an die Maschine der British Thomson-Houston
Company [General Electric Company[1])] erinnert, die

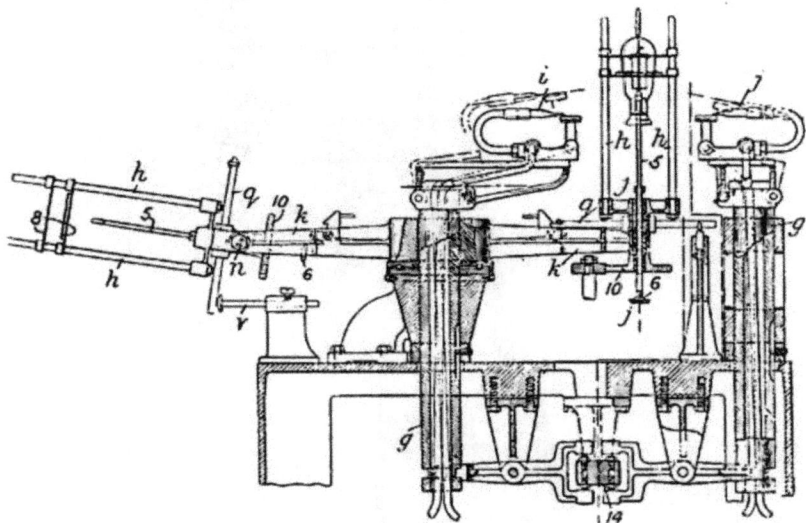

Fig. 196.

selbsttätig das Abziehen der Ballons, das Einschmelzen der
Sterne und das Forttransportieren der eingeschmolzenen Lampen
bewerkstelligt.

Ferner hat Jean Barollier[2]) in Paris eine in Fig. 196
dargestellte Einschmelzmaschine konstruiert, bei welcher zum
Aufsetzen des Sternes und des Ballons die Einschmelzzange
vorerst in wagerechter Lage liegt. Diese Anordnung soll ein
bequemeres Arbeiten gestatten. Nach dem Passieren der Vor-

---

[1]) Brit. Patent Nr. 8351 vom 6. April 1909.
[2]) Brit. Patent Nr. 7868 vom 29. März 1910.

wärmegebläse gelangt hierauf die Zange in das Einschmelzkreuz-
feuer, und zwar rotierend in der horizontalen Lage.

    Angeführt sei ferner die Vertikaleinschmelzmaschine der

Fig. 197.

Firma Friedrich & Rudolph in Berlin, die in Fig. 197
abgebildet ist. *a* sind die Bornkessel-Kreuzfeuer, *b* der vertikal
rotierende Kranz mit acht bis zehn Einschmelzzangen. Die

Maschine eignet sich besonders zum schnellen Einschmelzen für kleinere Lampentypen. Sie besitzt ferner eine Neuerung insofern, als durch die Hebelbewegung *c* die Kreuzfeuer der Einschmelzstelle genähert oder von ihr entfernt werden kann zum Zwecke einer guten Einschnürung des Lampenbodens.

Nach dem Verfahren von J. Kremenezky[1]) in Wien erfolgt übrigens die Einschmelzung derart, daß der Fuß des Tellers sehr hoch in den Glockenhals eingeführt wird. Bei der Einschmelzarbeit fließt dann der untere überflüssige Teil des Halses ab. Der Vorteil dieser Methode soll darin liegen, daß die heißen Verbrennungsgase der Kreuzfeuer nicht in die Lampe gelangen und dort die empfindlichen Metallfäden schädigen können.

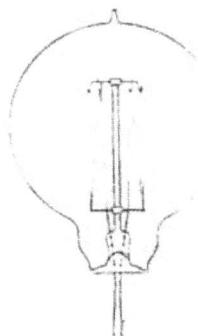 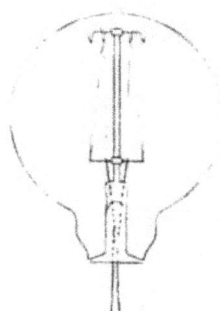

Fig. 198 a.   Fig. 198 b.

Es sei noch bemerkt, daß der Lampenproduzent selbstverständlich bestrebt sein wird, der Lampe ein gefälliges Aussehen zu geben, was sowohl die Form und Größe der Birne als auch die Lage des Leuchtsystems in der Birne anbelangt. Man geht für die letztere von dem Prinzip aus, das Leuchtsystem, d. h. den Stern mit den Fäden in der Lampe so anzuordnen, daß dieser möglichst gleich weit entfernt von den Wandungen der Glocken steht, wie es in Fig. 191 *d—g* angedeutet ist. (Siehe darüber auch Weber, Kohleglühfäden, 1907, S. 141 ff.) Falsch und unschön sind Stellungen des Sternes, wie sie in Fig. 198 a und b dargestellt sind. Bei a steht der Stern zu tief, bei b zu hoch in der Glocke.

---

[1]) Brit. Patent Nr. 18278 vom 31. August 1908.

Es empfiehlt sich ferner, nicht zu kleine Ballons für den Bau der Metallfadenlampen zu wählen. Wenn heute auch der möglichst kleine Ballon für eine bestimmte Lampentype vorgezogen wird, so darf man jedoch aus gewissen Gründen ein festgestelltes Minimum an Rauminhalt nicht überschreiten, wenn Lampen mit der durchschnittlich garantierten Nutzbrenndauer von zirka 1000 Stunden erhalten werden sollen. Bekanntlich sinkt die Lebensdauer mit der Verkleinerung der Birne. Der Grund für diese Erscheinung liegt wohl zumeist darin, daß auch die sorgfältigst fabrizierten Metallfäden bei der hohen Temperatur in der Lampe noch bestimmte Mengen von Gasen abgeben, die dann natürlicherweise den Gasdruck in einer kleinen Glocke schneller erhöhen, als in einer größeren. Das durch die leitenden heißen Gase beförderte Auftreten der die Fäden zerstäubenden vagabundierenden Ströme wird also in einer kleinen Glocke stärker bemerkbar als in einer größeren Glocke sein, vorausgesetzt selbstverständlich, daß in beiden Glocken dasselbe Gewicht an Fadenmaterial untergebracht worden ist.

Zum Schluß dieses Kapitels sei noch ein anderes Einschmelzverfahren der Deutschen Gasglühlicht-Akt.-Ges. [Auer-Gesellschaft[1])] in Berlin angeführt. welches zur Fabrikation sogenannter „spitzenloser" Lampen dient. (Siehe darüber auch Weber, Kohlefadenglühlampen, S. 41 ff.) Das Verfahren ist in Fig. 199 a—d schematisch erläutert und weicht in mancher Beziehung von den bekannten ab.

So ist zum Beispiel außer anderem bekannt, derartige spitzenlose Lampen dadurch herzustellen, daß das Stengelrohr an den Tellerfuß oder in seiner Nähe angeschmolzen wird. Zu diesem Zwecke wird nach dem Einschmelzen der Füßchen in die Lampenglocke durch Erhitzen der entsprechenden Stelle und durch Einblasen von Luft mittelst eines vorher an der Birne angeschmolzenen Hilfsrohres eine Öffnung hergestellt, an die dann das Stengelrohr angesetzt wird. Dieses Verfahren bedingt also die Anwendung eines besonderen Hilfsrohres, das späterhin durch umständliches Nacharbeiten entfernt werden muß, um eine möglichst unsichtbare und glatte Oberfläche des Ballons zu erhalten.

---

[1]) D. R. P.-Anmeldung vom 11. Mai 1911.

Durch das neue Verfahren werden die Nachteile der bisher bekannten und ausgeübten Verfahren zur Erzeugung spitzenloser Lampen vermieden. Wie die Zeichnung erkennen läßt, wird in der Weise verfahren, daß entweder der Teller des Füßchens mit einem Ausschnitt (*b*) oder mit einer Durchbrechung (*c*) versehen wird, oder daß dem Glockenhals eine von seinem Rande ausgehende Ausbuchtung gegeben wird (*d*). Beim daranffolgenden

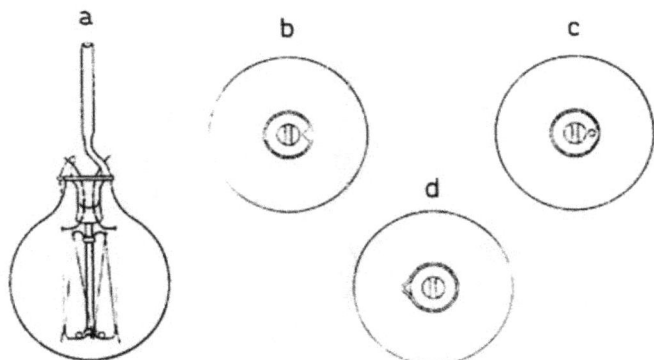

Fig. 189.

Einschmelzen des Füßchens in die Glocke wird die vorgesehene Öffnung bzw. Ausbuchtung nicht mitverschmolzen, sondern dort das Stengelrohr nach erfolgter Einschmelzung angesetzt (*a*).

F. Das Evakuieren der Lampen, ihre Prüfung und Fertigstellung bis zum Versand.

Nach der Erledigung der im vorhergehenden Kapitel beschriebenen rein glastechnischen Arbeiten hat nun das Entlüften oder Evakuieren der Lampen zu erfolgen. Abgesehen davon, daß das Evakuieren, sofern es sinngemäß ausgeführt werden soll, eine beträchtliche Zeit in Anspruch nimmt und deshalb einen kostspieligen Teil der Fabrikation darstellt, so sind hierbei auch eine Reihe von Schwierigkeiten zu überwinden, so daß hierfür speziell nur sehr geschickte Arbeitskräfte in Frage kommen. Selbstverständlich muß auch für das Evakuieren eine Apparatur in Anwendung kommen, die nicht allein in allen seinen Teilen Gewähr für absolutes Dichthalten

bietet, sondern auch zur Erzielung des höchsten notwendigen
Vakuums mit bewährten Pumpen ausgerüstet sein muß. Wichtig
ist hierbei ferner auch die Apparatur zur schnellen und genauen
Feststellung des Grades der erzielten Luftleere.

Zur Erzeugung des Vakuums für Metallfäden werden fast
ausschließlich die bekannten rotierenden Quecksilberpumpen be-

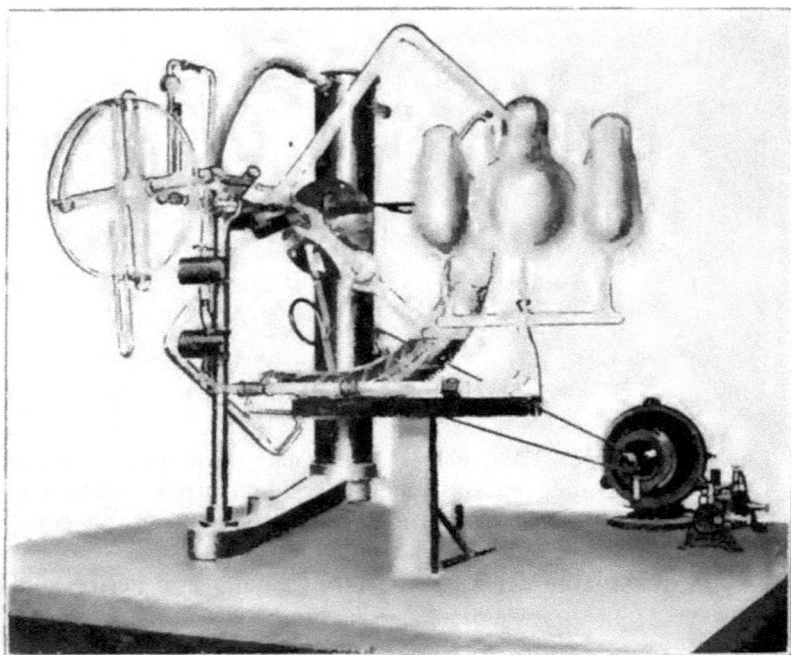

Fig. 200.

nutzt, die schon ausführlich von mir beschrieben wurden (Kohlefadenlampen S. 177 ff.). In neuerer Zeit bringt die Firma Arthur
Pfeiffer in Wetzlar eine rotierende Quecksilberpumpe
nach dem bekannten Gaedeschen System in den Handel, bei
welcher die bisher angewendeten sehr empfindlichen Porzellantrommeln durch solche aus Stahl ersetzt worden sind. Andere
Metalle hierbei sind kaum anwendbar, da sie entweder zu kostspielig sind oder mehr oder weniger durch das Quecksilber an-

gegriffen werden. Nach dem Pfeifferschen Verfahren werden die Schöpftrommeln für die Pumpen ganz aus Stahl hergestellt, welche, um sie absolut dicht zu machen, feueremailliert sind. Diese Schicht gestattet das Säubern der Trommeln, die im Gegensatz zu den Porzellantrommeln unzerbrechlich sind, mit ätzenden Flüssigkeiten, ohne daß eine Beschädigung der Schutzschicht eintritt. Das erzielte Höchstvakuum entspricht im allgemeinen dem mit der Gaedepumpe erreichten, und zwar in derselben Zeit.

An dieser Stelle sei noch eine neuere nicht rotierende, sondern schwingende Quecksilberpumpe, von Dr. Ulrich von Reden[1]) konstruiert, angeführt, die nach den Versuchen

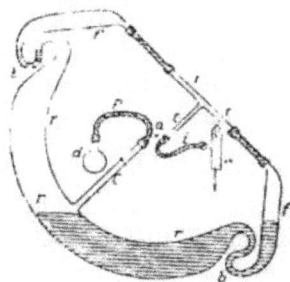 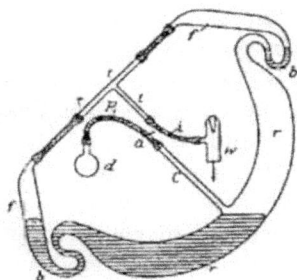

Fig. 201 a.   Fig. 201 b.

des Verfassers speziell zur Erzielung hoher Vakua in kleinen Lampen geeignet erscheint. Die Pumpe ist in Fig. 200 dargestellt und besteht im wesentlichen aus dem an beiden Seiten mit S-förmig gebogenen Röhren b und in der Mitte mit einem geraden Rohr e versehenen, etwa zur Hälfte mit Quecksilber (schraffiert dargestellt) gefüllten Rohr r, welches in etwa einem Neuntel natürlicher Größe dargestellt ist (Fig. 201 a und b). Die S-Rohre gehen an beiden Seiten in Rohrerweiterungen f über, die durch Schläuche und ein T-Rohr t und einen Schlauch i mit der Vorevakuierpumpe W verbunden sind, während die Verbindung des geraden Rohres e mit dem zu evakuierenden Raum d durch einen Schlauch p angedeutet ist. Der ganze Apparat ist um den Punkt a drehbar.

---

[1]) D. R. P. Nr. 179 744 vom 10. November 1905.

Wird der Apparat und der zu evakuierende Raum *d* mit
der Vorvakuumpumpe *W* in der Stellung der Fig. 201a zunächst
zum Beispiel bis auf 13 mm evakuiert und dann in dauernde
Schwingungen versetzt aus der Lage der Fig. 201a in die Lage
der Fig. 201b und wieder zurück usf., so wirkt das in den
S-Rohren *b* verbleibende Quecksilber wie ein Druckventil. Es verhindert das Zurücktreten der Luft aus den Rohrerweiterungen *f*
in das Rohr *a*, während in der Stellung der Fig. 201a bzw. b
die aus dem Gefäß *d* in beiden Stellungen durch *c* nachströmende
Luft von dem Quecksilber durch das links bzw. rechts befindliche S-Rohr hindurch zu den Rohrerweiterungen *f* getrieben
wird. Von da wird die Luft mit Hilfe des herrschenden Vorvakuums entfernt. Statt der wegen ihrer Porosität unbrauch-
baren Schlauchverbindung *p* wird jedoch in Wirklichkeit eine
Verbindung durch eigens zu diesem Zwecke hergestellte Kugel-
glasschliffe angewendet, die mit Hilfe einer besonderen Schmiere,
welche auch bei höchstem Vakuum nicht verdampft, absolut dicht
gemacht werden.

Nach einer Mitteilung der Physikalisch-Technischen
Reichsanstalt in Charlottenburg[1]) ist das Fortschreiten
des Vakuum in einem 6 Liter fassenden Raum, von einem Vorvakuum von etwa 15 mm ausgehend, aus nachfolgender Tabelle
ersichtlich, wenn das schwingende Rohr 10 bis 12 Hübe pro
Minute ausführte.

Zeit in Minuten	Druck in Millimetern
0	etwa 15
35	0,0324
45	0,0105
55	0,00303
65	0,00094
75	0,00042
85	0,00017
95	0,00007
105	0,00004
115	0,00003
125	0,00002

[1]) Zeitschrift f. Instr.-Kunde. Jahrg. 1909. Heft 2. S. 48.

Nach einem anderen Versuche wurden folgende Resultate erzielt: Ein 500 ccm enthaltender Kolben wurde nach möglichst vollkommener Vorentlüftung in 3 Minuten auf $^1/_{100}$ mm Quecksilbersäule entleert, in 4 Minuten auf $^1/_{1000}$ mm, in 5 Minuten auf etwa $^1/_{10\,000}$ mm und in 13 Minuten bis auf etwa $^1/_{100\,000}$ mm. Die Anzahl der Schwingungen betrug zwölf pro Minute.

Als Betriebskraft für diese Pumpe genügt ein Motor von etwa $^1/_{30}$ PS.

Es ist auch verschiedentlich versucht worden, an Stelle der Quecksilberluftpumpen eine der bekannten Arten von Hochvakuum-Ölpumpen für die Metallfadenlampenfabrikation anzuwenden, da die Ölpumpen bekanntlich schneller eine Luftleere bis zu einem gewissem Grade erzeugen als die Quecksilberpumpen und ihre Ausrüstung wesentlich billiger ist. Der Verfasser vertritt jedoch die Ansicht, daß bei Verwendung von Ölpumpen eine Schädigung der Metallfäden fraglos insofern eintritt, da hierbei eine gewisse Karbidierung der Oberfläche der Fäden verursacht wird. Nach Erzielung eines gewissen Vakuums in der Lampe werden bestimmte Mengen von Ölgasen, deren Menge von der Dampftension des angewendeten Öles abhängt, in die Lampe gelangen, wo sie längere Zeit mit den glühenden Fäden in Berührung bleiben und zersetzt werden analog der Präparierung der Kohlefäden unter Abscheidung von Kohlenstoff auf der Oberfläche des Fadens. Wenngleich die Ablagerung von Kohlenstoff entsprechend den sehr geringen Mengen von Öldämpfen auch nur sehr gering ist, so kann doch kaum behauptet werden, daß sie von Nutzen sein wird.

Das Evakuieren der Metallfadenlampen erfolgt nun gewöhnlich in der Weise, daß zuerst mit einer geeigneten Vorvakuumpumpe die größte Menge der Luft aus der Lampe entfernt wird. ohne daß man hierbei die Lampe zum Glühen bringt. Zur Erreichung dieses Vorvakuums in der Lampe dienen neben den bekannten Schieberluftpumpen auch die schon auf S. 241 ff. beschriebenen Hochvakuumpumpen der Firma Hoddick & Röthe in Weißenfels a. S. Da die Luftleere für diese Arbeit keine allzuhohe zu sein braucht, so genügt es in den meisten Fällen, die in Fig. 202a in Ansicht und in Fig. 202b in Längs- und Querschnitt dargestellte doppelt wirkende einstufige Vakuumpumpe der obengenannten Firma anzuwenden. Die schnell erzielte Luftleere entspricht bei dieser Maschine etwa einem Quecksilbersäulen-

druck von 3 mm absolut. Die gewünschte Saugleistung der Pumpe
richtet sich natürlich nach der Anzahl der zu pumpenden Lampen.

Ferner empfiehlt es sich, zwischen Pumpe und Arbeitsplatz
einen entsprechend groß gewählten Vakuumkessel einzuschalten,
damit die Pumpe nicht direkt auf die Lampe arbeitet, sondern
ein gewisser Druckausgleich ge-
schaffen wird.

Fig. 202a.

Hierauf werden die Lampen
in das Feinvakuum der Quecksilberpumpe eingeschaltet, während das Vorvakuum von jetzt
ab dazu dient, die von der Quecksilberpumpe abgesaugte Luft der
Lampe endgültig zu entfernen.
Man pumpt nun weiter bis zum
höchst erreichbaren Grad der
Luftleere, bei welchem das Einschalten der Lampen gefahrlos
erfolgen kann. Die glühenden
Fäden geben nun ge-
wisse Mengen von Ga-
sen ab, die allmählich
durch die Quecksilber-
pumpe bis zum ge-
wünschten Grad abge-
saugt werden, wobei
die Erhöhung des Va-
kuums von Zeit zu Zeit
mit Hilfe des Vakuum-
meters verfolgt wird.

Ist die höchste Luftleere erreicht, so erfolgt das sogenannte
Abstechen der Lampen an der Einschnürung des Pumpstengels.

Je nach der Qualität des Fädenmaterials und nach der Größe
der verwendeten Lampenglocken richtet sich selbstverständlich
sowohl die Zeitdauer des Pumpens als auch die stufenweise Erhöhung der Temperatur der Glühfäden. Lampen mit Glühfäden,
die sehr viel Gase enthalten, lassen sich naturgemäß schwerer
evakuieren als solche, deren Fäden beim Glühen nur geringe

Mengen von Gasen abgeben. Es ist deshalb auch ganz unmöglich, ein Pumpschema anzugeben, welches allgemein angewendet

werden könnte, um
zum Ziele zu führen.
Im folgenden soll des-
halb nur ein Schema
skizziert werden, wie
es bei Verwendung
guter, möglichst gas-
freier Wolframfäden
vielleicht nur mit ge-
ringen Abweichungen
der Angaben Anwen-
dung finden kann. Ge-
pumpt sollen werden
zusammen 6 Lampen
für 16 Kerzen 110 Volt,
deren Balloninhalt je
175 ccm beträgt.

Nach Umschal-
tung der Lampen in
das Feinvakuum der
Quecksilberpumpe
wird ohne Einschal-
tung der Lampen 6 bis
7 Minuten gepumpt.
Hierauf schaltet man
sämtliche Lampen
etwa 2 Minuten bei
60 Volt ein, schaltet
aus und pumpt 5 Mi-
nuten lang. Nach dem
zweiten Einschalten
auf 80 Volt (auch etwa
2 Minuten) und fol-
gendem Ausschalten
wird wiederum 3 bis

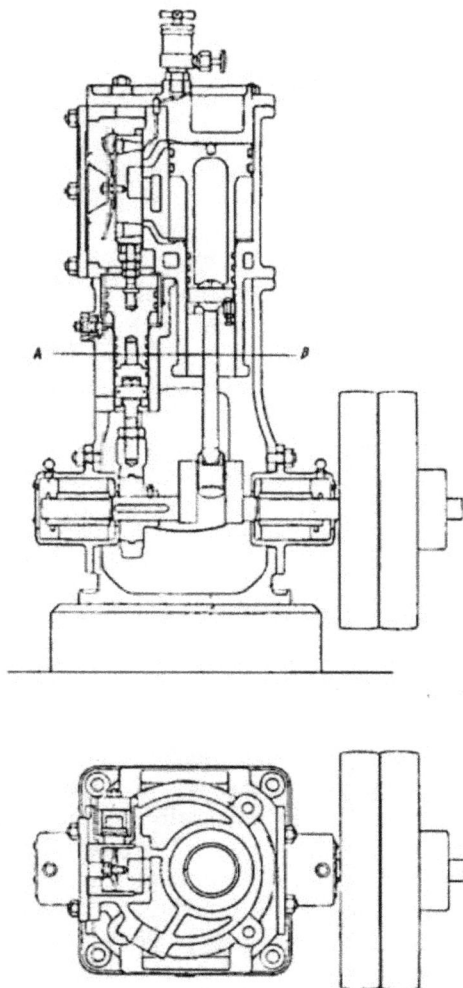

Fig. 202b.

4 Minuten lang evakuiert. Schließlich schaltet man bei 115 Volt,
also mit einer geringen Überspannung ein, ebenfalls 2 Minuten lang,

worauf nach dem Ausschalten das endgültige Evakuieren erfolgt. Man kann so, sofern recht gutes Fadenmaterial vorliegt und bei Verwendung von Kittknoten als Befestigungsmethode ein nicht gasender Kitt angewendet wurde, 6 Lampen in etwa 25 bis 30 Minuten vollständig fertigstellen.

Von größter Wichtigkeit ist es ferner, daß diese beschriebene Pumparbeit in der Weise vorgenommen wird, daß die Lampen von außen auf eine möglichst hohe Temperatur, etwa 300—350°C erhitzt werden. Bekanntlich vermögen die Glaswandungen der Glocke im Innern mit großer Zähigkeit Gase, wie Luft und Wasserdampf, festzuhalten, so daß diese Körper bei normaler Temperatur unendlich schwer evakuiert werden können. Erhitzt man jedoch die Glaswandungen, so dehnen sich die okkludierten Gasbläschen aus, lösen sich von den Wandungen ab und können so sicherer abgesaugt werden. Angestellte Versuche haben nun mit Sicherheit ergeben, daß die okkludierten Gase oder Dämpfe um so leichter und vollständiger abgesaugt werden können, je höher die Temperatur für die äußere Erhitzung gewählt wird. Immerhin sind hierbei Grenzen gesetzt, da bei zu hoher Erhitzung, vielleicht auf 450 und mehr Grad Celsius die erweichten Glasglocken sich unter der Einwirkung des herrschenden Vakuums und des äußeren atmosphärischen Druckes deformieren würden.

Um nun diese der Luftleere günstige hohe Temperatur ohne Beeinträchtigung der Form der Glocken doch anwenden zu können, benutzt die Allgemeine Elektrizitäts-Ges.[1]) in Berlin folgendes Verfahren, welches in Fig. 203 *1* und *2* veranschaulicht ist.

Zu diesem Zwecke wird das zu entlüftende Gefäß innerhalb eines Ofens erhitzt, welcher gleichfalls entlüftet werden kann, um den Druck innerhalb und außerhalb des Gefäßes während der ganzen Zeit, während deren sich das Gefäß auf hoher Temperatur befindet, im wesentlichen gleich hoch zu halten.

Dieses Verfahren hat noch einen weiteren Vorteil. Die Glühlampen werden wie beschrieben durch ein Verbindungsrohr oder -stengel entlüftet, welcher nach der Entlüftung erhitzt und zugeschmolzen wird. Wenn die Öffnung des Stengels eine gewisse Größe überschreitet, schmilzt er beim Erhitzen nicht zu, sondern

[1]) D. R. P. Nr. 253237 vom 22. Oktober 1911.

es bildet sich an irgendeinem Punkte ein feines Loch, durch
welches Luft in das entlüftete Gefäß eintreten kann. Daher
konnten bisher nur Verbindungsrohre oder -stengel von verhältnismäßig kleiner Bohrung benutzt werden, und es war infolgedessen
zum Entlüften eine größere Zeitdauer erforderlich. Die Erfindung
gestattet dagegen, die für die Entlüftung erforderliche Zeit wesentlich abzukürzen, indem weitere Verbindungsstengel gewählt werden,
als unter atmosphärischem Druck in verläßlicher Weise zugeschmolzen werden können. Zu einem passenden Zeitpunkt
während der Entlüftung, und zwar vorzugsweise nach ihrer
Vollendung, wird in dem Verbindungsrohr eine verengte Stelle

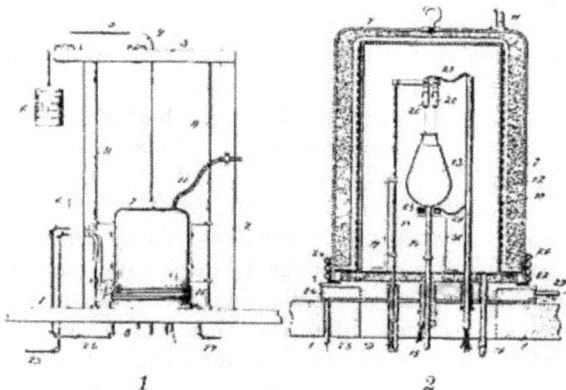

Fig. 203.

erzeugt, die nur noch so weit ist, daß sie unter atmosphärischem
Druck leicht ohne Verschlechterung des Vakuums zugeschmolzen
werden kann. Die Erfindung gibt auch eine einfache, wirksame
und handliche Vorrichtung an, durch welche Glühlampen oder
andere Vakuumgefäße schnell und leicht auf hohe Temperatur
erhitzt und während der Erhitzung entlüftet werden können.

Die Zeichnung veranschaulicht eine Ausführungsform einer
derartigen Vorrichtung, und zwar zeigt Fig. 1 eine Seitenansicht,
während Fig. 2 den Hauptteil der Vorrichtung im Schnitt zeigt.

Auf einem Tische 1 sind zwei Ständer 2 befestigt, die durch
einen Querbalken 3 verbunden sind, welcher Rollen 4 trägt,
über die ein Seil 5 läuft, welches einerseits mit einem Gegengewicht 6 und andererseits mit einer Glocke 7 verbunden ist,

die unten offen ist, aber auf einer im Tisch *1* angeordneten
Grundplatte *8* aufruht und mit ihr eine luftdichte Verbindung
bilden kann. Die Glocke *7* kann nach Belieben gehoben und
gesenkt werden und wird durch Stangen *9* geführt. Die Innenwand der Glocke *7* kann in geeigneter Weise hoch erhitzt werden.
am zweckmäßigsten und einfachsten durch eine Heizspule *10*,
welche durch biegsame Zuleitungen *11* an eine passende Stromquelle angeschlossen werden kann. Die Heizspirale wird zweckmäßig in feuerfestes Material, zum Beispiel Ton oder Porzellan.
eingebettet und von der Außenwand der Glocke durch eine für
Wärme isolierende Schicht *12* getrennt, welche die Heizspule
und das Material, in welche diese eingebettet ist. umgibt. Durch
einen genügend hohen Heizstrom kann die Temperatur innerhalb
der Glocke *7* während der Entlüftung auf eine beliebige Höhe
gebracht werden.

Wie aus der Fig. 2 ersichtlich ist, bilden die Glocke *7* und
die Grundplatte *8* zusammen ein geschlossenes Gehäuse oder
einen Ofen, welcher nach Belieben geöffnet und in welchen das
zu entlüftende Gefäß, zum Beispiel eine Glühlampe *13*, gebracht
werden kann. Das in der Zeichnung dargestellte Gehäuse ist
nur zur Aufnahme einer einzigen Glühlampe geeignet, bei der
praktischen Ausführung der Erfindung wird man aber besser die
Glocke so groß wählen, daß sie eine Anzahl von Glühlampen
oder ähnlicher Gefäße gleichzeitig aufnehmen kann. Die Glühlampe *13* ist mittels des Stengels *11* an ein Verbindungsstück *15*
angeschmolzen, welches durch die Grundplatte *1* zu einer — nicht
dargestellten — Luftpumpe führt, während ein ähnliches, die
Grundplatte durchsetzendes Verbindungsstück den Innenraum der
Glocke *7* gleichfalls mit einer Luftpumpe verbindet, so daß die
Lampe *13* und die Glocke *7* nach Belieben entlüftet werden können.
Eine innerhalb der Glocke an der Grundplatte befestigte, lot-
rechte Führungsschiene *17* trägt und führt eine in ihr gleitende
Stange *18*, welche auf einer Feder *19* aufruht und an ihrem
oberen Ende Klemmen *20* trägt, welche die Stromzuführungsdrähte der Lampe packen und durch Zuleitungen *21* mit einer
passenden Stromquelle verbunden sind. so daß erforderlichenfalls
während der Entlüftung Strom durch den Lampenfaden geleitet
werden kann. Zwecks Herstellung einer dichten Verbindung
zwischen der Glocke *7* und der Grundplatte *8* ruht der Rand

der ersteren auf einem Packungsring *22* auf. Damit dieser nicht von der Hitze Schaden leidet, werden die Randteile der Grundplatte und der Glocke in geeigneter Weise gekühlt, vorzugsweise durch Kühlwasser. welches durch Aussparungen *24* der Grundplatte und eine den Rand der Glocke umgebende Kühlschlange *26* durchfließt. Das Wasser tritt durch ein Rohr *23* in die Kühlschlange ein, fließt dann durch das Verbindungsrohr *25* in die Aussparung der Grundplatte und durch das Ausflußrohr *27* wieder ab (beim Entlüften).

Beim Entlüften der Glühlampen wird in folgender Weise verfahren. Die Lampe *13* wird mit der Luftpumpe verbunden, indem ihr Stengel *14* an das Verbindungsstück *15* angeschmolzen wird. Hierauf werden die Klemmen *20* auf die Stromzuführungsdrähte der Lampe aufgesetzt und dann die Glocke *7* über die Lampe gestürzt und so auf die Grundplatte aufgesetzt, daß sie luftdicht abschließt. Die Lampe *13* kann dann entlüftet werden, und während ihrer Entlüftung kann ihre Temperatur in gewünschter Weise gesteigert werden. indem man Strom durch die Heizspirale *10* sendet.

Wenn das zu entlüftende Gefäß aus der gewöhnlich bei Glühlampen benutzten Glassorte besteht, so wird es vorzugsweise auf 480—520 °C erhitzt. Bei dieser Temperatur sind die Glaswände des Gefäßes so heiß, daß sie sich nahe dem Schmelzpunkte befinden und schon unter sehr geringem Druck nachgeben. Daher wird während der Entlüftung des Gefäßes auch die Glocke *7* durch das Verbindungsstück *16* entlüftet, so daß zu keiner Zeit zwischen der Innen- und Außenseite des zu entlüftenden Gefäßes ein Druckunterschied besteht, welcher ausreichend wäre, eine Verzerrung der Gefäßwand zu bewirken. Die Temperatur, bis zu welcher das Gefäß erhitzt werden kann, ist daher ausschließlich durch den Schmelzpunkt der für die Glaswand gewählten Glassorte begrenzt und kann bei bestimmten Glassorten viel höher als 520 °C getrieben werden. Die Entlüftung wird bis zum gewünschten Punkt fortgesetzt und hierbei das Gefäß auf der gewünschten Temperatur erhalten, worauf der Strom der Heizspirale *10* unterbrochen wird. Bevor wieder Luft in den Ofen *7* hineingelassen wird, läßt man diesen und das in ihm befindliche Gefäß auf etwa 360 ° oder noch tiefer abkühlen, wenn das Gefäß aus der üblichen Glassorte besteht.

da es sonst unter dem atmosphärischen Druck zusammenbricht, wenn der Ofen geöffnet wird, während sich das Gefäß noch auf der während der Entlüftung erreichten Temperatur befindet. Nach dem Öffnen des Ofens 7 wird das heiße Gefäß von der Pumpe abgenommen, indem man den Stengel 14 erhitzt und abschmilzt.

Der Verbindungsstengel 14 kann sehr weit gewählt werden. Um seine Durchlöcherung beim Zuschmelzen zu verhindern, wird er zunächst an einer Stelle bis zur gewöhnlichen Weite verengt, nachdem das Gefäß 13 bereits entlüftet, jedoch während der Druckunterschied zwischen der Innen- und Außenseite des Stengels noch so gering ist, daß sich bei seiner Erhitzung in ihm kein Loch bildet. Die Verengung kann dadurch erzeugt werden, daß der Stengel in geeigneter Weise erhitzt wird, während er sich noch in dem entlüfteten Ofen 7 befindet, und daß er dann in geeigneter Weise verengt wird, zum Beispiel indem man auf ihn einen Zug ausübt, oder indem man seine Wand unter geringem Druck zusammensinken läßt. Eine Ausführungsform wird durch die Zeichnung veranschaulicht. Der Stengel ist an der Stelle, wo er in die Lampe eintritt, von einer Heizspule 28 umgeben, welche durch biegsame Leiter 29 Strom erhält und auf einer geeigneten Stütze 30 aufruht. Durch diese Heizspule kann das obere Ende des Stengels bis zum Plastischwerden erhitzt werden, worauf der Stengel durch Auseinanderziehen verengt wird. Zur Ausübung des Zuges dient die Feder 19, die so eingestellt wird, daß sie nicht nur das durch die Lampe 13 gebildete Gegengewicht aufhebt, sondern auch noch einen genügend starken Zug auf den Stengel ausübt. Die Verengung kann aber auch dadurch erzeugt werden, daß der Stengel nach vollendeter Entlüftung erhitzt und dann der Druck auf seiner Außenseite in solcher Weise geändert wird, daß er zwar sehr gering ist, aber doch den Stengel zusammendrückt und eine Verengung erzeugt, dagegen kein Loch, wie es der Fall wäre, wenn ein weiter entlüfteter Stengel unter atmosphärischem Druck erhitzt würde.

Das Evakuieren der Lampen erfolgt nun auf den sogenannten Pumptischen oder Pumpgestellen, von denen zwei verschiedene Arten in den Fig. 204 und 205 dargestellt sind. Schematisch dargestellte Einzelheiten einer kompletten Pumpanlage sind in den Figuren 206 und 207 gezeichnet.

Der Pumptisch (Fig. 204), ohne Ausrüstung gezeichnet, besteht aus zwei separaten Heizkästen zur Aufnahme von je sechs bis acht Lampen, während der moderne Tisch (Fig. 205), von der Firma Friedrich & Rudolph in Berlin gebaut, mit vollständiger Pumpanlage versehen ist. Rechts auf dem Brett ist das Voltmeter mit Schalter und Sicherung, ferner das Vakuummeter nach Mc. Leod mit Verbindungshahn und Vorrichtung zum Heben und Senken des Quecksilberspiegels untergebracht. Der an einem besonderen Brett angebrachte Widerstand dient zur Regelung der Spannung in den Lampen. Unter dem Tisch sieht man die Quecksilberpumpe mit Motor, während

Fig. 204.

die unter dem Tischbrett befestigten sogenannten Phosphorkessel nicht sichtbar sind. Der Pumptisch besitzt nur einen Heizkasten, welcher mit einem Thermometer ausgerüstet ist und mit Hilfe eines geeignet angeordneten Brenners genügend hoch erhitzt werden kann. Es lassen sich mit dieser Anlage zwölf Lampen zusammen pumpen, jedoch kann die Einrichtung durch Zwischenschaltung eines besonderen Hahnes auch, wenn nötig, so getroffen werden, daß abwechselnd sechs Lampen evakuiert werden. Links oben bemerkt man schließlich das kleine Gebläse zum Abschmelzen der gepumpten Lampen.

Praktischerweise werden zwei solcher Tische so miteinander verbunden, daß die Schaltbretter sich sowohl links als auch rechts dieser Doppelanlage befinden. Ein solcher Doppelpump-

tisch wird dann am besten von einem Arbeiter derart bedient,
daß auf einem Tisch das Pumpen der Lampen, auf dem anderen
Tisch zu gleicher Zeit das Abstechen der gepumpten und das

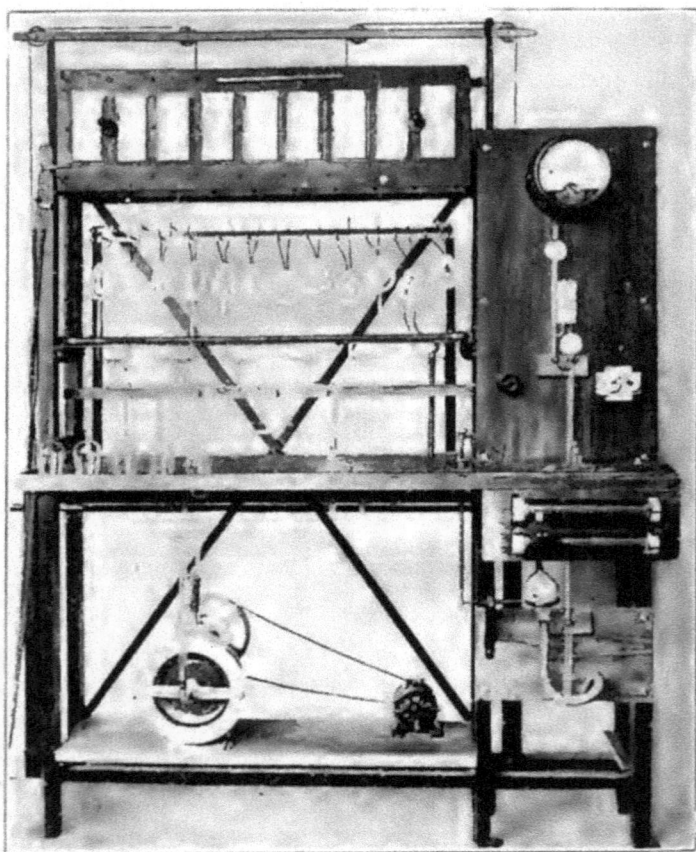

Fig. 205.

Anschmelzen neuer Lampen vorgenommen wird. Es ist dann
auch, um Kosten für die ziemlich teuren Quecksilberpumpen zu
ersparen, empfehlenswert, nur eine Pumpe für die Doppelanlage
zu verwenden, die man dann durch eine besondere Schaltanlage
abwechselnd auf die verschiedenen Seiten wirken läßt.

In der Fig. 206 ist die Verbindung zwischen Vakuumpumpe
und Pumprechen, ebenso die des Manometers schematisch dargestellt, während Fig. 207 eine automatische Umstellvorrichtung
zwischen Vor- und Feinvakuum zeigt.

a ist die Quecksilberpumpe, die das Rohr für das Feinvakuum *b* trägt. Zwischen *b* und dem Umschalthahn *d* befindet

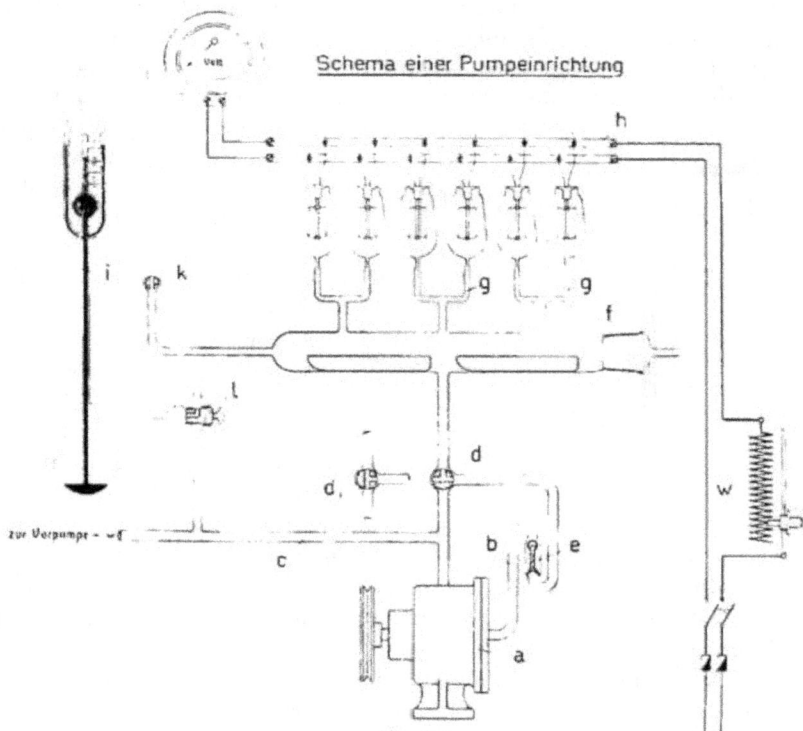

Schema einer Pumpeinrichtung

Fig. 206.

sich das Rückschlagventil *e*, welches beim Undichtwerden einer
Lampe oder eines anderen Teiles der Anlage das plötzliche Eindringen von Luft in die Lampe verhindern soll. Die Quecksilberpumpe ist ferner mit dem Vorvakuum durch das Rohr *c*
verbunden. Bei der Stellung *d* des Umschalthahnes ist die Verbindung der Lampen direkt mit dem Feinvakuum hergestellt,
während bei der Stellung d_1 nur das Vorvakuum auf die Lampen

wirkt, zur schnellen Entfernung der größten Luftmenge. Durch
d führt nun die Verbindung weiter nach dem Phosphorkessel f,
der mit einem Schliff zum Entfernen und Neufüllen der gezeichneten Phosphorschiffchen versehen ist. Das in den Schiffchen enthaltene Phosphorsäurepentoxyd (P_2O_5) dient dazu, die
aus den Lampen und der Rohranlage kommende Feuchtigkeit
vollkommen zu absorbieren, bevor sie in die Quecksilberpumpe
gelangt und dort Veranlassung zu schneller Verschmutzung des
Quecksilbers geben kann. Auf dem Kessel sitzen die Gabeln g,
welche wiederum angeschmolzen die mit den Pumpstengeln ver-

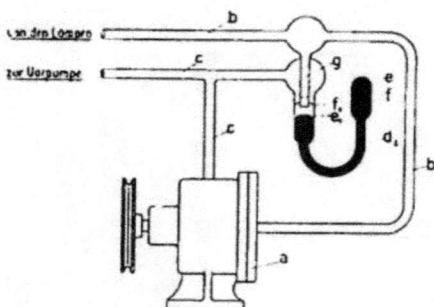

Fig. 207.

sehenen Lampen tragen.
Diese letztere Anlage be-
zeichnet man gewöhnlich
als Pumprechen.

Zur Feststellung des
erzielten Vakuums ist das
Rohr für die Vorvakuum-
leitung mit dem Vakuum-
meter i verbunden, welches
wiederum zum automati-
schen Heben und Senken
des Quecksilbers für die
Messung mit dem Zwei-
weghahn l versehen ist. Die Verbindung zwischen Mc. Leod und
Lampen erfolgt vermittels eines Rohres mit dem Absperrhahn k.

Zur Zuführung des Stromes dienen die mit Klemmen oder
dergleichen versehenen Schienen h, während die Stromregulierung
durch den Widerstand w bewerkstelligt wird.

An Stelle des Umschalthahnes d kann man auch die in
Fig. 207 dargestellte automatische Umschaltung vermittels des
Quecksilberventils d_2 mit Vorteil anwenden. Das Rohr b verbindet die Lampen mit dem Feinvakuum der Pumpe, das Rohr c
von der Vorvakuumpumpe kommend dagegen entfernt sowohl die
von der Quecksilberpumpe ausgestoßene Luft als auch in der
gezeichneten Stellung e und e_1 des Ventils die größte Luftmenge aus den Lampen durch das Rohr g. Bei Erzielung eines
gewünschten Vorvakuums in den Lampen sinkt nun das Quecksilber des Ventils auf die Stellung f f_1 und versperrt so die
Verbindung des Rohres c mit dem Feinvakuumrohr b. Ist dieser

Moment erreicht, so wirkt auf die Lampen durch das Rohr b nur noch das Vakuum der Quecksilberpumpe, während das Vorvakuum durch c die Luft aus der Pumpe a fortschafft.

Die Wirkungsweise und Konstruktion des Mc. Leodschen Manometers habe ich schon früher ausführlich beschrieben (Kohlefadenlampe, S. 192 ff.). An dieser Stelle sollen deshalb nur kurz einige neuere Vakuumprüfmethoden angeführt werden, die verschiedentlich auch in Anwendung sind.

Ein Kompressionsvakuummeter in Spiralform, von Dr. v. Reden konstruiert, zeigen die Fig. 208 a und b. Das Vakuummeter besteht in der Hauptsache aus einer Kapillarspirale, welche um die Achse des Verbindungsschliffes in der Richtung des

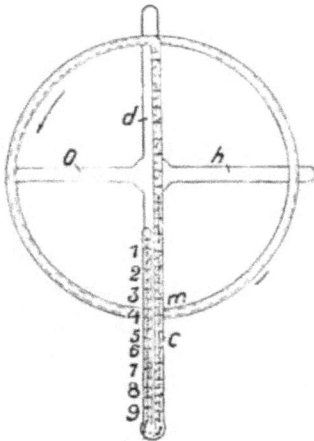

Fig. 208a.   Fig. 208b.

Pfeiles drehbar ist. Eine geringe Menge Quecksilber a gelangt hierbei in die Spirale und komprimiert in ihr die verdünnte Luft, bis sie nach mehrfachen Umdrehungen in das U-Rohr C gelangt und dort einen gewissen Stand einnimmt. Der linke Schenkel des U-Rohres ist so eingeteilt, daß die Teilstriche $1, 2, 3$ usw. bis 9 ein Tausendstel, zwei Tausendstel usw. bis neun Tausendstel des Gesamtinhaltes des U-Rohres und der Spirale auf dem Kapillarrohr nach oben hin abteilen; der rechte Schenkel des U-Rohres hat Millimeterteilung. Ist nun zum Beispiel die verdünnte Luft aus der Spirale bis auf den Teilstrich 1, also bis auf ein Tausendstel des früheren Volumens komprimiert, und das Quecksilber im rechten Schenkel des U-Rohres steht 34 mm höher, so hatte man in dem zu evakuierenden Raum einen Luftdruck von $^{34}/_{1000}$ mm.

Je mehr Windungen das Spiralvakuummeter besitzt, um so geringere Drucke lassen sich damit bestimmen. So zeigt zum Beispiel die Fig. 208 b drei Vakuummeter, von denen das linke für Drucke von $^1/_{1000}$, das mittlere für $^1/_{10000}$ und das rechte für $^1/_{100000}$ mm konstruiert sind.

Der Vorzug dieses Druckmessers liegt nicht nur darin, daß nur sehr geringe Quecksilbermengen im Vergleich zum Mc. Leod notwendig sind, sondern es gestattet auch, mit größerer Genauigkeit den Druck abzulesen, da die Reibung der Quecksilbersäule eine verhältnismäßig niedrige ist. Auch die Handhabung dieses Vakuummeters ist eine recht einfache.

Eine weitere Methode der Vakuummessung beruht auf der Anwendung einer der Röntgen- oder Geisslerröhre ähnlichen Einrichtung, welche gleichzeitig mit den Lampen von der Quecksilberpumpe evakuiert wird. Bekanntlich kommen verdünnte Gase durch den elektrischen Funkenübergang bei hoher Spannung ins Leuchten (Fluoreszens, Kathodenstrahlen, Teslalicht od. dgl.) während bei höchster Luftverdünnung das Leuchten wieder verschwindet. Man kann nun in dieser Weise das Fortschreiten des Vakuums sehr genau beobachten, wozu zum Beispiel der in Fig. 209 dargestellte einfachste Aparat dienen kann. a stellt die Röntgenkugel dar, die direkt mit den zu pumpenden Lampen durch das Rohr b in Verbindung steht. c ist der Induktor, der durch den Druckknopf d in Tätigkeit gesetzt werden kann.

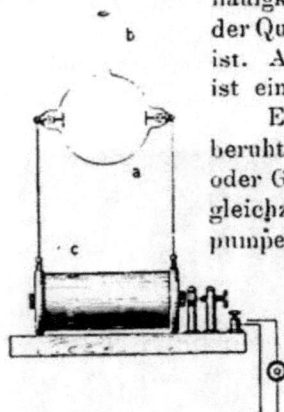

Fig. 209.

Es wurde schon angedeutet, daß sämtliche Verbindungen der Pumpanlage, zum Beispiel die Verbindungen zwischen Lampen, Pumprechen, Phosphorkessel, Manometer, Pumpe usw. absolut dicht sein müssen, um das erzeugte Vakuum nicht an diesen Stellen wieder zu verschlechtern. Aus diesem Grunde werden vorzugsweise alle diese Verbindungen aus Glas hergestellt und zwar so, daß sie am besten direkt miteinander verschmolzen werden. Vielfach werden jedoch, um eine gewisse Elastizität

in die Anlage zu bringen, einige dieser Verbindungen mit Vakuum-
schläuchen hergestellt, ein Verfahren, das meiner Ansicht nach
nur dann angängig ist, wenn unter Verwendung der besten er-
hältlichen Schläuche diese unter hohem Vakuum erst längere
Zeit behandelt wurden, um so möglichst alle gasenden Bestandteile dem Gummi zu entziehen. Ferner empfiehlt es sich dann,
die zu verbindenden Glasröhren möglichst dicht aufeinander
stoßen zu lassen. Eine Verbindung der Pumpstengel der Lampen
mit dem Pumprechen vermittels Gummischläuchen ist jedoch
unter allen Umständen dann zu verwerfen, wenn Gewicht auf
höchstes erreichbares Vakuum in den Lampen gelegt wird.

Es sei auch noch bemerkt, daß selbstverständlich Konstruktionen von Pumpanlagen ausprobiert wurden, um eine möglichst automatische Evakuierung zu bewirken. Diese selbsttätige
Ein- und Ausschaltung und Regelung des elektrischen Stromes
während des Pumpens wird gewöhnlich derart erzeugt, daß dadurch
vom Vakuummeter beeinflußte Kontakte geschaffen werden, die
wiederum auf einen elektromagnetisch bewegten Stufenschalter
wirken. Dieser Stufenschalter wird dann durch Kurzschließen
von in das Vakuummeter eingeschmolzenen hintereinander geschalteten Teilwiderständen gesteuert. Eine dieser Anordnungen
wurde von Adalbert Stifter[1]) in Oberplan zum Patent
angemeldet.

Wie schon kurz erwähnt, werden nun zur Unterstützung
des Pumpens und zur nachträglichen Erhöhung des Vakuums
in der Lampe Körper untergebracht, die zur Verdampfung gelangen und chemisch oder beim Wiederfestwerden die schädlichen Gasreste mitentfernen. So kommt hierfür ganz besonders
der rote Phosphor in Betracht. Um eine möglichst durch-
greifende Wirkung der Phosphordämpfe zu erzielen, treiben
C. H. Stearn und C. F. Topham[2]) die Phosphordämpfe
während der ganzen Dauer des Pumpprozesses in die Lampen ein.

Auch andere Körper sind in ähnlicher Weise benutzt worden,
so zum Beispiel das Phospham von dem Zirkonglühlampenwerk Dr. Hollefreund & Co.[3]) in Berlin.

---

[1]) D. R. P.-Anmeldung vom 26. April 1912.
[2]) Brit. Patent Nr. 28680 vom 15. Dezember 1906.
[3]) D. R. P. Nr. 210326 vom 20. Juni 1906.

Nach dem Verfahren der Wolframlampen-Aktiengesellschaft[1]) in Augsburg werden in den Lampen Körper untergebracht, die im erwärmten Zustand Sauerstoff, Stickstoff usw. zu absorbieren vermögen. Hierfür kommen in Betracht die Erdalkalimetalle oder besser noch Cer oder Titan.

Metalljodide, insbesondere das Kaliumjodid benutzt für den angegebenen Zweck die Allgemeine Elektrizitäts-Gesellschaft[2]) in Berlin. Auch das Ammoniumjodid ist mit Vorteil anwendbar, welches ähnlich wie der Phosphor bei dem bekannten Malignaniverfahren dampfförmig in die Lampe eingetrieben wird.

Auch durch die Einführung bestimmter Gase wird bei einigen Verfahren die Erhöhung des Vakuums in der Lampe befördert, während gleichzeitig eine Verminderung der Zerstäubung der Metallfäden eintreten soll. Ganz besonders eignen sich hierfür nach der Erfindung von Franz Skaupy[3]) in Berlin Halogendämpfe, die in ganz geringen nicht direkt meßbaren Mengen in der Lampe vorhanden sind.

Es ist bekannt, daß Glühlampen, die noch merkbare Mengen von Gasresten enthalten. am Funkeninduktor Lichterscheinungen zeigen, ähnlich wie die Geißlerröhren. Hierauf beruht ja auch die Untersuchung des Vakuums nach dem sogenannten Nachbrennen der Lampen. Diese Leuchterscheinungen zeigen dagegen Lampen nach dem Skaupyschen Verfahren hergestellt nicht, trotz der Anwesenheit geringer Mengen von Gasen, sondern verhalten sich genau wie normale, gut evakuierte Glühlampen.

An der Spitze dieser in diesem Sinne wirksamen Substanzen steht das Thalli-Thallochlorid ($TlCl_3 \cdot 3\,TlCl$) sowie die Doppelverbindungen des Thallichlorides mit anderen Chloriden. Andere sehr günstig wirkende Substanzen sind ferner das Platinchlorür oder Platinchlorid, getrocknetes Eisenchloridhydrat und das Trikaliumhydrofluoroplumbat ($3\,KF \cdot HFPbF_4$ oder $3\,KF \cdot PbF_4$).

Diese Verbindungen entwickeln bei der Temperatur der Lampe in äußerst geringen, wie gesagt nicht direkt meßbaren, sondern nur durch Extrapolation berechenbaren Mengen Halogen

[1]) D. R. P. Nr. 246264.
[2]) D. R. P. Nr. 263210 vom 25. Oktober 1912.
[3]) D. R. P. Nr. 246820 vom 7. Dezember 1909.

oder halogenhaltige Dämpfe, die nun die günstige Wirkung ausüben.

Die allmähliche Entwickelung von Halogendämpfen wirkt auch deshalb vorteilhaft, weil die aus den Metallfäden sich entwickelnden Spuren von Wasserstoff und anderen elektropositiven Gasen und Dämpfen durch obige Dämpfe in die Halogenverbindungen übergeführt werden.

Die erwähnten Substanzen werden am besten in dem röhrenförmig ausgestalteten Träger für die Fäden untergebracht, da dort durch die ringsum angeordneten Fäden die geeignetste Temperatur erzeugt wird.

Ein ähnliches Verfahren stammt von der Siemens & Halske-Aktiengesellschaft[1]) in Berlin, die in der Lampe einen Körper unterbringt, der für sich allein nicht imstande ist, infolge der Einwirkung von Wärme oder Licht die wirkenden Dämpfe zu entwickeln, wohl aber bei Gegenwart eines zweiten chemisch wirkenden Stoffes. So wird zum Beispiel Bleijodid angewendet, welches in Verbindung mit Mangansuperoxyd durch Wärme unter Bildung von freien Joddämpfen zerlegt wird, die nun die schädlichen Gase absorbierend wirken.

Eine eigenartige Methode zur Beförderung der Pumpgeschwindigkeit wird von der Radium-Elektrizitätsgesellschaft[2]) G. m. b. H. in Wipperfürth vorgeschlagen. Zur Beseitigung der aus den Glühfäden austretenden Mengen von Wasserstoff werden die Wolframfäden für sich oder auf dem Traggestell in geeigneter Weise oberflächlich so weit oxydiert, daß die gebildeten Oxyde in der Hitze durch die Menge der abgesonderten Gasmengen wieder vollkommen zu Metall reduziert werden. Die bei der Reduktion entstandenen Wasserdämpfe werden in bekannter Weise durch Phosphorpentoxyd entfernt.

Bevor nun die Messung der Lampen vermittels des Photometers zur Bestimmung der Lichtmenge bei bestimmten elektrischen Konstanten vorgenommen wird, gebrauchen heute alle Fabriken zur Produktion von Metallfadenlampen die Vorsicht, die gepumpten Lampen vorher einem abgekürzten Probebrennen zu unterwerfen. Dieses Probebrennen, welches im

---

[1]) D. R. P.-Anmeldung S. 35352, Kl. 21f vom 30. Dezember 1911.
[2]) D. R. P.-Anmeldung R. 32513, Kl. 21f vom 8. Februar 1911.

allgemeinen etwa 2—6 Stunden dauert, hat den Zweck, vor dem
Photometrieren die fast immer eintretenden geringen Verschiedenheiten der ausgestrahlten Lichtmenge in begrenztem Maße auszugleichen und ferner Fehler der Lampen, die beim Pumpen
nicht sichtbar waren, speziell in bezug auf das erzielte Vakuum.
deutlich kenntlich zu machen. Es ist unvermeidlich, daß bei
Massenfabrikation immer wieder ein kleiner Teil von Lampen
auftritt, die beim Brennen nach kurzer Zeit, vielleicht durch
Fußsprünge oder dergleichen, ein sich verschlechterndes Vakuum
aufweisen oder gar aus irgendwelchen Ursachen braun werden.
Solche Lampen dürfen selbstverständlich nicht in den Handel
kommen, werden vielmehr nach eingehender Prüfung zum nochmaligen Evakuieren in die Fabrikation zurückgegeben.

Das Probebrennen der Lampen erfolgt nun vorteilhafterweise an einem sogenannten Brandrahmen, an dem je nach
der Produktion der Fabrik 100, 200 oder mehr Lampen auf
einmal gebrannt werden können. Dauert dieses Probebrennen
zum Beispiel immer je zwei Stunden, so beträgt die Leistungsfähigkeit eines Brandrahmens für 200 Lampen etwa 700 bis
800 Stück bei zehnstündiger Arbeitszeit, da für das An- und
Abhängen der Lampen eine gewisse Zeit in Anrechnung gebracht
werden muß. Ein Teil eines derartigen Brandrahmens ist in
Fig. 210 dargestellt.

Nach dem Brennen werden alle diejenigen Lampen aussortiert, die irgendwelche sichtbaren Mängel aufweisen, während
die übrigen einer gründlichen Untersuchung auf gutes
Vakuum unterworfen werden. Diese Prüfung, welche ebenfalls
auf der Erzeugung leuchtender verdünnter Gase mit Hilfe hoch-
gespannter elektrischer Ströme beruht, muß selbstverständlich
in einem völlig dunklen Raum vorgenommen werden.

In neuerer Zeit benutzt man hierzu häufig den von Reiff
konstruierten und patentierten Apparat. der in Fig. 211 dargestellt ist, und dessen Wirkung schematisch die Fig. 212 zeigt.
Der Apparat besteht aus einem großen Induktor J, welcher
vier Klemmen besitzt, die paarweise an dem zentral herausragenden Rohr befestigt sind. Zwei dieser Klemmen sind durch
einen Draht verbunden. Die beiden anderen Primärklemmen
werden mit den Zuleitungsdrähten des Starkstromes, am besten
3 Ampere bei 110 Volt Spannung, verbunden. Die beiden

Hochspannungsklemmen des Induktors werden je mit einem Pol der **Funkenstrecke** *F* mittelst dünner isolierter Drähte verbunden.

Die **Kondensatoren** *C, C* besitzen vier Klemmen, von denen die mit *1* und *2* bezeichneten mit den Polen der Funkenstrecke in Verbindung stehen, die mit *3* und *4* bezeichneten jedoch mit der dickdrähtigen Spule *p* des **Hochspannungstransformators** *T*. Die Spule *s* in der Mitte des Trans-

Fig. 210.

formators wird mit ihrem unteren Ende an eine Klemmenschraube befestigt, die am Deckel des Kastens mit der Zinkplatte *P* in Verbindung steht. Das obere Ende des Sekundärdrahtes *s* wird mit dem gut isolierten Ring *R* in Verbindung gebracht.

Zur Apparatur gehört ferner noch der **Unterbrecher** *U*, der aus einem Glasgefäß besteht, welches bis etwa 5 cm unter den oberen Rand mit verdünnter Schwefelsäure (800 Teile Wasser, 200 Teile konzentrierte Säure) angefüllt ist. Die Bleiplatte des Unterbrechers nimmt den negativen Anschlußdraht des Starkstromes auf, während der Platinstift im Porzellanrohr positiv wird. Der

Strom fließt also im Unterbrecher von der Platinspitze zur Bleiplatte. Diese auf dem Tisch befindlichen und sichtbaren Apparate
(Fig. 211) werden jedoch beim Gebrauch in den mit der Zinkplatte versehenen großen Kasten eingebaut.

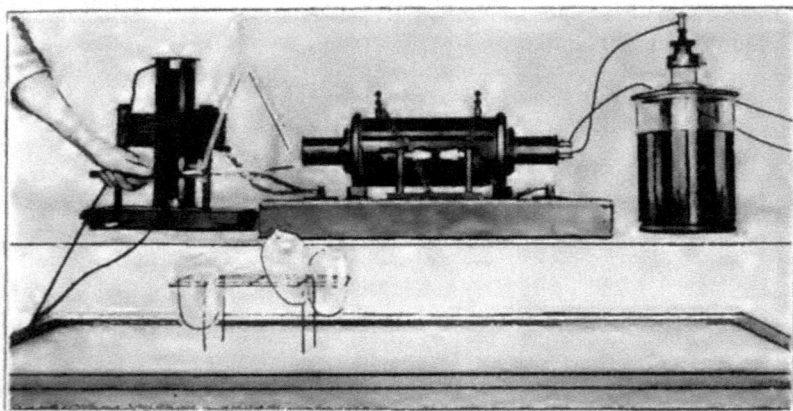

Fig. 211.

Die Inbetriebsetzung des Apparates erfolgt folgendermaßen:
Zuerst untersucht man, ob die Zinkpole der Funkenstrecke F
völlig blank sind. Hierauf werden die beiden Pole der Funken-

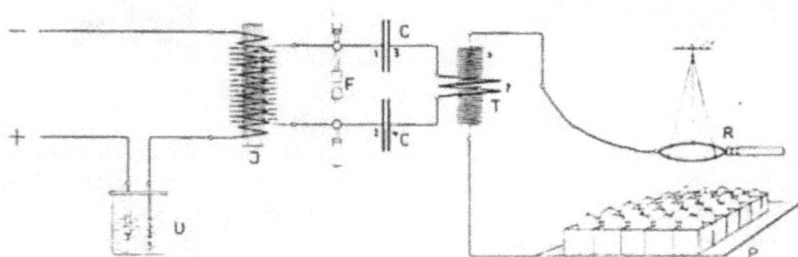

Fig. 212.

strecke auf eine Entfernung von 4 bis 5 cm auseinandergezogen
und der Ring P mit Hilfe von Seidenfäden so an der Decke des
Raumes befestigt, daß er frei schwebt. Sind nun die zu prüfenden
Lampen auf der Zinkplatte P des Kastens aufgesetzt worden,

so soll der Ring sich etwa 30 cm über den Spitzen der Lampen befinden. Bei zu großer Annäherung des Ringes an die Lampen können Funken überspringen, welche unter Umständen die Lampen zertrümmern.

Nunmehr wird Strom eingeschaltet; die Funkenstrecke tritt in Tätigkeit, was an dem knatternden Geräusch erkannt wird. Es zeigen sich nun in den Lampen, die sich unter dem Ring befinden, sofern sie Gasreste enthalten, die bekannten Lichterscheinungen, welche bei gut evakuierten Lampen ausbleiben. In dieser Weise kann eine rasche Sortierung der schlecht evakuierten Lampen, die nochmals in die Pumpstation zurückwandern, erreicht werden.

Außer dieser Vakuumprüfung wird häufig in den Fabriken eine sogenannte Schlagprüfung vorgenommen, um die Festigkeit

Fig. 213.

der Fäden und die Güte der Verbindungsstellen zwischen Metallfäden und Elektroden festzustellen. Die in Fig. 213 dargestellte Schlagrinne dient für diesen Zweck. Sie besteht aus der Rinne a, welche eine Steigung von 10 % besitzt. Auf ihr rollt eine im Innern mit Blei gefüllte Gummikugel b herab gegen die zu prüfende Lampe d, welche frei schwebend an dem Stativ c aufgehängt worden ist. Der Durchmesser der Kugel wird gewöhnlich zu 40 mm, das Gewicht zu 90 g gewählt. Je länger der Weg ist, den die Kugel herabrollt, um so größer ist selbstverständlich auch der auf die Lampe ausgeübte harte Schlag. Man kann sich so in gewissem Sinne ein Bild von der Stabilität der Lampe machen, wenn zum Beispiel empirisch die größte Laufentfernung der Kugel festgestellt ist, bevor das Zertrümmern der Fäden eintritt.

Kaum braucht wohl erwähnt zu werden, daß eine sorgfältige Fabrik laufend auch Dauerbrennversuche mit den Lampen vornimmt, um das Verhalten der Lampen wenigstens bis zur garantierten Lebensdauer festzuhalten. Von Wert ist es hierbei, sich den Verhältnissen bei dem Konsumenten anzupassen in-

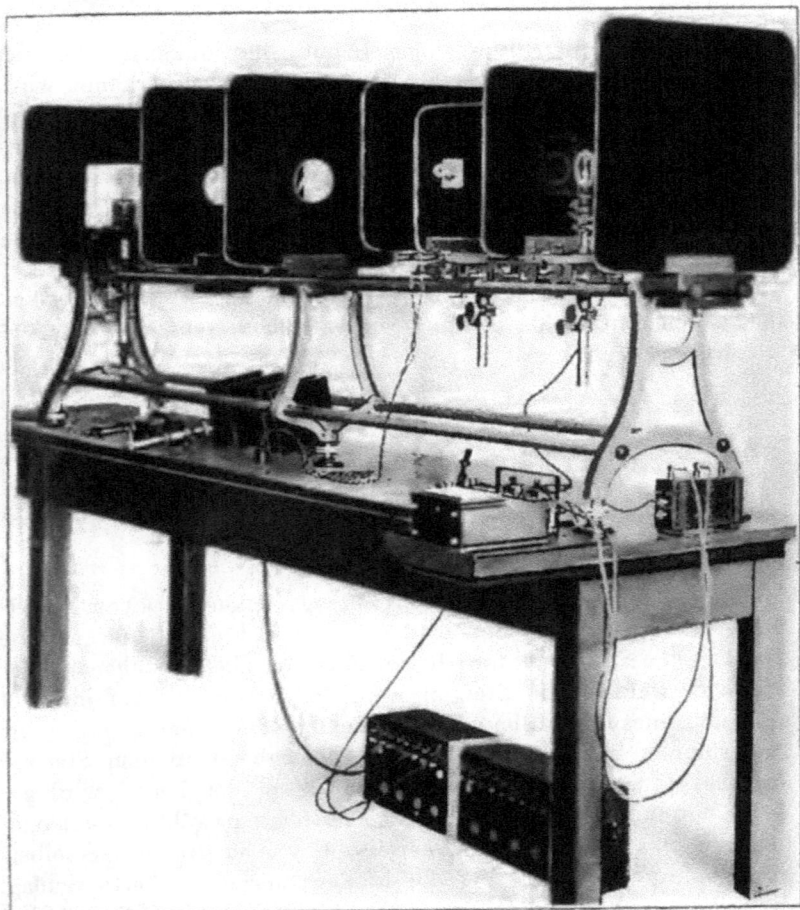

Fig. 214a.

sofern, als bei dieser Untersuchung die Lampen öfters ein- und ausgeschaltet werden.

Das Photometrieren der Lampen. d. h. die Bestimmung der ausgestrahlten Lichtmenge bei bestimmter Spannung und Strom-

stärke erfolgt auch heute noch in der schon ausführlich beschriebenen Weise (siehe Kohlefadenlampen, S. 221 ff.) mit
Hilfe eines Präzisionsphotometers, so daß hier nichts zugefügt
zu werden braucht. Es sei nur noch eine der neuesten Photo-
meterbänke im Bilde gebracht (Fig. 214 a und b), die mit sämt-
lichen Neuerungen ausgestattet ist. In Fig. 214 a ist rechts die
Meßlampe sichtbar, die mit Hilfe der unter dem Tisch befind-

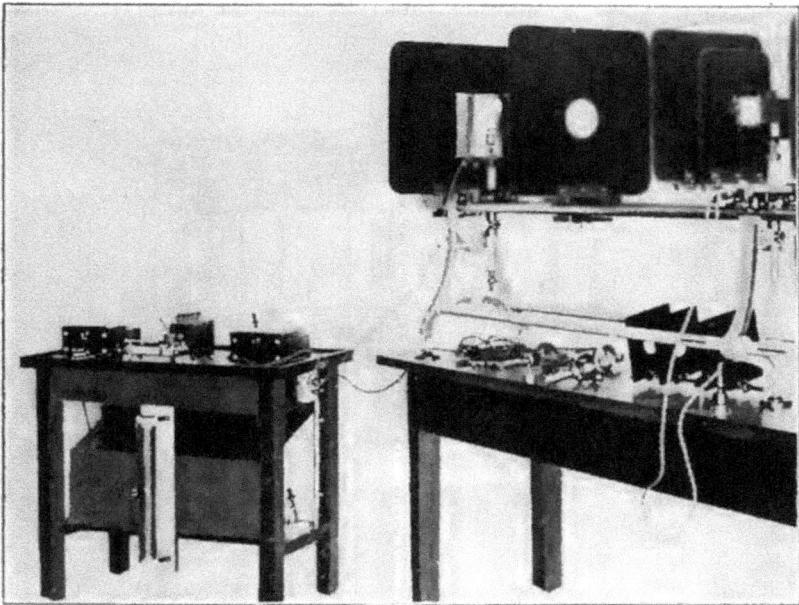

Fig. 214 b.

lichen Akkumulatoren gespeist wird. Rechts befindet sich die
zu messende Lampe, Fig. 214 b, deren elektrische Konstanten
mit dem auf dem nebenstehenden Tisch angebrachten Apparaten,
Volt- und Amperemeter mit Widerstand usw., genau einreguliert
werden. Die Bank ist außerdem mit einer Reihe von Blenden,
die mit schwarzem Sammet überzogen sind, und einem Photo-
meterkopf nach Lummer-Brodhun ausgerüstet. Durch auswechsel-
bare Fassungen für die zu messende Lampe kann diese in jeder
beliebigen Lage, ruhend oder rotierend, gemessen werden.

Auch das S o c k e l n der Lampen wird noch ebenso ausgeführt wie bei der Herstellung der Kohlefadenlampen, und zwar
mit den Karrusselsockelmaschinen, von denen eine neuere Form
in Fig. 215 dargestellt ist. Der Sockel wird in geeigneter Weise
mit einer genügenden Menge einer Sockelkittmasse, gewöhnlich
einer Mischung von Zement oder Gips mit einer alkoholischen
Schellacklösung, angefüllt, die Kupferstromzuführungsdrähte durch
die ausgesparten Löcher des Sockels geführt, dieser auf den
Hals der Lampe aufgepreßt und das Ganze in der Maschine wie
ersichtlich eingespannt. Die Lampe durchläuft nun den oben

Fig. 215.

befindlichen Heiztunnel, wobei infolge des Verdampfens der
Lösungsflüssigkeit des Kittes dieser selbst hart wird und so eine
innige Verbindung des Metallsockels mit dem Hals der Lampe
resultiert. Diese Maschinen sind ferner so eingerichtet, daß
durch Verstellung der Einspannvorrichtungen und Verschiebung
des Heiztunnels kleine wie auch große Lampen darauf gesockelt
werden können. Auch die Fassungen für die Sockel sind aus-
wechselbar, so daß die Maschine in kurzer Zeit für die verschiedenartigsten Sockeltypen umgewandelt werden kann.

Nach dem Abnehmen der gesockelten Lampe erfolgt schließlich
noch das A n l ö t e n der Kupferelektroden mit Hilfe des Löt-
kolbens, von dem eine recht praktische und gassparende Form

in Fig. 216 dargestellt ist. Der Lötapparat besteht aus der Kupferspitze *a*, welche vermittelst der regulierbaren feinen Gebläseflamme *b* genügend heiß gemacht wird, damit das verwendete Weichlot zum Schmelzen gelangt.

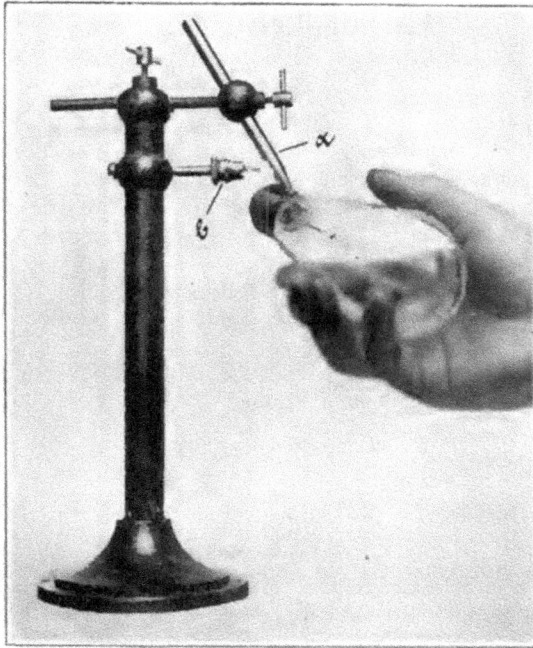

Fig. 216.

Es erfolgt nur noch das Putzen und Stempeln der Lampe, worauf diese nochmals einer Prüfung unterzogen wird, um festzustellen, ob nicht Schädigungen eingetreten sind. Ist dies nicht der Fall, so ist die Lampe fertig zum Versand.

Anhang.

Leuchtmittelsteuergesetz.

Vom 15. Juli 1909.

§ 1.

Die nachbenannten Beleuchtungsmittel:

elektrische Glühlampen und Brenner für solche,

Glühkörper für Gas-, Spiritus-, Petroleum und ähnliche Glühlampen,

Brennstifte für elektrische Bogenlampen,

Quecksilberdampflampen und ihnen ähnliche elektrische Lampen,

unterliegen, soweit sie zum Verbrauch im Inlande bestimmt sind, einer in die Reichskasse fließenden Steuer.

§ 2. Höhe der Steuer.

Die Steuer beträgt:

A. für elektrische Glühlampen und Brenner zu solchen:

	a) Kohlenfadenlampen	b) Metallfadenlampen Nernstlampenbrenner u. andere Glühlampen
		für das Stück
1. bis zu 15 Watt	5 Pfennig	10 Pfennig
2. von über 15 bis 25 Watt .	10 „	20 „
3. „ „ 25 „ 60 „ .	20 „	40 „
4. „ „ 60 „ 100 „ .	30 „	60 „
5. „ „ 100 „ 200 „ .	50 „	1 Mark

6. für solche von höherem Verbrauche zu a) je 25 Pfennig, zu b) je 40 Pfennig mehr für jedes weitere angefangene Hundert Watt;

B. für Glühkörper zu Gasglühlicht- und ähnlichen Lampen: 10 Pfennig für das Stück;

C. für Brennstifte zu elektrischen Bogenlampen:

1. aus Reinkohle: 60 Pfennig für das Kilogramm,

2. aus Kohle mit Leuchtzusätzen und für alle übrigen Brennstifte: 1 Mark für das Kilogramm;

D. für Brenner zu Quecksilberdampf- und ähnlichen Lampen bis 100 Watt: 1 Mark für das Stück, für solche von höherem Verbrauche je 1 Mark mehr für jedes weitere angefangene Hundert Watt.

§ 3. Entrichtung und Stundung der Steuer.

Die Steuer ist vom Hersteller der Beleuchtungsmittel mittels Verwendung von Steuerzeichen an den Packungen zu entrichten, bevor die fertigen verpackten Erzeugnisse aus den Räumen des Herstellungsbetriebs entfernt werden. Bei eingeführten Erzeugnissen der bezeichneten Art hat die Versteuerung durch den Einbringer bei der Zollabfertigung oder, wo eine solche nicht stattfindet, innerhalb einer Frist von drei Tagen nach dem Empfange zu geschehen.

Die näheren Bestimmungen über die Werthbeträge der Steuerzeichen, über ihre Form, ihre Anfertigung, ihren Vertrieb und die Art ihrer Verwendung trifft der Bundesrat. Er stellt die Voraussetzungen fest, unter denen für verwendete oder unverwendbar gewordene Steuerzeichen ein Ersatz der bezahlten Steuerbeträge gewährt werden darf. Steuerzeichen, die nicht in der vorgeschriebenen Weise verwendet worden sind, werden als nicht verwendet angesehen.

Die Verwendung von Steuerzeichen ist nicht erforderlich, wenn die steuerpflichtigen Beleuchtungsmittel zur Ausfuhr unter amtlicher Aufsicht vor der Entnahme aus den Räumen des Herstellungsbetriebs angemeldet werden.

Die Steuer kann ohne Sicherheitsleistung auf drei Monate gestundet werden; gegen Sicherheitsstellung ist sie auf sechs Monate zu stunden. Ein unter Steuerverschluß befindliches Lager kann als Sicherheit angesehen werden.

§ 4.

Für versteuerte Beleuchtungsmittel, die dem Hersteller vom Empfänger als unbrauchbar zur Verfügung gestellt werden, erhält der Hersteller eine Vergütung der Steuer. Diese kann in einer Pauschsumme gewährt werden, die nach dem Steuerwerte der im Laufe des Jahres vom Hersteller verwendeten Steuerzeichen berechnet wird.

§ 5. Verjährung der Steuer.

Ansprüche auf Zahlung oder Erstattung der Steuer verjähren in einem Jahre von dem Tage des Eintritts der Steuerpflicht oder der Steuerentrichtung ab. Der Anspruch auf Nachzahlung eines hinterzogenen Steuerbetrages verjährt in drei Jahren.

Die Verjährung wird durch jede von der zuständigen Behörde zur Geltendmachung des Anspruches gegen den Zahlungspflichtigen gerichtete Handlung unterbrochen.

§ 6. Verpackungszwang.

Steuerpflichtige Beleuchtungsmittel dürfen aus den Herstellungs-
betrieben und aus dem Auslande nur in vollständig geschlossenen
und ohne erkennbare Spuren nicht zu öffnenden Packungen in den
freien Verkehr des Inlandes gebracht werden. Die vorschriftsmäßige
Verpackung hat vor dem Eintritte der Steuerpflichtigkeit zu erfolgen
und gilt als ein Teil der Herstellung.

Die Art der Verpackung und die Größe der zulässigen Packungen
bestimmt der Bundesrat. Auf jeder Packung ist der Inhalt, und
zwar bei elektrischen Glühlampen, Brennern zu solchen und Queck-
silberdampf- und ähnlichen Lampen nach Stückzahl und Wattverbrauch, bei Glühkörpern nach der Stückzahl, bei Bogenlampen-
stiften nach ihrem Eigengewichte, die Steuerklasse (§ 2), die Be-
nennung der verpackten Beleuchtungsmittel (Handelsmarke) und eine
Bezeichnung, aus welcher der Steuerpflichtige (§ 3) von der Steuerbehörde mit Sicherheit festgestellt werden kann, anzugeben.

Im Falle der Einfuhr kann zugelassen werden, daß die Verpackung unter besonderen Sicherungsmaßnahmen erst im Inlande
vorgenommen wird.

Der Bundesrat ist befugt, für den Einzelverkauf von steuerpflichtigen Beleuchtungsmitteln besondere Sicherungsmaßnahmen zu
treffen.

§ 7. Befreiung vom Verpackungszwange.

Im Falle nachgewiesenen Bedürfnisses kann der Bundesrat die
Versteuerung steuerpflichtiger Beleuchtungsmittel nach den Sätzen
des § 2 durch den Hersteller unter Befreiung vom Verpackungszwang
und von der Verwendung von Steuerzeichen auf Grund einer besonderen Buchführung und der sonst erforderlichen Sicherungsmaßnahmen gestatten.

Ebenso kann von der Verwendung von Steuerzeichen und dem
Verpackungszwange bei der Einfuhr von steuerpflichtigen Beleuchtungsmitteln, die nicht zum Handel bestimmt sind, abgesehen werden.

§ 8. Anmeldepflicht.

Wer gewerbsmäßig steuerpflichtige Beleuchtungsmittel herstellen
will, hat dies vor der Eröffnung des Betriebes unter Bezeichnung
der Erzeugnisse, deren Herstellung beabsichtigt ist, der Steuerbehörde
schriftlich anzuzeigen und gleichzeitig eine Beschreibung der Betriebs-
und Lagerräume sowie der damit in Verbindung stehenden oder unmittelbar daran angrenzenden Räume vorzulegen.

Die Herstellung von steuerpflichtigen Beleuchtungsmitteln darf
nur in den angemeldeten Betriebsräumen erfolgen.

Wer neben der Herstellung steuerpflichtiger Beleuchtungsmittel deren Verkauf im kleinen betreiben will, hat dies unter genauer Beschreibung der Räume für den Kleinverkauf der Steuerbehörde anzuzeigen. Die Betriebe unterliegen den von dieser Behörde zur Sicherung der Steuer anzuordnenden Maßnahmen.

§ 9. Anzeige von Änderungen.

Jede Änderung in den angemeldeten Verhältnissen ist der Steuerbehörde binnen einer Woche anzuzeigen.

Betriebsinhaber, die den Betrieb nicht selbst leiten, haben der Steuerbehörde diejenige Person zu bezeichnen, die als Betriebsleiter in ihrem Namen handelt.

Die im folgenden für den Betriebsinhaber gegebenen Vorschriften gelten mit Ausnahme derjenigen im § 15 Satz 2 auch für den Betriebsleiter.

§ 10. Vorschriften für Fabriken.

Steuerpflichtige Beleuchtungsmittel sowie die zu ihrer Herstellung bestimmten Rohstoffe und Halbfabrikate dürfen nur in den angemeldeten Räumen (§ 8) gelagert und verpackt werden. Die Lagerung hat in geordneter Weise derart zu erfolgen, daß die Aufsichtsbeamten jederzeit in der Lage sind, die Bestände festzustellen. Über Zu- und Abgang der Erzeugnisse sind Anschreibungen zu führen, die nach näherer Bestimmung der Steuerbehörde aufzubewahren und den Beamten zugänglich zu halten sind.

Die Bestände sind von Zeit zu Zeit amtlich festzustellen und mit den Anschreibungen zu vergleichen. Von der Erhebung der Steuer für Fehlmengen ist abzusehen, wenn und soweit dargetan wird, daß die Fehlmengen auf Umstände zurückzuführen sind, die eine Steuerschuld nicht begründen.

§ 11. Steueraufsicht.

Gewerbebetriebe, die sich mit der Herstellung steuerpflichtiger Beleuchtungsmittel befassen, stehen unter Steueraufsicht. Die Steuerbeamten sind befugt, die Betriebs- und Lagerräume, solange sie geöffnet sind oder darin gearbeitet wird, zu jeder Zeit, anderenfalls während der Tagesstunden zu besuchen. Die Aufsichtsbefugnis erstreckt sich auf alle an die Betriebs- und Lagerräume unmittelbar angrenzenden und damit in Verbindung stehenden Räume. Die Zeitbeschränkung fällt weg, wenn Gefahr im Verzug ist.

§ 12. Hilfeleistung bei der Steueraufsicht.

Der Betriebsinhaber hat den Steuerbeamten jede für die Steueraufsicht oder zu statistischen Zwecken erforderliche Auskunft über den Betrieb zu erteilen und bei den zum Zwecke der Steueraufsicht stattfindenden Amtshandlungen die Hilfsmittel zu stellen und die nötigen Hilfsdienste zu leisten.

Den Oberbeamten der Steuerverwaltung sind die auf die Herstellung und Abgabe der steuerpflichtigen Erzeugnisse sich beziehenden Geschäftsbücher und Geschäftspapiere auf Erfordern zur Einsicht vorzulegen.

§ 13. Halberzeugnisse.

Der Bundesrat kann für die Versendung solcher Erzeugnisse, die als fertige, der Steuer unterworfene Beleuchtungsmittel noch nicht anzusehen sind. Sicherungsmaßnahmen anordnen.

§ 14. Verkaufsstellen.

Wer sich gewerbsmäßig mit dem Verkaufe von steuerpflichtigen Beleuchtungsmitteln befassen will, hat dies vorher der Steuerbehörde anzuzeigen. Er ist verpflichtet, den Beamten der Steuerverwaltung seine Vorräte an Waren der bezeichneten Art zum Nachweise, daß sie mit den vorgeschriebenen Steuerzeichen versehen sind. zu den üblichen Geschäftsstunden auf Verlangen vorzuzeigen.

§ 15.

Sind Hersteller oder Verkäufer steuerpflichtiger Beleuchtungsmittel wegen Steuerhinterziehung bestraft worden. so kann der Betrieb besonderen Aufsichtsmaßnahmen unterworfen werden. Die Kosten fallen dem Betriebsinhaber zur Last.

§ 16. Behandlung der Steuerzeichen.

Die Steuerzeichen sind an den Packungen so lange unverletzt zu erhalten, bis diese zur Vornahme des stückweisen oder Kleinverkaufs geöffnet werden müssen oder an den Käufer abgegeben werden. Geöffnete, ganz oder teilweise entleerte Packungen dürfen mit steuerpflichtigen Beleuchtungsmitteln nicht nachgefüllt werden. Der Einzelverkauf darf nur mit oder aus den zugehörigen Umschließungen erfolgen. Geleerte Umschließungen dürfen ohne vorherige Beseitigung der Steuerzeichen weder an Fabrikanten und Händler zurückgegeben noch von diesen angenommen oder wieder verwendet werden.

Wer als Verkäufer steuerpflichtige Beleuchtungsmittel empfängt. die nicht in der vorgeschriebenen Weise verpackt. bezeichnet und mit Steuerzeichen versehen sind. hat innerhalb dreier Tage der Steuerbehörde Anzeige zu erstatten.

Strafvorschriften.

§ 17. Steuerhinterziehung.

Wer es unternimmt, dem Reiche die in diesem Gesetze vorgesehene Steuer vorzuenthalten, macht sich der Hinterziehung schuldig.

§ 18.

Der Tatbestand des § 17 wird insbesondere dann als vorliegend angenommen,

1. wenn mit der Herstellung steuerpflichtiger Beleuchtungsmittel begonnen wird, bevor die Anzeige des Betriebs (§ 8) in der vorgeschriebenen Weise erfolgt ist;

2. wenn steuerpflichtige Beleuchtungsmittel vom Hersteller in anderen als den hierfür angemeldeten Räumen aufbewahrt werden;

3. wenn, abgesehen vom Falle des § 7, steuerpflichtige Beleuchtungsmittel aus der Erzeugungsstätte oder aus dem Ausland in den Inlandsverkehr gebracht werden, ohne daß sie in der vorgeschriebenen Weise verpackt und mit den im § 6 bezeichneten Angaben und den zutreffenden Steuerzeichen versehen sind;

4. wenn Verkäufer steuerpflichtige Beleuchtungsmittel in Gewahrsam haben, die der Vorschrift dieses Gesetzes zuwider mit den erforderlichen Steuerzeichen nicht versehen sind;

5. wenn geöffnete, mit Steuerzeichen versehene Packungen der Vorschrift des § 16 zuwider nachgefüllt werden;

6. wenn vorgeschriebene Anschreibungen (§ 10) vom Hersteller oder Bezieher unrichtig geführt werden.

Der Hinterziehung wird es gleichgeachtet, wenn jemand steuerpflichtige Beleuchtungsmittel, von denen er weiß oder den Umständen nach annehmen muß, daß hinsichtlich ihrer eine Hinterziehung der Steuer stattgefunden hat, erwirbt oder in Verkehr bringt, bevor die Abgabe entrichtet ist.

Wird in den Fällen der Abs. 1 und 2 festgestellt, daß eine Vorenthaltung der Steuer nicht stattgefunden hat oder nicht beabsichtigt worden ist, so findet nur eine Ordnungsstrafe nach § 27 statt.

§ 19.

Wer eine Hinterziehung begeht, wird mit einer Geldstrafe in Höhe des vierfachen Betrags der Steuer, mindestens aber in Höhe von fünfzig Mark für jeden einzelnen Fall bestraft. Außerdem ist die Steuer nachzuzahlen.

Soweit der Betrag der Steuer nicht festgestellt werden kann, tritt eine Geldstrafe bis zu fünfzigtausend Mark ein.

28*

Liegt eine Übertretung vor, so werden die Beihilfe und die Begünstigung mit Geldstrafe bis zu einhundertfünfzig Mark bestraft.

§ 20.

Im Falle der Wiederholung der Hinterziehung nach vorausgegangener Bestrafung werden die im § 19 vorgesehenen Strafen verdoppelt.

Jeder fernere Rückfall zieht Gefängnis bis zu zwei Jahren nach sich, doch kann nach richterlichem Ermessen mit Berücksichtigung aller Umstände und der vorangegangenen Fälle auf Haft oder auf Geldstrafe nicht unter dem Vierfachen der im § 19 vorgesehenen Strafen erkannt werden.

Die Rückfallstrafe tritt ein, auch wenn die frühere Strafe nur teilweise verbüßt oder ganz oder teilweise erlassen worden ist; sie bleibt dagegen ausgeschlossen, wenn seit der Verbüßung oder dem Erlasse der früheren Strafe bis zur Begehung der neuen Straftat drei Jahre verflossen sind.

§ 21.

Die Vorschriften über die Hinterziehung der Steuer finden Anwendung auf die Erwirkung einer Steuerbefreiung, Steuervergünstigung oder Steuervergütung, die überhaupt nicht oder nur in geringerem Betrage zu beanspruchen war. Der zu Ungebühr empfangene Betrag ist zurückzuzahlen.

§ 22. Einziehung.

Steuerpflichtige Beleuchtungsmittel, die nicht vorschriftsmäßig verpackt und bezeichnet oder deren Packungen mit den erforderlichen Steuerzeichen nicht versehen sind, unterliegen, abgesehen von dem Falle des § 7, der Einziehung, gleichviel, wem sie gehören, und ob gegen eine bestimmte Person ein Strafverfahren eingeleitet wird.

§ 23. Fälschung von Steuerzeichen.

Mit Gefängnis nicht unter drei Monaten wird bestraft, wer unechte Steuerzeichen (§ 3) in der Absicht anfertigt, sie als echt zu verwenden, oder echte Steuerzeichen in der Absicht verfälscht, sie zu einem höheren Werte zu verwenden, oder wissentlich von falschen oder verfälschten Steuerzeichen Gebrauch macht.

Neben der Strafe kann auf Verlust der bürgerlichen Ehrenrechte erkannt werden.

§ 24.

Wer wissentlich schon einmal verwendete Steuerzeichen verwendet, wird mit Geldstrafe bis zu sechshundert Mark bestraft.

§ 25.

Mit Geldstrafe bis zu einhundertfünfzig Mark oder mit Haft wird bestraft, wer ohne schriftlichen Auftrag einer Behörde

1. Stempel, Siegel, Stiche, Platten oder andere Formen, die zur Anfertigung von Steuerzeichen dienen können, anfertigt oder an einen anderen als die Behörde verabfolgt;
2. den Abdruck der in Nr. 1 bezeichneten Stempel, Siegel, Stiche, Platten oder Formen unternimmt oder Abdrucke an einen anderen als die Behörde verabfolgt.

Neben der Strafe kann auf Einziehung der Stempel, Siegel, Stiche, Platten oder anderen Formen sowie der Abdrucke erkannt werden, ohne Unterschied, ob sie dem Verurteilten gehören oder nicht.

§ 26.

Mit Geldstrafe bis zu einhundertfünfzig Mark wird bestraft, wer wissentlich schon einmal verwendete Steuerzeichen veräußert oder feilhält.

§ 27. **Ordnungsstrafen.**

Zuwiderhandlungen gegen die Vorschriften dieses Gesetzes und die dazu erlassenen und öffentlich oder den Beteiligten besonders bekannt gemachten Verwaltungsbestimmungen werden, sofern sie nicht nach §§ 19 ff. mit einer besonderen Strafe bedroht sind, mit einer Ordnungsstrafe von einer Mark bis zu dreihundert Mark bestraft.

§ 28. **Haftung für andere Personen.**

Inhaber der unter Steueraufsicht stehenden Betriebe (§ 11) haften für die von ihren Verwaltern, Geschäftsführern, Gehilfen und sonstigen in ihrem Dienste oder Lohne stehenden Personen sowie von ihren Familien- oder Haushaltungsmitgliedern verwirkten Geldstrafen und Kosten des Strafverfahrens sowie für die nachzuzahlende Steuer im Falle des Unvermögens der eigentlich Schuldigen, wenn nachgewiesen wird,

1. daß die Zuwiderhandlung mit ihrem Wissen verübt ist, oder
2. daß sie bei Auswahl und Anstellung der Verwalter, Geschäftsführer, Gehilfen und sonstigen in ihrem Dienste oder Lohne stehenden Personen oder bei Beaufsichtigung dieser sowie der bezeichneten Hausgenossen nicht mit der Sorgfalt eines ordentlichen Geschäftsmannes zu Werke gegangen sind.

Wird weder das eine noch das andere nachgewiesen, so haften sie, auch soweit sie nicht ohnehin zur Entrichtung der Steuer verpflichtet sind, für die Steuer.

Läßt sich die Geldstrafe von dem Schuldigen nicht beitreiben, so kann die Steuerbehörde davon absehen, den für die Geldstrafe Haftenden in Anspruch zu nehmen und die an Stelle der Geldstrafe tretende Freiheitsstrafe an dem Schuldigen vollstrecken lassen.

§ 29. Umwandlung der Geldstrafen in Freiheitsstrafen.

Bei Umwandlung der nicht beizutreibenden Geldstrafen in Freiheitsstrafen darf die Freiheitsstrafe bei einer Hinterziehung im ersten Falle sechs Monate, im ersten Rückfall ein Jahr und im ferneren Rückfalle zwei Jahre. bei einer mit Ordnungsstrafe bedrohten Zuwiderhandlung drei Monate nicht übersteigen. Im Falle des § 19 Absatz 2 bleibt ein Fünftel der Geldstrafe bei der Umwandlung außer Betracht.

§ 30. Zwangsmaßregeln.

Neben der Festsetzung von Ordnungsstrafen kann die Steuerbehörde die Beobachtung der auf Grund dieses Gesetzes getroffenen Anordnungen durch Androhung und Einziehung von Geldstrafen bis zu fünfhundert Mark erzwingen, auch. wenn eine vorgeschriebene Einrichtung nicht getroffen wird, diese auf Kosten der Pflichtigen herstellen lassen. Die Einziehung der Kosten und Geldstrafen erfolgt nach den Vorschriften über das Verfahren für die Beitreibung der Zölle und mit dem Vorzugsrechte der letzteren.

§ 31. Verjährung der Strafverfolgung.

Die Strafverfolgung von Hinterziehungen verjährt in drei Jahren. von den mit Ordnungsstrafe belegten Zuwiderhandlungen in einem Jahre.

§ 32. Strafverfahren.

In Ansehung des Verwaltungsstrafverfahrens, der Strafmilderung und des Erlasses der Strafe im Gnadenwege sowie in Ansehung der Strafvollstreckung kommen die Vorschriften zur Anwendung, nach denen sich das Verfahren wegen Zuwiderhandlung gegen die Zollgesetze bestimmt.

Der Erlös aus eingezogenen Gegenständen und die Geldstrafen fallen dem Staate zu, von dessen Behörden die Strafentscheidung erlassen ist. Im Falle des § 19 Absatz 2 ist von dem Betrage der Geldstrafe der fünfte Teil an Stelle des nicht festgestellten Steuerbetrags an die Reichskasse abzuführen.

§ 33.

Ein im Strafverfahren eingegangener Geldbetrag ist zunächst auf die Steuer zu verrechnen.

Sonstige Vorschriften.

§ 34. Abfindung.

Für die außerhalb der Zollgrenze liegenden Teile des Reichsgebietes kann auf Antrag der Landesregierungen an Stelle der in diesem Gesetze vorgesehenen Steuern durch den Bundesrat die Zahlung einer Abfindung an die Reichskasse zugelassen werden.

§ 35. Zollanschlüsse.

Steuerpflichtige Beleuchtungsmittel, die aus den dem Zollgebiet angeschlossenen Staaten und Gebietsteilen eingehen, sind spätestens beim Eintritt in das Inland mit dem Steuerzeichen (§ 3) zu versehen.

§ 36. Vereinbarungen mit fremden Staaten.

Der Reichskanzler kann unter Zustimmung des Bundesrates wegen Herbeiführung einer den Vorschriften dieses Gesetzes entsprechenden Besteuerung in den dem Zollgebiet angeschlossenen Staaten und Gebietsteilen wegen Überweisung der Steuer für die im gegenseitigen Verkehr übergehenden Erzeugnisse oder wegen Begründung einer Steuergemeinschaft mit den fremden Regierungen Vereinbarungen treffen.

§ 37. Erhebung und Verwaltung der Steuer.

Die Erhebung und Verwaltung der in diesem Gesetze vorgesehenen Steuern erfolgt durch die Landesbehörden. Inwieweit außerdem eine Steueraufsicht durch besondere technisch vorgebildete Beamte zu erfolgen hat, bestimmt der Bundesrat. Für die erwachsenen Kosten wird den Bundesstaaten nach den vom Bundesrate zu erlassenden Bestimmungen Vergütung gewährt. Diese sind dem Reichstag innerhalb dreier Jahre mitzuteilen und außer Kraft zu setzen, wenn er sie nicht genehmigt.

Die Reichsbevollmächtigten für Zölle und Steuern und die ihnen unterstellten Aufsichtsbeamten haben in bezug auf die Ausführung der Bestimmungen dieses Gesetzes dieselben Rechte und Pflichten wie bezüglich der Erhebung und Verwaltung der Zölle.

Übergangs- und Schlußvorschriften.

§ 38.

Von den bestehenden Betrieben zur Herstellung oder zum Verkaufe steuerpflichtiger Beleuchtungsmittel sind die nach diesem Gesetz erforderlichen Anzeigen zur Vermeidung der im § 27 angedrohten Ordnungsstrafen spätestens drei Monate vor dem Inkrafttreten des Gesetzes zu erstatten.

§ 39.

Hersteller von Beleuchtungsmitteln der im § 1 bezeichneten Art
haben die am Tage des Inkrafttretens dieses Gesetzes außerhalb der
Räume des angemeldeten Herstellungsbetriebes vorhandenen, in ihrem
Besitze befindlichen steuerpflichtigen Beleuchtungsmittel innerhalb
einer Woche dem Steueramt anzumelden und, soweit sie nicht ausgeführt oder auf ein Zoll- oder Steuerlager gebracht werden, nach
Maßgabe des § 2 zu versteuern.

Zur Veräußerung bestimmte Beleuchtungsmittel und andere
Vorräte von solchen, die sich am Tage des Inkrafttretens dieses Gesetzes außerhalb eines Herstellungsbetriebes oder einer Zollnieder-
lage befinden, unterliegen, soweit sie nicht dem eigenen Haushalte
des Besitzers dienen, nach näherer Bestimmung des Bundesrates der
Steuer in Form einer Nachsteuer.

Die Nachsteuer kann ohne Sicherheitsbestellung auf drei Monate
gestundet werden, gegen Sicherheitsbestellung ist sie auf sechs Monate
zu stunden.

Soweit beim Inkrafttreten dieses Gesetzes Verträge über Lieferung
von Beleuchtungsmitteln bestehen, ist der Lieferer berechtigt, vom
Abnehmer einen um den Betrag der Steuer erhöhten Preis zu fordern,
falls nichts anderes vereinbart ist.

§ 40.

Dieses Gesetz tritt mit dem 1. Oktober 1909 in Kraft.

Namenregister.

Sachregister.

Lebensdauer der Wolframlampe
338.
— der Zirkonlampe 35.
Legierungen verschiedenerMetalle
für Elektroden 367.
— von Osmium und Platin 16.
— von Platin und Iridium als
Leuchtkörper 6.
Legierungsverfahren von Auer 16.
Leuchtkörper aus Bor 81.
— aus Borkarbid 86.
— aus Bronitrid 86.
— aus Karbiden, Nitriden und
Phosphiden 92.
— aus Iridium 10.
— aus Kohle mit Zusätzen oder
Überzügen 66.
— aus Niob 40.
— aus Osmium 14.
— aus Osmium mit Zusätzen 26.
— aus Platin 3.
— aus Platin, Iridium und anderen
Metallen 11.
— aus Ruthenium 25.
— aus Silizium 81.
— aus Tantal 40.
— aus Thorium 94.
— aus Titankarbid 88.
— aus Urankarbid 92.
— aus Vanadin 40.
— aus Vanadinkarbid 92.
— aus Zirkonkarbid 91.
— aus Zirkonkarbid und Zirkonwasserstoff 29.
— aus Zirkonmetall 29.
Leuchtmittelsteuergesetz 430.
Linsen, Herstellung der Glas- 341.
Löten der Metallglühfäden 369 ff.

Magnesium als Reduktionsmittel
28, 32.
— als Zusatz von Osmiumglüh-
fäden 24
— zur Herstellung vonBindemittel
328.
Maschinen zum Absprengen der
Kolbenhälse 392.
— zum Ansetzen der Pumpstengel
388.
— zum Drehen der Teller 375.
— zum Einschmelzen der Füße 394.
— zumEvakuieren derLampen406.
— — der Rezipienten 241.
— zum Lochen des Ballons 387.

Maschinen zum Quetschen der
Füße 383.
— zum Schneiden der Platindrähte
379.
— zum Sockeln der Lampen 428.
— zur Herstellung der Ösen und
Hülsen 350.
Massenformierung der Glühfäden
260.
Messen und Sortieren derFäden281.
Messungen von Osmiumlampen20.
— von Tantallampen 64.
— von Wolframlampen 339.
— von Zirkonlampen 35.
Metallfadenlampe, Entwicklung
der 2.
Metallfäden, Löten, Schweißen und
Kitten der 369.
Metallfassungen der Diamantpreßsteine 159.
Metall,Herstellung vonOsmium-18.
— — von Tantal- 44.
— — von Wolfram- 109.
— — von Zirkon- 30.
Metallische u. metalloidische Über-
züge auf Kohlenfäden 66, 80.
Metalloiden, Herstellung der Glüh-
fäden aus 80.
Metawolframsäure zurHerstellung
von Bindemittel 324.
Methoden zur Messung der Fäden
281.
— zur Berechnung der Fäden 292.
Molybdänmetall als Überzug auf
Platinglühfäden 11, 12.
Molybdäns, Schmelzpunkt des 342.
Molybdän-Wolframlegierung,Hal-
ter aus 342.

Nachsintern der Fäden in den
Lampen 222.
Nadel zum Reinigen verstopfter
Diamantdüsen 189.
Natriumwolframat zurHerstellung
von Bindemittel 327.
Natronsilikatlösung alsZusatz zum
Elektrodenkitt 355.
Nickeldraht, Halter für Glühfäden
aus 343.
Nickel, Elektroden aus 366.
Niob als Zusatz zur Wolframpaste
330.
— als Herstellung von Glühfäden
aus 40.